面向21世纪课程教材
信息管理与信息系统专业教材系列

运筹学基础及其MATLAB应用

李工农 ◎ 编著

清华大学出版社
北京

内 容 简 介

运筹学的思想和方法用最精简的语言来描述，就是建立某个问题的数学模型并求其“最大值”或“最小值”。在经济、管理以及各种工程技术问题中，这样的问题比比皆是。但是，运筹学的模型和方法在实际应用时大多数都是计算非常烦琐的，如果不与计算机技术相结合，则较难将其应用到解决实际问题中去。MATLAB 是当前最好的科学计算语言之一，在本书中，一方面继续保留相关理论和方法的描述；另一方面则对书中所涉及的所有算法给出相应的 MATLAB 程序。

本书将运筹学的基本内容按照数学模型分成线性模型、非线性模型和随机模型分别加以叙述。其中，线性模型包括线性规划、运输问题、目标规划、整数规划、图与网络流规划等；非线性模型包括无约束非线性规划、约束非线性规划以及存储论中的非线性问题等；随机模型主要包括排队论。

本书可作为应用数学、经济、管理类以及工程技术类各专业本科生的运筹学课程教材，也可作为相关领域以及对运筹学解决实际问题感兴趣的实际工作者的参考书。

图书在版编目（CIP）数据

运筹学基础及其 MATLAB 应用/李工农编著. —北京：清华大学出版社，2016（2022.8 重印）
（面向 21 世纪课程教材·信息管理与信息系统专业教材系列）
ISBN 978-7-302-44576-0

Ⅰ. ①运…　Ⅱ. ①李…　Ⅲ. ①Matlab 软件-应用-运筹学-高等学校-教材　Ⅳ. ①O22-39

中国版本图书馆 CIP 数据核字(2016)第 175095 号

责任编辑：刘志彬
封面设计：常雪影
责任校对：宋玉莲
责任印制：丛怀宇

出版发行：清华大学出版社
网　　址：http://www.tup.com.cn，http://www.wqbook.com
地　　址：北京清华大学学研大厦 A 座　　邮　　编：100084
社 总 机：010-83470000　　邮　　购：010-62786544
投稿与读者服务：010-62776969，c-service@tup.tsinghua.edu.cn
质 量 反 馈：010-62772015，zhiliang@tup.tsinghua.edu.cn
课 件 下 载：http://www.tup.com.cn，010-62770175 转 4506
印 装 者：三河市龙大印装有限公司
经　　销：全国新华书店
开　　本：185mm×230mm　　印　张：26.5　　插　页：1　　字　　数：631 千字
版　　次：2016 年 10 月第 1 版　　印　　次：2022 年 8 月第 7 次印刷
定　　价：65.00 元

产品编号：066802-02

前　言 PREFACE

运筹学最大的特点就是考虑如何在现有资源下选择最优的方案。虽然在某些情况下讨论最优有些绝对，但运筹学能从定量的角度帮助决策者选择最优或最满意的解决方案。运筹学的思想早在古代就已出现，例如，中国的“田忌赛马”“赵括运粮”“丁谓修宫”等故事以及古希腊阿基米德为迦太基人设计的用于粉碎罗马海军攻占西那库斯城的设防方案等都体现了现在所谓的运筹学思想。但是，运筹学作为一门独立的学科却是诞生于第二次世界大战。战后，随着运筹学的方法广泛应用于经济、管理以及工程技术等各个领域，现在已经是经济、管理以及诸多理工科学生乃至很多社会科学的本科生和研究生必修的一门重要课程。

运筹学可以有不同的定位。有人将其定位为应用数学的一门分支，也有人甚至于更多人将其定位为现代管理的一门重要分支。属于运筹学的内容非常繁杂，但作为一门进行定量分析的课程，运筹学的内容就免不了数学模型。从数学模型的角度划分，本书将介绍三部分内容。线性模型部分包括线性规划及单纯形法、线性规划的对偶理论、灵敏度分析及进一步讨论、运输问题、目标规划、整数规划和图与网络优化共 6 章；非线性模型部分包括无约束非线性规划和约束非线性规划共 2 章；随机模型部分则主要介绍排队论模型共 1 章。

运筹学还有个特点，那就是解决各种问题的方法或算法都比较复杂，而且计算量较大。如果不和计算机技术结合，要运用运筹学的方法解决实际问题几乎是不可能的。本书的第一个特点就是将运筹学的各种算法与计算机技术相结合，运用计算机技术解决运筹学问题就是利用各种现有软件或某种计算机语言自己编程。当前有不少的现有软件可以利用，比如，LINDO 公司 (官网：www.lindo.com) 出品的 LINDO/LINGO 软件，微软公司的 WinQSB 以及 Excel 等。MATLAB 也是一种不错的选择。MATLAB 是当前最好的科学计算语言 (软件) 之一，人们可以利用其丰富的工具箱进行相关计算，也可以自己编程。本书将运筹学的各种模型与 MATLAB 相结合，除了介绍 MATLAB 自带的部分函数外，主要是通过编者自己编写的程序来帮助学习者更好地掌握运筹学的相关内容。由于编者的编程水平有限，不敢保证这些程序都是最优的，但保证这些程序都是正确的，对于从事运筹学、最优化学习和运用的人士来说，可以提供一定的帮助。

本书的第二个特点是深入浅出，通俗易懂，重视数学模型。建立数学模型无疑是解决各种问题的最重要的一步，虽然说提高建立数学模型的能力不是一朝一夕的事情，但通过运筹学的学习，对学生建立数学模型解决实际问题显然是有很大帮助的。本书中，编者基于多年的教学心得，通过通俗易懂的示例讲清每种运筹学模型的来历以及尽可能地讲述数学模型建立的过程，并兼顾不同学习者的需求，对于相关理论进行了适当的取舍。

本书可作为高等学校数学与应用数学、信息与计算科学、统计与运筹学等专业本科生的运筹学或最优化方法课程或数学建模课程的教科书或参考书，也可作为计算机类、经济类、管理类、金融类专业的运筹学教科书或参考书，还可作为相关专业研究生的教材或参考书。本书对于有意运用运筹学的模型解决实际问题的工作者也是有益的。讲完本书全部内容大约需要 100 学时。教师可根据本校的实际情况进行取舍。

在本书的写作过程中，得到了刘则毅教授的大力支持和帮助，赵毅、胡耀华两位博士仔细阅读了本书草稿并提出了宝贵意见。本书的写作还得到了深圳大学教务处以及深圳大学数学与统计学院各位领导的大力帮助。在此，作者表示深深的谢意。

虽然编者想尽力写好本书，但限于水平，书中难免有不妥和错误之处，欢迎读者批评指正，以便再版时改进。

李工农

2015 年 12 月

目 录 CONTENTS

绪　论

学习目标与要求

1. 了解运筹学发展简史。
2. 了解运筹学的特点以及数学模型的有关概念。
3. 了解运筹学的工作步骤以及算法的有关概念。

运筹学发展简史

运筹学 (Operations Research 或 Operational Research, OR) 作为现代意义下的一门独立的学科，一般认为起源于第二次世界大战。第二次世界大战早期，德国空军对英国本土的轰炸对英国造成了极大的破坏。虽然当时已经出现了雷达，但由于有来自不同雷达站的信息以及雷达站同整个防空系统的配合不够好，英国本土仍然遭受了德国空军对其轰炸的重创。当时，Bawdsey 雷达站的负责人 A.P.Rowe 提出在现有技术装备情况下对整个防空作战系统的运行进行研究。为保密的需要，他们将这项研究称为“Operational Rresearch”(运用研究)。研究小组是一支综合的队伍，包括数学家、物理学家甚至还有心理学家等。由于其成员构成的复杂性，人们称之为“布莱克特马戏团”。他们研究的具体问题有设计将雷达信息传送给指挥系统及武器系统的最佳方式和雷达与防空武器的最佳配置等。他们的研究成果极大地提高了英国本土的防空能力。他们的研究工作主要是考虑立足当时已有的技术装备，如何进行不同的配置使其发挥最大的功效。按照后来被称为运筹学的主要思想，这些研究不仅是现代运筹学的发端，也是运筹学解决实际问题的成功范例。此外，盟军的反潜艇战运筹研究小组针对德军潜艇的作战研究也卓有成效。他们通过对以往攻击德军潜艇的相关数据的分析，提出了两条重要建议：一是将反潜攻击由潜艇投掷水雷改为飞机投掷深水炸弹；二是将起爆时间改为德军潜艇刚下潜时。事实证明，这样的效果是最佳的。类似成功的例子在第二次世界大战期间还有很多。据统计，在第二次世界大战期间，英国、美国和加拿大等国军队里的运筹学工作人员一度超过了 700 人。这些运筹学工作人员研究的问题还包括战斗机炮弹的合理载荷量问题和如何用一定数量的战斗机封锁给定的海面海域的问题等。第二次世界大战时期军事运筹学的特点表现在：在采集实际数据的基础上，通过多学科的密切协作，用定量化、系统化的方法研究立足现有技术装备如何达到最佳的作战效果。

追根溯源，如上所述的思想和方法在古代人们的生活和生产活动中就已经出现。例如，中国古代著名的“田忌赛马”“赵括运粮”“丁谓修宫”等故事，李冰父子主持修建的由“鱼嘴”岷江分洪工程、“飞沙堰”分洪排沙工程和“宝瓶口”引水工程巧妙结合而成的都江堰水利工程，《梦溪笔谈》所记录的军粮供应与用兵进退的关系等事例，无不闪耀着现代所称的运筹学思想，即体现了立足现有技术装备整体优化的朴素思想。进入 20 世纪后，现代运筹学的思想已经在很多方面有所体现，比如 1914 年英国工程师兰彻斯特 (Lanchester) 提出的战斗方程, 1917 年丹麦工程师研究电话通信时提出的排队论的一些著名公式，20 世纪 20 年代初提出的存储论的最优批量公式，以及 20 世纪 30 年代苏联数学家康托洛维奇在解决工业生产组织和计划问题时提出的类似线性规划的模型，等等。

由于运筹学主要是采用定量分析手段，研究如何最佳利用现有技术装备问题，以求达到最佳效果，所以第二次世界大战以后在美国等发达国家开始将运筹学的思想和方法运用到工业和经济管理领域，并取得了非常好的效果。到 20 世纪五六十年代，从事运筹学的工作者队伍开始迅速壮大，纷纷成立学会、创办刊物并开始在高校开设运筹学课程。也正是在这段时期，现代运筹学由钱学森、徐国志先生从美国归国时引入中国，并且在两位先生的推动下于 1956 年在中国科学院力学研究所成立了中国第一个运筹学研究小组。1959 年，第二个运筹学研究部门在中国科学院数学研究所成立，这是数学家们投身于国家建设的一个产物。力学所小组与数学所小组于 1960 年合并成为数学研究所的一个研究室，当时的主要研究方向为排队论、非线性规划和图论，还有人专门研究运输理论、动态规划和经济分析 (如投入产出方法)。50 年代后期，运筹学在中国的应用集中在运输问题上，其中一个广为流传且容易明白的例子就是“打麦场的选址问题”。研究该问题的目的在于解决当时在以手工收割为主的情况下如何节省人力、物力。著名的“中国邮递员问题”也是在那个时期由管梅谷教授提出的。特别值得一提的是，华罗庚先生在“文化大革命”那种特殊历史时期在全国推广的“优选法”。华罗庚先生将一些基本的优化方法，如 0.618 法，用朴素的语言编写成册，用于解决纺织女工查找布匹疵点的最佳时机等实际问题，并亲自下工厂、到农村进行推广，为在那种特殊历史时期提高生产效率起到了很好的效果。但是，由于运筹学在解决经济问题时常常要讲到利润最大、成本最低等，这些讨论在“文革”期间是禁区。所以，“文化大革命”开始以后，运筹学的研究和教学出现了停滞。到了“文革”结束后的 1980 年，中国运筹学会作为中国数学学会的一个分支才成立。运筹学的研究和教学开始恢复。1992 年，中国运筹学会从中国数学会独立出来成为国家一级学会是学会发展史上的一个重要事件。这说明了运筹学以数学为基础，但同数学学科有本质的不同。运筹学家除了推动运筹学基本理论的发展，还要对社会负起同数学家不同的责任。事实上，国际上几十年来对运筹学发展的讨论一直没有停止过。1994 年，美国运筹学会和管理科学学会合并，成立了 INFORMS，是国际运筹学界的一件大事。目前，运筹学和管理科学的结合也引起中国运筹学界的极大关注。近年来，中国运筹学工作者坚持运筹学研究与经济建设等重大问题紧密结合取得了很大的成绩。例如，在山东省与大连市经济发展计划的制订，兰州铁路局铁路运输的优化安排，中外合资经营项目的经济评价，若干国家重大工程中的综合风险分析等方面，我国运筹学者都发挥了积极作用。近二十年来，信息科学、生命科学等现代高科技对人类社会产生了巨大影响，运筹学工作者关注到其中一些运筹学起作用的新的工作方向并积极参与其中。例如，运筹学工作者将全局最优化、图论、神经网络等运筹学理论及方法应用于分子生物信息学中的 DNA 与蛋白质序列比较、芯片测试、生物进化分析、蛋白质结构预测等问题的研究；在金融管理方面，将优化及决策分析方法，应用于金融风险控制与管理、资产评估与定价分析模型等；在网络管理上，利用随机过程方法，研究排队网络的数量指标分析；在供应链管理问题中，利用随机动态规划模型，研究多重决策最优策略的计算方法等。

截至目前，几乎所有高校都在应用数学、经济管理以及金融、工程技术学科等各专业开设了运筹学课程。运筹学正以其解决实际问题的独特性受到人们越来越多的研究和应用。

运筹学与数学建模

运筹学的特点

由运筹学的发展简史可见，在解决某个实际问题时，运筹学的主要特点是利用现有的技术、资源，研究如何才能发挥最佳的效果。在这个过程中，往往需要和多个学科进行合作。可以这么说，运筹学是为决策机构在对其控制下的业务活动进行决策时，提供以数量化为基础的科学方法。它强调以量化分析为基础，就必然要用数学语言描述并解决问题。但任何决策都包含定量分析和定性分析两个方面，而定性分析又不能简单地用数学语言加以描述，如政治、民族、人们的心理等，只有综合多种因素的决策才是全面的。运筹学工作者的职责是为决策者提供量化分析的结果，并指出定性的因素。运筹学的另一个定义是：运筹学是一门应用科学，它广泛应用现有的科学技术知识和数学方法，解决实际中提出的专门问题，为决策者选择最优策略提供定量依据。这个定义表明运筹学具有多学科交叉的特点。在解决实际问题时，由于成本以及各种条件的限制，对于运筹学理论上提出的最优，往往无法达到，这时可用次优、满意解来代替。因此也可以说，运筹学为最好的解决实际问题提供一种量化依据，如果不按照运筹学给出的方案进行，则结果可能更糟糕。

运筹学与数学模型

前面提到，用运筹学解决实际问题必须用数学的语言描述该问题。这种用数学语言描述问题的过程就是建立某个实际问题的数学模型。所谓模型是指，为了一定的目的，对客观事物的一部分进行简缩、抽象、提炼出来的原型的替代物。按照描述的方式划分，模型可以分为形象模型、模拟模型以及符号或数学模型。比如，房地产开发商将其开发的房地产用沙盘方式呈现出来就是形象模型，用计算机模拟核武器爆炸以后的效果就是模拟模型。而数学模型则是将拟解决的问题所牵涉的决策变量之间的关系按照物理的、化学的、经济的等规律所必须满足的条件用数学式子写出来，并用相关数学式子将要解决的目标也表示出来的一种描述问题的方式。建立一个问题的数学模型并不是全新的概念。实际上，从小学开始的数学课上解应用题就是简单地建立数学模型并求解的过程。比如，有两艘船相距 200km，甲船以 20 km/h 的速度自东向西行驶，同时乙船以 30km/h 的速度自西向东行驶，问两船经过几小时相遇？这是一个典型的小学数学应用题。我们现在这样重新描述，问题问的是两船经过几小时相遇，这个时间是要我们回答的，是不知道的。因此可以假设两船经过 th 航行会相遇，根据简单的物理学规律以及题目的假设，显然有：$20t+30t=200$。这个式子就是我们所说的数学模型 (答案当然很简单，即 $t=4$h)，因为这个式子描述了原问题。这个模型虽然简单，但仔细思考，仍然有些建立数学模型的特点。首先，我们在列出上述式子时有意无意地忽略了某些条件。比如，我们在这里实际上假设两船在航行过程中不受诸如海浪、风向等外在因素的影响，并且假设两船一定是在一条直线上相向而行。实际上，建立任何一个问题的数学模型时都必须作出一些假设，有时，一个数学模型的好坏与假设是否合理、得当有很大关系。其次，我们利用了物理学上速度、时间和距离的关系以及题目本身给出的条件，即两船相距 200km 以及甲、乙两船的速度。这说明，建立数学模型必须根据问题给出的条件，并利用物理的、化学的、经济的、金融的等相关领域的规律才能将决策变量满足的条件或目标表示出来。

数学模型可以分为很多种，如初等数学模型、高等数学模型，离散模型、连续模型，确定性模型、随机模型，微分方程模型、差分方程模型，统计回归模型、优化模型，等等。从所使用的数学工具的角度来讨论建立数学模型，则可以说几乎用到了数学的所有分支。 由于运筹学的特点，在这门课程里讨论的数学模型都是优化模型。如何建立一个问题的优化模型 (运筹学模型) 是学习这门课程的一个非常重要的任务。但是，建立一个复杂问题的运筹学模型并不是一件简单的事情。实际上，有人认为建立一个好的数学模型 (包括运筹学模型) 是一门艺术。这是指，建立数学模型并不能简单地根据某个定理就能立即写出来，而是需要利用问题的假设和相关规律进行反复思考、讨论，进行创造性的工作。当然，任何事情都有一个开始和训练。在运筹学这门课程里，我们除了学习一些运筹学的分支及其相关理论外，有意识地注意数学建模是一项非常重要的任务。虽然建立某个问题的数学模型没有一个统一的模式，但从以下几个方面进行思考是有益的：

(1) 仔细考虑 (阅读) 问题的已知和未知条件，反复讨论，找出问题要解决的目标。需要解答者回答的问题往往就是决策变量，用适当的符号表示决策变量。

(2) 经过讨论，作出适当与合理的假设。所谓适当与合理的假设主要与该问题所属学科领域的知识有关。

(3) 从问题的最后入手，讨论决策变量之间以及与某些公认的或已知的规律或某种量之间的联系，并将这些关系表示出来。

(4) 将问题需要回答的目标表达出来。

能做到从以上几个方面思考问题，对于学习运筹学来说是足够了，但要提高建立数学模型的能力却不是一朝一夕的事情，只有长期坚持建模训练才有可能建立一个好的数学模型，用于解决复杂的实际问题。

算法

假设我们针对某个问题建立了数学模型，那么接下来的任务就是求解这个模型。求解数学模型，当然要用到相关的数学理论，从求解的方式来看，不外乎有两种方式：公式的或解析的求解方式以及根据某种算法进行求解。前面一种方式不用讨论，我们着重讨论第二种方式。由于问题本身的结构，很多问题没办法用公式求解。这时，人们往往会根据问题的特点和相关理论提出解决这个问题的一些步骤。即，首先应该怎么做，其次又应该怎么做，在什么情况下应该怎么做，在什么情况应该终止等等。这些解决某个问题的步骤就是算法。

作为一个算法应该满足一般性和有限终止性。即只要是同类型的问题就应该能够按照相同的算法得出结果并且一定要在有限次运算后终止 (收敛)。除此以外，还需要考虑算法的运算效率，即收敛速度。

运筹学模型几乎都是根据某种算法进行求解的。因此，适当了解与算法密切相关的计算复杂性是有必要的。下面对此做一个简单的介绍。所谓问题是指一个抽象的模型或概念，它通过一些具体的数据表现出来。问题是需要回答的一般性提问，通常含有若干个满足已定条件的参数。问题通过描述所有参数的特性和描述答案所满足的条件给定。当问题中的参数赋予了具体值的时候，就称为问题的一个实例 (Instance)。一个问题通过它的所有实例表现。算法常常是针对一个问题来设计的，它可以求解任何一个该问题的实例。比如，线性规划问题是指：

$$\max(\min) \quad z = \boldsymbol{c}^{\mathrm{T}}\boldsymbol{X}$$
$$\text{s.t.}$$
$$\boldsymbol{AX} = \boldsymbol{b}$$
$$\boldsymbol{X} \geqslant \boldsymbol{0}$$

这里，$\boldsymbol{X} \in \boldsymbol{R}^n$ 称为决策向量，$\boldsymbol{c} \in \boldsymbol{R}^n$ 称为价值系数向量，$\boldsymbol{A} \in \boldsymbol{R}^{m \cdot n}$ 称为技术系数矩阵，$\boldsymbol{b} \in \boldsymbol{R}^m$ 称为资源系数向量。$\boldsymbol{A}, \boldsymbol{b}, \boldsymbol{c}$ 就是描述该问题的参数，当这些矩阵、向量给定具体值后，就对应一个实例。通过一个称为检验数 (后面将会详述) 的概念对其解进行描述。后面我们将会了解到单纯形法可以求解该问题。并且只要是如上形式的问题，不论 $\boldsymbol{A}, \boldsymbol{b}, \boldsymbol{c}$ 是怎样的，通过单纯形法都可以得出有解 (唯一解、无穷多组解、无界解) 或无解的最终结果。

衡量一个算法的好坏有时可以用计算机所耗费的 cpu 时间来判断，但是，计算机软硬件都在不断变化和提高，所以通常是用算法中的加、减、乘、除和比较等基本运算的总次数同实例在计算机计算时的二进制输入数据的大小关系来度量的。在这里我们不打算进行详细地讨论，我们只是粗略地指出，一个求解实例 I 的算法的基本计算总次数 $C(I)$ 同实例 I 的计算机二进制输入长度 $d(I)$ 的关系如果能用一个多项式函数进行控制的话，我们就称该算法是求解该问题的一个多项式时间算法。这样的算法我们认为是有效的或者说是好的算法。与此相对的就是所谓指数时间算法，这样的算法我们认为是效率不高的或者说是不好的算法。

一个问题如果存在至少一个多项式时间算法，则称为多项式问题，所有多项式问题集记为 P(Polynomial)。对于上面提到的线性规划问题，可以证明，单纯形法不是一个多项式时间算法，但这并不能说明线性规划问题不属于多项式问题。Khachian 在 1979 年成功构造了椭球算法并证明了其算法是线性规划问题的多项式时间算法。因此，线性规划问题属于 P。并非所有 (优化) 问题都找到了多项式时间算法，也就是说，还不能肯定某些优化问题是否属于 P。我们把迄今为止还没有找到多项式时间算法的最优化问题归为所谓的 NP-hard。受人类认识能力的限制，目前人们只能假设这一类难解的最优化问题不存在多项式时间算法。比如，我们将在后面学习的整数规划问题，0-1 规划问题即属于此类问题。但是，非多项式时间算法在实际计算中的表现不一定就不好。比如单纯形法，理论上不是多项式时间算法，但其求解实际问题的效果，特别是对于中小规模的线性规划问题而言，其效果往往好于别的算法 (如内点算法)。因此，单纯形法以及割平面法、隐枚举法等算法仍然值得我们学习。

应用运筹学解决问题

运筹学的特点之一是多学科合作。所以，运用运筹学解决实际问题首先需要与问题所属学科领域的专业人士进行合作，深入了解问题的真正含义，搞清问题真正需要解决的目标。其次，在研究问题时要互相引导，改变一些对问题的常规看法。除了强调合作以外，在研究问题时也需要独立进行，要思路开阔。具体来说，应用运筹学解决问题主要有如下一些步骤：

(1) 分析问题。首先针对问题做调查研究。这里指的是针对问题提供的已知、未知，做定性研究，讨论问题的属性。要搞清楚问题所属的学科领域，并反复讨论问题需要解答者回答什么。这个说法看似容易，但对比较复杂的问题可能需要解答者反复思考才可能真正清楚问题所在。

(2) 构造或选择模型。在清楚决策变量并用适当符号表示以后，针对问题可以选用适当的、已知的模型，也可能需要解答者自己构造模型。所谓构造模型是指，根据相关学科领域的知识和问题的要求，客观地写出决策变量之间必须满足的关系。在此，需要特别强调的是，在构造模型或选择模型以前，必须作出适当的、合理的假设。

(3) 模型的求解和检验。模型建立以后，应该根据相关理论对此模型进行求解。对于运筹学模型而言，几乎都是根据相关算法通过计算机求解。在此，需要注意问题的规模和计算复杂性问题。对于某些大型的运筹学模型，如果属于 NP-hard 的，可能还需要采用某些启发式算法进行求解。在求解过程中必然有检验的问题，这与算法有关。

(4) 解的实施和控制。应用运筹学解决问题的根本就是为决策者作出科学决策提供定量依据。因此，得到模型的解以后就需要具体实施。若在实施过程中发现与预期的、理论的或实际的表现不符，则需要回到第一步重新开始。另外，由于任何数学模型都有局限性，所以在可能的情况下作灵敏度分析，即确定最优解保持稳定的参数变化范围也是非常重要的。

(5) 模型的总结和反馈。最后，针对建立的运筹学模型作出总结，讨论是否可以进一步改善模型。

在应用运筹学解决一个复杂的实际问题时，构造或选择模型是最重要的一步。为获得一个好的模型，可能需要重复上述步骤，反复讨论才能成功，从而较好地解决问题。

关于本书

从应用数学的角度来看，运筹学是一门应用性很强的学科。从管理等学科的角度来看，运筹学又是一门数学味道很浓的学科。因此，学习运筹学不仅要学会相关的数学理论，更要注意建立数学模型解决实际问题。同时，对于处在计算机时代的人来说，必须要学会利用计算机解决运筹学模型。我们在前言已经说过，可以选用一些现成的计算机软件来解决运筹学问题，但编者考虑到 MATLAB 的重要性和广泛性，本书是基于 MATLAB 来进行相关讨论的。几乎对于每个算法我们都编写了相关的程序并附在每章的适当位置。编者也认为掌握相关算法的手工计算也是很有必要的。因为这会有助于学习者真正理解和掌握相关的算法。因此传统的手工计算我们并没有放弃。另外，本书在选材时是从运筹学模型的数学特点进行划分的。即分成线性模型、非线性模型和随机模型三种。

CHAPTER 1

第 1 章

线性规划及单纯形法

学习目标与要求

1. 掌握线性规划的有关概念，会化非标准型线性规划为标准型线性规划。
2. 初步建立数学模型的概念。
3. 掌握求解线性规划的单纯形法并会用 MATLAB 求解线性规划问题。

1.1 线性规划问题及其标准型

线性规划 (Linear Programming, LP) 是运筹学中一个基础而重要的分支。很多其他运筹学问题的求解都以线性规划问题为基础。线性规划开创性的工作可以追溯到 1939 年苏联数学家、经济学家康托洛维奇 (L. V. Kantorovich, 1912—1986) 的著作《生产组织和计划中的数学方法》。他把资源最优利用这一传统的经济学问题，由定性研究和一般的定量分析推进到现实计量阶段，对于在企业范围内如何科学地组织生产和在国民经济范围内怎样最优地利用资源等问题做出了独创性的研究。此外，美国经济学家库普曼斯 (T. C. Koopmans) 和美国数学家丹兹格 (G. B. Dantzig) 在线性规划的发展历史中也作出了开创性的卓越贡献。前者在第二次世界大战期间重新独立地研究了运输问题，后者则发明了 20 世纪最伟大的算法之一，即用于求解线性规划问题的单纯形法。从理论上来说，单纯形法不是多项式时间算法，而后来出现的椭球算法和内点算法才是求解线性规划问题的多项式时间算法，但在实际计算中，特别是对中小规模的线性规划问题，单纯形法的表现仍然很好。因此，对于现在学习运筹学的人来说，单纯形法仍然是必须掌握的算法。

1.1.1 线性规划问题的提出

线性规划是指求解一组决策变量，该组决策变量在满足一些线性约束条件的基础上，使得某个线性函数的值达到最大或最小。下面通过两个例子加以说明。

✍ **模型引入 1.1** (生产安排问题)　某工厂生产甲、乙两种产品，而生产这两种产品需要用到原材料 A 和原材料 B。该厂可以利用的原材料 A 有 16kg，原材料 B 有 12kg。生产一个单位甲产品需要消耗 2kg 原材料 A 和 4kg 原材料 B，生产一个单位乙产品需要消耗 3kg 原材料 A 和 1kg 原材料 B。经过测算，一个单位的甲产品可以获得 6 元的利润，一个单位的乙产品可以获得 7 元的利润。问：该厂应如何安排生产才能获得最大利润？

解　这个问题问的是如何安排生产才能获得最大利润。什么叫安排生产呢？在这个简化的题目中，所谓安排生产当然指的是生产甲、乙两种产品各多少个单位。所以，这是我们要回答的不知道的量。设生产甲、乙两种产品各为 x_1 和 x_2 个单位，于是按照题目的假设，该厂此时可以获利 $z = 6x_1 + 7x_2$。生产不能是随意的，在这里，生产所耗费的原料当然不能超过该厂的拥有量。于是，生产必须在如下约束下进行：

$$
\begin{aligned}
2x_1 + 3x_2 &\leqslant 16 \quad (\text{原料 A 的限制}) \\
4x_1 + \ \ x_2 &\leqslant 12 \quad (\text{原料 B 的限制})
\end{aligned}
$$

此外，x_1, x_2 是甲、乙产品的计划生产量，所以有 $x_1 \geqslant 0, x_2 \geqslant 0$。用 max 表示 maximize(即最大)，用 subject to 或 such that 表示受约束 (其缩写为 s.t.)，于是可以将上面的分析表示为：

$$
\begin{aligned}
&\max \quad z = 6x_1 + 7x_2 \\
&\text{s.t.} \\
&\qquad \begin{cases} 2x_1 + 3x_2 \leqslant 16 \\ 4x_1 + \ \ x_2 \leqslant 12 \\ x_1, x_2 \geqslant 0 \end{cases}
\end{aligned}
\tag{1-1-1}
$$

这就是该问题的数学模型。它将原问题用数学的语言完全表达出来了。

✍ **模型引入 1.2** (最佳下料问题)　某汽车制造过程中需要用到 1.5m、1m、0.7m 的钢轴各一根。用于制造这些钢轴的原料是 4m 长的圆钢。现在要制造 1000 辆汽车，问最少需要多少根圆钢。

解　由于 3 种规格的钢轴长度之和为 3.2m，一个自然的做法是在一根圆钢上截取就可以完成该项任务。但是，这样做将会出现 0.8m 的料头。制造 1000 辆汽车将会出现 800m 的料头，如果这些料头不能作其他用途，则相当于浪费了 200 根原材料。那么，有没有什么办法能减少浪费呢？仔细阅读题目不难发现，需要的是 1.5m、1m、0.7m 的钢轴各一根，并没有要求这些钢轴来自于同一根圆钢。也就是说，只要获得 1.5m、1m、0.7m

的钢轴各 1000 根就行了。于是，可以按照这样的思路来考虑：假设在圆钢上的切口厚度忽略不计，那么，若在一根圆钢上截取 2 根 1.5m、1 根 1m 的钢轴，则没有任何余料，若在一根圆钢上截取 2 根 1.5m、1 根 0.7m 的钢轴，则只有 0.3m 的余料……把这些方案列举出来 (见表 1-1)。只要余料小于 0.8m，那么都是比原始想法好的截取方案。这样，通过各种截取方案获得的 1.5m、1m 和 0.7m 的钢轴只要都有 1000 根，这项任务就完成了。这样做的目的当然是让产生的余料之和达到最小。于是，可以设 $x_i(i=1,2,\cdots,10)$ 表示采用第 i 种方案时圆钢的数目，则将得到规格为 1.5m，1m 和 0.7m 的钢轴分别为：

$$2x_1+2x_2+x_3+x_4+x_5 \qquad (1.5\text{m 钢轴})$$

$$x_1+2x_3+x_4+4x_6+3x_7+2x_8+x_9 \qquad (1\text{m 钢轴})$$

$$x_2+2x_4+3x_5+x_7+2x_8+4x_9+5x_{10} \qquad (0.7\text{m 钢轴})$$

表 1-1　优于原始方案的下料方案

钢轴规格/根 \ 方案	1	2	3	4	5	6	7	8	9	10	需求量
1.5m	2	2	1	1	1	0	0	0	0	0	1000
1m	1	0	2	1	0	4	3	2	1	0	1000
0.7m	0	1	0	2	3	0	1	2	4	5	1000
余料/m	0	0.3	0.5	0.1	0.4	0	0.3	0.6	0.2	0.5	

按照这样的做法，将会产生的余料表达式为：

$$0.3x_2+0.5x_3+0.1x_4+0.4x_5+0.3x_7+0.6x_8+0.2x_9+0.5x_{10}$$

于是，得到该问题的数学模型：

$$\min \quad z=0x_1+0.3x_2+0.5x_3+0.1x_4+0.4x_5+0x_6+0.3x_7+0.6x_8+0.2x_9+0.5x_{10}$$

$$\text{s.t.}\quad \begin{cases} 2x_1+2x_2+x_3+x_4+x_5=1000 \\ x_1+2x_3+x_4+4x_6+3x_7+2x_8+x_9=1000 \\ x_2+2x_4+3x_5+x_7+2x_8+4x_9+5x_{10}=1000 \\ x_i\geqslant 0(i=1,2,\cdots,10) \end{cases} \tag{1-1-2}$$

以上两个问题都是求一组决策变量使得某线性函数 (称为目标函数) 达到最大或最小的优化问题。这些决策变量满足一定的线性函数，这些函数称为约束条件。这样的问题就是所谓的线性规划问题。将其推广就得到如下线性规划的一般数学表达：

$$
\begin{aligned}
\max(\min) \quad & z = c_1x_1 + c_2x_2 + \cdots + c_nx_n \\
\text{s.t.} \quad & \\
& \begin{cases}
a_{11}x_1 + a_{12}x_2 + \cdots + a_{1n}x_n \leqslant (=, \geqslant) b_1 \\
a_{21}x_1 + a_{22}x_2 + \cdots + a_{2n}x_n \leqslant (=, \geqslant) b_2 \\
\cdots\cdots \\
a_{m1}x_1 + a_{m2}x_2 + \cdots + a_{mn}x_n \leqslant (=, \geqslant) b_m \\
x_i \geqslant 0 (i = 1, 2, \cdots, n)
\end{cases}
\end{aligned} \tag{1-1-3}
$$

在模型 (1-1-3) 中，称 $z = c_1x_1+c_2x_2+\cdots+c_nx_n$ 为目标函数，对于该函数可能是求极大 (max)，也可能是求极小 (min)。模型中写成 max(min) 是为了将两种情况写在一起以便于说明，并非同时求极大和极小。称 $a_{i1}x_1+a_{i2}x_2+\cdots+a_{in}x_n \leqslant (=, \geqslant) b_i (i = 1, 2, \cdots, m)$ 为约束条件。同样，式 (1-1-3) 右边的 $\leqslant (=, \geqslant)$ 是将可能的 3 种约束情况写在一起以便于说明。最后 $x_i \geqslant 0 (i = 1, 2, \cdots, n)$ 称为决策变量的非负约束。由于线性规划问题在经济学上的含义，称 $c_i (i = 1, 2, \cdots, n)$ 为价值系数；$b_j (j = 1, 2, \cdots, m)$ 为资源系数；$a_{ij} (i = 1, 2, \cdots, m; j = 1, 2, \cdots, n)$ 为技术系数。值得注意的是，今后所遇到的问题并不全是经济学问题，但仍然这样称呼这些参数。

求解线性规划问题 (1-1-3) 只能通过算法 (没有解析解的方法) 进行。也就是说，不能通过将上述参数代入某个公式然后求得该问题。因此，必须指定一种表达形式为标准形式，这种标准形式必须是能很容易地将其他非标准形式化为该标准形式。本书规定的线性规划问题的标准形式为：

$$
\begin{aligned}
\max \quad & z = c_1x_1 + c_2x_2 + \cdots + c_nx_n \\
\text{s.t.} \quad & \\
& \begin{cases}
a_{11}x_1 + a_{12}x_2 + \cdots + a_{1n}x_n = b_1 \\
a_{21}x_1 + a_{22}x_2 + \cdots + a_{2n}x_n = b_2 \\
\cdots\cdots \\
a_{m1}x_1 + a_{m2}x_2 + \cdots + a_{mn}x_n = b_m \\
x_i \geqslant 0 (i = 1, 2, \cdots, n)
\end{cases}
\end{aligned} \tag{1-1-4}
$$

它有 3 个特点：

(1) 目标函数求极大。由于对于任何函数均有 $\min z = -\max(-z)$，可见，如果原问题是对目标函数 z 求极小，则可以先求其相反函数 (即 $-z$) 的极大，得到极大值之后，再将函数值反号即可。

(2) 所有约束条件都是等式约束。实际上，若第 i 个约束条件是“$\leqslant$”，即

$$a_{i1}x_1 + a_{i2}x_2 + \cdots + a_{in}x_n \leqslant b_i$$

则表明表达式左边比右边少了某一个非负数，称该非负数为松弛变量，在经济学上表明该种资源 (即 b_i) 没有用完的部分。设该非负数为 x_s(具体的下标视原问题的变量个数以及有多少个松弛变量而定，一般与原问题的变量下标连续)，则一定有：

$$a_{i1}x_1 + a_{i2}x_2 + \cdots + a_{in}x_n + x_s = b_i$$

x_s 作为新的变量加入到原问题中，在整个模型求解后其值也就出来了。第 i 个约束条件也可能是“$\geqslant$”，即

$$a_{i1}x_1 + a_{i2}x_2 + \cdots + a_{in}x_n \geqslant b_i$$

这时，表达式左边比右边多了某一个非负数，称该非负数为剩余变量，也可继续称为松弛变量。在经济学上的意义是该种资源 (即 b_i) 用超过的部分，比如某种产品中某种成分的含量至少达到 b_i，则就会出现这样的约束。类似地，设该非负数为 x_s(具体的下标视原问题的变量个数以及有多少个松弛变量而定，一般与原问题的变量下标连续)，则一定有

$$a_{i1}x_1 + a_{i2}x_2 + \cdots + a_{in}x_n - x_s = b_i$$

x_s 也作为新的变量加入原问题中，在整个模型求解后其值同样出来了。

(3) 所有决策变量非负。实际上，对于决策变量的符号，总共有 3 种可能。若某变量本来就是非负的，则不用改变；若某变量非正，则用其相反的变量取代。即若原模型中要求 $x_i \leqslant 0$，则令 $x_i' = -x_i$，或者说 $x_i = -x_i'$，并将其代入原模型中，则 x_i 被 x_i' 取代，且 $x_i' \geqslant 0$；若原模型中对 x_i 没有符号要求，即正负均可，则可令

$$x_i = x_i' - x_i'', \quad x_i', x_i'' \geqslant 0$$

带入原模型中，则出现的变量均是非负变量。

通过这 3 点，任何一个线性规划问题都可以容易地化为标准形式。今后讨论线性规划问题的有关理论以及有关算法时都是针对模型 (1-1-4) 进行的。此外，还常常用到模型 (1-1-4) 的向量表达形式 (1-1-5) 和矩阵表达形式 (1-1-6)，相应的称式 (1-1-4) 为线性规划问题的分量表达形式。

$$\begin{aligned} &\max \quad z = \boldsymbol{c}^{\mathrm{T}}\boldsymbol{X} \\ &\text{s.t.} \\ &\qquad \begin{cases} \displaystyle\sum_{j=1}^{n} \boldsymbol{P}_j x_j = \boldsymbol{b} \\ x_j \geqslant 0 (j = 1, 2, \cdots, n) \end{cases} \end{aligned} \tag{1-1-5}$$

其中，$\boldsymbol{c} = (c_1, c_2, \cdots, c_n)^{\mathrm{T}} \in \boldsymbol{R}^n$; $\boldsymbol{X} = (x_1, x_2, \cdots, x_n)^{\mathrm{T}} \in \boldsymbol{R}^n$; $\boldsymbol{P}_j = (a_{1j}, a_{2j}, \cdots, a_{mj})^{\mathrm{T}} \in$

$\boldsymbol{R}^m (j=1,2,\cdots,n); \boldsymbol{b}=(b_1,b_2,\cdots,b_m)^{\mathrm{T}} \in \boldsymbol{R}^m$。

$$\begin{aligned} &\max \quad z=\boldsymbol{c}^{\mathrm{T}}\boldsymbol{X} \\ &\text{s.t.} \\ &\qquad \begin{cases} \boldsymbol{AX}=\boldsymbol{b} \\ \boldsymbol{X} \geqslant \boldsymbol{0} \end{cases} \end{aligned} \tag{1-1-6}$$

其中，$\boldsymbol{A}=(a_{ij})_{m\cdot n} \in \boldsymbol{R}^{m\cdot n}; \boldsymbol{c} \in \boldsymbol{R}^n; \boldsymbol{X}=(x_1,x_2,\cdots,x_n)^{\mathrm{T}} \in \boldsymbol{R}^n; \boldsymbol{b} \in \boldsymbol{R}^m$。

根据向量和矩阵的相关运算，容易看出上面 3 种表达形式是一样的，只是在讨论有关问题时，不一样的表达方式有时更方便，特别是线性规划的矩阵表达形式。最后需要强调的是，在线性规划的标准形式中要求资源向量 $\boldsymbol{b} \geqslant \boldsymbol{0}$。这点容易办到而且意义明显。

例 1.1　将线性规划问题 (1-1-1) 化为标准形式。

解　线性规划问题 (1-1-1) 原为：

$$\begin{aligned} &\max \quad z=6x_1+7x_2 \\ &\text{s.t.} \\ &\qquad \begin{cases} 2x_1+3x_2 \leqslant 16 \\ 4x_1+\ \ x_2 \leqslant 12 \\ x_1,x_2 \geqslant 0 \end{cases} \end{aligned}$$

对照上面的 3 个特点逐一检查：目标函数已是求极大，决策变量已是非负，但两个约束条件都是“$\leqslant$”，故需要引入两个松弛变量，分别记为 x_3, x_4。无论是松弛变量还是剩余变量都是非负变量，故式 (1-1-1) 等价于如下标准形式：

$$\begin{aligned} &\max \quad z=6x_1+7x_2 \\ &\text{s.t.} \\ &\qquad \begin{cases} 2x_1+3x_2+x_3 \qquad =16 \\ 4x_1+\ \ x_2 \qquad +x_4=12 \\ x_i \geqslant 0, i=1,2,3,4 \end{cases} \end{aligned}$$

写成矩阵形式为：

$$\begin{aligned} &\max \quad z=\boldsymbol{c}^{\mathrm{T}}\boldsymbol{X} \\ &\text{s.t.} \\ &\qquad \begin{cases} \boldsymbol{AX}=\boldsymbol{b} \\ \boldsymbol{X} \geqslant \boldsymbol{0} \end{cases} \end{aligned}$$

其中，$\boldsymbol{c}=(6,7,0,0)^{\mathrm{T}}; \boldsymbol{A}=\begin{pmatrix} 2 & 3 & 1 & 0 \\ 4 & 1 & 0 & 1 \end{pmatrix}; \boldsymbol{b}=(16,12)^{\mathrm{T}}; \boldsymbol{X}=(x_1,x_2,x_3,x_4)^{\mathrm{T}}$。

例 1.2 将下述线性规划化为标准形式。

$$\min \quad z = -x_1 + 2x_2 - 3x_3$$

$$\text{s.t.} \quad \begin{cases} x_1 + x_2 + x_3 \leqslant 7 \\ x_1 - x_2 + x_3 \geqslant 2 \\ -3x_1 + x_2 + 2x_3 = 5 \\ x_1, x_2 \geqslant 0, x_3\text{无符号限制} \end{cases}$$

解 由于 x_3 无符号限制，故令 $x_3 = x_4 - x_5, x_4, x_5 \geqslant 0$，并在第一个约束条件引入一个松弛变量 $x_6 \geqslant 0$，在第二个约束条件引入剩余变量 (松弛变量)$x_7 \geqslant 0$，则得到原问题的标准形式：

$$\max \quad z = x_1 - 2x_2 + 3x_4 - 3x_5$$

$$\text{s.t.} \quad \begin{cases} x_1 + x_2 + x_4 - x_5 + x_6 = 7 \\ x_1 - x_2 + x_4 - x_5 - x_7 = 2 \\ -3x_1 + x_2 + 2x_4 - 2x_5 = 5 \\ x_1 \geqslant 0, x_2 \geqslant 0, x_4 \geqslant 0, x_5 \geqslant 0, x_6 \geqslant 0, x_7 \geqslant 0 \end{cases}$$

其矩阵形式为：

$$\max \quad z = \boldsymbol{c}^{\mathrm{T}} \boldsymbol{X}$$

$$\text{s.t.} \quad \begin{cases} \boldsymbol{AX} = \boldsymbol{b} \\ \boldsymbol{X} \geqslant \boldsymbol{0} \end{cases}$$

其中，

$$\boldsymbol{A} = \begin{pmatrix} 1 & 1 & 1 & -1 & 1 & 0 \\ 1 & -1 & 1 & -1 & 0 & -1 \\ -3 & 1 & 2 & -2 & 0 & 0 \end{pmatrix}, \quad \boldsymbol{c} = (1, -2, 3, -3, 0, 0)^{\mathrm{T}}$$

$$\boldsymbol{b} = (7, 2, 5)^{\mathrm{T}}, \quad \boldsymbol{X} = (x_1, x_2, x_4, x_5, x_6, x_7)^{\mathrm{T}}$$

1.1.2 图解法及基本概念

由于线性规划问题的目标函数和约束条件都是线性函数，在只有两个决策变量时，可以在笛卡儿直角坐标系上画出相应的约束函数并可以直观地看出其最优解。这就是线性规划的图解法。图解法只适用于两个决策变量的情形，超过两个决策变量的线性规划问题无法利用图解法求解。因此，图解法除了帮助初学者直观地了解线性规划的有关概念和基本原理以外，没有其他作用。图解法的基本步骤为：

(1) 在笛卡儿直角坐标系上画出所有的约束函数 (直线)，并确定决策变量的取值范围，这个范围内的每个点称为可行点或可行解，其全体称为可行域。

(2) 画出至少两条目标函数直线，它们是平行的 (实际上目标函数是平行直线族)，这样可以看到目标函数向什么方向移动时函数值是增加还是减少，当目标函数增加 (原问题是求极大) 到某一点，如果再增加就跑到了约束域的外面时，这点就是所求的最优点 (最优解)。

例 1.3　用图解法求解线性规划问题 (1-1-1)。

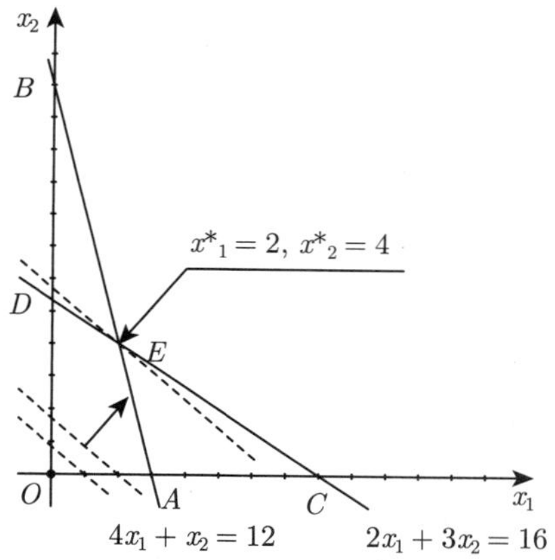

图 1-1　图解法求解线性规划问题 (1-1-1)

解　首先在笛卡儿直角坐标系上画出两条约束函数直线，然后判断约束域。由于有变量非负的要求，所以只需要第一象限。原来第一个约束条件是 $2x_1+3x_2\leqslant 16$，故满足该条件的点位于 $\triangle OCD$ 区域，类似地，满足第二个约束条件的点位于 $\triangle OAB$ 区域。从而满足所有约束条件的点位于四边形 $OAED$ 区域。令目标函数 $6x_1+7x_2$ 分别取值 6 和 12(当然也可以是其他值) 并画出这两条直线，即图 1-1 中左下方的两条虚线。可以看出，该直线向右上方移动时函数值是增加的。因此，该直线移动到 E 点时不能再移动了。因为，E 点还属于可行域的一点 (可行点)，继续向上移动时，目标函数值虽然增加，但直线上所有点都不在约束域里面了。这就是说，E 点是约束域里使得线性规划问题 (1-1-1) 目标函数值最大的点，故该点即为所求的最优点。显然，这是两条约束直线的交点，解线性方程组即可得到 $x_1^*=2, x_2^*=4$，而最优目标函数值为 $z^*=40$。

上述例题中的最优解是唯一的，但对于一般的线性规划问题，其解的结果还有可能是：无穷多组解、无界解以及无可行解这 3 种情况。下面通过图解法加以说明。

例 1.4 利用图解法求解线性规划问题：

$$\begin{aligned} \max \quad & z = x_1 + (3/2)x_2 \\ \text{s.t.} \quad & \\ & \begin{cases} 2x_1 + 3x_2 \leqslant 16 \\ 4x_1 + \quad x_2 \leqslant 12 \\ x_1, x_2 \geqslant 0 \end{cases} \end{aligned} \tag{1-1-7}$$

解 不难看出，这个线性规划问题与问题 (1-1-1) 只是目标函数不同。这里的目标函数与第一个约束直线是平行的，用图解法求解的结果见图 1-2。此时，由于目标函数与约束的边界 DE 段重复时函数值最大，故此时有无穷多组最优解。最优解 x_1^* 和 x_2^* 满足 $2x_1^* + 3x_2^* = 16$, 且 $0 \leqslant x_1^* \leqslant 2$。最优值 $z^* = 8$。

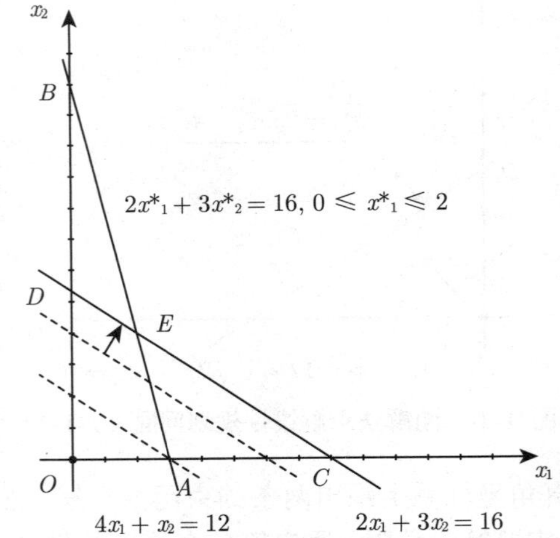

图 1-2 图解法求解线性规划问题 (1-1-7)

例 1.5 利用图解法求解线性规划问题：

$$\begin{aligned} \max \quad & z = 2x_1 + 2x_2 \\ \text{s.t.} \quad & \\ & \begin{cases} x_1 - x_2 \geqslant 1 \\ -x_1 + 2x_2 \leqslant 0 \\ x_1, x_2 \geqslant 0 \end{cases} \end{aligned} \tag{1-1-8}$$

解 根据上面所说的步骤画出其可行域 $ABCD$，见图 1-3。从图上可以看出，可行域 $ABCD$ 是无界的。随着目标函数向右上方移动时，目标函数值一直增加，且一直都有点在可行域里。这就是说，目标函数值 (求最大) 是无上界的。

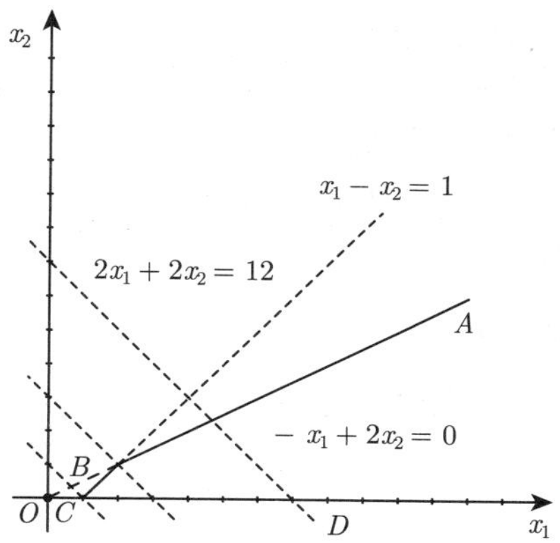

图 1-3 图解法求解线性规划问题 (1-1-8)

例 1.6 利用图解法求解线性规划问题:

$$
\begin{aligned}
&\max \quad z = x_1 + x_2 \\
&\text{s.t.} \\
&\qquad \begin{cases} -x_1 + x_2 \geqslant 1 \\ -x_1 - x_2 \geqslant 1 \\ x_1, x_2 \geqslant 0 \end{cases}
\end{aligned}
\tag{1-1-9}
$$

解 根据题设约束条件画出图 1-4。从图上可以看出，两个约束条件确定的区域 D_1 和变量非负的要求矛盾。所以，该问题不存在可行解，即不存在满足两个约束条件的非负变量 x_1, x_2。

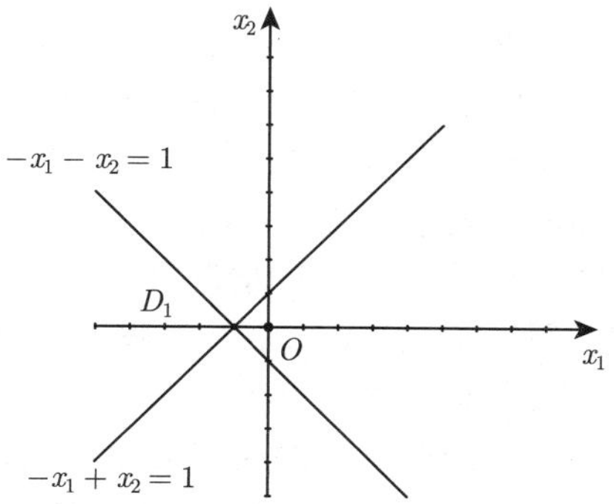

图 1-4 图解法求解线性规划问题 (1-1-9)

上面讨论了线性规划解的 4 种可能性，即有唯一解、无穷多组解、无界解和无可行解。值得注意的是，在例 1.3 中，可行域 $OAED$ 是一个四边形，最后得到的最优解在其中的一个顶点上。可行域里面的点都是可行解，在经济学上意味着在可行域 $OAED$ 中任选一点进行生产都是可行的 (有无穷多个可行点)，因为这样的生产没有超出该厂拥有的资源数量。但最优点 (最优生产计划) 出现在其可行域的一个顶点上，不是可行域内部的某个点。这个题目虽然简单，但上述结论却具有一般性。下节将证明线性规划问题的可行域若有界，则其最优解一定可以在其某个顶点或某段边界上得到。下面继续讨论与线性规划的解有关的几个概念。

1. 可行解、可行域和最优解

满足线性规划问题所有约束条件，包括非负约束的解称为线性规划问题的可行解。所有可行解组成的集合称为可行域。常常记为 $\boldsymbol{D}$。对于线性规划问题 (1-1-6)，有

$$\boldsymbol{D}=\{\boldsymbol{X}|\boldsymbol{AX}=\boldsymbol{b},\boldsymbol{X}\geqslant\boldsymbol{0}\}$$

从上面的图解法可知，可行域 $\boldsymbol{D}$ 可能是空集，也可能非空。在非空集时，可能是有界的，也可能是无界的。每个可行解对应一个目标函数值，在所有目标函数值中最大者或最小者就是最优解，相应的目标函数值为最优目标函数值。

2. 基、基变量、非基和非基变量

考虑线性规划的标准形式 (1-1-6)，即

$$\begin{aligned}&\max \quad z=\boldsymbol{c}^{\mathrm{T}}\boldsymbol{X}\\&\text{s.t.}\\&\qquad\begin{cases}\boldsymbol{AX}=\boldsymbol{b}\\\boldsymbol{X}\geqslant\boldsymbol{0}\end{cases}\end{aligned}$$

其中，$\boldsymbol{A}=(a_{ij})_{m\cdot n}\in\boldsymbol{R}^{m\cdot n};\boldsymbol{c}\in\boldsymbol{R}^n;\boldsymbol{X}=(x_1,x_2,\cdots,x_n)^{\mathrm{T}}\in\boldsymbol{R}^n;\boldsymbol{b}\in\boldsymbol{R}^m$。

首先，假设技术系数矩阵 $\boldsymbol{A}$ 的行数不大于列数，即假设 $m\leqslant n$。实际上，在后面将会学习到线性规划的对偶理论，根据对偶理论，任何一个线性规划问题 (称为原问题) 都有一个对偶线性规划 (对偶问题) 与之对应，两者有非常密切的联系，且两者的技术系数矩阵刚好互为转置。所以，当出现了 $m>n$ 的情况时，可以转而讨论其对偶问题。因此，这种假设不失一般性。其次，假设 $\operatorname{rank}(\boldsymbol{A})=m$，即假设 $\boldsymbol{A}$ 是行满秩的。在线性规划的约束 $\boldsymbol{AX}=\boldsymbol{b}$ 中，每一个等式对应一个约束条件。假设 $\boldsymbol{A}$ 行满秩就是假设 $\boldsymbol{A}$ 的行向量组是线性无关的，也就是假设不会出现多余的约束条件。因此，这种假设也是合理的。

由于矩阵 $\boldsymbol{A}$ 的秩总是等于其行向量组的秩，也等于其列向量组的秩，故在上面的两种假设下，$\boldsymbol{A}$ 的 n 个列向量组成的向量组 $\boldsymbol{P}_1,\boldsymbol{P}_2,\cdots,\boldsymbol{P}_n$ 中至少有 m 个列向量是线性无关的。称这 m 个列向量为线性规划约束方程组的一组基。这组基构成约束方程组的一个子矩阵，记为 $\boldsymbol{B}$。显然，这样的基最多有 C_n^m 组。与基对应的决策变量称为基变量。这部分决策变量也构成决策向量 $\boldsymbol{X}$ 的一个部分，记为 $\boldsymbol{X}_B$。$\boldsymbol{A}$ 中除基以外的其他列向量称

为非基，它们构成 $\boldsymbol{A}$ 中除基 $\boldsymbol{B}$ 以外的部分，记为 $\boldsymbol{N}$。相应的变量称为非基变量，这部分决策变量记为 $\boldsymbol{X}_N$。为叙述方便起见，不妨假设 $\boldsymbol{A}$ 的前 m 个列向量是线性无关的 (在理论上总是可以通过对决策变量重新编号来得到，但后面将会发现，实际计算中不需要这样做)，则有

$$\boldsymbol{A}=(\boldsymbol{P}_1,\boldsymbol{P}_2,\cdots,\boldsymbol{P}_n)=(\boldsymbol{B},\boldsymbol{N}),\quad \boldsymbol{B}=(\boldsymbol{P}_1,\boldsymbol{P}_2,\cdots,\boldsymbol{P}_m),\quad \boldsymbol{N}=(\boldsymbol{P}_{m+1},\boldsymbol{P}_{m+2},\cdots,\boldsymbol{P}_n)$$
$$\boldsymbol{X}=(x_1,x_2,\cdots,x_n)^{\mathrm{T}}=(\boldsymbol{X}_B^{\mathrm{T}},\boldsymbol{X}_N^{\mathrm{T}})^{\mathrm{T}},\boldsymbol{X}_B=(x_1,x_2,\cdots,x_m)^{\mathrm{T}},\boldsymbol{X}_N=(x_{m+1},\cdots,x_n)^{\mathrm{T}}$$

3. 基解、基可行解和可行基

根据上面的讨论，此时由线性规划问题的约束方程组 $\boldsymbol{AX}=\boldsymbol{b}$ 得到

$$(\boldsymbol{B},\boldsymbol{N})\begin{pmatrix}\boldsymbol{X}_B\\ \boldsymbol{X}_N\end{pmatrix}=\boldsymbol{b}\Longrightarrow \boldsymbol{BX}_B+\boldsymbol{NX}_N=\boldsymbol{b}\Longrightarrow \boldsymbol{X}_B=\boldsymbol{B}^{-1}\boldsymbol{b}-\boldsymbol{B}^{-1}\boldsymbol{NX}_N$$

令非基变量 $\boldsymbol{X}_N=\boldsymbol{0}$，则得到 $\boldsymbol{X}_B=\boldsymbol{B}^{-1}\boldsymbol{b}$。两项合在一起得到的 $\boldsymbol{X}=(\boldsymbol{b}^{\mathrm{T}}\boldsymbol{B}^{-\mathrm{T}},\boldsymbol{0})^{\mathrm{T}}$ 称为线性规划的一个基解。显然，基选取的不一样，基解也不一样。其中正好满足 $\boldsymbol{X}\geqslant\boldsymbol{0}$ 的基解称为一个基可行解，相应地基 $\boldsymbol{B}$ 称为可行基。若基解中非零分量的个数少于 m 时，称为退化解。

1.1.3　线性规划问题的有关结论

上面一节讨论了线性规划的图解法及解的几种可能性，并介绍了一些相关概念，现在讨论线性规划的有关理论问题。

定义 1.1 (凸集)　设 $\boldsymbol{K}$ 是 n 维欧氏空间的一个点集，若对 $0\leqslant\lambda\leqslant1$ 中的任何一个 λ 均有

$$\lambda\boldsymbol{X}^{(1)}+(1-\lambda)\boldsymbol{X}^{(2)}\in\boldsymbol{K},\quad \boldsymbol{X}^{(1)},\boldsymbol{X}^{(2)}\in\boldsymbol{K}$$

则称 $\boldsymbol{K}$ 为凸集 (Convex Set)。

从几何上来说，定义中的 $\lambda\boldsymbol{X}^{(1)}+(1-\lambda)\boldsymbol{X}^{(2)}$ 表示了连接 $\boldsymbol{X}^{(1)}$ 和 $\boldsymbol{X}^{(2)}$ 两个点中的任何一个点，是两点之间的连线段。因此，凸集的“几何形状”是一个中间没有空洞的实心体。若包含了边界，则为闭凸集；反之，则为开凸集。

定义 1.2 (凸组合)　设 $\boldsymbol{X}^{(i)}\in\boldsymbol{R}^n(i=1,2,\cdots,k)$，若存在 $0\leqslant\mu_i\leqslant1,i=1,2,\cdots,k$ 且 $\sum\limits_{i=1}^{k}\mu_i=1$ 使得

$$\boldsymbol{X}=\sum_{i=1}^{k}\mu_i\boldsymbol{X}^{(i)}$$

则称 $\boldsymbol{X}$ 为 $\boldsymbol{X}^{(1)},\boldsymbol{X}^{(2)},\cdots,\boldsymbol{X}^{(k)}$ 的凸线性组合，简称凸组合。

定义 1.3 (顶点或极点) 设 $\boldsymbol{K} \subset \boldsymbol{R}^n$ 是一个凸集，$\boldsymbol{X} \in \boldsymbol{K}$，若 $\boldsymbol{X}$ 不能用 $\boldsymbol{K}$ 中另外两个不同的点 $\boldsymbol{X}^{(1)}$ 和 $\boldsymbol{X}^{(2)}$ 的凸组合表示，即不存在 $\boldsymbol{X}^{(1)}, \boldsymbol{X}^{(2)} \in \boldsymbol{K}$ 以及 $0 < \lambda < 1$，使得

$$\boldsymbol{X} = \lambda \boldsymbol{X}^{(1)} + (1-\lambda)\boldsymbol{X}^{(2)}$$

则称 $\boldsymbol{X}$ 为凸集 $\boldsymbol{K}$ 的顶点或极点。

这个顶点的概念是中学平面几何中顶点概念的推广。比如，四边形包括内部在内是凸集，其 4 个顶点当然满足这个定义，现在还是称为顶点见图 1-5(b)。但图 1-5(a) 的半圆弧上所有的点也满足这个定义，故都是顶点。当然，在线性规划里，我们所遇到的顶点还是类似传统概念的顶点，也就是在线性规划问题里，图 1-5(a) 的情况是不会出现的。

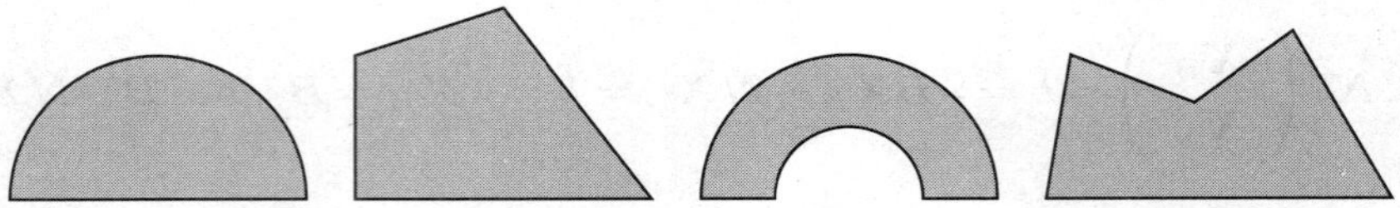

(a) (b) (c) (d)

图 1-5 凸集与非凸集

(a) 凸集; (b) 凸集; (c) 非凸集; (d) 非凸集

定理 1.1 线性规划问题 (1-1-6) 的可行域 $\boldsymbol{D} = \{\boldsymbol{X} | \boldsymbol{A}\boldsymbol{X} = \boldsymbol{b}, \boldsymbol{X} \geqslant \boldsymbol{0}\}$ 是凸集。

证明 任取 $\boldsymbol{D}$ 中的两个点 $\boldsymbol{X}^{(1)}$ 和 $\boldsymbol{X}^{(2)}$，则有

$$\boldsymbol{A}\boldsymbol{X}^{(i)} = \boldsymbol{b}, \boldsymbol{X}^{(i)} \geqslant \boldsymbol{0}, i = 1, 2$$

对于 $0 \leqslant \lambda \leqslant 1$，$\lambda \boldsymbol{X}^{(1)} + (1-\lambda)\boldsymbol{X}^{(2)} \geqslant \boldsymbol{0}$ 是显然的，并且

$$\boldsymbol{A}(\lambda \boldsymbol{X}^{(1)} + (1-\lambda)\boldsymbol{X}^{(2)}) = \lambda \boldsymbol{A}\boldsymbol{X}^{(1)} + (1-\lambda)\boldsymbol{A}\boldsymbol{X}^{(2)} = \lambda \boldsymbol{b} + (1-\lambda)\boldsymbol{b} = \boldsymbol{b}$$

这说明，$\boldsymbol{X} \in \boldsymbol{D}$。由凸集的定义可知，$\boldsymbol{D}$ 是凸集。

定理 1.2 线性规划问题 (1-1-6) 的可行解 $\boldsymbol{X} \in \boldsymbol{D} = \{\boldsymbol{X} | \boldsymbol{A}\boldsymbol{X} = \boldsymbol{b}, \boldsymbol{X} \geqslant \boldsymbol{0}\}$ 是 $\boldsymbol{D}$ 的顶点等价于 $\boldsymbol{X}$ 是一个基可行解。

证明 首先证明，若 $\boldsymbol{X}$ 是线性规划问题 (1-1-6) 的一个基可行解，则 $\boldsymbol{X}$ 是可行域 $\boldsymbol{D}$ 的一个顶点。根据基可行解的定义，这时一定有一个基 $\boldsymbol{B}$(不妨假设是由 $\boldsymbol{A}$ 的前 m 列构成) 和非基 $\boldsymbol{N}$，使得 $\boldsymbol{A} = [\boldsymbol{B}, \boldsymbol{N}]$，且

$$\boldsymbol{X} = \begin{pmatrix} \boldsymbol{X}_B \\ \boldsymbol{X}_N \end{pmatrix} = \begin{pmatrix} \boldsymbol{B}^{-1}\boldsymbol{b} \\ \boldsymbol{0} \end{pmatrix} \geqslant \boldsymbol{0}$$

若该 $\boldsymbol{X}$ 不是可行域的顶点，则它一定能表示成 $\boldsymbol{D}$ 中两个不同于 $\boldsymbol{X}$ 的点 $\boldsymbol{X}^{(1)}$ 和 $\boldsymbol{X}^{(2)}$ 的凸组合，即存在 $\lambda \in (0, 1)$，使得

$$\boldsymbol{X} = \lambda \boldsymbol{X}^{(1)} + (1-\lambda)\boldsymbol{X}^{(2)} \tag{1-1-10}$$

将 $\boldsymbol{X}^{(1)}, \boldsymbol{X}^{(2)}$ 按照 $\boldsymbol{X}$ 的分块进行分块，表示为

$$\boldsymbol{X}^{(1)} = \begin{pmatrix} \boldsymbol{X}_B^{(1)} \\ \boldsymbol{X}_N^{(1)} \end{pmatrix}, \quad \boldsymbol{X}^{(2)} = \begin{pmatrix} \boldsymbol{X}_B^{(2)} \\ \boldsymbol{X}_N^{(2)} \end{pmatrix}$$

将上述分块代入式 (1-1-10)，有 $0 = \boldsymbol{X}_N = \lambda \boldsymbol{X}_N^{(1)} + (1-\lambda)\boldsymbol{X}_N^{(2)}$，由于 $\lambda \in (0,1)$ 以及可行解一定是非负的条件，所以 $\boldsymbol{X}_N^{(1)} = \boldsymbol{X}_N^{(2)} = 0$。从而

$$\boldsymbol{X}^{(1)} = \begin{pmatrix} \boldsymbol{X}_B^{(1)} \\ \boldsymbol{0} \end{pmatrix}, \quad \boldsymbol{X}^{(2)} = \begin{pmatrix} \boldsymbol{X}_B^{(2)} \\ \boldsymbol{0} \end{pmatrix}$$

又由于 $\boldsymbol{X}, \boldsymbol{X}^{(1)}, \boldsymbol{X}^{(2)}$ 都是可行解，即都满足 $\boldsymbol{AX} = \boldsymbol{b}$，故有 $\boldsymbol{BX}_B = \boldsymbol{BX}_B^{(1)} = \boldsymbol{BX}_B^{(2)} = \boldsymbol{b}$，$\boldsymbol{B}$ 是基，是非奇异矩阵，所以 $\boldsymbol{X}_B = \boldsymbol{X}_B^{(1)} = \boldsymbol{X}_B^{(2)}$。这与前面的假设矛盾。故 $\boldsymbol{X}$ 一定是 $\boldsymbol{D}$ 的顶点。

其次证明，若线性规划问题 (1-1-6) 的可行解 $\boldsymbol{X}$ 是其可行域的一个顶点，则它是一个基可行解。由于 $\boldsymbol{X}$ 是可行解，所以可以将 $\boldsymbol{X}$ 的分量分成正分量和零两部分，即

$$\boldsymbol{X} = \begin{pmatrix} \boldsymbol{X}_B \\ \boldsymbol{X}_N \end{pmatrix}, \quad \boldsymbol{X}_B > \boldsymbol{0}, \quad \boldsymbol{X}_N = \boldsymbol{0}$$

这里，$\boldsymbol{X}_B$ 的正分量个数不一定为 m，设为 p。不妨假设 $\boldsymbol{X}_B$ 所对应的系数列向量是由 $\boldsymbol{A}$ 的前 p 个列向量组成。于是，对系数矩阵 $\boldsymbol{A}$ 分块如下：

$$\boldsymbol{A} = (\boldsymbol{B}, \boldsymbol{N})$$

其中，$\boldsymbol{B} \in \boldsymbol{R}^{m \cdot p}, \boldsymbol{N} \in \boldsymbol{R}^{m \cdot (n-p)}$。

为证明上面的结论，先证明 $\boldsymbol{B}$ 的 p 个列线性无关。假设 $\boldsymbol{B}$ 的列线性相关，则存在一个非零向量 $\boldsymbol{w} \in \boldsymbol{R}^p$，使得 $\boldsymbol{Bw} = 0$。由于 $\boldsymbol{BX}_B = \boldsymbol{b}$(由 $\boldsymbol{AX} = \boldsymbol{b}$ 即 $\boldsymbol{BX}_B + \boldsymbol{0X}_N = \boldsymbol{b}$ 得到)，所以

$$\boldsymbol{B}(\boldsymbol{X}_B \pm \lambda \boldsymbol{w}) = \boldsymbol{BX}_B \pm \lambda \boldsymbol{Bw} = \boldsymbol{b}$$

对于 $\lambda \in \boldsymbol{R}$ 都成立。由于 $\boldsymbol{X}_B > 0$，存在充分小的 $\lambda > 0$ 使得

$$\boldsymbol{X}_B + \lambda \boldsymbol{w} \geqslant \boldsymbol{0}, \quad \boldsymbol{X}_B - \lambda \boldsymbol{w} \geqslant \boldsymbol{0}$$

令

$$\boldsymbol{X}^{(1)} = \begin{pmatrix} \boldsymbol{X}_B + \lambda \boldsymbol{w} \\ \boldsymbol{0} \end{pmatrix}, \quad \boldsymbol{X}^{(2)} = \begin{pmatrix} \boldsymbol{X}_B - \lambda \boldsymbol{w} \\ \boldsymbol{0} \end{pmatrix}$$

则 $\boldsymbol{X}^{(1)}$ 和 $\boldsymbol{X}^{(2)}$ 都是可行的且有 $\boldsymbol{X} \neq \boldsymbol{X}^{(1)}, \boldsymbol{X} \neq \boldsymbol{X}^{(2)}$，但 $\boldsymbol{X} = (\boldsymbol{X}^{(1)} + \boldsymbol{X}^{(2)})/2$。这与 $\boldsymbol{X}$ 是可行域的顶点矛盾。从而证明了 $\boldsymbol{B}$ 的列线性无关。既然 $\boldsymbol{B}$ 的列线性无关，根据假

设 $\text{rank}(\boldsymbol{A})=m$，所以必有 $p\leqslant m$。如果 $p=m$，则 $\boldsymbol{B}$ 就是一组基，从而由基可行解的定义可知，$\boldsymbol{X}$ 就是一个基可行解。如果 $p<m$，则一定可以在 $\boldsymbol{A}$ 的 n 个列向量中除去这 p 个列向量后选取到 $m-p$ 个列向量加入到矩阵 $\boldsymbol{B}$ 中形成一个新的 m 阶非奇异矩阵 $\boldsymbol{B}$，并把原 $\boldsymbol{N}$ 中剩余的列组成新的非基矩阵 $\boldsymbol{N}$，对解向量做同样的组合。显然，这也满足基可行解的定义，故此种情况下的 $\boldsymbol{X}$ 也是基可行解。

下面不加证明地介绍一个顶点表示定理，为最后得到我们需要的定理做准备。

定理 1.3 线性规划问题 (1-1-6) 的可行解 $\boldsymbol{X}\in\boldsymbol{D}=\{\boldsymbol{X}|\boldsymbol{AX}=\boldsymbol{b},\boldsymbol{X}\geqslant\boldsymbol{0}\}$ 都可以表示成 $\boldsymbol{D}$ 的顶点的凸组合。即若 $\boldsymbol{V}=\{\boldsymbol{X}^{(1)},\boldsymbol{X}^{(2)},\cdots,\boldsymbol{X}^{(k)}\}$ 为 $\boldsymbol{D}$ 的顶点集合，则总是存在 $\sum\limits_{i=1}^{k}\lambda_i=1, 0\leqslant\lambda_i\leqslant 1(i=1,\cdots,k)$，使得

$$\boldsymbol{X}=\sum_{i=1}^{k}\lambda_i\boldsymbol{X}^{(i)} \tag{1-1-11}$$

最后给出本节的主要定理。

定理 1.4 若线性规划问题 (1-1-6) 的可行域有界，则线性规划问题的目标函数一定可以在其可行域的顶点上达到最优。若在不止一个顶点上达到最优，则线性规划问题 (1-1-6) 一定有无穷多个解。

证明 设 $\boldsymbol{X}^{(1)},\boldsymbol{X}^{(2)},\cdots,\boldsymbol{X}^{(k)}$ 是可行域的顶点，若 $\boldsymbol{X}^{(0)}$ 不是顶点，但目标函数在 $\boldsymbol{X}^{(0)}$ 处达到最优 $z^*=\boldsymbol{c}^{\mathrm{T}}\boldsymbol{X}^{(0)}$。根据顶点表示定理，$\boldsymbol{X}^{(0)}$ 可以用 $\boldsymbol{D}$ 的顶点的凸组合表示为

$$\boldsymbol{X}^{(0)}=\sum_{i=1}^{k}\lambda_i\boldsymbol{X}^{(i)},\quad 0\leqslant\lambda_i\leqslant 1(i=1,\cdots,k),\sum_{i=1}^{k}\lambda_i=1$$

因此

$$\boldsymbol{c}^{\mathrm{T}}\boldsymbol{X}^{(0)}=\boldsymbol{c}^{\mathrm{T}}\sum_{i=1}^{k}\lambda_i\boldsymbol{X}^{(i)}=\sum_{i=1}^{k}\lambda_i\boldsymbol{c}^{\mathrm{T}}\boldsymbol{X}^{(i)}$$

由于 $\boldsymbol{c}^{\mathrm{T}}\boldsymbol{X}^{(i)}(i=1,2,\cdots,k)$ 共有 k 个，是有限的，故一定有一个 $\boldsymbol{c}^{\mathrm{T}}\boldsymbol{X}^{(i)}$，比如设为 $\boldsymbol{c}^{\mathrm{T}}\boldsymbol{X}^{(m)}(1\leqslant m\leqslant k)$，是所有 $\boldsymbol{c}^{\mathrm{T}}\boldsymbol{X}^{(i)}$ 中的最大者。这就得到

$$\boldsymbol{c}^{\mathrm{T}}\boldsymbol{X}^{(0)}=\sum_{i=1}^{k}\lambda_i\boldsymbol{c}^{\mathrm{T}}\boldsymbol{X}^{(i)}\leqslant\sum_{i=1}^{k}\lambda_i\boldsymbol{c}^{\mathrm{T}}\boldsymbol{X}^{(m)}=\boldsymbol{c}^{\mathrm{T}}\boldsymbol{X}^{(m)}$$

根据假设，$\boldsymbol{c}^{\mathrm{T}}\boldsymbol{X}^{(0)}$ 是最大值，故有 $\boldsymbol{c}^{\mathrm{T}}\boldsymbol{X}^{(0)}=\boldsymbol{c}^{\mathrm{T}}\boldsymbol{X}^{(m)}$。这就是说，线性规划问题 (1-1-6) 在顶点 $\boldsymbol{X}^{(m)}$ 处也达到最优。

若目标函数在多个顶点处达到最优，设在顶点 $\boldsymbol{X}^{(1)},\boldsymbol{X}^{(2)},\cdots,\boldsymbol{X}^{(t)}$ 处达到最大值，

若 $\hat{\boldsymbol{X}}$ 是这些顶点的凸组合，即

$$\hat{\boldsymbol{X}}=\sum_{i=1}^{t}\lambda_i\boldsymbol{X}^{(i)},\quad 0\leqslant\lambda_i\leqslant 1(i=1,\cdots,t),\sum_{i=1}^{t}\lambda_i=1$$

根据线性规划可行域的性质，$\hat{\boldsymbol{X}}$ 是线性规划问题 (1-1-6) 的可行解，且

$$\boldsymbol{c}^{\mathrm{T}}\hat{\boldsymbol{X}}=\boldsymbol{c}^{\mathrm{T}}\sum_{i=1}^{t}\lambda_i\boldsymbol{X}^{(i)}=\sum_{i=1}^{t}\lambda_i\boldsymbol{c}^{\mathrm{T}}\boldsymbol{X}^{(i)}$$

设 $\boldsymbol{c}^{\mathrm{T}}\boldsymbol{X}^{(i)}=m(i=1,2,\cdots,t)$，所以 $\boldsymbol{c}^{\mathrm{T}}\hat{\boldsymbol{X}}=\sum\limits_{i=1}^{t}\lambda_i m=m$。这就证明了，若线性规划问题在多个顶点处达到最优，则线性规划问题有无穷多个最优解。

最后指出，若可行域无界，则可能无最优解，也可能有最优解，若有也必定在某顶点处得到。

由于顶点与基可行解一一对应，而基可行解与可行基是一一对应的，可行基则不会超过 C_n^m 个，所以这个定理的意义在于，在求解线性规划问题时，不需要在无穷多个可行解中去寻找，只需要在有限多个基可行解中寻找即可。

1.2　单纯形法

单纯形法是由美国数学家丹兹格 (G. B. Dantzig) 于 1947 年首先提出的，是公认的 20 世纪最伟大的算法之一。根据上一节的讨论，如果线性规划问题有最优解，则最优解一定可以在其顶点处得到。而每一个顶点又与基可行解是一一对应的。这样，需要解决 3 个问题：

(1) 首先找出一个基可行解，称为初始基可行解。

(2) 每个基可行解都是潜在的最优解，因此找到一种判别基可行解是否是最优解的方法。

(3) 若经过判别，某个基可行解是最优解，则算法终止；若不是最优解，则还需要找到一种转换的方法，即从一个基可行解转换到另一个基可行解，然后回到第二步。

由于基可行解的数目是有限的 (最多 C_n^m 个)，所以经过有限次的迭代就一定能回答线性规划问题是否有解，并在有解的时候求出该最优解。

1.2.1　单纯形法的基本思路

上面所说的 3 个步骤就是单纯形法的基本思路。下面利用矩阵形式进行比较具体的

讨论。讨论标准形的线性规划问题 (1-1-6)：

$$\max \quad z = \boldsymbol{c}^{\mathrm{T}}\boldsymbol{X}$$
$$\text{s.t.} \quad \begin{cases} \boldsymbol{AX} = \boldsymbol{b} \\ \boldsymbol{X} \geqslant \boldsymbol{0} \end{cases}$$

其中，$\boldsymbol{A} = (a_{ij})_{m\cdot n} \in \boldsymbol{R}^{m\cdot n}; \boldsymbol{c} \in \boldsymbol{R}^n; \boldsymbol{X} = (x_1, x_2, \cdots, x_n)^{\mathrm{T}} \in \boldsymbol{R}^n; \boldsymbol{b} \in \boldsymbol{R}^m$。并假设 $m \leqslant n$ 以及 $\text{rank}(\boldsymbol{A}) = m$。

由于矩阵的秩等于其行秩和列秩，所以在 $\boldsymbol{A}$ 的 n 个列向量中至少有 m 个列向量是线性无关的，不妨设这 m 个列向量位于 $\boldsymbol{A}$ 的前 m 列，也就是前面所称的基，将这 m 个列向量组成的子矩阵记为 $\boldsymbol{B}$，剩下的列向量 (非基) 记为 $\boldsymbol{N}$，相应的将决策向量 $\boldsymbol{X}$ 和价值系数向量 $\boldsymbol{c}$ 也做同样的划分，这样就有

$$\boldsymbol{A} = [\boldsymbol{B}, \boldsymbol{N}], \quad \boldsymbol{X} = (\boldsymbol{X}_B^{\mathrm{T}}, \boldsymbol{X}_N^{\mathrm{T}})^{\mathrm{T}}, \quad \boldsymbol{c} = (\boldsymbol{c}_B^{\mathrm{T}}, \boldsymbol{c}_N^{\mathrm{T}})^{\mathrm{T}} \tag{1-2-1}$$

其中，$\boldsymbol{B} \in \boldsymbol{R}^{m\cdot m}$, 且 $|\boldsymbol{B}| \neq 0$; $\boldsymbol{N} \in \boldsymbol{R}^{m\cdot(n-m)}$; $\boldsymbol{X}_B, \boldsymbol{c}_B \in \boldsymbol{R}^m$; $\boldsymbol{X}_N, \boldsymbol{c}_N \in \boldsymbol{R}^{n-m}$。

此时由约束方程组 $\boldsymbol{AX} = \boldsymbol{b}$，得到 $\boldsymbol{BX}_B + \boldsymbol{NX}_N = \boldsymbol{b}$，从而

$$\boldsymbol{X}_B = \boldsymbol{B}^{-1}\boldsymbol{b} - \boldsymbol{B}^{-1}\boldsymbol{NX}_N \tag{1-2-2}$$

令 $\boldsymbol{X}_N = 0$，得到 $\boldsymbol{X}_B = \boldsymbol{B}^{-1}\boldsymbol{b}$。此为基解。若此时有 $\boldsymbol{X}_B \geqslant \boldsymbol{0}$，则为基可行解，在几何上就是线性规划问题的一个顶点，是潜在的最优解。现在考虑目标函数

$$z = \boldsymbol{c}^{\mathrm{T}}\boldsymbol{X} = \boldsymbol{c}_B^{\mathrm{T}}\boldsymbol{X}_B + \boldsymbol{c}_N^{\mathrm{T}}\boldsymbol{X}_N = \boldsymbol{c}_B^{\mathrm{T}}\boldsymbol{B}^{-1}\boldsymbol{b} + (\boldsymbol{c}_N^{\mathrm{T}} - \boldsymbol{c}_B^{\mathrm{T}}\boldsymbol{B}^{-1}\boldsymbol{N})\boldsymbol{X}_N = \boldsymbol{c}_B^{\mathrm{T}}\boldsymbol{B}^{-1}\boldsymbol{b} + \boldsymbol{\sigma}_N\boldsymbol{X}_N \tag{1-2-3}$$

由式 (1-2-3) 可以看出，目标函数值由两部分组成，第一部分是与线性规划问题的参数有关的常数；第二部分则与 $\boldsymbol{\sigma}_N$ 和 $\boldsymbol{X}_N$ 有关。由于 $\boldsymbol{X}_N \geqslant 0$，所以当 $\boldsymbol{\sigma}_{\boldsymbol{N}} \leqslant \boldsymbol{0}$ 时，若 $\boldsymbol{X}_N \neq \boldsymbol{0}$，则在求极大值的情况下，式 (1-2-3) 表明目标函数值将会下降。这时若 $\boldsymbol{X}_B \geqslant \boldsymbol{0}$，就说明 $\boldsymbol{X} = (\boldsymbol{X}_B^{\mathrm{T}}, \boldsymbol{X}_N^{\mathrm{T}})^{\mathrm{T}} = (\boldsymbol{b}^{\mathrm{T}}\boldsymbol{B}^{-\mathrm{T}}, \boldsymbol{0})^{\mathrm{T}}$ 就是最优解，相应地 $z = \boldsymbol{c}_B^{\mathrm{T}}\boldsymbol{B}^{-1}\boldsymbol{b}$ 就是最优目标函数值。但是，$\boldsymbol{\sigma}_N$ 中的某些分量也可能大于零，此时，若令大于零的分量所对应的 $\boldsymbol{X}_N$ 的分量大于零，则目标函数值将会增加。也就是说，此时尚未得到最优解。故 $\boldsymbol{\sigma}_N$ 的分量是否全部小于或等于零就成为判别一个基可行解是否是最优解的标准。称 $\boldsymbol{\sigma}_N$ 为检验数。当 $\boldsymbol{\sigma}_N$ 中的某些分量大于零时，由于检验数就是目标函数中非基变量前面的系数，所以找出其中的最大者，并令相应的非基变量大于零将会使得目标函数值比当前的值要大，这个非基变量就是所谓的换入变量。该变量相应的系数列向量就要加入到基矩阵 $\boldsymbol{B}$ 中去。但由于 $\text{rank}(\boldsymbol{A}) = m$，此时必须要找出原来基变量中的某一个，将其换出，变成非基变量并将其相应的系数列向量从原来的基矩阵中剔除，这个变量称为换出变量。挑选换出变量的原则是一直保持各变量的非负性。具体方法下面将详细介绍。一旦新的基确定以后就重新计算 $\boldsymbol{\sigma}_N$ 并重复上面的做法。

1.2.2 单纯形法的计算步骤

为了更好地理解单纯形法，下面先从一个具体的例子开始介绍单纯形法的计算步骤。

例 1.7 根据单纯形法的思路求解模型引入例 1.1 中的线性规划的最优解。

解 模型引入例 1.1 中的线性规划为：

$$\begin{aligned}&\max \quad z=6x_1+7x_2\\&\text{s.t.}\\&\qquad\begin{cases}2x_1+3x_2\leqslant 16\\4x_1+\ \ x_2\leqslant 12\\x_1,x_2\geqslant 0\end{cases}\end{aligned}$$

首先引入两个松弛变量 $x_3,x_4\geqslant 0$ 将其化为标准形

$$\begin{aligned}&\max \quad z=6x_1+7x_2+0x_3+0x_4\\&\text{s.t.}\\&\qquad\begin{cases}2x_1+3x_2+x_3\qquad\ =16\\4x_1+\ \ x_2\qquad+x_4=12\\x_i\geqslant 0,\quad i=1,2,3,4\end{cases}\end{aligned}$$

其系数矩阵$\boldsymbol{A}=(\boldsymbol{P}_1,\boldsymbol{P}_2,\boldsymbol{P}_3,\boldsymbol{P}_4)=\begin{pmatrix}2&3&1&0\\4&1&0&1\end{pmatrix}$，容易看到 $\boldsymbol{P}_3,\boldsymbol{P}_4$ 是线性无关的，故它们组成问题的一个初始基 ($\boldsymbol{B}$)。$\boldsymbol{P}_1,\boldsymbol{P}_2$ 则为非基 ($\boldsymbol{N}$)，如果想写成上面用矩阵进行讨论时的形式，则可以对 x_1,x_2,x_3,x_4 重新编号。但是在讨论具体问题时是没有这个必要的。相应地 x_3,x_4 就是初始基变量，x_1,x_2 就是非基变量。由约束方程组得到

$$\begin{cases}x_3=16-2x_1-3x_2\\x_4=12-4x_1-x_2\end{cases}\tag{1-2-4}$$

令 $x_1=x_2=0$，得到 $x_3=16,x_4=12$，两者合在一起即有 $\boldsymbol{X}=(0,0,16,12)^{\mathrm{T}}$。这就是初始基可行解，是潜在的最优解。将式 (1-2-4) 代入目标函数中得到

$$z=6x_1+7x_2+0x_3+0x_4=6x_1+7x_2\tag{1-2-5}$$

目标函数中非基变量 x_1,x_2 前面的系数就是所谓的检验数，由于两个检验数都是大于零的，这说明如果 x_1,x_2 不等于零 (即大于零)，则目标函数值将会比当前值大。事实上，当前的基可行解意味着不作任何生产，$x_3=16,x_4=12$ 是剩下的资源 (其实这时根本未用)。从几何上来说，该基可行解就是图 1-1 中的原点 (4 个顶点中的一个)。由于 x_2 前面的系数较大，选择 x_2 为换入变量，它将取代初始基变量 x_3,x_4 中的某一个。首先观

察系数矩阵 $\boldsymbol{A}$ 中 x_2 所在列的向量，如果其分量全部小于或等于零，则原问题是无界的，终止计算。当然，这里的系数列向量是 $(3,1)^{\mathrm{T}}$。确定 x_2 为换入变量后，还需要在原基变量 x_3, x_4 中确定换出变量。原则是让所有的变量非负，由于 x_1 仍然是非基变量，故在式 (1-2-4) 中令 $x_1=0$，且要求所有变量非负，则有

$$\begin{cases} x_3 = 16 - 3x_2 \geqslant 0 \\ x_4 = 12 - x_2 \geqslant 0 \end{cases} \tag{1-2-6}$$

现在要确定的是哪个基变量变为非基变量。由于非基变量总是为零，所以在让某个原来的基变量变为零时，保持别的基变量非负就是挑选的原则。显然，若 $x_2=\min(16/3,12/1)=16/3$ 时，$x_3=0$ 而 $x_4>0$。这说明应该用 x_2 去取代 x_3。于是在式 (1-2-4) 中将 x_3 与 x_2 的位置互换。这种互换不是简单的交换位置，而是通过高斯消去法得到的。这样才是恒等变换。首先由式 (1-2-4) 中的第一个式子，得到

$$x_2 = \frac{16}{3} - \frac{2}{3}x_1 - \frac{1}{3}x_3$$

将其代入第二个式子并化简，有

$$\begin{cases} x_2 = \dfrac{16}{3} - \dfrac{2}{3}x_1 - \dfrac{1}{3}x_3 \\ x_4 = \dfrac{20}{3} - \dfrac{10}{3}x_1 + \dfrac{1}{3}x_3 \end{cases} \tag{1-2-7}$$

现在，新的基变量是 x_2, x_4，非基变量是 x_1, x_3。令非基变量为零，则新的基可行解为 $\boldsymbol{X}=(0,16/3,0,20/3)^{\mathrm{T}}$，它对应着图 1-1 中的 D 点。相应的函数值是 $z=112/3$，这表明生产乙产品 16/3 个单位时，利润为 112/3 元，比前一个方案要优。这个解是否是最优解呢？再将式 (1-2-7) 代入目标函数，有

$$z = 6x_1 + 7x_2 + 0x_3 + 0x_4 = 6x_1 + 7\times\left(\frac{16}{3} - \frac{2}{3}x_1 - \frac{1}{3}x_3\right) = \frac{112}{3} + \frac{4}{3}x_1 - \frac{7}{3}x_3 \tag{1-2-8}$$

可以看到非基变量 x_1 前面的系数是 4/3，说明还不是最优解。此时若让 $x_1>0$，函数值还会增加，即现在确定 x_1 为换入变量，x_3 仍然为非基变量。类似上一步的分析，在式 (1-2-7) 中，令 $x_3=0$，则有

$$\begin{cases} x_2 = \dfrac{16}{3} - \dfrac{2}{3}x_1 \\ x_4 = \dfrac{20}{3} - \dfrac{10}{3}x_1 \end{cases} \tag{1-2-9}$$

若 $x_1=\min[(16/3)/(2/3),(20/3)/(10/3)]=2$ 时，$x_4=0$ 而 $x_2>0$。这说明应该用 x_1 去取代 x_4。于是在式 (1-2-7) 中将 x_4 与 x_1 通过高斯消去法进行位置互换，先从第二个式子得到

$$x_1 = 2 - \frac{3}{10}x_4 + \frac{1}{10}x_3$$

然后代入到第一个式子，有

$$\begin{cases} x_2 = 4 + \dfrac{1}{5}x_4 - \dfrac{2}{5} \\ x_1 = 2 - \dfrac{3}{10}x_4 + \dfrac{1}{10}x_3 \end{cases} \tag{1-2-10}$$

于是，得到了第三个基可行解 $\boldsymbol{X} = (2,4,0,0)^{\mathrm{T}}$。该基可行解实际上就是图 1-1 中的 E 点。通过图解法已经知道了这就是原问题的最优解，但现在还是需要通过计算证实这个结论。实际上，此时目标函数变为

$$z = 6x_1 + 7x_2 = 6 \times \left(2 - \frac{3}{10}x_4 + \frac{1}{10}x_3\right) + 7 \times \left(4 + \frac{1}{5}x_4 - \frac{2}{5}\right) = 40 - \frac{2}{5}x_4 - \frac{10}{3}x_3 \tag{1-2-11}$$

可以看到，非基变量 x_4, x_3 的系数都小于零。这说明，第三个基可行解 $\boldsymbol{X} = (2,4,0,0)^{\mathrm{T}}$ 就是要求的最优解，最优值为 $z = 40$。这与利用图解法求得的结果是一致的。

通过上述例题不仅可以清楚地看到单纯形法的计算步骤，而且可以看到每次迭代都对应着线性规划问题可行域的一个顶点。在变量个数较多时，上述做法是不可取的。这里只是通过上述例题来理解单纯形法的计算步骤。考虑标准形式的线性规划问题 (1-1-6)，单纯形法的计算步骤为：

(1) 首先确定一个初始基可行解。为了快速地找到一个初始可行基，最简单的情况就是在其系数矩阵中出现一个单位子矩阵。这总是能办到的。对于标准形式的线性规划问题一共有两种情况：① 将原问题划为标准形式后系数矩阵 $\boldsymbol{A}$ 中自然出现一个单位子矩阵。这可能是原问题本身所具有的，也可能原问题的所有约束条件都是“$\leqslant$”，这样添加松弛变量变为标准形式后，这些松弛变量在系数矩阵中的系数列向量就组成了一个单位子矩阵。② 将原问题划为标准形式后没有单位子矩阵，这时可以通过人工变量法很容易地得到一个单位子矩阵。关于人工变量法，将在单纯形法的进一步讨论中详细介绍。设这时的线性规划问题为：

$$\begin{aligned} &\max \quad z = c_1x_1 + c_2x_2 + \cdots + c_nx_n \\ &\text{s.t.} \\ &\quad \begin{cases} x_1 \qquad\qquad + a_{1,m+1}x_{m+1} + \cdots + a_{1n}x_n = b_1 \\ \qquad x_2 \qquad + a_{2,m+1}x_{m+1} + \cdots + a_{2n}x_n = b_2 \\ \qquad\quad \cdots\cdots \\ \qquad\qquad x_m + a_{m,m+1}x_{m+1} + \cdots + a_{mn}x_n = b_m \\ x_i \geqslant 0, i = 1,2,\cdots,n \end{cases} \end{aligned} \tag{1-2-12}$$

$x_1, x_2, \cdots, x_m$ 为初始基变量，$x_{m+1}, \cdots, x_n$ 为非基变量。令非基变量为零，则有初始基可行解

$$\boldsymbol{X} = (b_1, b_2, \cdots, b_m, 0, 0, \cdots, 0)^{\mathrm{T}}$$

这里虽然假设初始基变量是前 m 个变量，但实际上不需要按照这个顺序。这样叙述只是为了方便起见。若基变量在其他位置，做法是一样的。后面也同样如此。

(2) 计算非基变量的检验数。非基变量的检验数实际上就是非基变量在目标函数中的系数。用矩阵表示的一般计算公式为

$$\boldsymbol{\sigma}_N = \boldsymbol{c}_N^{\mathrm{T}} - \boldsymbol{c}_B^{\mathrm{T}}\boldsymbol{B}^{-1}\boldsymbol{N}$$

相关符号及推导见上一节。但是，若线性规划化为了式 (1-2-12) 的形式，则上述检验数为

$$\boldsymbol{\sigma}_N = \boldsymbol{c}_N^{\mathrm{T}} - \boldsymbol{c}_B^{\mathrm{T}}\boldsymbol{N}$$

或用分量形式为

$$\sigma_j = c_j - \sum_{i=1}^{m} c_i a_{ij}, j = m+1, \cdots, n$$

也就是第 j 个非基变量的检验数等于其价值系数 c_j 减去基变量价值系数与该非基变量系数列向量的乘积之和。顺便提一下，由于 $\boldsymbol{\sigma}_B = \boldsymbol{c}_B^{\mathrm{T}} - \boldsymbol{c}_B^{\mathrm{T}}\boldsymbol{B}^{-1}\boldsymbol{B} = \mathbf{0}$，故检验数更一般的表达式可以写为

$$\boldsymbol{\sigma} = \boldsymbol{c}^{\mathrm{T}} - \boldsymbol{c}_B^{\mathrm{T}}\boldsymbol{B}^{-1}\boldsymbol{A}$$

检验数计算后有如下判别准则：①若所有非基变量检验数都小于或等于零，则原问题得到最优解，且当非基变量的检验数至少有一个零时，原问题有无穷多组最优解，但其目标函数值相等；②非基变量的检验数至少有一个大于零，且某个大于零的检验数所对应的非基变量的系数列向量中没有正数，则原问题具有无界解 (或称无最优解)。

值得提出的是，这些讨论针对的是求最大值的标准形线性规划。如果是求最小值的线性规划问题，要么将其化为求最大值的标准形，要么将上面的准则中检验数小于或等于零改为大于或等于零。

(3) 基变换。当初始基可行解不是最优解也不能判断为无界时，需要找到一个新的基可行解。做法是先从非基变量中选一个换入变量，由于这时非基变量的检验数 σ_j 有至少一个大于零，且该检验数就是该非基变量在目标函数中的系数，所以往往选择检验数中大于零的最大值所对应的非基变量为换入变量，即若 $\max\limits_{j} \sigma_j = \sigma_k$，则选择 x_k 为换入变量。其目的显然是直观上这样做会尽快地增加目标函数值，但也可任选检验数大于零所对应的非基变量为换入变量或按照检验数大于零的最小下标来选。接下来，从原基变量中换出一个变量变为非基变量，该变量称为换出变量。选择换出变量的原则是保持所有变量非负，同时让该换出变量为零。具体可由所谓的 θ 规则确定。计算

$$\theta = \min\left(\frac{b_i}{a_{ik}} | a_{ik} > 0\right) = \frac{b_l}{a_{lk}}$$

即 x_k 的系数列向量中的正数 a_{ik} 为分母，相应的 b_i 为分子，两者商的最小值所对应的基变量 x_l 为换出变量。

(4) 迭代 (旋转运算)。现在选择了非基变量 x_k 取代原基变量 x_l，这时就需要通过矩阵的初等行变换以 a_{lk} 为旋转主元将 x_k 对应的系数列向量化为原来 x_l 的系数列向量的形式，即

$$\boldsymbol{P}_k = \begin{pmatrix} a_{1k} \\ a_{2k} \\ \vdots \\ a_{lk} \\ \vdots \\ a_{mk} \end{pmatrix} \Longrightarrow \begin{pmatrix} 0 \\ 0 \\ \vdots \\ 1 \\ \vdots \\ 0 \end{pmatrix}$$

到此为止，得到了一个新的基可行解，现在就要回到步骤 (2) 去重新计算新的检验数并继续迭代下去。

1.2.3　单纯形表

为了便于操作上面介绍的单纯形法，在手工计算的情况下，可以利用一种单纯形表进行。对于形如式 (1-2-12) 的线性规划问题，其单纯形表如表 1-2 所示。表的前两行称为表头，是线性规划问题的价值系数和所有变量列表。第二列是基变量列表，第一列则是相应的价值系数。在迭代过程中，基变量发生改变，则相应的价值系数从第一行中找到并重新填上。第三列至倒数第二列为单纯形表的主体，实际上就是约束方程组的增广矩阵。最后一列为 θ 列，用于挑选换出变量。最后一行为检验数行。每个非基变量的检验数等于该非基变量的价值系数减去基变量的价值系数与该非基变量的系数列向量对应元素乘积之和。基变量 $\boldsymbol{X}_B$ 的值等于 $\boldsymbol{b}$ 列 (就是前面矩阵描述时的 $\boldsymbol{X}_B = \boldsymbol{B}^{-1}\boldsymbol{b}$)，不在 $\boldsymbol{X}_B$ 这一列的其他变量都是非基变量，非基变量的值都是 0。一个线性规划问题只要得到了初始单纯形表，那么所有的计算都可在单纯形表上进行了。

表 1-2　标准形式的线性规划问题 (1-2-12) 的初始单纯形表

c_j			c_1	c_2	$\cdots$	c_m	c_{m+1}	$\cdots$	c_n	θ
$\boldsymbol{c}_B$	$\boldsymbol{X}_B$	$\boldsymbol{b}$	x_1	x_2	$\cdots$	x_m	x_{m+1}	$\cdots$	x_n	
c_1	x_1	b_1	1	0	$\cdots$	0	$a_{1,m+1}$	$\cdots$	a_{1n}	
c_2	x_2	b_2	0	1	$\cdots$	0	$a_{2,m+1}$	$\cdots$	a_{2n}	
$\vdots$	$\vdots$	$\vdots$	$\vdots$	$\vdots$	$\ddots$	$\vdots$	$\vdots$	$\ddots$	$\vdots$	
c_m	x_m	b_m	0	0	$\cdots$	1	$a_{m,m+1}$	$\cdots$	a_{mn}	
$\sigma_j = c_j - \sum_{i=1}^{m} c_i a_{ij}$			0	0	$\cdots$	0	σ_{m+1}	$\cdots$	σ_n	

例 1.8 用单纯形表计算模型引入 1.1 中的线性规划。

解 首先将模型引入 1.1 中的线性规划化为标准形式，见例 1.7。在例 1.7 中已经通过单纯形法的逐一分析得到了其最优解，现在只是通过单纯形表再次求解以便于了解单纯形表的构造及迭代运算。其初始单纯形表及后继迭代过程见表 1-3。

表 1-3 模型引入 1.1 中问题的初始单纯形表及其迭代

c_j			6	7	0	0	θ
$\boldsymbol{c}_B$	$\boldsymbol{X}_B$	$\boldsymbol{b}$	x_1	x_2	x_3	x_4	
0	x_3	16	2	[3]	1	0	16/3
0	x_4	12	4	1	0	1	12
$\sigma_j = c_j - \sum_{i=1}^{m} c_i a_{ij}$			6	7	0	0	
7	x_2	16/3	2/3	1	1/3	0	8
0	x_4	20/3	[10/3]	0	−1/3	1	2
$\sigma_j = c_j - \sum_{i=1}^{m} c_i a_{ij}$			4/3	0	−7/3	0	
7	x_2	4	0	1	2/5	−1/5	
6	x_1	2	1	0	−1/10	3/10	
$\sigma_j = c_j - \sum_{i=1}^{m} c_i a_{ij}$			0	0	−11/5	−2/5	

注：带“[ ]”的数字表示旋转主元。

从初始单纯形表中可以看到 $\sigma_1 = 6, \sigma_2 = 7$，故选择 x_2 为换入变量。x_2 的系数列向量的正数作分母，$\boldsymbol{b}$ 相应的值作分子，计算比值并填写到 θ 栏。其中最小者即第一行所对应的基变量 x_3 为换出变量，第一行和第二列交叉处的元素 3 为旋转主元，用“[ ]”标记。于是，在第二张单纯形表中，基变量变为 x_2, x_4，然后 $\boldsymbol{c}_B$ 一栏相应地改变。接下来，将旋转主元变为 1，这只需要在单纯形表的主体部分的第一行所有元素除以 3 即可，然后将第二列其他元素变为 0。计算新的检验数并继续进行判断和迭代。在最终单纯形表中，非基变量 x_3, x_4 的检验数都为负数，故已得到最优解。$x_1^* = 2, x_2^* = 4$，最优值为 $z^* = 40$。最后需要说明的是，这个题目迭代了 3 次。由于表头部分在迭代过程中不会改变，所以在空间足够的情况下，可以在初始单纯形表的下方继续添加进行迭代。

例 1.9 利用单纯形法求解

$$
\begin{aligned}
&\min \quad z = 2x_1 - 2x_2 \\
&\text{s.t.} \\
&\qquad \begin{cases}
x_1 + \ \ x_2 \leqslant 5 \\
-x_1 + \ \ x_2 \leqslant 6 \\
6x_1 + 2x_2 \leqslant 21 \\
x_1, x_2 \geqslant 0
\end{cases}
\end{aligned}
$$

解 首先将其化为标准形。对于目标函数求极小，可以化为求 $\max(-z)$，也可以不变。如果不变，则在单纯形表中除了判断准则与求极大时相反以外，其他的一概不变。本例采用求极小的方式。引入 3 个松弛变量 x_3, x_4, x_5，则其标准形为：

$$\min \quad z = 2x_1 - 2x_2$$

$$\text{s.t.} \quad \begin{cases} x_1 + x_2 + x_3 = 5 \\ -x_1 + x_2 + x_4 = 6 \\ 6x_1 + 2x_2 + x_5 = 21 \\ x_i \geqslant 0, \quad i = 1,2,3,4,5 \end{cases}$$

显然，x_3, x_4, x_5 是初始基变量。于是可得到其初始单纯形表及其迭代，见表 1-4。

表 1-4 例 1.9 的初始单纯形表及其迭代

c_j			2	−2	0	0	0	θ
$\boldsymbol{c}_B$	$\boldsymbol{X}_B$	$\boldsymbol{b}$	x_1	x_2	x_3	x_4	x_5	
0	x_3	5	1	[1]	1	0	0	5
0	x_4	6	−1	1	0	1	0	6
0	x_5	21	6	2	0	0	1	21/2
$\sigma_j = c_j - \sum_{i=1}^{m} c_i a_{ij}$			2	−2	0	0	0	
−2	x_2	5	1	1	1	0	0	
0	x_4	1	−2	0	−1	1	0	
0	x_5	11	4	0	−2	0	1	
$\sigma_j = c_j - \sum_{i=1}^{m} c_i a_{ij}$			4	0	2	0	0	

在最终单纯形表中可以看到，非基变量检验数 $\sigma_1 = 4 > 0, \sigma_3 = 2 > 0$，满足求极小时的判别准则，故得到最优解 $x_1^* = 0, x_2^* = 5, x_3^* = 0, x_4^* = 1, x_5^* = 11$，最优目标函数值为 $z^* = -10$。

1.2.4 利用 MATLAB 实现单纯形法

显然，当线性规划问题的变量数较多时，利用单纯形表进行计算不仅烦琐，而且容易出错。根据单纯形法的计算步骤，编者编写了一个 MATLAB 程序 Ssimplex.m。该程序利用 MATLAB 实现了如上所述的单纯形表的计算过程，程序里有详细的注释，供学习之用。程序代码如下：

☞ **MATLAB 程序 1.1** 标准单纯形法的 MATLAB 程序

```
% Ssimplex.m利用单纯形法求解如下简单的标准线性规划问题
% max c'x
```

```
% s.t.
% Ax=b
% x>=0
% 这里 A\in R^{m\times n},c,x'\in R^n,b\in R^m,b\geq 0
% 且矩阵A中有一个单位子矩阵, 不需要引入人工变量
% By Gongnong Li 2013
function [xstar,fxstar,iter]=Ssimplex(A,b,c)
[m,n]=size(A);E=eye(m);IB=zeros(1,m);k=0;
for i=1:m
    for j=1:n
        if A(:,j)==E(:,i)
            IB(i)=j;SA(i)=j; %IB记录基变量下标, SA记录松弛变量下标
        elseif A(:,j)==(-E(:,i))
            SA(i)=j; %SA也记录剩余变量(松弛变量)下标
        end
    end
end
A0=[b,A];N=1:n; N(IB)=[]; IN=N; x(IB)=A0(:,1)';
x(IN)=zeros(1,length(IN)); cB=c(IB);
%IN为非基变量下标
sigma=c'-cB'*A0(:,2:n+1); t=length(find(sigma>0));
%计算原问题的检验数并假设检验数中有t个大于零的检验数
while t~=0
    [sigmaJ,jj]=max(sigma);
%这里的jj是sigma中值最大者所在列, 即A0中的第jj+1列(A0中第一列为b), 该列对
应的非基变量x(jj)为换入变量, 而sigmaJ则是相应的检验数
tt=find(A0(:,jj+1)>0);kk=length(tt);
% 检查增广系数矩阵A0中第jj+1列元素是否有大于零的元素
        if kk==0
            disp('原问题为无界解')
        else
            theta=zeros(1,kk);
            for i=1:kk
```

```
            theta(i)=A0(tt(i),1)/A0(tt(i),jj+1);
        end
        [thetaI,ii]=min(theta); Temp=tt(ii);
%比值最小的theta值，选择换出变量。这时A0(Temp,jj+1)为旋转主元
        for i=1:m
            if i~=Temp
               A0(i,:)=A0(i,:)-(A0(Temp,:)/A0(Temp,jj+1))*A0(i,jj+1);
            else
               A0(Temp,:)=A0(Temp,:)/A0(Temp,jj+1);
            end
        end
        TT=IB(Temp);IB(Temp)=jj;IN(jj)=TT; x(IB)=A0(:,1)';
        N=1:n;N(IB)=[];IN=N; x(IN)=zeros(1,length(IN));cB=c(IB);
%新的基可行解及其价值系数
        sigma=c'-cB'*A0(:,2:n+1); t=length(find(sigma>0));
%再次计算检验数并假设检验数中有t个大于零的检验数
    end
    k=k+1;
end
IB
IN
B=A(:,IB);
InverseOfB=inv(B)
%这是基矩阵B的逆矩阵，用于灵敏度分析。若不做灵敏度分析，则将其注释掉
xstar=x;fxstar=x(IB)*c(IB);iter=k;
```

例 1.10 利用 MATLAB 程序 Ssimplex.m 求解如下线性规划问题：

$$
\begin{aligned}
&\max \quad z = x_1 + 2x_2 + x_3 \\
&\text{s.t.} \\
&\qquad \begin{cases}
\qquad 2x_1 - 3x_2 + 2x_3 \leqslant 15 \\
(1/3)x_1 + \quad x_2 + 5x_3 \leqslant 20 \\
x_1, x_2, x_3 \geqslant 0
\end{cases}
\end{aligned}
$$

解 本程序求解的是极大值情形下的标准形线性规划问题，故先将其化为如下标准形式：

$$
\max \quad z = x_1 + 2x_2 + x_3
$$
$$
\text{s.t.} \quad \begin{cases} 2x_1 - 3x_2 + 2x_3 + x_4 \qquad = 15 \\ (1/3)x_1 + \quad x_2 + 5x_3 + \quad x_5 = 20 \\ x_i \geqslant 0, \quad i = 1,2,3,4,5 \end{cases}
$$

在 MATLAB 提示符下输入相应的矩阵 $\boldsymbol{A}$，价值系数向量 $\boldsymbol{c}$ 和资源向量 $\boldsymbol{b}$(均按照列向量输入) 即可调用该程序计算。

```
>> A=[2 -3 2 1 0;1/3 1 5 0 1];
>> b=[15 20]';
>> c=[1 2 1 0 0]';
>> [xstar,fxstar,iter]=Ssimplex(A,b,c)
IB =
     1            2
IN =
     3            4            5
InverseOfB =
    1/3           1
   -1/9          2/3
xstar =
    25          35/3           0             0             0
fxstar =
   145/3
iter =
     2
```

计算结果表明，该题经过两次迭代得到的最优解为 $x_1^* = 25, x_2^* = 35/3, x_3^* = x_4^* = x_5^* = 0$，最优值为 $z^* = 145/3$。

1.3 单纯形法的进一步讨论

上面介绍的单纯形法只适用于线性规划的标准形式 (1-2-12)，这是一种特殊的标准形式。特殊之处在于其系数矩阵中有一个单位子矩阵。显然，更一般的线性规划的标准形式不一定在其系数矩阵中有这样的单位子矩阵。这时就不能用单纯形表进行求解。但这个问题比较容易解决。为了得到这样的单位子矩阵，可以引入人工变量来人为地“创造”单位子矩阵。这种方法称为人工变量法。值得注意的是，人工变量是为了得到单位子矩阵而人为添加到约束条件中去的。如果线性规划问题的系数矩阵本身含有一个单位子矩阵，则相应的变量有其自身的含义。如果所有约束条件都是"$\leqslant$"，那么在化为标准形式时需要添加松弛变量，这样也会得到单位子矩阵。这时，相应的松弛变量的意思是该种资源没有用完的部分。而人工变量则没有任何实际含义，纯粹是为了得到单位子矩阵而添加的。人工变量法有两种，分别是大 M 法和两阶段法，下面逐一介绍。

1.3.1　大 M 法

考虑线性规划问题的标准形式 (1-1-4)，假设其系数矩阵不含有单位子矩阵，则考虑下述问题

$$
\begin{aligned}
&\max \quad z = c_1x_1 + c_2x_2 + \cdots + c_nx_n - M\sum_{i=1}^{m} x_{n+i} \\
&\text{s.t.} \\
&\qquad \begin{cases}
a_{11}x_1 + a_{12}x_2 + \cdots + a_{1n}x_n + x_{n+1} = b_1 \\
a_{21}x_1 + a_{22}x_2 + \cdots + a_{2n}x_n + x_{n+2} = b_2 \\
\cdots\cdots \\
a_{m1}x_1 + a_{m2}x_2 + \cdots + a_{mn}x_n + x_{n+m} = b_m \\
x_i \geqslant 0, i = 1, 2, \cdots, n+m
\end{cases}
\end{aligned}
\tag{1-3-1}
$$

其中，$x_{n+i} \geqslant 0 (i = 1, 2, \cdots, m)$ 是为了得到单位子矩阵而在原系数矩阵上面添加的 m 个人工变量；M 表示任意大的正数，且在计算过程中为了避免计算检验数判断时出错，不能用具体的某个"大的"正数代替。

对于式 (1-3-1) 来说，$x_{n+i}(i = 1, 2, \cdots, m)$ 显然是初始基变量，这样就可以利用单纯形表进行计算。当其无解或有解但最优解中至少还有一个人工变量时，说明原问题无解。当式 (1-3-1) 有解且最优解中不含有人工变量时，其最优解就是原线性规划的最优解。

使用这种方法需要注意 3 点：①若原问题化为标准形式后系数矩阵中某一列是$(0, \cdots, 1, \cdots, 0)^{\mathrm{T}}$，即是单位子矩阵的第 i 列，则在式 (1-3-1) 中就不需要添加第 i 个人工变量；②求解式 (1-3-1) 的过程中某一次迭代将某人工变量换出后，由于其检验数不可能再为正数，则在下一次迭代时该人工变量所在列不再参与运算，这样做可以减少一些计算量；③若目标函数是求最小，则可将目标函数改为求其相反函数的最大，也可在原目标函数后面加上 M 与所有人工变量的乘积从而继续求最小。

例 1.11　利用大 M 法求解线性规划问题：

$$
\begin{aligned}
&\max \quad z = 3x_1 + 2x_2 - x_3 \\
&\text{s.t.} \\
&\qquad \begin{cases}
-4x_1 + 3x_2 + x_3 \geqslant 4 \\
x_1 - x_2 + 2x_3 \leqslant 10 \\
-2x_1 + 2x_2 - x_3 = -1 \\
x_1, x_2, x_3 \geqslant 0
\end{cases}
\end{aligned}
$$

解 首先引入剩余变量 $x_4 \geqslant 0$ 和松弛变量 $x_5 \geqslant 0$ 并将第三个约束条件右端项化为正数，得到其标准形

$$
\begin{aligned}
\max \quad & z = 3x_1 + 2x_2 - x_3 \\
\text{s.t.} \quad & \\
& \begin{cases}
-4x_1 + 3x_2 + x_3 - x_4 = 4 \\
x_1 - x_2 + 2x_3 + x_5 = 10 \\
2x_1 - 2x_2 + x_3 = 1 \\
x_i \geqslant 0, \quad i = 1, 2, 3, 4, 5
\end{cases}
\end{aligned}
$$

容易看出，系数矩阵中不含有单位子矩阵。但松弛变量 x_5 的系数列向量是单位子矩阵的第三列。所以这里只需要添加 $x_6 \geqslant 0$ 和 $x_7 \geqslant 0$ 两个人工变量。于是有下面的人工变量问题：

$$
\begin{aligned}
\max \quad & z = 3x_1 + 2x_2 - x_3 - Mx_6 - Mx_7 \\
\text{s.t.} \quad & \\
& \begin{cases}
-4x_1 + 3x_2 + x_3 - x_4 + x_6 = 4 \\
x_1 - x_2 + 2x_3 + x_5 = 10 \\
2x_1 - 2x_2 + x_3 + x_7 = 1 \\
x_i \geqslant 0, \quad i = 1, 2, \cdots, 7
\end{cases}
\end{aligned}
$$

该人工变量问题的初始单纯形表见表 1-5。由于大 M 表示任意大的正数，所以检验数中如果有大 M，则其正负由大 M 前面的符号决定。同样含有大 M，则认为大 M 前面的系数大者，检验数也大。故这里认为 σ_3 是最大的正数。因此 x_3 为换入变量。与前面的做法一样，根据 θ 规则，x_7 应该被换出。继续迭代下去 (见表 1-6)。

表 1-5 人工变量问题的初始单纯形表

	c_j		3	2	-1	0	0	$-M$	$-M$	θ
$\boldsymbol{c}_B$	$\boldsymbol{X}_B$	$\boldsymbol{b}$	x_1	x_2	x_3	x_4	x_5	x_6	x_7	
$-M$	x_6	4	-4	3	1	-1	0	1	0	4
0	x_5	10	1	-1	2	0	1	0	0	5
$-M$	x_7	1	2	-2	[1]	0	0	0	1	1
$\sigma_j = c_j - \sum_{i=1}^{m} c_i a_{ij}$			$3-2M$	$2+M$	$-1+2M$	$-M$	0	0	0	

在最终单纯形表中，非基变量的检验数小于零，故得到了人工变量问题的最优解，且人工变量此时全部是非基变量，故其最优解就是原问题的最优解。$x_1^* = 31/3, x_2^* = 13, x_3^* = 19/3$，最优值为 $z^* = 3 \times (31/3) + 2 \times 13 - (19/3) = 50.67$。

表 1-6　例 1.11 的后继迭代过程

c_j			3	2	−1	0	0	$-M$	$-M$	θ
$\boldsymbol{c}_B$	$\boldsymbol{X}_B$	$\boldsymbol{b}$	x_1	x_2	x_3	x_4	x_5	x_6	x_7	
$-M$	x_6	3	−6	[5]	0	−1	0	1		3/5
0	x_5	8	−3	3	0	0	1	0		8/3
−1	x_3	1	2	−2	1	0	0	0		
$\sigma_j=c_j-\sum\limits_{i=1}^{m}c_ia_{ij}$			$5-6M$	$5M$	0	$-M$	0	0		
2	x_2	3/5	−6/5	1	0	−1/5	0			
0	x_5	31/5	[3/5]	0	0	3/5	1			31/3
−1	x_3	11/5	−2/5	0	1	−2/5	0			
$\sigma_j=c_j-\sum\limits_{i=1}^{m}c_ia_{ij}$			5	0	0	0	0			
2	x_2	13	0	1	0	1	2			
3	x_1	31/3	1	0	0	1	5/3			
−1	x_3	19/3	0	0	1	0	2/3			
$\sigma_j=c_j-\sum\limits_{i=1}^{m}c_ia_{ij}$			0	0	0	−5	−25/3			

例 1.12　利用大 M 法求解下述线性规划问题：

$$\min \quad z=5x_1-8x_2$$

$$\text{s.t.}$$

$$\begin{cases} 3x_1+\ \ x_2\leqslant 6 \\ x_1-2x_2\geqslant 4 \\ x_1,x_2\geqslant 0 \end{cases}$$

解　首先引入松弛变量 $x_3\geqslant 0$ 和剩余变量 $x_4\geqslant 0$，将其化为标准形：

$$\min \quad z=5x_1-8x_2$$

$$\text{s.t.}$$

$$\begin{cases} 3x_1+\ \ x_2+x_3\qquad =6 \\ x_1-2x_2-\qquad x_4=4 \\ x_i,x\geqslant 0,\quad i=1,2,3,4 \end{cases}$$

可以看出，这里需要一个人工变量 x_5，加入人工变量后的问题为：

$$\min \quad z = 5x_1 - 8x_2 + Mx_5$$

s.t.

$$\begin{cases} 3x_1 + \ \ x_2 + x_3 \qquad\quad = 6 \\ \ \ x_1 - 2x_2 - \qquad x_4 + x_5 = 4 \\ x_i, x \geqslant 0, \quad i = 1, 2, 3, 4 \end{cases}$$

该人工变量问题的初始单纯形表及其迭代过程见表 1-7。在最后的单纯形表中，非基变量的检验数都大于零，所以在求极小的情况下已经得到最优解。但是，最优解中含有人工变量 x_5，这说明原问题无解。

表 1-7 例 1.12 的初始单纯形表及其迭代

	c_j		5	−8	0	0	M	θ
$\boldsymbol{c}_B$	$\boldsymbol{X}_B$	$\boldsymbol{b}$	x_1	x_2	x_3	x_4	x_5	
0	x_3	6	[3]	1	1	0	0	2
M	x_5	4	1	−2	0	−1	1	4
$\sigma_j = c_j - \sum_{i=1}^{m} c_i a_{ij}$			$5 - M$	$-8 + 2M$	0	M	0	
5	x_1	2	1	1/3	1/3	0	0	
M	x_5	2	0	−7/3	−1/3	−1	1	
$\sigma_j = c_j - \sum_{i=1}^{m} c_i a_{ij}$			0	$-29/3 + (7/3)M$	$-5/3 + (1/3)M$	M	0	

实际上，由第一个约束条件与非负条件形成的区域 D_1 和第二个约束条件与非负约束形成的区域 D_2 没有任何交点，即原问题没有可行解，当然是无解的，见图 1-6。

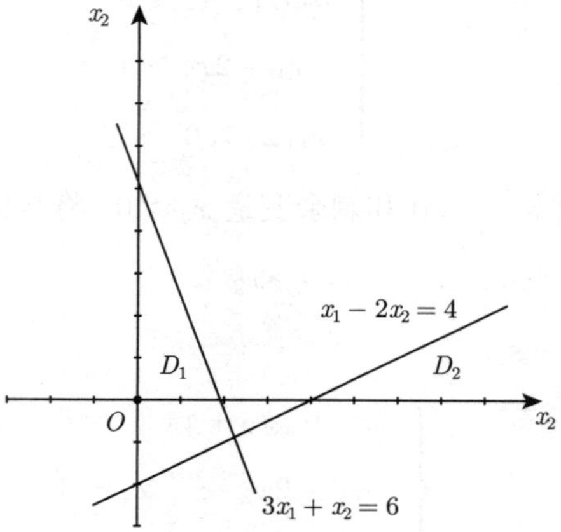

图 1-6 例 1.12 的图解法

1.3.2　两阶段法

仍然考虑线性规划问题的标准形式 (1-1-4)。假设其系数矩阵不含有单位子矩阵，第一阶段是构造一个目标函数只含有人工变量的辅助问题：

$$\min \quad z=\sum_{i=1}^{m} x_{n+i}$$

$$\text{s.t.}\quad \begin{cases} a_{11}x_1+a_{12}x_2+\cdots+a_{1n}x_n+x_{n+1} = b_1 \\ a_{21}x_1+a_{22}x_2+\cdots+a_{2n}x_n+ \quad x_{n+2} = b_2 \\ \cdots\cdots \\ a_{m1}x_1+a_{m2}x_2+\cdots+a_{mn}x_n+ \quad x_{n+m} = b_m \\ x_i \geqslant 0, i=1,2,\cdots,n+m \end{cases} \tag{1-3-2}$$

显然，该辅助问题可以利用单纯形表求解。若式 (1-3-2) 无最优解或虽有最优解但目标函数值不为零，则表明原问题无最优解。若式 (1-3-2) 有最优解且其目标函数值为零，则得到了原问题的一个初始基可行解，这时，转为第二阶段求解。此时，在第一阶段的最终单纯形表中，将其表头换为原问题的表头并重新计算检验数。表的主体 (当然去掉人工变量) 不变，然后按照单纯形法的要求进行下去。实际上，第一阶段是以人工变量为媒介，通过线性变换在原线性规划问题的系数矩阵中找到一个单位子矩阵。这样，第二阶段就回到了原来单纯形表的要求上。所以，总是可以通过两阶段法回答原问题。在大 M 法中讲过添加人工变量时需要注意的几点，在这里仍然是适用的。

大 M 法的优点在于一次性地解决原问题，缺点是无法利用计算机求解。这是因为大 M 不能用具体的正数代替；否则，作为一个程序，大 M 取得太大，将会出现数据溢出，取得不够大又有可能误将非负或非正的检验数判断为相反。两阶段法的优缺点与大 M 法相反。

例 1.13　利用两阶段法求解例 1.11。

解　该线性规划问题及其标准形参见例 1.11。针对其标准形，需要两个人工变量，够造辅助问题：

$$\min \quad z=x_6+x_7$$

$$\text{s.t.}\quad \begin{cases} -4x_1+3x_2+x_3-x_4+x_6=4 \\ x_1-x_2+2x_3+x_5=10 \\ 2x_1-2x_2+x_3+x_7=1 \\ x_i \geqslant 0,\ i=1,2,\cdots,7 \end{cases}$$

利用单纯形表求解该辅助问题，见表 1-8。

表 1-8 第一阶段辅助问题的单纯形表

	c_j		0	0	0	0	0	1	1	θ
$\boldsymbol{c}_B$	$\boldsymbol{X}_B$	$\boldsymbol{b}$	x_1	x_2	x_3	x_4	x_5	x_6	x_7	
1	x_6	4	−4	3	1	−1	0	1	0	4
0	x_5	10	1	−1	2	0	1	0	0	5
1	x_7	1	2	−2	[1]	0	0	0	1	1
$\sigma_j = c_j - \sum_{i=1}^{m} c_i a_{ij}$			2	−1	−2	1	0	0	0	
1	x_6	3	−6	[5]	0	−1	0	1		3/5
0	x_5	8	−3	3	0	0	1	0		8/3
0	x_3	1	2	−2	1	0	0	0		
$\sigma_j = c_j - \sum_{i=1}^{m} c_i a_{ij}$			6	−5	0	1	0	0		
0	x_2	3/5	−6/5	1	0	−1/5	0			
0	x_5	31/5	3/5	0	0	3/5	1			
0	x_3	11/5	−2/5	0	1	−2/5	0			
$\sigma_j = c_j - \sum_{i=1}^{m} c_i a_{ij}$			0	0	0	0	0			

在上面最后的单纯形表中可以看到，得到了辅助问题的最优解，且其最优目标函数值为零。这说明得到了原问题的一个初始基可行解 $\boldsymbol{X} = (0, 3/5, 11/5, 0, 31/5)^{\mathrm{T}}$。按照上面所说，将最终单纯形表的两个人工变量去掉并将表头换为原问题的表头，重新计算检验数，见表 1-9。

表 1-9 第二阶段问题 (原问题) 的单纯形表

	c_j		3	2	−1	0	0	θ
$\boldsymbol{c}_B$	$\boldsymbol{X}_B$	$\boldsymbol{b}$	x_1	x_2	x_3	x_4	x_5	
2	x_2	3/5	−6/5	1	0	−1/5	0	
0	x_5	31/5	3/5	0	0	3/5	1	31/3
−1	x_3	11/5	−2/5	0	1	−2/5	0	
$\sigma_j = c_j - \sum_{i=1}^{m} c_i a_{ij}$			5	0	0	0	0	
2	x_2	13	0	1	0	1	2	
3	x_1	31/3	1	0	0	1	5/3	
−1	x_3	19/3	0	0	1	0	2/3	
$\sigma_j = c_j - \sum_{i=1}^{m} c_i a_{ij}$			0	0	0	−5	−25/3	

在最终单纯形表中，非基变量的检验数全部小于零。对于求极大值的原问题来说，已经求得最优解：$x_1^* = 31/3, x_2^* = 13, x_3^* = 19/3, x_4^* = x_5^* = 0$，最优值为 $z^* = 50.67$。

1.3.3 进一步讨论 MATLAB 实现

在讨论了人工变量法以后，对于任何一个线性规划问题都可以利用单纯形表进行求解了。但是手工计算是非常烦琐的。编者针对一般的线性规划问题编写了 MATLAB 程序 MMSimplex.m，称为一般单纯形法。该程序不仅能求得最优解及最优值，而且可以求出最优基变量及最终单纯形表。程序里有详细的注释供学习之用。代码如下：

☞ **MATLAB 程序 1.2**　一般单纯形法的 MATLAB 程序

```
% 单纯形法求解线性规划问题
% max c'x
% s.t.
% Ax=b
% x>=0
% 这里 A\in R^{m\times n},c,x'\in R^n,b\in R^m,b\geq 0
% 在需要添加人工变量时将采用两阶段法求解上述问题
% 输出项:
% xstar为最优解;fxstar为最优值; iter为迭代次数; A0为最终单纯形表
% IB为最优基变量下标;IN为非基变量下标; SA为松弛变量下标
% xSA为松弛量取值;sigma为最终检验数(可不显示)
% A0为最终单纯性表(第一列为b);
% InverseOfB=inv(B)为基矩阵B的逆矩阵(用于灵敏度分析)。输出项按需要选择
% By Gongnong Li 2013
function[xstar,fxstar,iter,A0,IB,IN,SA,xSA,InverseOfB,exitflag]=
    MMSimplex(A,b,c)
A0=A;[m,n]=size(A0);E=eye(m);IB=zeros(1,m);SA1=zeros(1,n);
IR1=zeros(1,m);IR=1:m;k=0;
%检查原问题(标准形式)系数矩阵中是否含有E(:,i)
tic;
for i=1:m
      for j=1:n
          if A0(:,j)==E(:,i)
              IB(i)=j;IR1(i)=i;SA1(i)=j;
          elseif A(:,j)==(-E(:,i))
              SA1(i)=j;
          end
```

```
      end
  end
  s1=find(SA1~=0);
  if length(s1)~=0
    for i=1:length(s1)
       SA(i)=SA1(s1(i));
    end
  else
     SA=[];
  end
  IR=find(IR~=IR1);s=find(IR~=0);
  for p=1:length(s)
    A0(:,n+p)=E(:,IR(p)); IB(IR(p))=n+p; IR(p)=n+p;
  end
%%%%%%%%%%%%%%%%%%%%%%%%%%%%%%%%%%%%%%%%%%%%%%%%%%%%%%%%%%%%%%%%%%%%%%%%%
% IB记录了原问题系数矩阵有多少个E(:,i), 即m-length(s)个,对应的x(i)为初始
% 基变量。IR则记录了原问题系数矩阵缺少的E(:,i)下标, 即i, 这些是需要通过人
% 工变量补齐的共length(s)个人工变量, 这些变量也是初始基变量。SA记录松弛
% 变量(剩余变量)下标IB记录了基变量的下标, 而IR记录了人工变量的下标(共有
% length(s)个人工变量)。退出时矩阵A0具有一个单位子矩阵, 可能含有人工变
% 量。若有人工变量, 则下面先求第一阶段问题, 将会得到原问题的一个初始基
% 可行解
%%%%%%%%%%%%%%%%%%%%%%%%%%%%%%%%%%%%%%%%%%%%%%%%%%%%%%%%%%%%%%%%%%%%%%%%%
A0=[b,A0];flag=0;
while (length(IR)~=0)&(flag==0) %这表明有人工变量才需要求解第一阶段问题
c0=zeros(n+length(s),1); c0(IR)=-ones(length(s),1); %第一阶段的相关矩阵
   和向量
N=1:n+length(s); N(IB)=[]; IN=N; IN(find(IN==0))=[];
%IB记录基可行解的下标, IN记录非基可行解的下标
x(IN)=zeros(1,length(IN)); x(IB)=A0(:,1)'; cB=c0(IB);
%第一阶段的初始基可行解及其价值系数
sigma=c0'-cB'*A0(:,2:n+length(s)+1); %检验数, 是一个行向量
t=length(find(sigma>0)); %假设检验数中有t个大于零的检验数
```

```
  while t~=0
     [sigmaJ,jj]=max(sigma);
%这里的jj是sigma中绝对值最大者所在列，即A0中的第jj+1列(A0中第一列为b)，
  对应的非基
%变量x(jj)为换入变量，而sigmaJ则是相应的检验数
     tt=find(A0(:,jj+1)>0); kk=length(tt);
%检查增广系数矩阵A0中第jj+1列元素是否有大于零的元素
     if kk==0
        disp('原问题为无界解'); %即A0的第jj+1列元素全部小于或等于零
        xstar=[];fxstar=[];A0=[];IB=[];iter=k;
        flag=1;
     else
        theta=zeros(1,kk);
        for i=1:kk
           theta(i)=A0(tt(i),1)/A0(tt(i),jj+1);
        end
        [thetaI,ii]=min(theta); Temp=tt(ii);
%比值最小的theta值，选换出变量，Temp为换出变量下标。这时A0(Temp,jj+1)为旋
  转主元
        for i=1:m
           if i~=Temp
              A0(i,:)=A0(i,:)-(A0(Temp,:)/A0(Temp,jj+1))*A0(i,jj+1);
           else
              A0(Temp,:)=A0(Temp,:)/A0(Temp,jj+1);
           end
        end
%以上为旋转运算
        TT=IB(Temp); IB(Temp)=jj;
        for i=1:length(IR)
           if IR(i)==TT
              IR(i)=0;
           end
        end
        d=find(IR==0);IR(d)=[]; %这里记录的是人工变量的变化
```

```
            IN(jj)=TT; x(IB)=A0(:,1)'; IN(find(IN==0))=[];
            x(IN)=zeros(1,length(IN)); cB=c0(IB); %新的基可行解及价值系数
            sigma=c0'-cB'*A0(:,2:n+length(s)+1); t=length(find(sigma>0));
%再次计算检验数并假设检验数中有t个大于零的检验数
        end
          k=k+1;
    end
   if sum(x(IR))~=0
    disp('原问题无解');%此时没有检验数小于零，但第一阶段有最优解，从而原问
          题无解
    xstar=[];fxstar=[];A0=[];IB=[];iter=k;
     flag=2;exitflag=flag;
    else
     x=x(1:n);
   end
end
%%%%%%%%%%%%%%%%%%%%%%%%%%%%%%%%%%%%%%%%%%%%%%%%%%%%%%%%%%%%%%%%%%%%%%%%%
%第一阶段问题求解完毕，得到原问题的一个基可行解
%%%%%%%%%%%%%%%%%%%%%%%%%%%%%%%%%%%%%%%%%%%%%%%%%%%%%%%%%%%%%%%%%%%%%%%%%
if (flag==1)|(flag==2)
     return
   else
IB;N=1:n; N(IB)=[]; IN=N; IN(find(IN==0))=[];x(IN)=zeros(1,length(IN));
cB=c(IB); A0=A0(:,1:n+1); %回到原问题的有关矩阵和向量
sigma=c'-cB'*A0(:,2:n+1); t=length(find(sigma>0));
%计算原问题的检验数并假设检验数中有t个大于零的检验数
while  (t~=0)&(flag==0)
     [sigmaJ,jj]=max(sigma);
%jj是sigma中绝对值最大者所在列，即A0中的第jj+1列(A0中第一列为b)，该列对应
%的非基变量x(jj)为换入变量，而sigmaJ则是相应的检验数
tt=find(A0(:,jj+1)>0);kk=length(tt);
%检查增广系数矩阵A0中第j+1列元素是否有大于零的元素
         if kk==0
```

```
            disp('原问题为无界解');
            xstar=[];fxstar=[];A0=[];IB=[];iter=k;
            flag=1;
        else
             theta=zeros(1,kk);
             for i=1:kk
                 theta(i)=A0(tt(i),1)/A0(tt(i),jj+1);
             end
             [thetaI,ii]=min(theta); Temp=tt(ii);
%比值最小的theta值，选择换出变量。这时A0(Temp,jj+1)为旋转主元
             for i=1:m
                 if i~=Temp
                    A0(i,:)=A0(i,:)-(A0(Temp,:)/A0(Temp,jj+1))*A0(i,jj+1);
                 else
                    A0(Temp,:)=A0(Temp,:)/A0(Temp,jj+1);
                 end
             end
     TT=IB(Temp);IB(Temp)=jj;IN(jj)=TT; x(IB)=A0(:,1)';
     N=1:n;N(IB)=[];IN=N; IN(find(IN==0))=[];x(IN)=zeros(1,length(IN));
       cB=c(IB);
%新的基可行解及其价值系数
          sigma=c'-cB'*A0(:,2:n+1);
          t=length(find(sigma>0)); %再次计算检验数并设检验数中有t个大于零
                                    的数
       end
       k=k+1;
end
end
if flag==1
   xstar=[];fxstar=[];A0=[],IB=[];iter=k;
   disp('原问题为无界解');exitflag=flag;
elseif flag==2
   xstar=[];fxstar=[];A0=[];IB=[];iter=k;
   disp('原问题无解');exitflag=flag;
```

```
else
   xstar=zeros(1,n);xstar(IB)=A0(:,1)';fxstar=xstar(IB)*c(IB);iter=k;
   B=A(:,IB);InverseOfB=inv(B);xSA=x(SA);
 exitflag=flag;
end
toc;
```

以上程序在约束方程组系数矩阵不是行满秩矩阵时可能失效。另外，MATLAB 自身带有一个优化工具箱。求解线性规划问题的程序名为 linprog.m。下面简要叙述如何利用该程序求解线性规划问题。

```
>> help linprog
 LINPROG Linear programming.
    X = LINPROG(f,A,b) attempts to solve the linear programming problem:
              min f'*x    subject to:   A*x <= b
               x
    X = LINPROG(f,A,b,Aeq,beq) solves the problem above while
        additionally
    satisfying the equality constraints Aeq*x = beq.

    X = LINPROG(f,A,b,Aeq,beq,LB,UB) defines a set of lower and upper
    bounds on the design variables, X, so that the solution is in
    the range LB <= X <= UB. Use empty matrices for LB and UB
    if no bounds exist. Set LB(i) = -Inf if X(i) is unbounded below;
    set UB(i) = Inf if X(i) is unbounded above.
    X = LINPROG(f,A,b,Aeq,beq,LB,UB,X0) sets the starting point to X0.
    This
    option is only available with the active-set algorithm. The default
    interior point algorithm will ignore any non-empty starting point.
    ......
```

通过这个“帮助”可以看出，`linprog` 函数求解的线性规划问题具有如下几个特点：

(1) 目标函数求极小，若是求极大，则需求其相反函数。

(2) 命令中出现的向量都按列向量输入，其中 $\boldsymbol{f}$ 即为价值系数向量。该函数允许线性规划问题既有不等式约束也有等式约束，不需要将不等式化为等式。但等式约束指的是“$\leqslant$”。如果是“$\geqslant$”，则要在不等式两边乘以“-1”将其化为“$\leqslant$”。该函数还允许决策向量有下界向量 LB 和上界向量 UB。

(3) 如果线性规划问题只有等式约束，则可令 `A=[],b=[]`。该函数还允许从某一个初

始点 X_0 开始求解，当然这主要是针对所谓大规模问题而言的。同时，还可通过适当的选项来决定采用何种算法，是否打开大规模问题的算法，等等。

(4) 输出有多种选项。比如选择 `[X,FVAL,EXITFLAG,OUTPUT]=linprog(f,A,b)` 时就意味着可得到最优解 $\boldsymbol{X}$，最优目标函数值 `FVAL`，计算结束时退出标记 `EXITFLAG`，该标记取“1”表示用 `linprog` 函数求得的点列收敛到最优解 $\boldsymbol{X}$，取“0”则表示迭代到预先设定的最大迭代次数后终止，此时的解不一定是最优解，取“-2”则表示原问题无可行解，取“-3”则表示原问题为无界解，等等。而 `OUTPUT` 里面的信息则有迭代次数，采用的算法等。

例 1.14　利用程序 MMSimplex.m 计算例 1.11。

解　本程序求解的是标准形式的线性规划问题。只需将原线性规划问题化为标准形式即可调用该程序求解，不需添加人工变量 (该程序在需要添加的时候会自动添加)。该问题的标准形式参见例 1.11。在 MATLAB 的提示符下输入相应的系数矩阵 $\boldsymbol{A}$，价值系数向量 $\boldsymbol{c}$ 和资源向量 $\boldsymbol{b}$，然后调用该程序。

```
>> A=[-4 3 1 -1 0;1 -1 2 0 1;2 -2 1 0 0];
>> c=[3 2 -1 0 0]';
>> b=[4 10 1]';
>> [xstar,fxstar,iter]=MMSimplex(A,b,c)
Elapsed time is 0.073668 seconds.
xstar =
      31/3            13              19/3            0               0
fxstar =
     152/3
iter =
       3
```

计算结果表明，经过 3 次迭代得到 $x_1^*=31/3, x_2^*=13, x_3^*=19/3, x_4^*=x_5^*=0, z^*=152/3$。

例 1.15　利用 MATLAB 自带程序 linprog.m 计算例 1.11。

解　当采用 `linprog` 函数进行求解时，需要将约束条件中的“$\geqslant$”化为“$\leqslant$”，这只需在原不等式两边乘以“-1”即可。这样，$\boldsymbol{b}$ 向量可能会出现负数，这是允许的。计算过程为：

```
>> A=[4 -3 -1 ;1 -1 2];
>> b=[-4 10]';
>> f=[-3 -2 1]';
>> Aeq=[2 -2 1];
>> beq=[1];
>> lb=[0 0 0]';
```

```
>> ub=[inf inf inf]';
>> [X,FVAL,EXITFLAG,OUTPUT]=linprog(f,A,b,Aeq,beq)
Optimization terminated.
   Elapsed time is 0.006504 seconds.
X =
      31/3
      13
      19/3
FVAL =
    -152/3
EXITFLAG =
       1
OUTPUT =
      iterations: 4
       algorithm: 'large-scale: interior point'
    cgiterations: 0
         message: 'Optimization terminated.'
```

上述计算结果表明，经过 4 次迭代求得最优解 (EXITFLAG=1)，最优解为 $x_1^*=31/3$, $x_2^*=13, x_3^*=19/3$，最优值为 $z^*=152/3$。

例 1.16　利用上面给出的程序 MMSimplex.m 求解模型引入 1.2(最佳下料问题)。

解　模型引入 1.2 的线性规划问题参见式 (1-1-2)。该问题有 10 个变量，如果手工计算还需要 1 个人工变量。计算量较大。原问题是求极小，现求其相反函数的极大。利用 MMSimplex.m 计算如下：

```
>> A=[2 2 1 1 1 0 0 0 0 0;1 0 2 1 0 4 3 2 1 0;0 1 0 2 3 0 1 2 4 5];
>> b=[1000 1000 1000]';
>> c=-[0 0.3 0.5 0.1 0.4 0 0.3 0.6 0.2 0.5]';
>> [xstar,fxstar,iter]=MMSimplex(A,b,c)
Elapsed time is 0.000763 seconds.
xstar =
     500    0    0    0    0   125/2    0    0   250    0
fxstar =
     -50
iter =
       3
```

计算结果表明，$x_1^*=500, x_6^*=62.5, x_9^*=250$，其他变量为 0。最优值 $z^*=50$。这就

是说，用 500 根圆钢采用第 1 种方案剪裁，用 62.5 根圆钢采用第 6 种方案剪裁，用 250 根圆钢采用第 9 种方案剪裁。这样剪裁产生的料头只有 50m，共用圆钢 812.5 根。

1.3.4　应用举例

利用线性规划解决实际问题是数学建模的一个重要方面。除了前已述及的数学建模的一般原则外，还需注意目标函数和约束条件是否可以表示成线性函数。提高数学建模的能力需要长期的训练，下面通过几个例题说明线性规划在实际中的应用。

例 1.17 (生产安排问题)　某种产品由 3 种不同零件各一个组成。每种零件均可由 4 个部门各自生产，但它们的生产效率和生产能力各不同。表 1-10 给出了每个部门的能力限制和每个部门生产每种零件的效率。问各部门生产每一种零件的工作时数为多少时，使得完成产品的件数最多。

表 1-10　各部门的生产能力及其效率

部门	能力限制/h	生产效率 c_{ij}/(件/h)		
		零件 1	零件 2	零件 3
1	100	10	15	5
2	150	15	10	5
3	80	20	5	10
4	200	10	15	20

解　该问题问的是各部门生产每一种零件的工作时数。这是本题的决策变量，需要回答。因此，不妨假设 x_{ij} 表示第 i 个部门生产第 j 种零件的小时数 $(i=1,2,3,4;j=1,2,3)$。除此以外，还需要回答的是完成产品的件数应该是多少。根据题意，若 c_{ij} 表示第 i 个部门生产第 j 种零件的效率，则可以生产得到第 $j(j=1,2,3)$ 种零件 $\sum\limits_{i=1}^{4} c_{ij}x_{ij}(j=1,2,3)$ 个。题目还假设最终的产品是由这 3 种零件各一个组成，但由于生产效率和能力的限制，得到的每种零件的数量是不一样的。所以，能够获得的最终产品的数量是 $\sum\limits_{i=1}^{4} c_{ij}x_{ij}(j=1,2,3)$ 之中的最小值，该值记为 x。这就是最终产品的数量，目标函数显然就是对其求最大。结合每个部门生产能力的限制，最后得到如下数学模型：

$$\max \quad z = x$$

$$\text{s.t.}$$

$$\begin{cases} 10x_{11}+15x_{21}+20x_{31}+10x_{41}-x \geqslant 0 \\ 15x_{12}+10x_{22}+5x_{32}+15x_{42}-x \geqslant 0 \\ 5x_{13}+5x_{23}+10x_{33}+20x_{43}-x \geqslant 0 \\ x_{11}+x_{12}+x_{13} \leqslant 100 \\ x_{21}+x_{22}+x_{23} \leqslant 150 \\ x_{31}+x_{32}+x_{33} \leqslant 80 \\ x_{41}+x_{42}+x_{43} \leqslant 200 \\ x, x_{ij} \geqslant 0, \quad i=1,2,3,4; j=1,2,3 \end{cases} \tag{1-3-3}$$

模型 (1-3-3) 中有 13 个变量，为了求解，将其化为标准形还需要 3 个剩余变量和 4 个松弛变量。故最后该模型的标准形将会有 20 个变量。显然，利用单纯形表手工计算是不可行的。下面利用程序 MMSimplex.m 求解该模型。在利用该程序前，注意将原线性规划问题化为标准形式，但不需要添加人工变量。这里省略具体的标准形式。下面只是将其化为标准形式后在 MATLAB 的提示符下的操作列举出来。

```
>> A=[10 0 0 15 0 0 20 0 0 10 0 0 -1 -1 0 0 0 0 0 0;...
0 15 0 0 10 0 0 5 0 0 15 0 -1 0 -1 0 0 0 0 0;...
0 0 5 0 0 5 0 0 10 0 0 20 -1 0 0 -1 0 0 0 0;...
1 1 1 0 0 0 0 0 0 0 0 0 0 0 0 0 1 0 0 0;...
0 0 0 1 1 1 0 0 0 0 0 0 0 0 0 0 0 1 0 0;...
0 0 0 0 0 0 1 1 1 0 0 0 0 0 0 0 0 0 1 0;...
0 0 0 0 0 0 0 0 0 1 1 1 0 0 0 0 0 0 0 1];
>> b=[0 0 0 100 150 80 200]';
>> c=[0 0 0 0 0 0 0 0 0 0 0 0 1 0 0 0 0 0 0 0]';
>> [xstar,fxstar,iter]=MMSimplex(A,b,c)
Elapsed time is 0.002019 seconds.
xstar =
  1.0e+003 *
  Columns 1 through 13
  0  0.1000  0  0.0883  0.0617  0  0.0800  0  0  0  0.0538  0.1462
    2.9241
  Columns 14 through 20
  0   0   0   0   0   0   0
fxstar =
  2.9241e+003
iter =
    7
```

计算结果表明，经过 7 次迭代得到最优解为：

$$
\begin{aligned}
&x_{11}=0, \quad x_{12}=100, \quad x_{13}=0, \quad x_{21}=88.3, \quad x_{22}=61.7, \quad x_{23}=0 \\
&x_{31}=80, \quad x_{32}=0, \quad x_{33}=0, \quad x_{41}=0, \quad x_{42}=53.8, \quad x_{43}=146.2
\end{aligned}
$$

最优值 $z^*=2924.1$，即第 1 个部门用 100h 生产第 2 种零件，第 2 个部门用 88.3h 生产第 1 种零件，用 61.3h 生产第 2 种零件，第 3 个部门用 80 小时生产第 1 种零件，第 4 个部门用 53.8h 生产第 2 种零件，用 146.2h 生产第 3 种零件。这时能够得到最多的产品 2924.1 件。

例 1.18 (人员安排问题) 某服务机构通过一段时间的运行，统计出一周内每天对服务人员的需求，见表 1-11。根据有关要求，每位服务人员每周工作 5 天，休息 2 天，且这两天休息是连续的。问应如何安排服务人员的休息使得在满足工作需要的同时总的服务人员最少。

表 1-11 服务机构每天需要的服务人员

时间	星期一	星期二	星期三	星期四	星期五	星期六	星期日
所需服务人员数	28	15	24	25	19	31	28

解 根据题目要求和给出的信息，安排服务人员的休息就是安排服务人员哪两天休息，即等价于安排服务人员从哪一天开始上班。这里没有给出具体的服务人员，所以就是安排哪一天有几个服务人员开始上班。按照这个思路，可以设 $x_i(i=1,2,\cdots,7)$ 表示星期一至星期日上班的人数。按规定每人上班是连续的工作 5 天，于是星期日在岗的服务人员就应该是星期日开始上班的服务人员以及上一周从星期三至星期六开始上班的服务人员，这可以表示为 $x_3+x_4+x_5+x_6+x_7$。其他每天的安排类似。一周总的服务人员数当然是每天开始上班的服务人员之和。因此，可建立数学模型 (1-3-4)：

$$\min \quad z=\sum_{i=1}^{7} x_i$$

$$\text{s.t.}\quad \begin{cases} x_3+x_4+x_5+x_6+x_7 \geqslant 28 \\ x_4+x_5+x_6+x_7+x_1 \geqslant 15 \\ x_5+x_6+x_7+x_1+x_2 \geqslant 24 \\ x_6+x_7+x_1+x_2+x_3 \geqslant 25 \\ x_7+x_1+x_2+x_3+x_4 \geqslant 19 \\ x_1+x_2+x_3+x_4+x_5 \geqslant 31 \\ x_2+x_3+x_4+x_5+x_6 \geqslant 28 \\ x_i \geqslant 0, \quad i=1,2,\cdots,7 \end{cases} \tag{1-3-4}$$

该线性规划问题有 7 个变量，化为标准形还需要 7 个剩余变量。若要用单纯形表的方法求解，则还需要 7 个人工变量。这样将会有 21 个变量。显然，手工计算是非常烦琐的。利用程序 MMSimplex.m 求解如下 (与前例一样，需将其化为标准形，略。)：

```
>> A=[0 0 1 1 1 1 1 -1 0 0 0 0 0 0;1 0 0 1 1 1 1 0 -1 0 0 0 0 0;...
1 1 0 0 1 1 1 0 0 -1 0 0 0 0;1 1 1 0 0 1 1 0 0 0 -1 0 0 0;...
1 1 1 1 0 0 1 0 0 0 0 -1 0 0;1 1 1 1 1 0 0 0 0 0 0 0 -1 0;...
0 1 1 1 1 1 0 0 0 0 0 0 0 -1];
>> b=[28 15 24 25 19 31 28]';
```

```
>> c=-[1 1 1 1 1 1 1 0 0 0 0 0 0 0]';
>> [xstar,fxstar,iter]=MMSimplex(A,b,c)
Elapsed time is 0.392200 seconds.
xstar =
  8  0  12  0  11  5  0  0  9  0  0  1  0  0
fxstar =
   -36
iter =
    7
```

计算结果表明，经过 7 次迭代，得到的最优解为 $x_1=8, x_2=0, x_3=12, x_4=0, x_5=11, x_6=0, x_7=5$，即周一应该有 8 人开始上班，周三有 12 人开始上班，周五有 11 人开始上班，周日有 5 人开始上班。这样，可在满足对服务人员的要求下，总的服务人员是最少的 (36 人)。

例 1.19 (连续投资问题)　某金融机构在今后 5 年内考虑给下列项目投资。已知：项目 A 从第 1 年到第 4 年年初需要投资，并于次年末回收本利 115%；项目 B 从第 3 年年初需要投资，到第 5 年年末能回收本利 125%，但有一定风险，所以规定最大投资额不超过其资金拥有量的 40%；项目 C 在第 2 年年初需要投资，到第 5 年年末能回收本利 140%，同样由于风险等原因，规定最大投资额不超过资金拥有量的 30%；项目 D 为 5 年内每年年初可购买国债，于当年年末返回，并加利息 6%。该机构现有资金 100 万元，问该机构应如何确定给这些项目每年的投资额，使得到第 5 年年末时其资金的本利总额为最大。

解　这个问题问的是该机构给这些项目每年的投资额，这是需要解答者回答的问题，所以是本题的决策变量。根据题意，一共有 4 个项目，有的项目是每年初都需要投资，有的不需要每年投资，因此，可以按每年初投资到某项目来决定决策变量。如果某项目某年初不需投资，则不设该变量。故设 $x_{i1}(i=1,2,3,4)$ 表示第 i 年年初投资到 A 项目的投资额，x_{32} 表示第 3 年年初投资到 B 项目的投资额，x_{23} 表示第 2 年年初投资到 C 项目的投资额，$x_{i4}(i=1,2,3,4,5)$ 表示第 i 年年初投资到 D 项目中的投资额。

决策变量确定以后进一步分析：首先容易想到的就是所有投资额之和等于该机构拥有的资金总额。需要想解决的是该机构获利最大的投资方案，所以在考虑投资总额时除了开始拥有的 100 万元以外，第 2 年开始有了收益 (项目 D)，将此收益也应作为投资总额的一部分。同时，该机构每年用于投资的资金不应剩余。因此，在第 1 年年初有

$$x_{11}+x_{14}=1000000$$

第 2 年年初，因为第 1 年给 A 项目的投资到第 2 年年末才有收益，但 D 项目有了收益，故有

$$x_{21}+x_{23}+x_{24}=1.06x_{14}$$

第 3 年年初的资金来自于 A 项目在第 1 年投资的收益以及 D 项目在第 2 年年初投资的收益，故

$$x_{31}+x_{32}+x_{34}=1.15x_{11}+1.06x_{24}$$

第 4 年年初的资金来自于 A 项目在第 2 年年初的投资收益以及 D 项目在第 3 年年初的投资收益，故

$$x_{41}+x_{44}=1.15x_{21}+1.06x_{34}$$

第 5 年的资金来自于第 5 年年初 A 项目投资收益和第 4 年年初 D 项目的投资收益，故

$$x_{54}=1.15x_{31}+1.06x_{44}$$

题目还假设 B，C 两个项目有投资限额，即

$$x_{32}\leqslant 400000,\qquad x_{23}\leqslant 300000$$

目标函数应该是所有的资金额之和，即

$$z=1.15x_{41}+1.40x_{23}+1.25x_{32}+1.06x_{54}$$

根据如上分析，最后得到数学模型 (1-3-5)：

$$\begin{aligned}&\max\quad z=1.15x_{41}+1.40x_{23}+1.25x_{32}+1.06x_{54}\\&\text{s.t.}\\&\qquad\left\{\begin{array}{l}x_{11}+x_{14}=1000000\\x_{21}+x_{23}+x_{24}=1.06x_{14}\\-1.15x_{11}-1.06x_{24}+x_{31}+x_{32}+x_{34}=0\\-1.15x_{21}-1.06x_{34}+x_{41}+x_{44}=0\\-1.15x_{31}-1.06x_{44}+x_{54}=0\\x_{32}\leqslant 400000\\x_{23}\leqslant 300000\\x_{11},x_{21},x_{31},x_{41},x_{32},x_{23},x_{14},x_{24},x_{34},x_{44},x_{54}\geqslant 0\end{array}\right.\end{aligned}\tag{1-3-5}$$

该线性规划问题有 11 个原始变量，将其化为标准形还需要两个松弛变量，若用单纯形表计算还需要 1 个人工变量。显然太烦琐。现利用程序 MMSimplex.m 计算，过程为：

```
>> A=[1 1 0 0 0 0 0 0 0 0 0 0 0;0 -1.06 1 1 1 0 0 0 0 0 0 0 0;...
-1.15 0 0 0 0 1 1 1 0 0 0 0 0;...
0 0 -1.15 0 0 0 0 -1.06 1 1 0 0 0;0 0 0 0 0 -1.15 0 0 0 -1.06 1 0 0;...
0 0 0 1 0 0 0 0 0 0 0 1 0;0 0 0 0 0 0 1 0 0 0 0 0 1];
```

```
>> b=[1000000,0,0,0,0,300000,400000]';
>> c=[0 0 0 1.40 0 0 1.25 0 1.15 0 1.06 0 0]';
>> [xstar,fxstar,iter]=MMSimplex(A,b,c)
Elapsed time is 0.055076 seconds.
xstar =
  1.0e+005 *
  Columns 1 through 10
  7.1698   2.8302    0   3.0000    0   4.2453   4.0000    0    0    0
  Columns 11 through 13
   4.8821      0       0
fxstar =
  1.4375e+006
iter = 6
```

计算结果表明，经过 6 次迭代得到：$x_{11}=716980, x_{14}=283020$，即第 1 年投资 A 项目 716980 元，投资 D 项目 283020 元；$x_{23}=300000$，则表示第 2 年年初投资 C 项目 300000 元；$x_{31}=424530, x_{32}=400000$，表示第 3 年投资 A 项目 424530 元，投资 B 项目 400000 元；$x_{41}=488210$，表示第 4 年年初投资 A 项目 488210 元。这样，将会获得的最大收益为 $z^*=1437500$ 元。收益率达到 43.75%。

习题 1

1. 将下面的线性规划问题化为标准形式。

(1) $\min z=-3x_1+x_2+x_3$

s.t.

$$\begin{cases}5\leqslant x_1+x_2+x_3\leqslant 10\\ 3x_1\geqslant 4x_3\\ x_i\geqslant 0,\quad i=1,2,3\end{cases}$$

(2) $\min z=-3x_1+4x_2-2x_3+5x_4$

s.t.

$$\begin{cases}4x_1-x_2+x_3-x_4=-2\\ x_1+x_2+x_3-x_4\leqslant 14\\ -2x_1+3x_2-x_3+2x_4\geqslant 2\\ x_1\geqslant 0, x_3\geqslant 0, x_2\leqslant 0, x_4\text{无限制}\end{cases}$$

(3) $\min z=2x_1-x_2+5x_3$

s.t.

$$\begin{cases}-x_1+x_2+2x_3=8\\ 3x_1+x_2-x_3\geqslant 6\\ x_1\leqslant 0, x_2\geqslant 0, x_3\text{无限制}\end{cases}$$

(4) $\max z=2x-3y$

s.t.

$$\begin{cases}|x|+|y|=3\\ x-y=1\end{cases}$$

2. 对下述线性规划问题找出所有基解，指出哪些是基可行解，并确定最优解。

(1) $\max z = 3x_1 + x_2 + 2x_3$

s.t.

$$\begin{cases} 12x_1 + 3x_2 + 6x_3 + 3x_4 = 9 \\ 8x_1 + x_2 - 4x_3 + 2x_5 = 10 \\ 3x_1 - x_6 = 0 \\ x_i \geqslant 0, i = 1, 2, \cdots, 6 \end{cases}$$

(2) $\min z = 5x_1 - 2x_2 + 3x_3 + 2x_4$

s.t.

$$\begin{cases} x_1 + 2x_2 + 3x_3 + 4x_4 = 7 \\ 2x_1 + 2x_2 + x_3 + 2x_4 = 3 \\ x_i \geqslant 0, i = 1, 2, 3, 4 \end{cases}$$

3. 用图解法求解下列线性规划问题，并指出问题的解的类型 (唯一解、无穷多组解、无界解、无可行解)。

(1) $\min z = 2x_1 + 3x_2$

s.t.

$$\begin{cases} 4x_1 + 6x_2 \geqslant 6 \\ 2x_1 + 2x_2 \geqslant 4 \\ x_1, x_2 \geqslant 0 \end{cases}$$

(2) $\max z = 3x_1 + 2x_2$

s.t.

$$\begin{cases} 2x_1 + x_2 \leqslant 2 \\ 3x_1 + 4x_2 \geqslant 12 \\ x_1, x_2 \geqslant 0 \end{cases}$$

(3) $\max z = x_1 + x_2$

s.t.

$$\begin{cases} 6x_1 + 10x_2 \leqslant 120 \\ x_1 + x_2 \leqslant 14 \\ 5 \leqslant x_1 \leqslant 10 \\ 3 \leqslant x_2 \leqslant 8 \end{cases}$$

(4) $\max z = 5x_1 + 6x_2$

s.t.

$$\begin{cases} 2x_1 - x_2 \geqslant 2 \\ -2x_1 + 3x_2 \leqslant 2 \\ x_1, x_2 \geqslant 0 \end{cases}$$

4. 分别用图解法和单纯形法求解下列线性规划问题，并指出单纯形法迭代的每一步与图解法中的可行域哪一个点对应。

(1) $\max z = 10x_1 + 5x_2$

s.t.

$$\begin{cases} 3x_1 + 4x_2 \leqslant 9 \\ 5x_1 + 2x_2 \leqslant 8 \\ x_1, x_2 \geqslant 0 \end{cases}$$

(2) $\max z = 2x_1 + x_2$

s.t.

$$\begin{cases} 3x_1 + 5x_2 \leqslant 15 \\ 6x_1 + 2x_2 \leqslant 24 \\ x_1, x_2 \geqslant 0 \end{cases}$$

5. 若 $\boldsymbol{D}_1, \boldsymbol{D}_2 \in \boldsymbol{R}^n$ 是两个凸集，证明 $\boldsymbol{D}_1 \bigcap \boldsymbol{D}_2$ 也是凸集。

6. 证明若 $\boldsymbol{X}^{(1)}, \boldsymbol{X}^{(2)}$ 均为某线性规划问题的最优解，则在这两点连线上的所有点也是该问题的最优解。

7. 分别用大 M 法和两阶段法求解下列线性规划。

(1) $\max z = 10x_1 - 5x_2 + x_3$

s.t.

$$\begin{cases} 5x_1 + 3x_2 + x_3 = 10 \\ -5x_1 + x_2 - 10x_3 \leqslant 15 \\ x_1, x_2, x_3 \geqslant 0 \end{cases}$$

(2) $\min z = 5x_1 - 6x_2 - 7x_3$

s.t.

$$\begin{cases} x_1 + 5x_2 - 3x_3 \geqslant 15 \\ 5x_1 - 6x_2 + 10x_3 \leqslant 20 \\ x_1 + x_2 + x_3 = 5 \\ x_1, x_2, x_3 \geqslant 0 \end{cases}$$

8. 某饲养场饲养某种动物出售，设每头动物每天至少需要 700g 蛋白质、30g 矿物质、100mg 维生素。现有 5 种饲料可供选用，各种饲料每千克的营养成分含量及单价见表 1-12。要求确定既能满足动物生长的营养要求，又使费用最省的选用饲料的方案。试建立数学模型并利用程序 MMSimplex.m 求解。

表 1-12　每种饲料的营养成分含量及价格

饲料	蛋白质/g	矿物质/g	维生素/mg	价格/(元/kg)
1	3	1	0.5	0.2
2	2	0.5	1.0	0.7
3	1	0.2	0.2	0.4
4	6	2	2	0.3
5	18	0.5	0.8	0.8

9. 一艘货轮分前、中、后 3 个舱位，它们的容积和最大允许载重量见表 1-13。现有 3 种货物待运，已知有关数据列于表 1-14。为了航运安全，前、中、后舱的实际载重量大体保持各舱最大载重量的比例关系。具体要求是：前、后舱分别与中舱之间载重量比例的偏差不超过 15%，前、后舱之间不超过 10%。问：该货轮应装载 A，B，C 各多少件运费收入最大？试建立这个问题的线性规划模型并用 MATLAB 程序 MMSimplex.m 求解。

表 1-13　各舱位的容积与最大允许载重量

项目	前舱	中舱	后舱
最大允许载重量/t	2000	3000	1500
容积/m^3	4000	5400	1500

表 1-14　货物的体积、数量及单位运价

商品	数量/件	体积/(m^3/件)	重量/(t/件)	运价/(元/件)
A	600	10	8	1000
B	1000	5	6	700
C	800	7	5	600

10. 某建筑公司需要用 6m 长的塑钢材料制作 A，B 两种型号的窗架。两种窗架所需材

料规格及数量见表 1-15。问：怎样下料使得余料最少？试建立数学模型并用 MMSimplex.m 或 linprog.m 求解。

表 1-15　窗架所需材料规格及数量

型号	A		B	
每套窗架所需材料	长度/m	数量/根	长度/m	数量/根
	A_1：　1.7	2	B_1：　2.7	2
	A_2：　1.3	3	B_2：　2.0	3
需要量/套	200		150	

11. 某投资人现有下列 4 种投资方案，3 年内每年年初都有 3 万元 (不计利息) 可供投资：方案一，在 3 年内投资人应在每年年初投资，一年结算一次，年收益率是 20%，下一年可继续将本息投入获利。方案二，在 3 年内投资人应在第 1 年年初投资，两年结算一次，收益率是 50%，下一年可继续将本息投入获利，这种投资最多不超过 2 万元。方案三，在 3 年内投资人应在第 2 年年初投资，两年结算一次，收益率是 60%，这种投资最多不超过 1.5 万元。方案四，在 3 年内投资人应在第 3 年年初投资，一年结算一次，年收益率是 30%，这种投资最多不超过 1 万元。问：该投资人应采用怎样的投资决策使得 3 年的总收益最大？试建立数学模型并用 MATLAB 求解。

CHAPTER 2

第 2 章

对偶理论及灵敏度分析

学习目标与要求

1. 掌握线性规划对偶问题的有关概念和理论，掌握对偶单纯形法。
2. 会进行线性规划的灵敏度分析并能用 MATLAB 进行灵敏度分析。
3. 掌握线性规划的原始对偶内点算法。

2.1 线性规划的对偶理论

在线性规划早期发展中最重要的发现之一就是对偶问题，即每一个线性规划问题 (称为原始问题) 都有一个称为对偶问题的另一个线性规划与之对应。1928 年，美籍匈牙利裔数学家冯·诺依曼在研究对策论时发现线性规划与对策论之间存在着密切的联系，两人零和对策可表达成线性规划的原始问题和对偶问题。他于 1947 年提出了对偶理论。1951 年，丹兹格 (G.B.Dantzig) 引用对偶理论求解线性规划的运输问题时，研究出确定检验数的位势法原理。1954 年，C. 莱姆基提出对偶单纯形法，成为管理决策中进行灵敏度分析的重要工具。

实际上，原始和对偶问题是同一个问题的两个侧面。它们之间的关系反映在参数以及最优解和最优值之间。若其中一个问题有最优解，则求解原始或对偶问题中的任何一个线性规划时，会自动地给出另一个线性规划的最优解。当对偶问题比原始问题有较少约束时，求解对偶规划比求解原始规划要方便得多，反之也如此。

2.1.1　对偶问题

✍ **模型引入 2.1** (对偶线性规划)　为了更好地理解对偶的含义，现在再一次考虑模型引入 1.1，该问题的数学模型为

$$\begin{aligned}&\max\quad z=6x_1+7x_2\\&\text{s.t.}\\&\qquad\begin{cases}2x_1+3x_2\leqslant 16\\4x_1+\quad x_2\leqslant 12\\x_1,x_2\geqslant 0\end{cases}\end{aligned}\tag{2-1-1}$$

式 (2-1-1) 表明甲、乙产品的生产在两种原材料 A、B 限制下按照如上方式进行将会获得最大的利润。现在假设有人提出要收购 A、B 这两种原材料，试问应该如何给原材料 A、B 定价。

解　在回答问题之前，必须要作出一些假设。首先假设这些原材料不是独一无二的。也就是说，市场上有 A、B 这两种原材料，因而它们有一个市场价格，但是市场经济是追求利润最大化的，所以不能简单地以市场价格给这两种原材料定价。其次假设有人要收购这些原材料，则一定要将其全部买走，不能只买一部分。在这两个假设下，可以这样分析：设 A、B 两种原材料的单价定为 y_1,y_2，由于该厂利用 2 个单位的原材料 A 和 4 个单位的原材料 B 生产一个单位的产品甲将会获得 6 元的利润，因此，若有人收购原材料 A、B，则对于这个厂来说，出售 2 个单位的原材料 A 和 4 个单位的原材料 B 所获得的收入至少不会比自己利用这些数量的原材料进行生产所获利少。故应该有

$$2y_1+4y_2\geqslant 6\tag{2-1-2}$$

同样，该厂利用 3 个单位的原材料 A 和 1 个单位原材料 B 可以获得 7 元的利润，故应有

$$3y_1+y_2\geqslant 7\tag{2-1-3}$$

这时，该厂出售所有的原材料获得的收入或买方所付出的总价是

$$\omega=16y_1+12y_2\tag{2-1-4}$$

从所谓的“经济人”(“经济人”，即假定人的思考和行为都是理性的，终极目标是追求利润的最大化。常用作经济学分析的基本假设) 这个角度来说，出售方显然是希望获得的总收入式 (2-1-4) 越大越好；反之，买方当然是希望付出越少越好。因此，假设卖方和买方都是理性的，则原材料 A、B 的定价只有在满足式 (2-1-2) 和式 (2-1-3) 的情况下让式 (2-1-4) 取极小值才能达成买卖双方的一致。这就是说，原材料 A、B 的单位定价 y_1,y_2 满

足的数学模型为：

$$\begin{aligned}&\min\quad \omega=16y_1+12y_2\\&\text{s.t.}\\&\qquad\begin{cases}2y_1+4y_2\geqslant 6\\3y_1+\ \ y_2\geqslant 7\\y_1,y_2\geqslant 0\end{cases}\end{aligned}\tag{2-1-5}$$

从数学的角度来说，式 (2-1-5) 显然也是线性规划问题。称式 (2-1-1) 为原线性规划问题，简称为原问题；称式 (2-1-5) 为其对偶线性规划问题，简称为对偶问题。

从上面这个简单的，但具有明显经济含义的例题容易理解，原问题和对偶问题确实是同一个问题的两个侧面。容易猜想，式 (2-1-1) 和式 (2-1-5) 的最优值将会完全相等，但其最优解将会不一样 (变量含义不同，谈不上相等的问题)。记

$$\boldsymbol{A}=\begin{pmatrix}2&3\\4&1\end{pmatrix},\boldsymbol{b}=\begin{pmatrix}16\\12\end{pmatrix},\boldsymbol{c}=\begin{pmatrix}6\\7\end{pmatrix},\boldsymbol{X}=\begin{pmatrix}x_1\\x_2\end{pmatrix},\boldsymbol{Y}=\begin{pmatrix}y_1\\y_2\end{pmatrix}$$

则将上面两个问题写成矩阵形式有：

$$\begin{aligned}&\max\quad z=\boldsymbol{c}^{\mathrm{T}}\boldsymbol{X}\\&\text{s.t.}\\&\qquad\begin{cases}\boldsymbol{AX}\leqslant\boldsymbol{b}\\\boldsymbol{X}\geqslant\boldsymbol{0}\end{cases}\end{aligned}\tag{2-1-6}$$

$$\begin{aligned}&\min\quad \omega=\boldsymbol{b}^{\mathrm{T}}\boldsymbol{Y}\\&\text{s.t.}\\&\qquad\begin{cases}\boldsymbol{A}^{\mathrm{T}}\boldsymbol{Y}\geqslant\boldsymbol{c}\\\boldsymbol{Y}\geqslant\boldsymbol{0}\end{cases}\end{aligned}\tag{2-1-7}$$

一般地，若 $\boldsymbol{A}\in\boldsymbol{R}^{m\cdot n},\boldsymbol{c}\in\boldsymbol{R}^{n},\boldsymbol{X}\in\boldsymbol{R}^{n},\boldsymbol{b}\in\boldsymbol{R}^{m},\boldsymbol{Y}\in\boldsymbol{R}^{m}$，则线性规划 (2-1-7) 称为式 (2-1-6) 的对偶线性规划。从经济学的角度来说，式 (2-1-6) 可以理解为在一定资源约束下这样的生产是利润最大的，而式 (2-1-7) 则理解为资源的定价应该不少于自己生产所获得的利润情况下买方所出总价最低。总结起来，两者之间具有如下联系：

(1) 原问题求极大，对偶问题求极小。

(2) 原问题的约束条件数目和决策变量的数目与对偶问题的约束条件数目及决策变量数目交叉对应。也就是说，原问题若有 n 个决策变量，m 个约束条件，则对偶问题就有 m 个决策变量和 n 个约束条件。

(3) 原问题的价值系数向量与资源向量交叉对应，即原问题的价值系数在对偶问题里是其资源系数；原问题的资源系数则是对偶问题的价值系数。技术系数矩阵则互为转置。

(4) 原问题的约束条件都是“$\leqslant$”，对偶问题的约束条件都是“$\geqslant$”。两个问题的决策变量都是非负的。

如果称式 (2-1-6) 为考虑对偶问题时的线性规划的标准形式，则对于其他任何一个线性规划问题，可以首先从形式上将其化为这个标准形，然后根据上面的讨论就可以写出其对偶问题，最后再整理成符合第 1 章对线性规划问题的要求即可。

例 2.1　若原问题为：

$$\begin{aligned}&\max \quad z=\boldsymbol{c}^{\mathrm{T}}\boldsymbol{X}\\&\text{s.t.}\\&\qquad\left\{\begin{aligned}&\boldsymbol{AX}=\boldsymbol{b}\\&X\geqslant \boldsymbol{0}\end{aligned}\right.\end{aligned}\tag{2-1-8}$$

其中，$\boldsymbol{A}\in\boldsymbol{R}^{m\cdot n},\boldsymbol{c}\in\boldsymbol{R}^{n},\boldsymbol{X}\in\boldsymbol{R}^{n},\boldsymbol{b}\in\boldsymbol{R}^{m}$。试讨论其对偶问题。

解　由于线性规划 (2-1-8) 的约束全部是等式约束，首先将其化为式 (2-1-6) 的形式时只需将每个等式写成符号相反的两个不等式即可。即

$$\begin{aligned}&\max \quad z=\boldsymbol{c}^{\mathrm{T}}\boldsymbol{X}\\&\text{s.t.}\\&\qquad\left\{\begin{aligned}\boldsymbol{AX}&\leqslant \boldsymbol{b}\\-\boldsymbol{AX}&\leqslant -\boldsymbol{b}\\\boldsymbol{X}&\geqslant \boldsymbol{0}\end{aligned}\right.\end{aligned}\tag{2-1-9}$$

记

$$\boldsymbol{A}_1=\begin{pmatrix}\boldsymbol{A}\\-\boldsymbol{A}\end{pmatrix}\in\boldsymbol{R}^{2m\cdot n},\boldsymbol{b}_1=\begin{pmatrix}\boldsymbol{b}\\-\boldsymbol{b}\end{pmatrix}\in\boldsymbol{R}^{2m}$$

于是可以将式 (2-1-9) 重新写成：

$$\begin{aligned}&\max \quad z=\boldsymbol{c}^{\mathrm{T}}\boldsymbol{X}\\&\text{s.t.}\\&\qquad\left\{\begin{aligned}&\boldsymbol{A}_1X\leqslant \boldsymbol{b}_1\\&\boldsymbol{X}\geqslant \boldsymbol{0}\end{aligned}\right.\end{aligned}\tag{2-1-10}$$

根据上面的讨论，式 (2-1-10) 的对偶问题为：

$$\begin{aligned}&\min \quad \omega=\boldsymbol{b}_1^{\mathrm{T}}\boldsymbol{Y}_1\\&\text{s.t.}\\&\qquad\left\{\begin{aligned}&\boldsymbol{A}_1^{\mathrm{T}}\boldsymbol{Y}_1\geqslant \boldsymbol{c}\\&\boldsymbol{Y}_1\geqslant \boldsymbol{0}\end{aligned}\right.\end{aligned}\tag{2-1-11}$$

其中，$\boldsymbol{Y}_1 \in \boldsymbol{R}^{2m}$，其他符号同上。令

$$\boldsymbol{Y}_1 = \begin{pmatrix} \boldsymbol{Y}' \\ \boldsymbol{Y}'' \end{pmatrix}, \boldsymbol{Y}', \boldsymbol{Y}'' \in \boldsymbol{R}^m$$

并将 $\boldsymbol{A}_1, \boldsymbol{b}_1$ 代入式 (2-1-11)，即得式 (2-1-8) 的对偶问题为：

$$\begin{aligned} &\min \quad \omega = \boldsymbol{b}^{\mathrm{T}}(\boldsymbol{Y}' - \boldsymbol{Y}'') \\ &\text{s.t.} \\ &\qquad \begin{cases} \boldsymbol{A}^{\mathrm{T}}(\boldsymbol{Y}' - \boldsymbol{Y}'') \geqslant \boldsymbol{c} \\ \boldsymbol{Y}', \boldsymbol{Y}'' \geqslant \boldsymbol{0} \end{cases} \end{aligned} \tag{2-1-12}$$

由于两个非负变量的差无法肯定其符号，再令 $\boldsymbol{Y} = \boldsymbol{Y}' - \boldsymbol{Y}'' \in \boldsymbol{R}^m$，所以，最后整理得到式 (2-1-8) 的对偶线性规划问题为：

$$\begin{aligned} &\min \quad \omega = \boldsymbol{b}^{\mathrm{T}}\boldsymbol{Y} \\ &\text{s.t.} \\ &\qquad \begin{cases} \boldsymbol{A}^{\mathrm{T}}\boldsymbol{Y} \geqslant \boldsymbol{c} \\ \boldsymbol{Y}\text{无符号限制} \end{cases} \end{aligned} \tag{2-1-13}$$

例 2.2　试求下述线性规划问题的对偶问题。

$$\begin{aligned} &\min \quad z = 2x_1 + 3x_2 - 5x_3 + x_4 \\ &\text{s.t.} \\ &\qquad \begin{cases} x_1 + x_2 - 3x_3 + x_4 \geqslant 5 \\ 2x_1 + 2x_3 - x_4 \leqslant 4 \\ x_2 + x_3 + x_4 = 6 \\ x_1 \leqslant 0, x_2, x_3 \geqslant 0, x_4\text{无限制} \end{cases} \end{aligned} \tag{2-1-14}$$

解　考虑对原函数的相反函数求极大，并令 $x_1' = -x_1$，又由于 x_4 符号无限制，令 $x_4 = x_4' - x_4'', x_4', x_4'' \geqslant 0$，于是考虑问题：

$$\begin{aligned} &\max \quad (-z) = 2x_1' - 3x_2 + 5x_3 - x_4' + x_4'' \\ &\text{s.t.} \\ &\qquad \begin{cases} x_1' - x_2 + 3x_3 - x_4' + x_4'' \leqslant -5 \\ -2x_1' + 2x_3 - x_4' + x_4'' \leqslant 4 \\ x_2 + x_3 + x_4' - x_4'' \leqslant 6 \\ -x_2 - x_3 - x_4' + x_4'' \leqslant -6 \\ x_1' \geqslant 0, x_2, x_3 \geqslant 0, x_4', x_4'' \geqslant 0 \end{cases} \end{aligned} \tag{2-1-15}$$

根据上面的讨论，线性规划 (2-1-15) 的对偶问题为：

$$\min \quad (-\omega) = -5y_1' + 4y_2' + 6y_3' - 6y_4'$$
$$\text{s.t.} \quad \begin{cases} y_1' - 2y_2' \geqslant 2 \\ -y_1' + y_3' - y_4' \geqslant -3 \\ 3y_1' + 2y_2' + y_3' - y_4' \geqslant 5 \\ -y_1' - y_2' + y_3' - y_4' \geqslant -1 \\ y_1' + y_2' - y_3' + y_4' \geqslant 1 \\ y_i' \geqslant 0, i = 1, 2, 3, 4 \end{cases} \tag{2-1-16}$$

令 $y_1 = y_1', y_2 = -y_2', y_3 = y_3' - y_4''$，则式 (2-1-16) 等价于

$$\min \quad (-\omega) = -5y_1 + 4y_2 + 6y_3$$
$$\text{s.t.} \quad \begin{cases} y_1 - 2y_2 \geqslant 2 \\ y_1 - y_3 \leqslant 3 \\ 3y_1 + 2y_2 + y_3 \geqslant 5 \\ y_1 + y_2 - y_3 = 1 \\ y_1, y_2 \geqslant 0, y_3\text{无限制} \end{cases} \tag{2-1-17}$$

从而原问题 (2-1-14) 的对偶问题为：

$$\max \quad \omega = 5y_1 - 4y_2 - 6y_3$$
$$\text{s.t.} \quad \begin{cases} y_1 - 2y_2 \geqslant 2 \\ y_1 - y_3 \leqslant 3 \\ 3y_1 + 2y_2 + y_3 \geqslant 5 \\ y_1 + y_2 - y_3 = 1 \\ y_1, y_2 \geqslant 0, y_3\text{无限制} \end{cases} \tag{2-1-18}$$

根据这样的做法，可以将各种情况下原问题与对偶问题的对应关系整理成表 2-1。

表 2-1 的意思是，若原问题是求极大的线性规划，则原问题的各种情况，即约束条件是否取不等式，变量是否非负等列于表 2-1 的左边栏，这时，与之对应的对偶问题的各种情况就按照表 2-1 的右边栏写出来即可，不需将原问题化成前面所指的形式 (2-1-6)，然后再得到其对偶问题。若原问题是求极小的线性规划问题，则其各种情况列于表 2-1 的右边栏，此时与之对应的对偶问题在表 2-1 的左边栏去找即可。总而言之，要写出一个线性规划的对偶问题，既可以按照前面两个例题的方法去做，也可以按照表 2-1 的指引直接写出来。

表 2-1 原问题和对偶问题的对应关系

原问题 (或对偶问题)	对偶问题 (或原问题)
目标函数 $\max z$	目标函数 $\min \omega$
有 n 个变量	有 n 个约束条件
第 i 个变量非负 第 i 个变量非正 第 i 个变量无限制	第 i 个约束条件是“$\geqslant$” 第 i 个约束条件是“$\leqslant$” 第 i 个约束条件是“$=$”
有 m 个约束条件	有 m 个决策变量
第 i 个约束条件是“$\leqslant$” 第 i 个约束条件是“$\geqslant$” 第 i 个约束条件是“$=$”	第 i 个变量非负 第 i 个变量非正 第 i 个变量无限制
约束条件右端项	目标函数中变量前面的系数
目标函数中变量前面的系数	约束条件右端项

例 2.3 参照表 2-1 直接写出例 2.2 中式 (2-1-14) 的对偶线性规划。

解 原问题是求极小的情况，故其对偶问题的各种信息在表 2-1 的右边栏。从而得到其对偶线性规划为：

$$\begin{aligned}&\max \quad \omega = 5y_1 + 4y_2 + 6y_3\\&s.t.\\&\qquad \begin{cases} y_1 + 2y_2 \geqslant 2\\ y_1 + y_3 \leqslant 3\\ -3y_1 + 2y_2 + y_3 \leqslant -5\\ y_1 - y_2 + y_3 = 1\\ y_1 \geqslant 0, y_2 \leqslant 0, y_3\text{无限制}\end{cases}\end{aligned} \tag{2-1-19}$$

对照式 (2-1-18) 和式 (2-1-19)，发现表面上两者不一样。但若在式 (2-1-19) 中令 $y_1' = y_1, y_2' = -y_2, y_3' = -y_3$，则除去变量符号不同外，式 (2-1-18) 和式 (2-1-19) 完全一致。

2.1.2 线性规划的对偶理论

现在考虑线性规划的标准形式 (2-1-8)，根据例 2.1 知其对偶问题为 (2-1-13)。重新将其写出来，即原问题为：

$$\begin{aligned}&\max \quad z = \boldsymbol{c}^{\mathrm{T}}\boldsymbol{X}\\&\text{s.t.}\\&\qquad \begin{cases}\boldsymbol{AX} = \boldsymbol{b}\\ \boldsymbol{X} \geqslant \boldsymbol{0}\end{cases}\end{aligned} \tag{2-1-20}$$

对偶问题为：

$$
\begin{aligned}
&\min \quad \omega = \boldsymbol{b}^{\mathrm{T}}\boldsymbol{Y} \\
&\text{s.t.} \\
&\qquad \begin{cases} \boldsymbol{A}^{\mathrm{T}}\boldsymbol{Y} \geqslant \boldsymbol{c} \\ \boldsymbol{Y}\text{无符号限制} \end{cases}
\end{aligned}
\tag{2-1-21}
$$

由于任何一个线性规划都可以化为标准形式 (2-1-20)，所以下面的结论具有一般性。

定理 2.1 (对称性)　对偶问题的对偶是原问题。

证明　现在将式 (2-1-20) 的对偶问题 (2-1-21) 看成原问题，将其变形为：

$$
\begin{aligned}
&\max \quad (-\omega) = (-\boldsymbol{b}^{\mathrm{T}})(\boldsymbol{Y}_1 - \boldsymbol{Y}_2) \\
&\text{s.t.} \\
&\qquad \begin{cases} \boldsymbol{A}^{\mathrm{T}}(\boldsymbol{Y}_1 - \boldsymbol{Y}_2) \geqslant \boldsymbol{c} \\ \boldsymbol{Y}_i \geqslant \boldsymbol{0}, \boldsymbol{Y}_i \in \boldsymbol{R}^m (i = 1, 2) \end{cases}
\end{aligned}
\tag{2-1-22}
$$

式 (2-1-22) 等价于

$$
\begin{aligned}
&\max \quad (-\omega) = \begin{pmatrix} -\boldsymbol{b} \\ \boldsymbol{b} \end{pmatrix}^{\mathrm{T}} \begin{pmatrix} \boldsymbol{Y}_1 \\ \boldsymbol{Y}_2 \end{pmatrix} \\
&\text{s.t.} \\
&\qquad \begin{cases} \begin{pmatrix} -\boldsymbol{A} \\ \boldsymbol{A} \end{pmatrix}^{\mathrm{T}} \begin{pmatrix} \boldsymbol{Y}_1 \\ \boldsymbol{Y}_2 \end{pmatrix} \leqslant -\boldsymbol{c} \\ \boldsymbol{Y}_i \geqslant \boldsymbol{0}, \boldsymbol{Y}_i \in \boldsymbol{R}^m (i = 1, 2) \end{cases}
\end{aligned}
\tag{2-1-23}
$$

根据式 (2-1-6) 和式 (2-1-7) 的对偶关系，即得到式 (2-1-23) 的对偶为：

$$
\begin{aligned}
&\min \quad (-\omega') = (-\boldsymbol{c}^{\mathrm{T}})\boldsymbol{X} \\
&\text{s.t.} \\
&\qquad \begin{cases} \begin{pmatrix} -\boldsymbol{A} \\ \boldsymbol{A} \end{pmatrix} \boldsymbol{X} \geqslant \begin{pmatrix} -\boldsymbol{b} \\ \boldsymbol{b} \end{pmatrix} \\ \boldsymbol{X} \geqslant \boldsymbol{0} \end{cases}
\end{aligned}
\tag{2-1-24}
$$

进一步整理，有：

$$
\begin{aligned}
&\min \quad (-\omega') = -\boldsymbol{c}^{\mathrm{T}}\boldsymbol{X} \\
&\text{s.t.} \\
&\qquad \begin{cases} \boldsymbol{A}\boldsymbol{X} = \boldsymbol{b} \\ \boldsymbol{X} \geqslant \boldsymbol{0} \end{cases}
\end{aligned}
\tag{2-1-25}
$$

即式 (2-1-21) 的对偶问题为：

$$\max \quad \omega' = \boldsymbol{c}^{\mathrm{T}}\boldsymbol{X}$$
$$\text{s.t.} \quad \begin{cases} \boldsymbol{AX} = \boldsymbol{b} \\ \boldsymbol{X} \geqslant \boldsymbol{0} \end{cases} \tag{2-1-26}$$

这正是原问题 (2-1-20)。□

定理 2.2 (弱对偶性) 若 $\overline{\boldsymbol{X}}$ 是原问题 (2-1-20) 的可行解，$\overline{\boldsymbol{Y}}$ 是对偶问题 (2-1-21) 的可行解，则总有 $\boldsymbol{c}^{\mathrm{T}}\overline{\boldsymbol{X}} \leqslant \boldsymbol{b}^{\mathrm{T}}\overline{\boldsymbol{Y}}$。

证明 由假设 $\overline{\boldsymbol{X}}$ 是原问题 (2-1-20) 的可行解，故 $\boldsymbol{A}\overline{\boldsymbol{X}} = \boldsymbol{b}$, $\overline{\boldsymbol{X}} \geqslant \boldsymbol{0}$。$\overline{\boldsymbol{Y}}$ 是对偶问题式 (2-1-21) 的可行解，即有 $\boldsymbol{A}^{\mathrm{T}}\overline{\boldsymbol{Y}} \geqslant \boldsymbol{c}$, $\overline{\boldsymbol{Y}}$无符号限制。由上述不等式，有 $\boldsymbol{c}^{\mathrm{T}} \leqslant \overline{\boldsymbol{Y}}^{\mathrm{T}}\boldsymbol{A}$，而 $\overline{\boldsymbol{X}} \geqslant \boldsymbol{0}$，故

$$\boldsymbol{c}^{\mathrm{T}}\overline{\boldsymbol{X}} \leqslant \overline{\boldsymbol{Y}}^{\mathrm{T}}\boldsymbol{A}\overline{\boldsymbol{X}} = \overline{\boldsymbol{Y}}^{\mathrm{T}}\boldsymbol{b} = \boldsymbol{b}^{\mathrm{T}}\overline{\boldsymbol{Y}}$$

□

定理 2.3 (无界性) 若原问题 (对偶问题) 为无界解，则其对偶问题 (原问题) 为无可行解。

证明 由弱对偶性，若 $\overline{\boldsymbol{X}}$ 是原问题 (2-1-20) 的可行解，$\overline{\boldsymbol{Y}}$ 是对偶问题 (2-1-21) 的可行解，则

$$\boldsymbol{c}^{\mathrm{T}}\overline{\boldsymbol{X}} \leqslant \boldsymbol{b}^{\mathrm{T}}\overline{\boldsymbol{Y}}$$

总是成立。因此，考虑到原问题是求极大值问题，若原问题为无界解，这就意味着上面不等式左边趋于 $+\inf$，显然不存在这样的 $\overline{\boldsymbol{Y}}$ 使得上面不等式成立。即对偶问题无可行解；反之亦然。□

必须指出，当原问题 (对偶问题) 无可行解时，其对偶问题 (原问题) 可能无可行解，也可能是无界解。

定理 2.4 (可行解是最优解时的性质) 若 $\hat{\boldsymbol{X}}$ 是原问题 (2-1-20) 的可行解，$\hat{\boldsymbol{Y}}$ 是对偶问题式 (2-1-21) 的可行解，且 $\boldsymbol{c}^{\mathrm{T}}\hat{\boldsymbol{X}} = \boldsymbol{b}^{\mathrm{T}}\hat{\boldsymbol{Y}}$，则 $\hat{\boldsymbol{X}}$ 和 $\hat{\boldsymbol{Y}}$ 分别是原问题和对偶问题的最优解。

证明 由弱对偶性定理，对于原问题的任意一个可行解 $\overline{\boldsymbol{X}}$，都有

$$\boldsymbol{c}^{\mathrm{T}}\overline{\boldsymbol{X}} \leqslant \boldsymbol{b}^{\mathrm{T}}\hat{\boldsymbol{Y}} = \boldsymbol{c}^{\mathrm{T}}\hat{\boldsymbol{X}}$$

这就是说，$\hat{\boldsymbol{X}}$ 是原问题的所有可行解中目标函数值最大者。故 $\hat{\boldsymbol{X}}$ 是原问题的最优解。同理，对于对偶问题的任意一个可行解 $\overline{\boldsymbol{Y}}$，有

$$\boldsymbol{b}^{\mathrm{T}}\hat{\boldsymbol{Y}} = \boldsymbol{c}^{\mathrm{T}}\hat{\boldsymbol{X}} \leqslant \boldsymbol{b}^{\mathrm{T}}\overline{\boldsymbol{Y}}$$

即 $\hat{\boldsymbol{Y}}$ 是对偶问题的最优解。□

定理 2.5 (强对偶定理) 若原问题 (对偶问题) 有最优解，则其对偶问题 (原问题) 也有最优解，且目标函数值相等。

证明 设 $\hat{\boldsymbol{X}}$ 是原问题 (2-1-20) 的最优解，则此时所有非基变量的检验数一定非正，基变量的检验数总是为零。综合起来，设对应的基矩阵是 $\boldsymbol{B}$，则一定有

$$\hat{\boldsymbol{X}}=\begin{pmatrix}\boldsymbol{B}^{-1}\boldsymbol{b}\\ \boldsymbol{0}\end{pmatrix}\geqslant\boldsymbol{0},\quad \sigma=\boldsymbol{c}^{\mathrm{T}}-\boldsymbol{c}_B^{\mathrm{T}}\boldsymbol{B}^{-1}\boldsymbol{A}\leqslant\boldsymbol{0}$$

令 $\boldsymbol{B}^{-\mathrm{T}}\boldsymbol{c}_B=\hat{\boldsymbol{Y}}$，即有 $\hat{\boldsymbol{Y}}^{\mathrm{T}}\boldsymbol{A}\geqslant\boldsymbol{c}^{\mathrm{T}}$，或者 $\boldsymbol{A}^{\mathrm{T}}\hat{\boldsymbol{Y}}\geqslant\boldsymbol{c}$。注意到式 (2-1-20) 的对偶问题 (2-1-21) 中对偶变量 $\boldsymbol{Y}$ 无符号限制，故此时的 $\hat{\boldsymbol{Y}}$ 即为式 (2-1-21) 的可行解。同时注意到此时的原问题和对偶问题的目标函数值

$$z=\boldsymbol{c}^{\mathrm{T}}\hat{\boldsymbol{X}}=\boldsymbol{c}_B^{\mathrm{T}}\boldsymbol{B}^{-1}\boldsymbol{b}=\boldsymbol{b}^{\mathrm{T}}\hat{\boldsymbol{Y}}=\boldsymbol{\omega}$$

从而根据定理 3.4 知 $\hat{\boldsymbol{Y}}$ 是对偶问题 (2-1-21) 的最优解。□

根据强对偶定理，当原问题和对偶问题之间有一个有最优解时，另一个也有最优解且最优值相等。但两个问题的最优解由于变量的含义、个数等都不相同，所以两者之间是不会相等的。但两个问题的变量之间具有一种非常紧密的联系，这种联系称为互补松弛性。为了便于叙述，现在考虑式 (2-1-6) 和式 (2-1-7)。首先引入松弛变量 $\boldsymbol{X}_{\mathrm{s}}$ 和 $\boldsymbol{Y}_{\mathrm{s}}$，将其化为标准形式 (目标函数不变)。原问题的标准形式为：

$$\begin{aligned}&\max\quad z=\boldsymbol{c}^{\mathrm{T}}\boldsymbol{X}\\&\text{s.t.}\\&\qquad\begin{cases}\boldsymbol{A}\boldsymbol{X}+\boldsymbol{X}_{\mathrm{s}}=\boldsymbol{b}\\ \boldsymbol{X},\boldsymbol{X}_{\mathrm{s}}\geqslant\boldsymbol{0}\end{cases}\end{aligned}\tag{2-1-27}$$

对偶问题的标准形式为

$$\begin{aligned}&\min\quad \omega=\boldsymbol{b}^{\mathrm{T}}\boldsymbol{Y}\\&\text{s.t.}\\&\qquad\begin{cases}\boldsymbol{A}^{\mathrm{T}}\boldsymbol{Y}-\boldsymbol{Y}_{\mathrm{s}}=\boldsymbol{c}\\ \boldsymbol{Y},\boldsymbol{Y}_{\mathrm{s}}\geqslant\boldsymbol{0}\end{cases}\end{aligned}\tag{2-1-28}$$

则有定理 2.6。

定理 2.6 (互补松弛定理) 设 $\hat{\boldsymbol{X}},\hat{\boldsymbol{Y}}$ 分别是原问题 (2-1-27) 和对偶问题 (2-1-28) 的可行解，$\boldsymbol{X}_{\mathrm{s}}$ 和 $\boldsymbol{Y}_{\mathrm{s}}$ 分别是其松弛变量。那么 $\hat{\boldsymbol{Y}}^{\mathrm{T}}\boldsymbol{X}_{\mathrm{s}}=0$ 和 $\boldsymbol{Y}_{\mathrm{s}}^{\mathrm{T}}\hat{\boldsymbol{X}}=0$ 当且仅当 $\hat{\boldsymbol{X}},\hat{\boldsymbol{Y}}$ 为各自问题的最优解时成立。

证明 由假设，考虑原问题和对偶问题的目标函数，有

$$\begin{cases}z=\boldsymbol{c}^{\mathrm{T}}\hat{\boldsymbol{X}}=(\boldsymbol{A}^{\mathrm{T}}\hat{\boldsymbol{Y}}-\boldsymbol{Y}_{\mathrm{s}})^{\mathrm{T}}\hat{\boldsymbol{X}}=\hat{\boldsymbol{Y}}^{\mathrm{T}}\boldsymbol{A}\hat{\boldsymbol{X}}-\boldsymbol{Y}_{\mathrm{s}}^{\mathrm{T}}\hat{\boldsymbol{X}}\\ \omega=\boldsymbol{b}^{\mathrm{T}}\hat{\boldsymbol{Y}}=\hat{\boldsymbol{Y}}^{\mathrm{T}}\boldsymbol{b}=\hat{\boldsymbol{Y}}^{\mathrm{T}}(\boldsymbol{A}\hat{\boldsymbol{X}}+\boldsymbol{X}_{\mathrm{s}})=\hat{\boldsymbol{Y}}^{\mathrm{T}}\boldsymbol{A}\hat{\boldsymbol{X}}+\hat{\boldsymbol{Y}}^{\mathrm{T}}\boldsymbol{X}_{\mathrm{s}}\end{cases}\tag{2-1-29}$$

若 $\hat{\boldsymbol{X}},\hat{\boldsymbol{Y}}$ 为各自问题的最优解，则有 $z=\omega$，从而 $\hat{\boldsymbol{Y}}^{\mathrm{T}}\boldsymbol{X}_{\mathrm{s}}+\boldsymbol{Y}_{\mathrm{s}}^{\mathrm{T}}\hat{\boldsymbol{X}}=\mathbf{0}$，由于 $\hat{\boldsymbol{X}},\boldsymbol{X}_{\mathrm{s}},\hat{\boldsymbol{Y}},\boldsymbol{Y}_{\mathrm{s}}\geqslant\mathbf{0}$，所以 $\hat{\boldsymbol{Y}}^{\mathrm{T}}\boldsymbol{X}_{\mathrm{s}}=0,\boldsymbol{Y}_{\mathrm{s}}^{\mathrm{T}}\hat{\boldsymbol{X}}=\mathbf{0}$；反之，若 $\hat{\boldsymbol{Y}}^{\mathrm{T}}\boldsymbol{X}_{\mathrm{s}}=\mathbf{0},\boldsymbol{Y}_{\mathrm{s}}^{\mathrm{T}}\hat{\boldsymbol{X}}=\mathbf{0}$，则代入式 (2-1-29) 有 $z=\omega$，由定理 3.4 知，$\hat{\boldsymbol{X}},\hat{\boldsymbol{Y}}$ 为各自问题的最优解。□

若原问题 (2-1-27) 的可行解为 $\hat{\boldsymbol{X}}=(\hat{x_1},\hat{x_2},\cdots,\hat{x_n})^{\mathrm{T}}$，松弛变量 $\boldsymbol{X}_{\mathrm{s}}=(x_{s1},x_{s2},\cdots,x_{sm})^{\mathrm{T}}$，对偶问题 (2-1-28) 的可行解为 $\hat{\boldsymbol{Y}}=(\hat{y_1},\hat{y_2},\cdots,\hat{x_m})^{\mathrm{T}}$，松弛变量 $\boldsymbol{Y}_{\mathrm{s}}=(y_{s1},y_{s2},\cdots,y_{sn})^{\mathrm{T}}$，则互补松弛条件 $\hat{\boldsymbol{Y}}^{\mathrm{T}}\boldsymbol{X}_{\mathrm{s}}=\mathbf{0}$ 和 $\boldsymbol{Y}_{\mathrm{s}}^{\mathrm{T}}\hat{\boldsymbol{X}}=\mathbf{0}$ 写成分量的形式为：

$$\sum_{i=1}^{m}\hat{y_i}x_{si}=0,\quad \sum_{j=1}^{n}y_{sj}\hat{x_j}=0 \tag{2-1-30}$$

由于决策 (对偶) 变量以及松弛变量均为非负，故式 (2-1-30) 等价于 $\hat{y_i}x_{si}=0,y_{sj}\hat{x_j}=0(i=1,2,\cdots,m;j=1,2,\cdots,n)$，即第 j 个决策变量与对偶问题的第 j 个松弛变量之积等于零，第 i 个对偶变量与原问题的第 i 个松弛变量之积也等于零。这就意味着，若原问题 (对偶问题) 的最优解中某个变量不等于零，则与之对应的对偶问题 (原问题) 中的序数相同的松弛变量一定等于零；反之，若原问题 (对偶问题) 的最优解中某个松弛变量不等于零，则与之对应的对偶问题 (原问题) 中的序数相同的决策变量一定等于零。另外，需要说明的是，对于式 (2-1-20) 和式 (2-1-21) 这一对原问题与对偶问题而言，互补松弛只剩下 $\boldsymbol{Y}_{\mathrm{s}}^{\mathrm{T}}\hat{\boldsymbol{X}}=\mathbf{0}$ 这一个条件了。

例 2.4 已知线性规划问题

$$\begin{aligned}
&\min\quad z=2x_1-x_2+2x_3\\
&\text{s.t.}\\
&\qquad\begin{cases}-x_1+x_2+x_3=4\\-x_1+x_2-x_3\leqslant 6\\x_1\leqslant 0,x_2\geqslant 0,x_3\text{无限制}\end{cases}
\end{aligned} \tag{2-1-31}$$

的对偶问题 (未化为标准形式) 的最优解为 $\boldsymbol{Y}^*=(0,-2)^{\mathrm{T}}$，求原问题的最优解。

解 首先写出原问题的对偶：

$$\begin{aligned}
&\max\quad \omega=4y_1+6y_2\\
&\text{s.t.}\\
&\qquad\begin{cases}-y_1-y_2\geqslant 2\\y_1+y_2\leqslant -1\\y_1-y_2=2\\y_1\text{无限制},y_2\leqslant 0\end{cases}
\end{aligned} \tag{2-1-32}$$

因为 $y_2^*=-2\neq 0$，所以原问题的第二个松弛变量为零，即原问题的第二个约束条件取等式。又将 $y_1^*=0,y_2^*=-2$ 代入对偶问题的约束条件，知道第一个、第三个约束是等式，第

二个约束是不等式，即对偶问题的第二个松弛变量不为零，从而原问题的 $x_2^*=0$。因此，

$$\begin{cases} -x_1^*+x_3^*=4 \\ -x_1^*-x_3^*=6 \end{cases}$$

解这个线性方程组，得到 $x_1^*=-5, x_3^*=-1$。此为原问题的最优解，最优值为 $z^*=-12$。

例 2.5 不求解证明下述线性规划问题的解为无界解。

$$\begin{aligned} \max \quad & z=3x_1+4x_2+x_3 \\ \text{s.t.} \quad & \\ & \begin{cases} -x_1+2x_2+x_3 \leqslant 10 \\ -2x_1+2x_2+x_3 \leqslant 16 \\ x_i \geqslant 0, i=1,2,3 \end{cases} \end{aligned} \tag{2-1-33}$$

解 首先写出其对偶问题：

$$\begin{aligned} \min \quad & \omega=10y_1+16y_2 \\ \text{s.t.} \quad & \\ & \begin{cases} -y_1-2y_2 \geqslant 3 \\ 2y_1+2y_2 \geqslant 4 \\ y_1+\quad y_2 \geqslant 1 \\ y_1, y_2 \geqslant 0 \end{cases} \end{aligned} \tag{2-1-34}$$

由对偶规划的第一个约束条件马上看出对偶问题无可行解，于是原问题可能无可行解，也可能是无界解。但原问题具有可行解是明显的，故原问题的解为无界解。

在原问题 (2-1-6) 与其对偶 (2-1-7) 之间，存在如定理 2.7 这样一种关系。

定理 2.7 原问题 (2-1-6) 达到最优解时，其检验数的相反数正好是其对偶问题 (2-1-7) 的一组基可行解。其中，式 (2-1-6) 中第 i 个决策变量 x_i 的检验数的相反数对应于式 (2-1-7) 中第 i 个松弛变量 y_{si} 的解，式 (2-1-6) 中第 i 个松弛变量 x_{si} 的检验数的相反数对应于式 (2-1-7) 中第 i 个对偶决策变量 y_i 的解；反之，对偶问题 (2-1-7) 达到最优解时，其检验数 (这时为非负数) 对应于式 (2-1-6) 的一组基可行解。对应的规则是类似的。

证明 下面只证明定理的前面一部分。由于对偶问题的对称性，后面关于对偶问题达到最优解时相应的结论自然成立。

将式 (2-1-6) 化为标准形式后会有一组松弛变量 $\boldsymbol{X}_\text{s}$，这是式 (2-1-6) 的初始基变量，相应的子矩阵 (就是 m 阶单位矩阵) 为基。经过迭代，当式 (2-1-6) 有最优解时，会出现一个最优基，不妨记为 $\boldsymbol{B}$。于是可以将原系数矩阵分块为 $\boldsymbol{A}=(\boldsymbol{B},\boldsymbol{N})$ (此时整个线性规

划的系数矩阵是 $(\boldsymbol{B},\boldsymbol{N},\boldsymbol{E})$，其中 $\boldsymbol{E}$ 是 m 阶单位矩阵)，相应地将其他向量也分块，则有：

$$\begin{aligned}&\max \quad z=\boldsymbol{c}_B^{\mathrm{T}}\boldsymbol{X}_B+\boldsymbol{c}_N^{\mathrm{T}}\boldsymbol{X}_N\\&\text{s.t.}\\&\qquad\begin{cases}\boldsymbol{B}\boldsymbol{X}_B+\boldsymbol{N}\boldsymbol{X}_N+\boldsymbol{X}_{\mathrm{s}}=\boldsymbol{b}\\\boldsymbol{X}_B,\boldsymbol{X}_N,\boldsymbol{X}_{\mathrm{s}}\geqslant\boldsymbol{0}\end{cases}\end{aligned}\tag{2-1-35}$$

此时式 (2-1-7) 也化为：

$$\begin{aligned}&\min \quad \omega=\boldsymbol{b}^{\mathrm{T}}\boldsymbol{Y}\\&\text{s.t.}\\&\qquad\begin{cases}\boldsymbol{B}^{\mathrm{T}}\boldsymbol{Y}-\boldsymbol{Y}_{\mathrm{s}}'=\boldsymbol{c}_B\\\boldsymbol{N}^{\mathrm{T}}\boldsymbol{Y}-\boldsymbol{Y}_{\mathrm{s}}''=\boldsymbol{c}_N\\\boldsymbol{Y},\boldsymbol{Y}_{\mathrm{s}}',\boldsymbol{Y}_{\mathrm{s}}''\geqslant\boldsymbol{0}\end{cases}\end{aligned}\tag{2-1-36}$$

其中，$\boldsymbol{Y}_{\mathrm{s}}=\begin{pmatrix}\boldsymbol{Y}_{\mathrm{s}}'\\\boldsymbol{Y}_{\mathrm{s}}''\end{pmatrix}$。

在式 (2-1-35) 中，$\boldsymbol{X}_B=\boldsymbol{B}^{-1}\boldsymbol{b}-\boldsymbol{B}^{-1}\boldsymbol{N}\boldsymbol{X}_N-\boldsymbol{B}^{-1}\boldsymbol{X}_{\mathrm{s}}$，目标函数为

$$z=\boldsymbol{c}_B^{\mathrm{T}}\boldsymbol{B}^{-1}\boldsymbol{b}+(\boldsymbol{c}_N^{\mathrm{T}}-\boldsymbol{c}_B^{\mathrm{T}}\boldsymbol{B}^{-1}\boldsymbol{N})\boldsymbol{X}_N+(-\boldsymbol{c}_B^{\mathrm{T}}\boldsymbol{B}^{-1})\boldsymbol{X}_{\mathrm{s}}$$

当其达到最优解时，检验数 $\boldsymbol{\sigma}_N=\boldsymbol{c}_N^{\mathrm{T}}-\boldsymbol{c}_B^{\mathrm{T}}\boldsymbol{B}^{-1}\boldsymbol{N}\leqslant\boldsymbol{0},\boldsymbol{\sigma}_{\mathrm{s}}=-\boldsymbol{c}_B^{\mathrm{T}}\boldsymbol{B}^{-1}\leqslant\boldsymbol{0}$。

令 $\boldsymbol{Y}=\boldsymbol{B}^{-\mathrm{T}}\boldsymbol{c}_B$，则显然有 $\boldsymbol{Y}=-\boldsymbol{\sigma}_{\mathrm{s}}^{\mathrm{T}}\geqslant 0$，且代入式 (2-1-36) 中，有

$$\begin{cases}\boldsymbol{B}^{\mathrm{T}}(\boldsymbol{B}^{-\mathrm{T}}\boldsymbol{c}_B)-\boldsymbol{Y}_{\mathrm{s}}'=\boldsymbol{c}_B\\\boldsymbol{N}^{\mathrm{T}}(\boldsymbol{B}^{-\mathrm{T}}\boldsymbol{c}_B)-\boldsymbol{Y}_{\mathrm{s}}''=\boldsymbol{c}_N\end{cases}\tag{2-1-37}$$

即 $\boldsymbol{Y}_{\mathrm{s}}'=\boldsymbol{0},\boldsymbol{Y}_{\mathrm{s}}''=-[\boldsymbol{c}_N-\boldsymbol{N}^{\mathrm{T}}(\boldsymbol{B}^{-\mathrm{T}}\boldsymbol{c}_B)]=-\boldsymbol{\sigma}_N^{\mathrm{T}}\geqslant\boldsymbol{0}$。将 $\boldsymbol{Y},\boldsymbol{Y}_{\mathrm{s}}',\boldsymbol{Y}_{\mathrm{s}}''$ 合在一起即知定理结论成立。□

2.1.3 对偶问题解的经济含义

由强对偶定理知，当原问题和对偶问题中的任何一个有最优解时，另一个也有最优解，且两者目标函数值相等。若对偶问题最优解记为 $\boldsymbol{Y}^*=(y_1^*,y_2^*,\cdots,y_m^*)^{\mathrm{T}}$，即有

$$z^*=\boldsymbol{c}_B^{\mathrm{T}}\boldsymbol{B}^{-1}\boldsymbol{b}=\omega^*=\boldsymbol{b}^{\mathrm{T}}\boldsymbol{Y}^*=\sum_{i=1}^{m}b_iy_i^*\tag{2-1-38}$$

现在将资源系数 b_i 看成变量，在式 (2-1-38) 中对其求偏导，即有

$$y_i^*=\frac{\partial z}{\partial b_i}=\lim_{\Delta b_i\to 0}\frac{z(b_i+\Delta b_i)-z(b_i)}{\Delta b_i},\quad i=1,2,\cdots,m\tag{2-1-39}$$

式 (2-1-39) 中，$z(b_i+\Delta b_i)$ 表示 b_i 获得一个增量 Δb_i 而其他 b_i 没有改变时的目标函数值。但是，经济问题中的资源 b_i 所获得的改变量 Δb_i 是不可能趋于零的。于是近似地有 $\Delta b_i=1$ 时，

$$y_i^* \approx z(b_i+\Delta b_i)-z(b_i), \quad i=1,2,\cdots,m$$

这说明对偶变量 y_i^* 是第 i 种资源的单位改变下目标函数值的改变量。因此，y_i^* 的经济含义就是第 i 种资源在该问题下应该有的价格。该价格不同于资源的市场价、成本价等，它是由该企业由于自身的技术条件以及其他约束所共同决定的价格，称为影子价格。如果有相同的企业利用完全相同的资源生产完全相同的产品，那么，由于技术、管理等条件会导致相同资源的影子价格不同。当该资源的市场价高于影子价格时，该企业可以将其拥有的该资源卖掉，这样会得到高于自己生产所获得的利润；如果该资源的市场价低于该影子价格，则企业可以买进该资源，这样也会获得利润。

2.2 对偶单纯形法

在利用单纯形表求解某线性规划问题时，有一个要求，即自始至终都要保持 $\boldsymbol{b}$ 列非负。一开始假设 $\boldsymbol{b}$ 列非负是合理的也是简单的，在迭代过程中，如果非基变量的检验数大于或等于零，则通过换入基、换出基的选择 (保持 $\boldsymbol{b}$ 列非负) 逐渐将非基变量的检验数变为非正。这时，根据上节的有关定理，单纯形表的检验数行的相反数正好是对偶问题的基可行解，而 $\boldsymbol{b}$ 列也正好是其对偶问题的检验数。换句话说，当原线性规划问题得到最优解时，同时得到了其对偶问题的最优解，且最优解就是原问题单纯形表中检验数行的相反数。

于是，可以对单纯形表的方法作如下修正：当原问题的检验数满足最优检验规则 (即求极大时为非基变量检验数小于或等于零)，但 $\boldsymbol{b}$ 列出现负数时，就意味着对偶问题有一个基可行解 (此时原问题的解不可行，因为有基变量取值为负数)，通过选换出基和换入基，在保证非基变量的检验数仍然保持满足最优检验规则的情况下逐渐将 $\boldsymbol{b}$ 列的负数变为非负，这时就得到了原问题的最优解。由于这个方法与线性规划的对偶理论有关，故称为对偶单纯形法。该方法是针对上述情况对原问题单纯形法的一种修正，求解的是原问题，并非其对偶问题。

2.2.1 对偶单纯形法的计算步骤

对偶单纯形的计算步骤如下：

(1) 首先将线性规划问题化为标准形式并列出单纯形表。检查 $\boldsymbol{b}$ 列的数字，若都为非负，且非基变量的检验数也满足最优检验规则，则已得到问题的最优解，停止计算。若 $\boldsymbol{b}$ 列的数字中至少有一个负数，但检验数行满足最优检验规则，则转下一步。

(2) 确定换出变量。一般地，在单纯形表中 $\boldsymbol{b}$ 列负数中挑选绝对值最大的负数所对应的基变量为换出变量。$\boldsymbol{b}$ 列的数字按照矩阵表达方式即为 $\boldsymbol{B}^{-1}\boldsymbol{b}$，故选 $\min\{(\boldsymbol{B}^{-1}\boldsymbol{b})_i|(\boldsymbol{B}^{-1}\boldsymbol{b})_i < 0\} = (\boldsymbol{B}^{-1}\boldsymbol{b})_l$ 对应的基变量，比如说是 x_i，为换出变量。

(3) 检查单纯形表中主体部分的第 l 行的元素 $a_{lj}(j = 1, 2, \cdots, n)$，若所有的 $a_{lj} \geqslant 0$，则表明原问题无可行解，停止计算；若存在 $a_{lj} < 0(j = 1, 2, \cdots, n)$，则计算

$$\theta = \min_j \left\{ \frac{\sigma_j}{a_{lj}} | a_{lj} < 0 \right\} = \frac{\sigma_k}{a_{lk}}$$

这时选择 x_k 为换入变量，取代原基变量 x_i(θ 规则是为了保持得到的对偶问题解仍为可行解)。

(4) 以 a_{lk} 为旋转主元进行迭代得到新的单纯形表，计算检验数并重复步骤 (1) ～ (4)。

在上面介绍的对偶单纯形法计算步骤 (1) 中，若问题是求目标函数的极大值的情况，则“非基变量的检验数满足最优检验规则”指的是所有非基变量的检验数小于或等于零，若问题是求目标函数的极小值的情况，则指的是所有非基变量的检验数大于或等于零。另外，若 $\boldsymbol{b}$ 列数字有负数，检验数也不满足最优检验规则，则既不能用以前的单纯形法求解，也不能利用对偶单纯形法求解。此时只能回到原模型添加人工变量后进行求解。

例 2.6 利用对偶单纯形法求解线性规划问题：

$$\begin{aligned} \min \quad & z = 2x_1 + 3x_2 + 4x_3 \\ \text{s.t.} \quad & \\ & \begin{cases} x_1 + 2x_2 + x_3 \geqslant 3 \\ 2x_1 - x_2 + 3x_3 \geqslant 4 \\ x_1, x_2, x_3 \geqslant 0 \end{cases} \end{aligned} \tag{2-2-1}$$

解 容易看出，如果引入两个剩余变量将其化为标准形式后将没有一个明显的初始基，这样就需要添加两个人工变量利用大 M 法或两阶段法求解。但若在其约束条件两端乘以“-1”，则引入的两个松弛变量可作为初始基变量，但这时 $\boldsymbol{b}$ 列数字为负数，可考虑利用对偶单纯形法求解。

$$\begin{aligned} \min \quad & z = 2x_1 + 3x_2 + 4x_3 \\ \text{s.t.} \quad & \\ & \begin{cases} -x_1 - x_2 - x_3 + x_4 = -3 \\ -2x_1 + x_2 - 3x_3 + x_5 = -4 \\ x_1, x_2, x_3 \geqslant 0. \end{cases} \end{aligned} \tag{2-2-2}$$

建立初始单纯形表 (见表 2-2) 并迭代下去。由于这里的目标函数是求极小，故在 θ 规则中，应该用算法中所说的相应比值的绝对值最小者作为选择换入变量的依据。即

$$\theta = \min_j \left\{ \left| \frac{\sigma_j}{a_{lj}} \right| | a_{lj} < 0 \right\} = \frac{\sigma_k}{a_{lk}}$$

表 2-2　例 2.6 的初始单纯形表 (对偶单纯形法)

c_j			2	3	4	0	0
$\boldsymbol{c}_B$	$\boldsymbol{X}_B$	$\boldsymbol{b}$	x_1	x_2	x_3	x_4	x_5
0	x_4	-3	-1	-2	-1	1	0
0	x_5	-4	$[-2]$	1	-3	0	1
$\sigma_j = c_j - \sum_{i=1}^{m} c_i a_{ij}$			2	3	4	0	0
$\theta = \sigma_j / a_{lj}$			1		4/3		

在表 2-2 中，由于 $b_2 = \min\{-3, -4\}$，故选择 x_5 为换出变量，在 x_5 所对应的行中有 $a_{21} = -2$ 和 $a_{23} = -3$ 两个负数，由于 $\min\{|2/(-2)|, |4/(-3)|\} = 1$，故选取 x_1 为换入变量。继续迭代下去，见表 2-3。

表 2-3　例 2.6 的对偶单纯形法后继迭代过程

c_j			2	3	4	0	0
$\boldsymbol{c}_B$	$\boldsymbol{X}_B$	$\boldsymbol{b}$	x_1	x_2	x_3	x_4	x_5
0	x_4	-1	0	$[-5/2]$	1/2	1	$-1/2$
2	x_1	2	1	$-1/2$	3/2	0	$-1/2$
$\sigma_j = c_j - \sum_{i=1}^{m} c_i a_{ij}$			0	4	1	0	1
$\theta = \sigma_j / a_{lj}$				8/5			2
3	x_2	2/5	0	1	$-1/5$	$-2/5$	1/5
2	x_1	11/5	1	0	7/5	$-1/5$	$-2/5$
$\sigma_j = c_j - \sum_{i=1}^{m} c_i a_{ij}$			0	0	9/5	8/5	1/5
$\theta = \sigma_j / a_{lj}$							

在最终单纯形表中，由于 $\boldsymbol{b}$ 列数字全部为正数，故已得到原问题的最优解为 $x_1^* = 11/5, x_2^* = 2/5, x_3^* = 0$。最优值为 $z^* = 28/5$。

2.2.2　MATLAB 实现

根据对偶单纯形法的计算步骤，编者编写了对偶单纯形法的 MATLAB 程序 DSimplex.m。该程序解决系数矩阵 $\boldsymbol{A}$ 中有一个单位子矩阵，但资源向量 $\boldsymbol{b}$ 中至少有一个负数的情形。程序代码如下；

☞ **MATLAB 程序 2.1**　对偶单纯形法的 MATLAB 程序

```
% Dsimplex.m对偶单纯形法求解线性规划问题
% max c'x
% s.t.
```

```
% Ax=b
% x>=0
% 这里 A\in R^{m\times n},c,x'\in R^n,b\in R^m
% 矩阵A中有一个单位子矩阵，不需要引入人工变量。非基变量检验数满足最优性规
% 则，但资源向量有负值
% By Gongnong Li 2013
function [xstar,fxstar,A0,IB,iter]=Dsimplex(A,b,c)
[m,n]=size(A);E=eye(m);IB=zeros(1,m);k=0;
for i=1:m
    for j=1:n
       if A(:,j)==E(:,i)
           IB(i)=j;SA(i)=j; %IB记录基变量下标，SA记录松弛变量下标
       elseif A(:,j)==(-E(:,i))
           SA(i)=j; %SA也记录剩余变量(松弛变量)下标
       end
    end
end
A0=[b,A];N=1:n;IB;N(IB)=[]; IN=N;x(IB)=A0(:,1)';
x(IN)=zeros(1,length(IN));cB=c(IB);
%IN为非基变量下标
sigma=c'-cB'*A0(:,2:n+1);
%计算检验数，由于对偶单纯形法的要求，这里sigma全部小于或等于零
t=find(A0(:,1)<0); %检查b列的负数
flag=0;
while (t~=0)&(flag==0)
     [bjj,jj]=min(A0(:,1));
%这里的jj是A0(:,1)中绝对值最大者所在行，即A0中的第jj行，该行对应的基变量
%x(IB(jj))为换出变量，而bjj则是相应的数值
tt=find(A0(jj,2:n+1)<0);kk=length(tt);
%检查增广系数矩阵A0中第jj行元素是否有小于零的元素
        if kk==0
           disp('原问题无可行解')
           xstar=[];fxstar=[];A0=[];IB=[];iter=k;
           flag=1;
```

```
        else
            theta=zeros(1,kk);
            for i=1:kk
                theta(i)=sigma(tt(i))/A0(jj,tt(i)+1);
            end
            [thetaI,ii]=min(abs(theta));Temp=tt(ii);
%比值最小的theta值，选换出变量。这时x(Temp)为换入变量。A0(jj,Temp+1)为
 旋转主元
            for i=1:m
                if i~=jj
                    A0(i,:)=A0(i,:)-(A0(jj,:)/A0(jj,Temp+1))*A0(i,Temp+1);
                else
                    A0(jj,:)=A0(jj,:)/A0(jj,Temp+1);
                end
            end
            TT=IB(jj);IB(jj)=Temp;IN(Temp)=TT; x(IB)=A0(:,1)';
            N=1:n;N(IB)=[];IN=N; x(IN)=zeros(1,length(IN));cB=c(IB);
%新的基可行解及其价值系数
            t=find(A0(:,1)<0); sigma=c'-cB'*A0(:,2:n+1);
%再次检查b列的负数并再次计算检验数
        end
        k=k+1;
end
%disp('最优基变量下标为: '),IB
%disp('非基变量下标为: '),IN
%disp('最终单纯性表为(第一列为资源向量):'),A0
%disp('最终单纯性表中的检验数: '),sigma
if flag==1
   xstar=[];fxstar=[];iter=k;
   disp('原问题为无界解')
else
   B=A(:,IB);
   xstar=x;fxstar=x(IB)*c(IB);iter=k;
end
```

例 2.7　利用对偶单纯形法程序 Dsimplex.m 求解例 2.6。

解 在 MATLAB 的提示符下输入相应的矩阵和向量 $\boldsymbol{A}, \boldsymbol{b}, \boldsymbol{c}$，并调用该程序计算。

```
>> A=[-1 -2 -1 1 0;-2 1 -3 0 1];
>> b=[-3 -4]';
>> c=[-2 -3 -4 0 0]';
>> [xstar,fxstar,A0,IB,iter]=Dsimplex(A,b,c)
xstar =
       11/5      2/5        0          0          0
fxstar =
     -28/5
A0 =
        2/5       0         1        -1/5       -2/5       1/5
       11/5       1         0         7/5       -1/5      -2/5
IB =
        2                1
iter =
        2
```

计算结果表明，经过 2 次迭代得到最优解为 $x_1^* = 11/5, x_2^* = 2/5, x_3^* = 0$。最优值为 $z^* = 28/5$。

2.3 线性规划的灵敏度分析

在前面线性规划问题的讨论中，参数 $\boldsymbol{A}, \boldsymbol{b}, \boldsymbol{c}$ 都是静态的。实际问题中，由于各种原因，这些参数都会或多或少地随时发生变化。比如，某企业在一定资源约束下进行的生产，由于技术进步，原来生产某产品的单位能耗降低了，反映在数学模型中就是技术系数 a_{ij} 产生了变化。又比如，由于市场的变化导致产品的价格变化，从而影响到利润的变化，反映到数学模型中就是价值系数 c_i 变化了，等等。

当 $\boldsymbol{A}, \boldsymbol{b}, \boldsymbol{c}$ 中的参数至少有一个发生变化时，当然可以重新求解原线性规划，求解以后可能发现这些参数的变化有时没有影响到原来变化以前的最优解或最优值，有时又影响了。所以，重新求解原问题不仅不经济，而且得到的是这次变化后的信息，是不全面的。所谓的灵敏度分析就是在不重新求解原问题的情况下分析这些参数在什么范围内变化不影响原最优解或最优值，在什么范围内会影响到原最优解或最优值。只有影响到原最优解或最优值的情况下才需要重新求解原问题。但是，由于问题的结构，能做到的灵敏度分析只是对这些参数逐一进行分析。也就是说，在分析某个参数的变化时，总是假设另外两个参数暂时不变。当 3 个参数中至少有两个同时变化时，一般还是需要重新求解原问题，甚至需要重新建立数学模型。

因此，根据前面讨论的单纯形法和对偶单纯形法，可以将某个参数的变化情况 (此时假设另外两个参数暂时不变) 反映到单纯形表中，然后根据变化的情况分别进行讨论，即可得到该参数的变化范围。对于一个标准的线性规划问题，在用单纯形表进行求解时，若某个参数变化后，则有两个地方与判断其解是否是最优解有关：一个是检验数 ($\boldsymbol{\sigma}$) 行，一个是 $\boldsymbol{b}$ 列。它们是否违反最优解的规则，一共有 4 种情况。将这些情况列于表 2-4。在表 2-4 中，σ_j 满足最优检验规则指的是在求极大值情况下小于或等于零，在求极小值情况下为大于或等于零。

表 2-4　单纯形表中可能出现的 4 种情况

$\boldsymbol{b}$ 列	$\boldsymbol{\sigma}$ 行	结论或继续计算的步骤
所有的 $b_i \geqslant 0$	所有的 σ_j 满足最优检验规则	单纯形表中的解仍为最优解
所有的 $b_i \geqslant 0$	至少有一个 σ_j 不满足最优检验规则	用单纯形法继续迭代求最优解
至少有一个 $b_i \leqslant 0$	所有的 σ_j 满足最优检验规则	用对偶单纯形法继续迭代求最优解
至少有一个 $b_i \leqslant 0$	至少有一个 σ_j 不满足最优检验规则	回到数学模型中添加人工变量重新求解

2.3.1　资源系数变化的分析

当某个资源系数 b_i 获得一个改变量 Δb_i 时，根据单纯形法，由于检验数 $\boldsymbol{\sigma}_N$ 的计算中没有牵涉到 $\boldsymbol{b}$，所以只可能影响到单纯形表中的 $\boldsymbol{b}$ 列数字或者说只会影响到基变量的取值。沿用前面的记号，此时

$$\boldsymbol{X}'_B = \boldsymbol{B}^{-1}(\boldsymbol{b} + \Delta\boldsymbol{b}), \quad \Delta\boldsymbol{b} = (0, \cdots, \Delta b_i, \cdots, 0)^{\mathrm{T}}$$

记基矩阵 $\boldsymbol{B}$ 的逆为

$$\boldsymbol{B}^{-1} = \begin{pmatrix} \bar{a}'_{11} & \bar{a}'_{12} & \cdots & \bar{a}'_{1m} \\ \bar{a}'_{21} & \bar{a}'_{22} & \cdots & \bar{a}'_{2m} \\ \vdots & \vdots & & \vdots \\ \bar{a}'_{m1} & \bar{a}'_{m2} & \cdots & \bar{a}'_{mm} \end{pmatrix} \tag{2-3-1}$$

于是

$$b'_j = (\boldsymbol{X}'_B)_j = [\boldsymbol{B}^{-1}(\boldsymbol{b} + \Delta\boldsymbol{b})]_j = (\boldsymbol{B}^{-1}\boldsymbol{b})_j + \bar{a}'_{ji}\Delta b_i, \quad j = 1, 2, \cdots, m \tag{2-3-2}$$

所以，当 b_i 改变为 $b_i + \Delta b_i$ 时，要不影响原最优解，则必须满足 $b'_j \geqslant 0$ 对所有 $j(j = 1, 2, \cdots, m)$ 成立。故

$$\max\left\{-\frac{(\boldsymbol{B}^{-1}\boldsymbol{b})_j}{\bar{a}'_{ji}} \,\middle|\, \bar{a}'_{ji} > 0\right\} \leqslant \Delta b_i \leqslant \min\left\{-\frac{(\boldsymbol{B}^{-1}\boldsymbol{b})_j}{\bar{a}'_{ji}} \,\middle|\, \bar{a}'_{ji} < 0\right\} \tag{2-3-3}$$

关于式 (2-3-3)，有如下两点说明：

(1) 上面公式中的 $\boldsymbol{B}^{-1}$ 是原问题的最优基矩阵 $\boldsymbol{B}$ 的逆。单纯形法的主体部分是原问题的约束方程组，迭代过程中使用的方法就是矩阵的初等行变换。因此，原问题的初始基变量在最终单纯形表中相应的列向量就构成了 $\boldsymbol{B}^{-1}$。

(2) $\boldsymbol{B}^{-1}\boldsymbol{b}$ 就是原问题最终单纯形表中的 $\boldsymbol{b}$ 列。

例 2.8 分析模型引入 1.1 中的资源系数 b_1, b_2 的变化范围，并假设由于某种原因市场上资源 A 的供应变得非常紧张，在下一个生产周期内，资源 A 将只有 8kg 可以利用，其他条件不变，问最优解是否改变。若最优解改变，求其最优解。

解 从例 2.8 中该问题的最终单纯形表中可以看出：

$$\boldsymbol{B}^{-1}=\begin{pmatrix} \frac{2}{5} & -\frac{1}{5} \\ -\frac{1}{10} & \frac{3}{10} \end{pmatrix},\quad \boldsymbol{B}^{-1}\boldsymbol{b}=\begin{pmatrix} 4 \\ 2 \end{pmatrix} \tag{2-3-4}$$

首先分析 b_1 的变化范围，由于

$$\boldsymbol{B}^{-1}\boldsymbol{b}+\boldsymbol{B}^{-1}\Delta\boldsymbol{b}=\begin{pmatrix} 4 \\ 2 \end{pmatrix}+\begin{pmatrix} \frac{2}{5} & -\frac{1}{5} \\ -\frac{1}{10} & \frac{3}{10} \end{pmatrix}\begin{pmatrix} \Delta b_1 \\ 0 \end{pmatrix}=\begin{pmatrix} 4+(2/5)\Delta b_1 \\ 2+(-1/10)\Delta b_1 \end{pmatrix} \tag{2-3-5}$$

可见，$-10 \leqslant \Delta b_1 \leqslant 20$，即 b_1 的变化范围为 $[6, 36]$。同样地，对于 Δb_2，有

$$\boldsymbol{B}^{-1}\boldsymbol{b}+\boldsymbol{B}^{-1}\Delta\boldsymbol{b}=\begin{pmatrix} 4 \\ 2 \end{pmatrix}+\begin{pmatrix} \frac{2}{5} & -\frac{1}{5} \\ -\frac{1}{10} & \frac{3}{10} \end{pmatrix}\begin{pmatrix} 0 \\ \Delta b_2 \end{pmatrix}=\begin{pmatrix} 4-(1/5)\Delta b_2 \\ 2+(3/10)\Delta b_2 \end{pmatrix} \tag{2-3-6}$$

从而 $-20/3 \leqslant \Delta b_2 \leqslant 20$，即 b_2 的变化范围为 $[16/3, 32]$。

当资源 A 的可用量为 8kg 时，由于位于 b_1 的变化范围 $[6, 36]$ 内，所以原问题的最优解不变。但是，最优解不变指的是原来 x_1, x_2 为最优解，现在的最优解还是 x_1, x_2，其值实际上已变，新的值为 $x_1^*=14/5, x_2^*=4/5$，最优值变为 $z^*=112/5$。

若资源 A 的拥有量在原来的基础上减少了 11kg，即 b_1 取值为 5，则这时最优解将会发生改变，最优解为 $x_1=5/2, x_4=2$(这是松弛变量)，而原变量 x_2 变为非基变量，取值 0，最优值为 $z^*=15$。实际上，由于

$$\boldsymbol{B}^{-1}\Delta\boldsymbol{b}=\begin{pmatrix} \frac{2}{5} & -\frac{1}{5} \\ -\frac{1}{10} & \frac{3}{10} \end{pmatrix}\begin{pmatrix} -11 \\ 0 \end{pmatrix}=\begin{pmatrix} -\frac{22}{5} \\ \frac{11}{10} \end{pmatrix} \tag{2-3-7}$$

将其代入例 2.8 中的最终单纯形表，可以看到 $\boldsymbol{b}$ 列出现了负数。于是由对偶单纯形法进行迭代运算，过程见表 2-5。从表 2-5 的最后可以看到，此时 $x_1^*=5/2, x_2^*=0(x_3^*=0, x_4^*=2)$，目标函数值为 $z^*=6\times(5/2)+7\times 0=15$。

表 2-5　例 2.8 资源系数变化后的灵敏度分析

c_j			6	7	0	0
$\boldsymbol{c}_B$	$\boldsymbol{X}_B$	$\boldsymbol{b}$	x_1	x_2	x_3	x_4
7	x_2	$4-22/5$	0	1	2/5	[−1/5]
6	x_1	$2+11/10$	1	0	−1/10	3/10
$\sigma_j=c_j-\sum_{i=1}^{m}c_ia_{ij}$			0	0	−11/5	−2/5
$\theta=\sigma_j/a_{lj}$						2
0	x_4	2	0	−5	−2	1
6	x_1	5/2	1	3/2	1/2	0
$\sigma_j=c_j-\sum_{i=1}^{m}c_ia_{ij}$			0	−2	−3	0
$\theta=\sigma_j/a_{lj}$						

2.3.2　价值系数变化的分析

回顾单纯形法的迭代步骤，价值系数 c_j 的变化只有可能影响到检验数的变化，对于 $\boldsymbol{b}$ 列是不会有影响的。因此，根据 c_j 是否是基变量的价值系数分别进行讨论。

(1) c_j 是某个非基变量 x_j 的价值系数的情况。考虑 x_j 的检验数，即

$$\sigma_j=c_j-\boldsymbol{c}_B^{\mathrm{T}}\boldsymbol{B}^{-1}\boldsymbol{P}_j \tag{2-3-8}$$

其中，$\boldsymbol{c}_B$ 为基变量的价值系数向量；$\boldsymbol{B}$ 为基矩阵；在最终单纯形表中找 $\boldsymbol{B}^{-1}$ 的方法如上所述；$\boldsymbol{P}_j$ 为 x_j 在约束方程组中的第 j 列。当 c_j 获得一个改变量 Δc_j 后，其检验数变为

$$\sigma_j'=(c_j+\Delta c_j)-\boldsymbol{c}_B^{\mathrm{T}}\boldsymbol{B}^{-1}\boldsymbol{P}_j=\sigma_j+\Delta c_j \tag{2-3-9}$$

可见，要保证 c_j 的变化不影响到最优解，在求极大值的情况下，必须有 $\sigma_j'\leqslant 0$，即

$$\Delta c_j\leqslant -\sigma_j \tag{2-3-10}$$

其中，σ_j 是非基变量 x_j 的价值系数变化以前的检验数。

(2) c_j 是某个基变量 x_j 的价值系数的情况。由于检验数的计算公式为 $\boldsymbol{\sigma}_N=\boldsymbol{c}_N^{\mathrm{T}}-\boldsymbol{c}_B^{\mathrm{T}}\boldsymbol{B}^{-1}\boldsymbol{N}$，可见任何一个基变量 x_j 的价值系数发生改变都会影响到所有非基变量的检验数。设

$$\begin{gathered}\boldsymbol{c}_B=(c_1,\cdots,c_j,\cdots,c_m)^{\mathrm{T}},\boldsymbol{c}_N=(c_{m+1},\cdots,c_n)^{\mathrm{T}}\\ \boldsymbol{B}^{-1}\boldsymbol{N}=(P_{m+1},\cdots,P_n)=\begin{pmatrix}\bar{a}_{1,m+1} & \bar{a}_{1,m+2} & \cdots & \bar{a}_{1n}\\ \bar{a}_{2,m+1} & \bar{a}_{2,m+2} & \cdots & \bar{a}_{2n}\\ \vdots & \vdots & & \vdots\\ \bar{a}_{m,m+1} & \bar{a}_{m,m+2} & \cdots & \bar{a}_{mn}\end{pmatrix}\end{gathered} \tag{2-3-11}$$

当基变量 x_j 的价值系数 c_j 获得一个改变量 Δc_j 后，考查非基变量 $x_i(i=m+1,\cdots,n)$ 的检验数

$$\sigma_i'=c_i-(\boldsymbol{c}_B+\Delta\boldsymbol{c}_B)^{\mathrm{T}}\boldsymbol{B}^{-1}\boldsymbol{P}_i=\sigma_i-(0,\cdots,\Delta c_j,\cdots,0)B^{-1}P_i=\sigma_i-\bar{a}_{ji}\Delta c_j,\quad i=m+1,\cdots,n \tag{2-3-12}$$

于是，只要 Δc_j 使得式 (2-3-12) 中所有的 $\sigma_i'\leqslant 0$，则 c_j 的改变就不会影响到最优解，即

$$\begin{aligned}&\Delta c_j\leqslant \sigma_i/\bar{a}_{ji}, i=m+1,\cdots,n,\quad \bar{a}_{ji}<0\\&\Delta c_j\geqslant \sigma_i/\bar{a}_{ji}, i=m+1,\cdots,n,\quad -\bar{a}_{ji}>0\end{aligned} \tag{2-3-13}$$

因此，根据式 (2-3-13) 即知，基变量 x_j 的价值系数 c_j 的改变量 Δc_j 在式 (2-3-14) 中变化时，原最优解不变。

$$\max_i\left\{\frac{\sigma_i}{\bar{a}_{ji}}\,|\bar{a}_{ji}>0\right\}\leqslant\Delta c_j\leqslant\min_i\left\{\frac{\sigma_i}{\bar{a}_{ji}}\,|\bar{a}_{ji}<0\right\} \tag{2-3-14}$$

例 2.9 分析模型引入 1.1 中的价值系数 c_1,c_2 的变化范围，并讨论产品甲的单位利润变为 10 元时，最优解是否改变。若最优解改变，求其最优解。

解 模型引入 1.1 中的线性规划问题的标准形式见例 1.7，其单纯形表见例 1.8。令 c_1,c_2 的改变量分别为 $\Delta c_1,\Delta c_2$。下面先讨论 c_1 的变化范围。将 $c_1+\Delta c_1$ 代入例 1.8 的表 1-3 的最终单纯形表中，见表 2-6。可见，Δc_1 必须满足 $-11/5+\Delta c_1/10\leqslant 0, -2/5-(3/10)\Delta c_1\leqslant 0$ 时最优解才不会改变。即 $-4/3\leqslant\Delta c_1\leqslant 22$。故 c_1 的变化范围为

$$\frac{14}{3}\leqslant c_1+\Delta c_1\leqslant 28 \tag{2-3-15}$$

表 2-6 例 2.9 价值系数 c_1 变化后的灵敏度分析

c_j			$6+\Delta c_1$	7	0	0	θ
$\boldsymbol{c}_B$	$\boldsymbol{X}_B$	$\boldsymbol{b}$	x_1	x_2	x_3	x_4	
7	x_2	4	0	1	2/5	−1/5	
$6+\Delta c_1$	x_1	2	1	0	−1/10	3/10	
$\sigma_j=c_j-\sum_{i=1}^m c_ia_{ij}$			0	0	$-11/5+\Delta c_1/10$	$-2/5-(3/10)\Delta c_1$	

类似地，讨论 c_2 的变化，见表 2-7。从表 2-7 中可以看出，Δc_2 必须满足 $-11/5-(2/5)\Delta c_2\leqslant 0, -2/5+\Delta c_2/5\leqslant 0$ 时最优解才不会改变。即 $-11/2\leqslant\Delta c_2\leqslant 2$。故 c_2 的变化范围为

$$\frac{3}{2}\leqslant c_2+\Delta c_2\leqslant 9 \tag{2-3-16}$$

当产品甲的单位利润变为 10 元时，即 $c_1+\Delta c_1=10$，此时从式 (2-3-15) 中可以看出，该值仍在不破坏原最优解的范围内，故最优解不变。但是，由于 c_1 已变，故最优值也变了，此时 $z^*=48$。

表 2-7　例 2.9 价值系数 c_2 变化后的灵敏度分析

c_j			6	$7+\Delta c_2$	0	0	θ
$\boldsymbol{c}_B$	$\boldsymbol{X}_B$	$\boldsymbol{b}$	x_1	x_2	x_3	x_4	
$7+\Delta c_2$	x_2	4	0	1	2/5	$-1/5$	
6	x_1	2	1	0	$-1/10$	3/10	
$\sigma_j=c_j-\sum\limits_{i=1}^{m}c_ia_{ij}$			0	0	$-11/5-(2/5)\Delta c_2$	$-2/5+\Delta c_2/5$	

2.3.3　技术系数变化的分析

对于技术系数变化的分析分为如下 3 种情况进行讨论。

(1) 矩阵 $\boldsymbol{A}$ 增加一列。如果将原问题 (求极大) 理解为最优生产安排问题，则 $\boldsymbol{A}$ 增加一列就相当于新增一种产品的生产。这样，也会相应地增加一个价值系数。将新增的一列记为 $\boldsymbol{P}_{n+1}$，它的每一个元素表示生产新增产品的单位资源消耗量。新增的价值系数记为 c_{n+1}，则首先计算其检验数 $\sigma_{n+1}=c_{n+1}-\boldsymbol{c}_B^{\mathrm{T}}\boldsymbol{B}^{-1}\boldsymbol{P}_{n+1}$，若满足最优检验规则，则说明原最优解不变。若不满足最优检验规则，则计算 $\boldsymbol{P}'_{n+1}=\boldsymbol{B}^{-1}\boldsymbol{P}_{n+1}$，并将其添加到原问题最终单纯形表中进行迭代。

例 2.10　假设在模型引入 1.1 中，该厂在下一个生产周期内考虑新增一种产品丙的生产，根据测算，生产一个单位产品丙将需要 1kg 原材料 A 和 2kg 原材料 B，并将会给该厂带来 8 元的利润。试求该厂的最优生产计划。

解　本例就是在原系数矩阵的基础上增加了一列 $\boldsymbol{P}_5=(1,2)^{\mathrm{T}}$ 及 $c_5=8(x_3,x_4$ 及相应的 $\boldsymbol{P}_3,\boldsymbol{P}_4$ 为原问题的松弛变量及系数列向量)，于是根据例 1.8 的最终单纯形表有：

$$\begin{aligned}
&\sigma_5=c_5-\boldsymbol{c}_B^{\mathrm{T}}\boldsymbol{B}^{-1}\boldsymbol{P}_5=8-(7,6)\begin{pmatrix}\dfrac{2}{5} & -\dfrac{1}{5}\\ -\dfrac{1}{10} & \dfrac{3}{10}\end{pmatrix}\begin{pmatrix}1\\2\end{pmatrix}=5\\
&\boldsymbol{P}'_5=\boldsymbol{B}^{-1}\boldsymbol{P}_5=\begin{pmatrix}\dfrac{2}{5} & -\dfrac{1}{5}\\ -\dfrac{1}{10} & \dfrac{3}{10}\end{pmatrix}\begin{pmatrix}1\\2\end{pmatrix}=\begin{pmatrix}0\\ \dfrac{1}{2}\end{pmatrix}
\end{aligned}\tag{2-3-17}$$

可见，σ_5 不满足最优检验规则。将式 (2-3-17) 代入例 1.8 的最终单纯形表中，见表 2-8。

由于在表 2-8 的最后可以看到所有检验数满足最优检验规则，且 $\boldsymbol{b}$ 列非负，所以得到新的最优解为 $x_1^*=0,x_2^*=4,x_5^*=4(x_3^*=x_4^*=0)$，最优值为 $z^*=6x_1^*+7x_2^*+8x_5^*=60$。

(2) 某个最终基变量 x_j 的系数列向量 $a_{ij}(i=1,2,\cdots,m)$ 发生了改变。这种情况可以看成是由于技术进步而导致的，此时相应的 c_j 也有可能发生了改变。具体做法是：先将其看成增加了一个变量的情况，如 (1) 所示去处理，将相关计算结果填入原问题的最终单纯形表中，并用该变量替换原来的 x_j，然后再进行迭代运算。

表 2-8 模型引入 1.1 中新增一种产品后的灵敏度分析

c_j			6	7	0	0	8	θ
c_B	X_B	b	x_1	x_2	x_3	x_4	x_5	
7	x_2	4	0	1	2/5	−1/5	0	
6	x_1	2	1	0	−1/10	3/10	[1/2]	4
$\sigma_j = c_j - \sum_{i=1}^{m} c_i a_{ij}$			0	0	−11/5	−2/5	5	
7	x_2	4	0	1	2/5	−1/5	0	
8	x_5	4	2	0	−1/5	3/5	1	
$\sigma_j = c_j - \sum_{i=1}^{m} c_i a_{ij}$			−12	0	−6/5	−17/5	0	

例 2.11 在模型引入 1.1 中，假设由于技术革新使得生产单位产品甲的原材料 A 和原材料 B 的消耗量分别变为 3 和 2，即系数列向量变为 $P_1 = (2,2)^{\mathrm{T}}$，同时甲产品的单位利润变为 $c_1 = 8$，试分析最优解的变化。

解 首先，将其看成新增一个变量 x_1'，计算相关数据：

$$\sigma_1' = c_1 - \boldsymbol{c}_B^{\mathrm{T}}\boldsymbol{B}^{-1}\boldsymbol{P}_1 = 8 - (7,6)\begin{pmatrix} \frac{2}{5} & -\frac{1}{5} \\ -\frac{1}{10} & \frac{3}{10} \end{pmatrix}\begin{pmatrix} 2 \\ 2 \end{pmatrix} = \frac{14}{5}$$

$$\boldsymbol{P}_1' = \boldsymbol{B}^{-1}\boldsymbol{P}_1 = \begin{pmatrix} \frac{2}{5} & -\frac{1}{5} \\ -\frac{1}{10} & \frac{3}{10} \end{pmatrix}\begin{pmatrix} 2 \\ 2 \end{pmatrix} = \begin{pmatrix} \frac{2}{5} \\ \frac{2}{5} \end{pmatrix} \tag{2-3-18}$$

将式 (2-3-18) 代入到例 1.8 的最终单纯形表中，有单纯形表 2-9。根据单纯形法的计算步骤将 x_1' 替换 x_1，并在下一个单纯形表中不再保留 x_1，得到表 2-10。从最终单纯形表中可以看出，此时最优解为 $x_1^* = 5$(即 $x_1' = 5$)，$x_2^* = 2$。最优值为 $z^* = 8 \times 5 + 7 \times 2 = 54$。

(3) 增加一个约束条件的分析。从线性规划的经济含义出发，新增一个约束条件相当于在原来生产技术的基础上利用了新的资源增加了一道工序。此时，可以将原问题的最优解代入该约束条件中，如果满足该约束条件，则说明新增约束未起到作用，最优解不变；否则，将新增约束直接反映到最终单纯形表中进行进一步的分析。

表 2-9 模型引入 1.1 中生产技术变化后的灵敏度分析 (1)

c_j			8	6	7	0	0	θ
$\boldsymbol{c}_B$	$\boldsymbol{X}_B$	$\boldsymbol{b}$	x_1'	x_1	x_2	x_3	x_4	
7	x_2	4	2/5	0	1	2/5	−1/5	10
6	x_1	2	[2/5]	1	0	−1/10	3/10	5
$\sigma_j = c_j - \sum_{i=1}^{m} c_i a_{ij}$			14/5	0	0	−11/5	−2/5	

表 2-10 模型引入 1.1 中生产技术变化后的灵敏度分析 (2)

c_j			8	7	0	0	θ
$\boldsymbol{c}_B$	$\boldsymbol{X}_B$	$\boldsymbol{b}$	x_1'	x_2	x_3	x_4	
7	x_2	2	0	1	1/2	−1/2	
8	x_1'	5	1	0	−1/4	3/4	
$\sigma_j = c_j - \sum\limits_{i=1}^{m} c_i a_{ij}$			0	0	−3/2	−5/2	

2.4 灵敏度分析的 MATLAB 实现

根据上一节线性规划问题灵敏度分析的过程，编者编写了用于灵敏度分析的 MATLAB 程序 SensitivityOfc.m 和 SensitivityOfb.m。这两个程序用于分析保持原问题最优解不变的情况下价值系数和资源系数的变化范围，并给出某一参数发生改变时，最优解是否发生改变的判断，若最优解变化，则求出新的最优解及最优值。至于技术系数改变时的分析，希望读者自行根据前面的叙述编写。这两个程序当然可以合并为一个程序，如何合并请读者自行根据这两个程序编写。

☞ **MATLAB 程序 2.2** 分析价值系数的 MATLAB 程序

```
% 线性规划的灵敏度分析
% 该程序讨论价值系数c变化时是否影响原问题的最优解，若最优解改变，则求出
  新的最优解
% 线性规划需化成标准形式才能使用，即
% max c'x
% s.t.
% Ax=b
% x>=0
% 这里 A\in R^{m\times n},c,x'\in R^n,b\in R^m,b\geq 0
% 讨论价值系数的变化时针对的是未化为标准形式前的原变量的价值系数，不包括
% 松弛变量和剩余变量的价值系数(全部为零)
% By Gongnong Li 2013
function [UOfDeltac,LOfDeltac]=SensitivityOfc(A,b,c)
%首先调用SenSimplex.m计算该线性规划问题，将得到所需要的相关信息
[m,n]=size(A);
[IB,IN,SA,IBB,INN,InverseOfB,A0,sigma]=SenSimplex(A,b,c)
%%%%%%%%%%%%%%%%%%%%%%%%%%%%%%%%%%%%%%%%%%%%%%%%%%%%%%%%%%%%%%%%%%%%%%%%%%%%%%%%
% IB记录的是基变量下标，IN记录的是非基变量下标，SA记录的是松弛变量下标
```

```
% IBB记录的是除去松弛变量后的基变量下标，INN记录的是除去松弛变量后的非
% 基变量下标
%%%%%%%%%%%%%%%%%%%%%%%%%%%%%%%%%%%%%%%%%%%%%%%%%%%%%%%%%%%%%%%%%%%%%%%%
disp('以上显示的是原问题的最优解(xstar),最优值(fxstar),迭代次数(iter),
最优基下标(IB)等信息。')
for r=1:length(IN)
   UOfDeltac(IN(r))=-sigma(IN(r)); LOfDeltac(IN(r))=-inf;
end
%这里讨论的是非基变量的价值系数变化(Deltac)的上、下限
%下面讨论的是基变量价值系数变化的上、下限
for r=1:length(IB)
        t1=find(A0(r,IN+1)<0); t2=find(A0(r,IN+1)>0);
         if length(t2)~=0
            for i=1:length(t2)
                b1(i)=sigma(IN(t2(i)))/A0(r,IN(t2(i))+1);
            end
              [LOfDeltac(IB(r)),U1]=max(b1);
         else
              LOfDeltac(IB(r))=-inf;
         end
         if length(t1)~=0
            for i=1:length(t1)
               b2(i)=sigma(IN(t1(i)))/A0(r,IN(t1(i))+1);
            end
               [UOfDeltac(IB(r)),U2]=min(b2);
         else
              UOfDeltac(IB(r))=inf;
         end
end
n0=input('输入原始变量的个数');
for i=1:n0
disp(['c' num2str(i) '的当前值为'  num2str(c(i)) ',变化范围为[' ...
num2str(c(i)+LOfDeltac(i)) ',' num2str(c(i)+UOfDeltac(i)) ']'])
end
```

```
Deltac=input('按照列向量输入价值系数的变化(一次只能有一个c变化且输入的
应该是Deltac)')
D=find(Deltac~=0);ctemp2=c+Deltac;
if (Deltac(D)>=LOfDeltac(D))&(Deltac(D)<=UOfDeltac(D))
  disp('最优基(IB)不变, 最优解(xstar)也不变, 最优值(fxstar)变为: ')
  IB, xstar(IB)=A0(:,1)', fxstar=xstar(IB)*ctemp2(IB)
else
  disp('最优基改变。最优基变量下标(IB)、最优解(xstar)及最优值(fxstar)
      变为: ')
  c(D)=c(D)+Deltac(D);
  [IB,IN,SA,IBB,INN,InverseOfB,A0]=SenSimplex(A0(:,2:n+1),A0(:,1),c)
end
```

☞ **MATLAB 程序 2.3** 分析资源系数的 MATLAB 程序

```
% 线性规划的灵敏度分析
% 该程序讨论资源向量b有变化(获得改变Deltab)时是否影响线性规划的最优解
% 若最优解改变, 则求出新的最优解
% 线性规划需化成标准形式才能使用, 即
% max c'x
% s.t.
% Ax=b
% x>=0
% 这里 A\in R^{m\times n},c,x'\in R^n,b\in R^m,b\geq 0
% By Gongnong Li 2013。
function [UOfDeltab,LOfDeltab]=SensitivityOfb(A,b,c)
%首先调用SenSimplex.m计算该线性规划问题, 将得到所需要的相关信息
[m,n]=size(A);
[IB,IN,SA,IBB,INN,InverseOfB,A0,sigma]=SenSimplex(A,b,c)
% IB记录基变量下标, IBB记录除去松弛变量后的基变量下标, INN记录的是除去
% 松弛变量后的非基变量下标
disp('以上显示的是原问题的最优解(xstar),最优值(fxstar),迭代次数(iter),
最优基下标(IB)等信息。')
for r=1:m
      t1=find(InverseOfB(:,r)<0); t2=find(InverseOfB(:,r)>0);
  if length(t1)~=0
```

```
      for i=1:length(t1)
          b1(i)=-A0(t1(i),1)/InverseOfB(t1(i),r);
      end
         [UOfDeltab(r),U1]=min(b1);
    else
         UOfDeltab(r)=inf;
    end
    if length(t2)~=0
      for i=1:length(t2)
          b2(i)=-A0(t2(i),1)/InverseOfB(t2(i),r);
      end
         [LOfDeltab(r),U2]=max(b2);
    else
         LOfDeltab(r)=-inf;
    end
end
for i=1:length(b)
disp(['b' num2str(i) '的当前值为' num2str(b(i))',变化范围为[' ...
num2str(b(i)+LOfDeltab(i)) ','num2str(b(i)+UOfDeltab(i)) ']'])
end
Deltab=input('按照列向量输入资源系数的变化(一次只能有一个b变化且
输入的应该是Deltab)')
D=find(Deltab~=0);
if(Deltab(D)>=LOfDeltab(D))&(Deltab(D)<=UOfDeltab(D))
    disp('最优基(IB)不变, 但最优解(xstar)及最优值(fxstar)变为: ')
    A0(:,1)=A0(:,1)+InverseOfB*Deltab;
    IB, xstar(IB)=A0(:,1)', fxstar=xstar(IB)*c(IB)
else
    disp('最优基改变。最优基变量下标(IB)、最优解(xstar)及最优值
    (fxstar)变为: ')
    A0(:,1)=A0(:,1)+InverseOfB*Deltab;
    DD=find(A0(:,1)<0);
    if length(DD)~=0
```

```
        [xstar,fxstar,A0,IB,iter]=Dsimplex(A0(:,2:n+1),A0(:,1),c)
    else
        [IB,IN,SA,IBB,INN,InverseOfB,A0,sigma]=SenSimplex(A0(:,2:n+1),
         A0(:,1),c)
    end
end
```

☞ **MATLAB 程序 2.4** SenSimplex.m

```
% 该程序用于分析灵敏度时调用
% 与MMSimplex.m基本一样，只是输出要求不同
% max c'x
% s.t.
% Ax=b
% x>=0
% 这里 A\in R^{m\times n},c,x'\in R^n,b\in R^m,b\geq 0
% 在需要添加人工变量时将采用两阶段法求解上述问题
% By Gongnong Li 2013
function [IB,IN,SA,IBB,INN,InverseOfB,A0,sigma]=SenSimplex(A,b,c)
A0=A;[m,n]=size(A0);E=eye(m);IB=zeros(1,m);;
SA1=zeros(1,n);IR1=zeros(1,m);IR=1:m;k=0;
%检查原问题(标准形式)系数矩阵中是否含有E(:,i)
for i=1:m
    for j=1:n
        if A0(:,j)==E(:,i)
            IB(i)=j;IR1(i)=i;SA1(i)=j;
        elseif A(:,j)==(-E(:,i))
            SA1(i)=j;
        end
    end
end
s1=find(SA1~=0);
if length(s1)~=0
  for i=1:length(s1)
     SA(i)=SA1(s1(i));
```

```
  end
else
    SA=[];
end
IR=find(IR~=IR1);s=find(IR~=0);
%%%%%%%%%%%%%%%%%%%%%%%%%%%%%%%%%%%%%%%%%%%%%%%%%%%%%%%%%%%%%%%%%
% IB记录了原问题系数矩阵含有多少个E(:,i), 即有length(s)个,对应的x(i)
% 为初始基变量IBB记录了原问题基变量中除去松弛变量后的基变量下标。INN
% 记录了原问题中非基变量除去松弛变量后的非基变量。IBB和INN用于灵敏度
% 分析中的ci的分析。SA记录了松弛变量的下标。IR则记录了原问题系数矩阵
% 缺少的E(:,i)下标, 即i, 这要通过人工变量补齐, 共有length(s)个人工变
% 量, 这些人工变量也是初始基变量。SA记录松弛变量(剩余变量)下标
%%%%%%%%%%%%%%%%%%%%%%%%%%%%%%%%%%%%%%%%%%%%%%%%%%%%%%%%%%%%%%%%%
       for p=1:length(s)
           A0(:,n+p)=E(:,IR(p));IB(IR(p))=n+p;IR(p)=n+p;
       end
%IB记录了基变量的下标, 而IR记录了人工变量的下标(共有length(s)个人工变量)
%退出时矩阵A0具有一个单位子矩阵, 可能含有人工变量
A0=[b,A0];flag=0;
%%%%%%%%%%%%%%%%%%%%%%%%%%%%%%%%%%%%%%%%%%%%%%%%%%%%%%%%%%%%%%%%%%%%
%下面先求第一阶段问题, 将会得到原问题的一个初始基可行解
%%%%%%%%%%%%%%%%%%%%%%%%%%%%%%%%%%%%%%%%%%%%%%%%%%%%%%%%%%%%%%%%%%%%
while (length(IR)~=0)&(flag==0) %这表明有人工变量才需要求解第一阶段问题
 c0=zeros(n+length(s),1); c0(IR)=-ones(length(s),1);
%第一阶段问题的相关矩阵和向量
N=1:n+length(s);N(IB)=[];IN=N; %IB记录基可行解的下标, IN记录非基可行解的
下标
x(IN)=zeros(1,length(IN)); x(IB)=A0(:,1)'; cB=c0(IB);
%第一阶段的初始基可行解及其价值系数
sigma=c0'-cB'*A0(:,2:n+length(s)+1); %检验数是一个行向量
t=length(find(sigma>0)); %假设检验数中有t个大于零的检验数
   while t~=0
      [sigmaJ,jj]=max(sigma);
```

```
%jj是sigma中值最大者所在列，即A0中的第jj+1列(A0中第一列为b)，该列对应的
%非基变量x(jj)为换入变量，而sigmaJ则是相应的检验数
      tt=find(A0(:,jj+1)>0); kk=length(tt);
% 检查增广系数矩阵A0中第jj+1列元素是否有大于零的元素
      if kk==0
         disp('原问题为无界解') %即A0的第jj+1列元素全部小于或等于零。
         IB=[];IN=[];SA=[];IBB=[];INN=[];InverseOfB=[];A0=[];sigma=[];
         flag=1;
      else
         theta=zeros(1,kk);
         for i=1:kk
             theta(i)=A0(tt(i),1)/A0(tt(i),jj+1);
         end
         [thetaI,ii]=min(theta); Temp=tt(ii);
%比值最小的theta值，选换出变量，Temp为换出变量下标。A0(Temp,jj+1)为旋
 转主元
         for i=1:m
             if i~=Temp
                A0(i,:)=A0(i,:)-(A0(Temp,:)/A0(Temp,jj+1))*A0(i,jj+1);
             else
                 A0(Temp,:)=A0(Temp,:)/A0(Temp,jj+1);
             end
         end
%以上为旋转运算
         TT=IB(Temp); IB(Temp)=jj;
         for i=1:length(IR)
             if IR(i)==TT
                 IR(i)=0;
             end
         end
        d=find(IR==0);IR(d)=[]; %这里记录的是人工变量的变化
         IN(jj)=TT; x(IB)=A0(:,1)'; x(IN)=zeros(1,length(IN));
                cB=c0(IB);
```

```
%新的基可行解及价值系数
        sigma=c0'-cB'*A0(:,2:n+length(s)+1); t=length(find(sigma>0));
%再次计算检验数并假设检验数中有t个大于零的检验数
     end
       k=k+1;
   end
  if sum(x(IR))~=0
   disp('原问题无解')%此时没有检验数小于零，但第一阶段有最优解，从而原
   问题无解
   IB=[];IN=[];SA=[];IBB=[];INN=[];InverseOfB=[];A0=[];sigma=[];
   flag=2;
   else
    x=x(1:n);
  end
end
%%%%%%%%%%%%%%%%%%%%%%%%%%%%%%%%%%%%%%%%%%%%%%%%%%%%%%%%%%%%%%%%%%%%%%%%%%
%第一阶段问题求解完毕，得到原问题的一个基可行解
%%%%%%%%%%%%%%%%%%%%%%%%%%%%%%%%%%%%%%%%%%%%%%%%%%%%%%%%%%%%%%%%%%%%%%%%%
if (flag==1)|(flag==2)
    return
  else
N=1:n; N(IB)=[]; IN=N; x(IN)=zeros(1,length(IN)); cB=c(IB); A0=
  A0(:,1:n+1);
%回到原问题的有关矩阵和向量
sigma=c'-cB'*A0(:,2:n+1); t=length(find(sigma>0));
%计算原问题的检验数并假设检验数中有t个大于零的检验数
while t~=0
    [sigmaJ,jj]=max(sigma);
%这里的jj是sigma中值最大者所在列，即A0中的第jj+1列(A0中第一列为b),
%该列对应的非基变量x(jj)为换入变量，而sigmaJ则是相应的检验数
tt=find(A0(:,jj+1)>0);kk=length(tt);
% 检查增广系数矩阵A0中第j+1列元素是否有大于零的元素
```

```
        if kk==0
            disp('原问题为无界解')
            IB=[];IN=[];SA=[];IBB=[];INN=[];InverseOfB=[];A0=[];sigma=[];
            flag=1;
        else
             theta=zeros(1,kk);
             for i=1:kk
                  theta(i)=A0(tt(i),1)/A0(tt(i),jj+1);
             end
             [thetaI,ii]=min(theta); Temp=tt(ii);
%比值最小的theta值, 选择换出变量。这时A0(Temp,jj+1)为旋转主元
             for i=1:m
                  if i~=Temp
                      A0(i,:)=A0(i,:)-(A0(Temp,:)/A0(Temp,jj+1))*A0(i,jj+1);
                  else
                      A0(Temp,:)=A0(Temp,:)/A0(Temp,jj+1);
                  end
             end
             TT=IB(Temp);IB(Temp)=jj;IN(jj)=TT; x(IB)=A0(:,1)';
             N=1:n;N(IB)=[];IN=N; x(IN)=zeros(1,length(IN));cB=c(IB);
%新的基可行解及其价值系数
             sigma=c'-cB'*A0(:,2:n+1); t=length(find(sigma>0));
%再次计算检验数并假设检验数中有t个大于零的检验数
        end
        k=k+1;
end
IBB=IB;INN=IN;
for i=1:m
    if ismember(IBB(i),SA)
        IBB(i)=0;
    end
end
IBBi=find(IBB==0);IBB(IBBi)=[];
for i=1:length(IN)
```

```
        if ismember(INN(i),SA)
            INN(i)=0;
        end
    end
    end
    if flag==1
        IB=[];IN=[];SA=[];IBB=[];INN=[];InverseOfB=[];A0=[];sigma=[];
        disp('原问题为无界解')
    elseif flag==2
        IB=[];IN=[];SA=[];IBB=[];INN=[];InverseOfB=[];A0=[];sigma=[];
        disp('原问题无解')
    else
      INNi=find(INN==0);INN(INNi)=[];
      B=A(:,IB);InverseOfB=inv(B);
    %这是基矩阵B的逆矩阵，用于灵敏度分析
      xstar=zeros(1,n);xstar(IB)=A0(:,1)'
      fxstar=xstar(IB)*c(IB)
      iter=k
    end
```

例 2.12 利用 MATLAB 程序重新分析例 2.9 和例 2.10。

解 在 MATLAB 提示符下进行如下输入并调用 SensitivityOfc.m 和 SensitivityOfb.m。演示如下：

```
>> A=[2 3 1 0;4 1 0 1];
>> b=[16 12]';
>> c=[6 7 0 0]';
>> [UOfDeltac,LOfDeltac]=SensitivityOfc(A,b,c)
xstar =
        2       4       0       0
fxstar =
      40
iter =
        2
输入原始变量的个数2
```

```
c1的当前值为6,变化范围为[4.6667,28]
c2的当前值为7,变化范围为[1.5,9]
按照列向量输入价值系数的变化(一次只能有一个c变化且输入的应该是Deltac)
[4 0 0 0]';
最优基(IB)不变, 最优解(xstar)也不变, 最优值(fxstar)变为:
IB =

      2      1

xstar =

      2      4

fxstar =

     48
>> [UOfDeltab,LOfDeltab]=SensitivityOfb(A,b,c)
b1的当前值为16,变化范围为[6,36]
b2的当前值为12,变化范围为[5.3333,32]
按照列向量输入资源系数的变化(一次只能有一个b变化且输入的应该是Deltab)
[-8 0]';
最优基(IB)不变, 但最优解(xstar)及最优值(fxstar)变为:
IB =

      2       1

xstar =

     14/5    4/5

fxstar =

    112/5
>> [UOfDeltab,LOfDeltab]=SensitivityOfb(A,b,c)
按照列向量输入资源系数的变化(一次只能有一个b变化且输入的应该是Deltab)
[-11 0]';
最优基改变。最优基变量下标(IB)、最优解(xstar)及最优值(fxstar)变为:
xstar =

      5/2      0       0       2

fxstar =

     15

IB =

      4       1
```

计算结果表明，c_1 的变化范围为 $[4.6667, 28]$；c_2 的变化范围为 $[1.5, 9]$；b_1 的变化范围为 $[6, 36]$；b_2 的变化范围为 $[5.3333, 32]$。

2.5　应用举例

根据对偶理论，对偶问题的解，即对偶变量，在数字上正好是原问题检验数的相反数 (对应关系见线性规划的对偶理论一节)，其意义则是某种资源由该企业本身所决定的影子价格。灵敏度分析则可以发现价值系数、资源系数等的变化范围。将这些分析用于实际问题的讨论中将会得到一些非常有用的结论。下面通过一个例题加以说明。

例 2.13　某奶制品加工厂利用一桶牛奶经过 12h 的加工可获得 3kg 的产品 A，经过 8h 的加工可获得 4kg 的产品 B。出售每公斤产品 A 可以获利 24 元，出售每公斤产品 B 则可获利 16 元。该加工厂每天可得到 50 桶牛奶的供应，所有工人的劳动时间总和是 480h，产品 A 的加工能力限制是 100kg。假设市场销售等不用考虑，试问该工厂每天的生产应该怎样安排才能使其获利最大，并进一步分析该工厂的生产活动。

解　问题要求回答的是每天的生产安排。因此，假设用 x_1 桶牛奶加工产品 A，x_2 桶牛奶加工产品 B，则其目标函数 (利润) 为

$$z = 24 \times 3x_1 + 16 \times 4x_2 = 72x_1 + 64x_2$$

生产受到牛奶、工人劳动时间和产品 A 的加工能力限制，故有如下数学模型：

$$\begin{aligned}&\max \quad z = 72x_1 + 64x_2\\ &\text{s.t.}\\ &\begin{cases} x_1 + x_2 \leqslant 50 & \text{牛奶限制}\\ 12x_1 + 8x_2 \leqslant 480 & \text{劳动时间限制}\\ 3x_1 \leqslant 100 & \text{加工能力限制}\\ x_1, x_2 \geqslant 0 \end{cases}\end{aligned} \tag{2-5-1}$$

将其化为标准形式 (略) 后利用程序 SensitivityOfb.m 和 SensitivityOfc.m 进行分析。在 MATLAB 提示符下输入相应的矩阵和向量，有：

```
>> A=[1 1 1 0 0;12 8 0 1 0;3 0 0 0 1 ];
>> b=[50 480 100]';
>> c=[72 64 0 0 0]';
>> [UOfDeltac,LOfDeltac]=SensitivityOfc(A,b,c)
xstar = 20.0000   30.0000         0         0   40.0000
fxstar = 3360
iter = 3
sigma = 0     0   -48    -2     0
```

```
c1的当前值为72,变化范围为[64,96]
c2的当前值为64,变化范围为[48,72]
>> [UOfDeltac,LOfDeltac]=SensitivityOfb(A,b,c)
b1的当前值为50,变化范围为[43.3333,60]
b2的当前值为480,变化范围为[470,533.3333]
b3的当前值为100,变化范围为[90,Inf]
```

计算表明 (为节约篇幅此处将有些结果信息省略)：该加工厂每天用 20 桶牛奶加工产品 A，30 桶牛奶加工产品 B，将会获得最大的利润 3360 元。并且 $\boldsymbol{\sigma}$ 的值说明其对偶变量取值分别为 48, 2, 0，结合对应关系，这些值表明牛奶的影子价格是 48 元/桶，时间的影子价格是 2 元/h，加工能力的影子价格则是 0。具体来说，如果市场上的牛奶 (原料) 价格小于 48 元/桶，则该加工厂可以考虑购进，因为这会为该加工厂带来利润。但 b_1 的变化范围是 $[43.3333, 60]$，这说明在现有 50 桶牛奶的基础上，该厂最多还可以购进低于每桶 48 元的牛奶 10 桶；否则，最优生产方案将会改变。由于时间的影子价格是 2 元/h，这说明，如果该工厂需要聘请临时工人，则付给临时工人的工资不能高于 2 元/h。假设工人的工作时间是 8h/d，则 b_2 的变化范围说明最多可以聘请 6 个临时工人。加工能力的影子价格是 0，则说明加工能力的增减不影响最优解。实际上，该工厂生产产品 A 的加工能力还有 40kg 没有用完 (即 $x_5 = 40$)。c_1 的变化范围说明产品 A 的单位利润超过 32 元或低于 21.3 元时，最优生产方案应该改变。c_2 的变化范围表达的意义是类似的。

2.6　线性规划的原始对偶内点算法

评价一个算法除了要求能收敛外，算法的运算效率也非常重要。大量研究和实际计算表明，单纯形法的平均计算工作量为 $O(m^4 + mn)$ 阶，这意味着单纯形法的平均计算工作量是多项式时间的。我们知道，多项式时间算法是被认为“好的”算法，而指数时间算法则将随着问题规模的扩大，其计算时间无法接受。但是，平均计算工作量是多项式时间的，并不能说明单纯形法就是多项式时间算法。实际上，Klee 和 Minty 在 1972 年设计了一个线性规划问题：

$$\begin{aligned}
&\max \quad z = \sum_{i=1}^{m} 10^{m-i} x_i \\
&\text{s.t.} \\
&\qquad \begin{cases} 2\sum_{i=1}^{j-1} 10^{j-i} x_i + x_j \leqslant 100^{j-1}, \quad j = 1, 2, \cdots, m \\ x_i \geqslant 0, i = 1, 2, \cdots, m \end{cases}
\end{aligned} \tag{2-6-1}$$

如果用单纯形法求解，则将需经过 $2^m - 1$ 次迭代才能得到最优解。这个例子说明了单纯形法不是多项式时间算法。那么，线性规划问题是否存在多项式时间算法呢？

1972 年，苏联数学家 Khachiyan 首次提出了一个可以求解线性规划问题的多项式时间算法 —— 椭球算法。虽然其实际求解效果远远赶不上单纯形法，但理论上是多项式时间算法。求解线性规划问题真正有用的多项式时间算法是 1984 年由印度数学家 Karmarkar 提出的内点算法，这个算法与单纯形法不同，它的每次迭代都是在可行域的内部进行的，而单纯形法的每次迭代则是在顶点进行的。从内部怎么进行迭代有很多选择，从这个角度出发，内点算法发展至今出现了大量的方法。大致上可以分成 3 类：路径跟踪算法、仿射调比算法和原始对偶内点算法。这里介绍的是已得到广泛应用又易于理解的原始对偶内点算法。

2.6.1 原理与算法

在下面的原理与算法的介绍中，为方便起见，考虑的原问题是式 (2-6-2) 形式的线性规划问题，注意与前面讨论对偶理论时所称标准形式不一样 (这里是求极小值)。根据对偶关系，不难得到其对偶问题为式 (2-6-3)。

原问题为：

$$
\begin{aligned}
&\min \quad \boldsymbol{c}^{\mathrm{T}}\boldsymbol{X} \\
&\text{s.t.} \\
&\qquad \begin{cases} \boldsymbol{AX}=\boldsymbol{b} \\ \boldsymbol{X}\geqslant \boldsymbol{0} \end{cases}
\end{aligned}
\tag{2-6-2}
$$

对偶问题为

$$
\begin{aligned}
&\max \quad \boldsymbol{b}^{\mathrm{T}}\boldsymbol{Y} \\
&\text{s.t.} \\
&\qquad \begin{cases} \boldsymbol{Z}=\boldsymbol{c}-\boldsymbol{A}^{\mathrm{T}}\boldsymbol{Y} \\ \boldsymbol{Z}\geqslant \boldsymbol{0},\boldsymbol{Y}\text{无限制} \end{cases}
\end{aligned}
\tag{2-6-3}
$$

其中，$\boldsymbol{Z}\geqslant \boldsymbol{0}$ 是引入的松弛变量；$\boldsymbol{A}$ 是行满秩矩阵。

假设原始问题和对偶问题可行域的内部都非空，根据原始可行性和对偶可行性，以及强对偶定理，上述问题有最优解 $\boldsymbol{X}^*$(原问题最优解) 和 $(\boldsymbol{Y}^*,\boldsymbol{Z}^*)$(对偶问题最优解) 时，它们应满足下述方程组：

$$
\begin{cases} \boldsymbol{AX}=\boldsymbol{b} \\ \boldsymbol{Z}=\boldsymbol{c}-\boldsymbol{A}^{\mathrm{T}}\boldsymbol{Y} \\ \boldsymbol{c}^{\mathrm{T}}\boldsymbol{X}=\boldsymbol{b}^{\mathrm{T}}\boldsymbol{Y} \\ \boldsymbol{X}\geqslant \boldsymbol{0},\boldsymbol{Z}\geqslant \boldsymbol{0} \end{cases}
$$

由于 $\boldsymbol{c}^{\mathrm{T}}\boldsymbol{X}-\boldsymbol{b}^{\mathrm{T}}\boldsymbol{Y}=\boldsymbol{c}^{\mathrm{T}}\boldsymbol{X}-(\boldsymbol{AX})^{\mathrm{T}}\boldsymbol{Y}=\boldsymbol{c}^{\mathrm{T}}\boldsymbol{X}-\boldsymbol{Y}^{\mathrm{T}}\boldsymbol{AX}=(\boldsymbol{c}-\boldsymbol{A}^{\mathrm{T}}\boldsymbol{Y})^{\mathrm{T}}\boldsymbol{X}=\boldsymbol{X}^{\mathrm{T}}\boldsymbol{Z}$,

所以上述方程组可以重新写为：

$$\begin{cases} \boldsymbol{AX}=\boldsymbol{b} \\ \boldsymbol{Z}=\boldsymbol{c}-\boldsymbol{A}^{\mathrm{T}}\boldsymbol{Y} \\ \boldsymbol{X}^{\mathrm{T}}\boldsymbol{Z}=0 \\ \boldsymbol{X}\geqslant\boldsymbol{0},\boldsymbol{Z}\geqslant\boldsymbol{0} \end{cases} \tag{2-6-4}$$

这是一个非线性方程组。所谓原始对偶内点算法就是用牛顿法求上述方程组的解，并要求所有的迭代点满足 $\boldsymbol{X},\boldsymbol{Z}>\boldsymbol{0}$，在几何上，这样的点位于可行域的内部，所以该算法称为内点算法。

用 μ 表示 $\boldsymbol{X},\boldsymbol{Z}$ 的分量 $x_i,z_i(i=1,2,\cdots,n)$ 的乘积，即 $x_iz_i=\mu(i=1,2,\cdots,n)$，则由于 $x_i,z_i>0$，所以在 $\mu\to 0$ 时，有 $x_iz_i\to 0$，即 $X^{\mathrm{T}}Z\to 0$，因此，对逐步减少并收敛于零的正数序列 μ，求方程组

$$\begin{cases} \boldsymbol{AX}=\boldsymbol{b} \\ \boldsymbol{Z}=\boldsymbol{c}-\boldsymbol{A}^{\mathrm{T}}\boldsymbol{Y} \\ x_iz_i=\mu,i=1,2,\cdots,n \\ \boldsymbol{X}\geqslant\boldsymbol{0},\boldsymbol{Z}\geqslant\boldsymbol{0} \end{cases} \tag{2-6-5}$$

所得解就可保证解的严格可行性，并在 $\mu\to 0$ 时最终确定原始问题和对偶问题的最优解 $\boldsymbol{X}^*$ 和 $(\boldsymbol{Y}^*,\boldsymbol{Z}^*)$。求解非线性方程组 (2-6-5) 的方法需要进行迭代计算。设 $(\boldsymbol{X},\boldsymbol{Y},\boldsymbol{Z})$ 是方程组 (2-6-5) 解的一个近似，迭代法要求确定修正量 $\Delta\boldsymbol{X},\Delta\boldsymbol{Y},\Delta\boldsymbol{Z}$ 以得到方程组 (2-6-5) 解的一个更好的近似，即

$$\boldsymbol{X}^+=\boldsymbol{X}+\Delta\boldsymbol{X},\quad \boldsymbol{Y}^+=\boldsymbol{Y}+\Delta\boldsymbol{Y},\quad \boldsymbol{Z}^+=\boldsymbol{Z}+\Delta\boldsymbol{Z}$$

显然要求 $\boldsymbol{X}^+,\boldsymbol{Y}^+,\boldsymbol{Z}^+$ 满足：

$$\begin{cases} \boldsymbol{A}(\boldsymbol{X}+\Delta\boldsymbol{X})=\boldsymbol{b} \\ \boldsymbol{Z}+\Delta\boldsymbol{Z}=\boldsymbol{c}-\boldsymbol{A}^{\mathrm{T}}(\boldsymbol{Y}+\Delta\boldsymbol{Y}) \\ (x_i+\Delta x_i)(z_i+\Delta z_i)=\mu^+,i=1,2,\cdots,n \\ \boldsymbol{X}+\Delta\boldsymbol{X}\geqslant\boldsymbol{0},\boldsymbol{Z}+\Delta\boldsymbol{Z}\geqslant\boldsymbol{0} \end{cases}$$

并要求 $\mu^+<\mu$。考虑到 $(\boldsymbol{X},\boldsymbol{Y},\boldsymbol{Z})$ 的可行性，展开第三个方程并略去关于 Δx_i 和 Δz_i 的高次多项式可得上述关于 $\Delta\boldsymbol{X},\Delta\boldsymbol{Y},\Delta\boldsymbol{Z}$ 的方程组的线性近似：

$$\begin{cases} \boldsymbol{A}\Delta\boldsymbol{X}=\boldsymbol{0} \\ \Delta\boldsymbol{Z}+\boldsymbol{A}^{\mathrm{T}}\Delta\boldsymbol{Y}=\boldsymbol{0} \\ x_i\Delta z_i+z_i\Delta z_i=\mu^+-x_iz_i,i=1,2,\cdots,n \\ \boldsymbol{X}+\Delta\boldsymbol{X}\geqslant\boldsymbol{0},\boldsymbol{Z}+\Delta\boldsymbol{Z}\geqslant\boldsymbol{0} \end{cases} \tag{2-6-6}$$

方程组 (2-6-6) 就是确定修正量 $\Delta\boldsymbol{X},\Delta\boldsymbol{Y},\Delta\boldsymbol{Z}$ 的线性方程组。引入对角矩阵

$$\boldsymbol{X}_1=\mathrm{diag}(x_1,x_2,\cdots,x_n),\qquad \boldsymbol{Z}_1=\mathrm{diag}(z_1,z_2,\cdots,z_n)$$

和向量 $\boldsymbol{e}=(1,1,\cdots,1)^{\mathrm{T}}$，上述方程组可表示成

$$\begin{pmatrix} \boldsymbol{Z}_1 & \boldsymbol{0} & \boldsymbol{X}_1 \\ \boldsymbol{A} & \boldsymbol{0} & \boldsymbol{0} \\ \boldsymbol{0} & \boldsymbol{A}^{\mathrm{T}} & \boldsymbol{I} \end{pmatrix}\begin{pmatrix} \Delta\boldsymbol{X} \\ \Delta\boldsymbol{Y} \\ \Delta\boldsymbol{Z} \end{pmatrix}=\begin{pmatrix} (\mu^{+}\boldsymbol{I}-\boldsymbol{X}_1\boldsymbol{Z}_1)\boldsymbol{e} \\ \boldsymbol{0} \\ \boldsymbol{0} \end{pmatrix} \tag{2-6-7}$$

方程组 (2-6-7) 有 $2n+m$ 个方程，$2n+m$ 个未知量。其解即为 $\boldsymbol{X},\boldsymbol{Y},\boldsymbol{Z}$ 的修正量 $(\Delta\boldsymbol{X},\Delta\boldsymbol{Y},\Delta\boldsymbol{Z})$。

在迭代计算时需要反复求解式 (2-6-7)，这里有一个 μ^{+} 如何挑选的问题。下面对此进行讨论。如果

$$\mu^{+}=\beta\mu, 0<\beta<1$$

则对于接近 1 的 β 值，如 $\beta=1-\theta/\sqrt{n}, 0<\theta<1$，可保证 $\boldsymbol{X}+\Delta\boldsymbol{X},\boldsymbol{Z}+\Delta\boldsymbol{Z}>\boldsymbol{0}$ 且由此迭代形成的算法的时间复杂性是多项式的，但这样确定的 β 值使得 μ 的减少很慢，导致迭代次数的增加，方法收敛慢。因此，β 的取值一般应能使 μ 较快下降收敛于零。由 $x_iz_i=\mu(i=1,2,\cdots,n)$，有

$$\boldsymbol{X}^{\mathrm{T}}\boldsymbol{Z}=\sum_{i=1}^{n}x_iz_i=n\mu$$

随着迭代的进行，$\boldsymbol{X}^{\mathrm{T}}\boldsymbol{Z}>0$ 的值逐渐收敛于零，因而 μ 的另一种取法为

$$\mu=\frac{\boldsymbol{X}^{\mathrm{T}}\boldsymbol{Z}}{n}$$

当 μ 的值以较快的速度下降时，$\boldsymbol{X}+\Delta\boldsymbol{X}>\boldsymbol{0},\boldsymbol{Z}+\Delta\boldsymbol{Z}>\boldsymbol{0}$ 不再得到保证，为确保迭代点的严格可行性，取

$$\boldsymbol{X}^{+}=\boldsymbol{X}+\alpha\Delta\boldsymbol{X},\boldsymbol{Y}^{+}=\boldsymbol{Y}+\alpha\Delta\boldsymbol{Y},\boldsymbol{Z}^{+}=\boldsymbol{Z}+\alpha\Delta\boldsymbol{Z}$$

其中，α 是步长，其取值应在确保 $\boldsymbol{X}^{+},\boldsymbol{Z}^{+}$ 的前提下尽可能大；具体地说，

$$\alpha=\gamma\alpha_{\max},\qquad \alpha_{\max}=\min\{\alpha_P,\alpha_D\}$$
$$\alpha_P=\min\left\{-\frac{x_i}{\Delta x_i}\middle|\Delta x_i<0\right\},\qquad \alpha_D=\min\left\{-\frac{z_i}{\Delta z_i}\middle|\Delta z_i<0\right\}$$

上述 γ 的取值应小于 1，并尽可能接近 1，如 0.99 或 0.999 乃至更接近 1。下面是原始对偶内点算法的具体描述。

原始对偶内点算法的计算步骤：

(1) 给定参数值 $\gamma,\varepsilon>0$，初始严格可行内点 $\boldsymbol{X}^{(1)},\boldsymbol{Z}^{(1)}>\boldsymbol{0},\boldsymbol{Y}^{(1)}$，初始 $\mu_1>0$，置 $k=1$。

(2) 如果 $(\boldsymbol{X}^{(k)})^{\mathrm{T}}\boldsymbol{Z}^{(k)}\leqslant\varepsilon$，停止迭代。$(\boldsymbol{X}^{(k)},\boldsymbol{Y}^{(k)},\boldsymbol{Z}^{(k)})$ 即为满足要求的近似最优解。

(3) 解方程组 (2-6-7) 得解 $\Delta\boldsymbol{X}^{(k)},\Delta\boldsymbol{Y}^{(k)},\Delta\boldsymbol{Z}^{(k)}$。

(4) 计算 α_P,α_D，确定最大步长 $\alpha_{\max}$，计算 $(\boldsymbol{X}^{(k+1)},\boldsymbol{Y}^{(k+1)},\boldsymbol{Z}^{(k+1)})$。

(5) 确定 $\mu_{k+1}<\mu_k$，置 $k:=k+1$ 后转步骤 (2)。

对步长的选择也可以采用原始问题和对偶问题不同的步长，即有

$$\boldsymbol{X}^{+}=\boldsymbol{X}+\gamma\alpha_P\Delta\boldsymbol{X},\quad \boldsymbol{Y}^{+}=\boldsymbol{Y}+\gamma\alpha_D\Delta\boldsymbol{Y},\quad \boldsymbol{Z}^{+}=\boldsymbol{Z}+\gamma\alpha_D\Delta\boldsymbol{Z}$$

这样做有助于提高算法的有效性和效率，尤其适用于所谓的不可行内点算法。

上述算法要求使用者提供一个原问题的可行初始内点 $\boldsymbol{X}\geqslant\boldsymbol{0}$ 以及对偶问题的可行初始内点 $(\boldsymbol{Y},\boldsymbol{Z}),\boldsymbol{Z}\geqslant\boldsymbol{0}$。对于较大规模的线性规划问题，这个要求往往很难达到。对此，可以构造两个具有明显严格初始可行内点的人工原始问题和人工对偶问题，通过求解这两个人工构造的问题来求解原始问题。设 $\boldsymbol{X}^{(0)}=\boldsymbol{Z}^{(0)}=\boldsymbol{e}$，其中 $\boldsymbol{e}$ 表示分量全为 1 的 n 维列向量，$\boldsymbol{Y}^{(0)}$ 为 m 维的零向量，则对于满足下述两个不等式

$$\xi>(\boldsymbol{b}-\boldsymbol{A}\boldsymbol{X}^{(0)})^{\mathrm{T}}\boldsymbol{Y}^{(0)},\quad \eta>(\boldsymbol{A}^{\mathrm{T}}\boldsymbol{Y}^{(0)}+\boldsymbol{Z}^{(0)}-\boldsymbol{c})^{\mathrm{T}}\boldsymbol{X}^{(0)}$$

的参数 ξ 和 η，构造如下的人工原始问题：

$$\begin{aligned}&\min\quad \boldsymbol{c}_1^{\mathrm{T}}\boldsymbol{X}_1\\&\text{s.t.}\\&\qquad\left\{\begin{array}{l}\boldsymbol{A}_1\boldsymbol{X}_1=\boldsymbol{b}_1\\ \boldsymbol{X}_1\geqslant\boldsymbol{0}\end{array}\right.\end{aligned}\tag{2-6-8}$$

其中，

$$\boldsymbol{c}_1=\begin{pmatrix}\boldsymbol{c}\\ \xi\\ 0\end{pmatrix},\qquad \boldsymbol{A}_1=\begin{pmatrix}\boldsymbol{A} & \boldsymbol{b}-\boldsymbol{A}\boldsymbol{X}^{(0)} & 0\\ (\boldsymbol{A}^{\mathrm{T}}\boldsymbol{Y}^{(0)}+\boldsymbol{Z}^{(0)}-\boldsymbol{c})^{\mathrm{T}} & 0 & 1\end{pmatrix}$$

$$\boldsymbol{b}_1=\begin{pmatrix}\boldsymbol{b}\\ \eta\end{pmatrix},\qquad \boldsymbol{X}_1=\begin{pmatrix}\boldsymbol{X}\\ x_{n+1}\\ x_{n+2}\end{pmatrix}$$

或写为：

$$\begin{aligned}&\min \quad \boldsymbol{c}^{\mathrm{T}}\boldsymbol{X}+\xi x_{n+1}\\&\text{s.t.}\\&\quad\begin{cases}\boldsymbol{A}\boldsymbol{X}+(\boldsymbol{b}-\boldsymbol{A}\boldsymbol{X}^{(0)})x_{n+1}=\boldsymbol{b}\\(\boldsymbol{A}^{\mathrm{T}}\boldsymbol{Y}^{(0)}+\boldsymbol{Z}^{(0)}-\boldsymbol{c})^{\mathrm{T}}\boldsymbol{X}+x_{n+2}=\eta\\\boldsymbol{X}\geqslant\boldsymbol{0},x_{n+1}\geqslant 0,x_{n+2}\geqslant 0\end{cases}\end{aligned}\tag{2-6-9}$$

令 $\boldsymbol{X}^{(1)}=\boldsymbol{X}^{(0)},x_{n+1}^{(1)}=1,x_{n+2}^{(1)}=\eta-(\boldsymbol{A}^{\mathrm{T}}\boldsymbol{Y}^{(0)}+\boldsymbol{Z}^{(0)}-\boldsymbol{c})^{\mathrm{T}}\boldsymbol{X}^{(0)}$，则 $({\boldsymbol{X}^{(1)}}^{\mathrm{T}},x_{n+1}^{(1)},x_{n+2}^{(1)})^{\mathrm{T}}$ 显然是式 (2-6-9) 的严格初始内点。此时，式 (2-6-9) 的对偶问题为：

$$\begin{aligned}&\max \quad \boldsymbol{b}_1^{\mathrm{T}}\boldsymbol{Y}_1\\&\text{s.t.}\\&\quad\begin{cases}\boldsymbol{Z}_1=\boldsymbol{c}_1-\boldsymbol{A}_1^{\mathrm{T}}\boldsymbol{Y}_1\\\boldsymbol{Z}_1\geqslant\boldsymbol{0}\end{cases}\end{aligned}\tag{2-6-10}$$

其中，$\boldsymbol{Z}_1=(\boldsymbol{Z}^{\mathrm{T}},z_{n+1},z_{n+2})^{\mathrm{T}};\boldsymbol{Y}_1=(\boldsymbol{Y}^{\mathrm{T}},y_{m+1})^{\mathrm{T}}$。具体写出来，即：

$$\begin{aligned}&\min \quad \boldsymbol{b}^{\mathrm{T}}\boldsymbol{Y}+\eta y_{m+1}\\&\text{s.t.}\\&\quad\begin{cases}\boldsymbol{A}^{\mathrm{T}}\boldsymbol{Y}+(\boldsymbol{A}^{\mathrm{T}}\boldsymbol{Y}^{(0)}+\boldsymbol{Z}^{(0)}-\boldsymbol{c})y_{m+1}+\boldsymbol{Z}=\boldsymbol{c}\\(\boldsymbol{b}-\boldsymbol{A}\boldsymbol{X}^{(0)})^{\mathrm{T}}\boldsymbol{Y}+z_{n+1}=\xi\\y_{m+1}+z_{n+2}=0\\\boldsymbol{Z}\geqslant\boldsymbol{0},z_{n+1}\geqslant 0,z_{n+2}\geqslant 0,\boldsymbol{Y}\text{无限制}\end{cases}\end{aligned}\tag{2-6-11}$$

令 $\boldsymbol{Y}^{(1)}=\boldsymbol{Y}^{(0)},y_{m+1}^{(1)}=-1,\boldsymbol{Z}^{(1)}=\boldsymbol{Z}^{(0)},z_{n+1}^{(1)}=\xi-(\boldsymbol{b}-\boldsymbol{A}\boldsymbol{X}^{(0)})^{\mathrm{T}}\boldsymbol{Y}^{(0)},z_{n+2}^{(1)}=1$，则不难看出 $({\boldsymbol{Y}^{(1)}}^{\mathrm{T}},y_{m+1},{\boldsymbol{Z}^{(1)}}^{\mathrm{T}},z_{n+1},z_{n+2})^{\mathrm{T}}$ 是式 (2-6-11) 的严格初始可行内点。同时注意到，在用上述算法求解式 (2-6-9) 和式 (2-6-11) 时，若 $x_{n+1}^*=0,y_{m+1}^*=0$，则 $\boldsymbol{X}^*$ 和 $(\boldsymbol{Y}^*,\boldsymbol{Z}^*)$ 分别是原问题 (2-6-2) 及其对偶问题 (2-6-3) 的最优解。

2.6.2 MATLAB 实现

根据以上算法，编者编写了求解线性规划问题的原始对偶内点算法 PrimalDualLP1.m。该程序通过上面介绍的人工原始问题和人工对偶问题求解原问题。不需要给出原问题和对偶问题的严格初始可行内点。

☞ **MATLAB 程序 2.5** 原始对偶内点算法程序

```
%原始对偶内点算法求解线性规划
% min c^Tx
```

```
% s.t.Ax=b
%       x>=0
%其对偶问题为
% max b^Ty
% z=c-A^Ty
% z>=0
%本程序不需要输入初始可行点
%参数gamma应小于1并尽可能接近1，如取0.9999等，varepsilon为精度要求
%mu则应让其不断减小，也可取x^Tz/n
%输出项中xstar，fstar分别是原问题的最优解和最优目标函数值
%(ystar,zstar),omegastar分别是对偶问题的最优解和最优目标函数值
%By Gongnong Li 2013
function [xstar,ystar,zstar,fstar,omegastar]=PrimalDualLP1(A0,b0,c0,
         gamma,varepsilon)
tic;
[m0,n0]=size(A0);
x0=ones(n0,1);y0=zeros(m0,1);z0=ones(n0,1);
%下面的xi和eta为构造人工原始问题和人工对偶问题的两个参数，满足
% xi>(b-A*x0)'*y0;eta>(A'*y0+z0-c)'*x0
theta=10;k=0;
xi=theta+(b0-A0*x0)'*y0;eta=theta+(A0'*y0+z0-c0)'*x0;
xstar=[x0;1;eta-(A0'*y0+z0-c0)'*x0];ystar=[y0;-1];zstar=[z0;xi-
      (b0-A0*x0)'*y0;1];
A=[A0,b0-A0*x0,zeros(m0,1);(A0'*y0+z0-c0)',0,1];b=[b0;eta];c=[c0;xi;0];
[m,n]=size(A);
while(abs(xstar(n-1))>=varepsilon)|(abs(ystar(m))>=varepsilon)
xi=theta+(b0-A0*x0)'*y0;eta=theta+(A0'*y0+z0-c0)'*x0;
x=[x0;1;eta-(A0'*y0+z0-c0)'*x0];y=[y0;-1];z=[z0;xi-(b0-A0*x0)'*y0;1];
A=[A0,b0-A0*x0,zeros(m0,1);(A0'*y0+z0-c0)',0,1];b=[b0;eta];c=[c0;xi;0];
while x'*z>varepsilon
Z=diag(z);X=diag(x);beta=1-0.01/sqrt(n);mu=x'*z/n;MuPlus=beta*mu;
A1=[Z,zeros(n,m),X;A,zeros(m,m),zeros(m,n);zeros(n,n),A',eye(n,n)];
b1=[(MuPlus*eye(n,n)-X*Z)*ones(n,1);zeros(m,1);zeros(n,1)];
```

```
%以下为解方程组的选列主元Gauss消元法，通过解方程组得到x,y,z的修正量
n1=length(b1);
A2=[A1,b1];
for k=1:n1-1 %选主元
    [Ap,p]=max(abs(A2(k:n1,k)));
    p=p+k-1;
    if p>k
        t=A2(k,:);A2(k,:)=A2(p,:);A2(p,:)=t;
    end
%以下为消元
A2((k+1):n1,(k+1):(n1+1))=A2((k+1):n1,(k+1):(n1+1))-···
A2((k+1):n1,k)/A2(k,k)*A2(k,(k+1):(n1+1));
A2((k+1):n1,k)=zeros(n1-k,1);
end
%以下为回代
x1=zeros(n1,1);
x1(n1)=A2(n1,n1+1)/A2(n1,n1);
for k=n1-1:-1:1
    x1(k,:)=(A2(k,n1+1)-A2(k,(k+1):n1)*x1((k+1):n1))/A2(k,k);
end
Solve=x1;
dx=Solve(1:n);dy=Solve(n+1:n+m);dz=Solve(n+m+1:2*n+m);
k=0;j=0;
for i=1:n
   if dx(i)<0
      k=k+1;
      AlphaP(k)=-(x(i)/dx(i));
   end
   if dz(i)<0
      j=j+1;
      AlphaD(j)=-(z(i)/dz(i));
   end
end
 AlphaP=min(AlphaP); AlphaD=min(AlphaD);
```

```
AlphaMax=min(AlphaP,AlphaD);
alpha=gamma*AlphaMax;
x=x+alpha*dx;y=y+alpha*dy;z=z+alpha*dz;
end
xstar=x;ystar=y;zstar=z;
%if (abs(xstar(n-1))<varepsilon )&(abs(ystar(m))<varepsilon)
%     x=xstar(1:n-2);y=ystar(1:m-1);z=zstar(1:n-2);
%end
k=k+1;theta=10*theta;
end
x=xstar(1:n-2);y=ystar(1:m-1);z=zstar(1:n-2);
disp('原问题最优解为xstar,对偶问题的最优解ystar,目标函数分别为fstar,
    omegastar: ')
xstar=x;ystar=y;zstar=z;fstar=c0'*xstar;omegastar=b0'*ystar;k,theta
toc;
```

例 2.14　利用 MATLAB 程序 PrimalDualLP1.m 计算下列线性规划问题。

$$
\begin{aligned}
&\max \quad z = x_1 + 2x_2 + 3x_3 + 4x_4 \\
&\text{s.t.} \\
&\qquad \begin{cases}
x_1 + 2x_2 + 2x_3 + 3x_4 \leqslant 20 \\
2x_1 + x_2 + 3x_3 + 2x_4 \leqslant 20 \\
x_i \geqslant 0, i = 1,2,3,4
\end{cases}
\end{aligned}
$$

解　按照该程序的要求，首先将其化为该程序要求的标准形式：

$$
\begin{aligned}
&\min \quad -z = -x_1 - 2x_2 - 3x_3 - 4x_4 \\
&\text{s.t.} \\
&\qquad \begin{cases}
x_1 + 2x_2 + 2x_3 + 3x_4 + x_5 = 20 \\
2x_1 + x_2 + 3x_3 + 2x_4 + x_6 = 20 \\
x_i \geqslant 0, i = 1,2,\cdots,6
\end{cases}
\end{aligned}
$$

然后在 MATLAB 提示符下按如下输入并调用该程序计算。

```
>> A=[1 2 2 3 1 0;2 1 3 2 0 1];
>> b=[20 20]';
>> c=[-1 -2 -3 -4 0 0]';
>> [xstar,ystar,zstar,fstar,omegastar]=PrimalDualLP1(A,b,c,0.9999,1e-3)
```

```
k = 5
theta = 1000
Elapsed time is 1.328000 seconds.
xstar = 0.0002   0.0002  3.9992  4.0003  0.0001  0.0012
ystar =-1.2000  -0.2000
zstar = 0.6000   0.6000  0.0000  0.0000  1.2000  0.2000
fstar =-27.9994
omegastar =-28.0001
>> [xstar,ystar,zstar,fstar,omegastar]=PrimalDualLP1(A,b,c,0.9999,1e-5)
k = 6
theta = 1000
Elapsed time is 1.828000 seconds.
xstar = 0.0000   0.0000  4.0000  4.0000  0.0000  0.0000
ystar =-1.2000  -0.2000
zstar = 0.6000   0.6000  0.0000  0.0000  1.2000  0.2000
fstar = -28.0000
omegastar = -28.0000
```

这里分别采用精度 10^{-3} 和 10^{-5} 计算了两次。迭代次数、所用时间等信息如上，前者的解是近似的，后者则是完全精确的解。计算结果表明，$x_1^*=0, x_2^*=0, x_3^*=4, x_4^*=4$，最优目标函数值为 $z^*=28$。

习题 2

1. 写出下列线性规划问题的对偶问题。

(1)
$$\min \quad z=2x_1+2x_2+4x_3$$
$$\text{s.t.}\begin{cases}2x_1+3x_2+5x_3\geqslant 2\\ 3x_1+x_2+7x_3\leqslant 3\\ x_1+4x_2+6x_3\leqslant 5\\ x_i\geqslant 0,\quad i=1,2,3\end{cases}$$

(2)
$$\max \quad z=x_1+2x_2+3x_3+4x_4$$
$$\text{s.t.}\begin{cases}-x_1+x_2-x_3-3x_4=5\\ 6x_1+7x_2+3x_3-5x_4\geqslant 8\\ -2x_1+3x_2-x_3+2x_4\geqslant 2\\ x_1\geqslant 0, x_3\geqslant 0, x_2\leqslant 0, x_4\text{无限制}\end{cases}$$

2. 考虑线性规划问题：

$$\max \quad z=x_1+2x_2+x_3$$
$$\text{s.t.}\begin{cases}x_1+x_2-x_3\leqslant 2\\ x_1-x_2+x_3=1\\ 2x_1+x_2+x_3\geqslant 2\\ x_1\geqslant 0, x_2\leqslant 0, x_3\text{无限制。}\end{cases}$$

(1) 写出其对偶问题；(2) 利用对偶问题性质证明原问题目标函数值 $z \leqslant 1$。

3. 已知线性规划问题：

$$\max \quad z = 2x_1 + x_2 + 5x_3 + 6x_4$$
$$\text{s.t.} \quad \begin{cases} 2x_1 + x_3 + x_4 \leqslant 8 \\ 2x_1 + 2x_2 + x_3 + 2x_4 \leqslant 12 \\ x_i \geqslant 0, i = 1,2,3,4 \end{cases}$$

其对偶问题的最优解为 $y_1^* = 4, y_2^* = 1$，试利用对偶问题性质求原问题的最优解。

4. 设线性规划问题 1 是：

$$\max \quad z_1 = \sum_{j=1}^{n} c_j x_j$$
$$\text{s.t.} \quad \begin{cases} \sum_{j=1}^{n} a_{ij} x_j \leqslant b_i, \quad i = 1,2,\cdots,m \\ x_j \geqslant 0, \quad j = 1,2,\cdots,n \end{cases}$$

$(y_1^*, \cdots, y_m^*)^{\mathrm{T}}$ 是其对偶问题的最优解。又设线性规划问题 2 是：

$$\max \quad z_2 = \sum_{j=1}^{n} c_j x_j$$
$$\text{s.t.} \quad \begin{cases} \sum_{j=1}^{n} a_{ij} x_j \leqslant b_i + k_i, \quad i = 1,2,\cdots,m \\ x_j \geqslant 0, \quad j = 1,2,\cdots,n \end{cases}$$

其中, k_i 是给定的常数。求证

$$\max z_2 \leqslant \max z_1 + \sum_{i=1}^{m} k_i y_i^*$$

5. 用对偶单纯形法求解下列线性规划问题。

(1) $$\min \quad z = 4x_1 + 12x_2 + 18x_3$$
$$\text{s.t.} \quad \begin{cases} x_1 + x_3 \geqslant 3 \\ 2x_2 + 2x_3 \geqslant 5 \\ x_1, x_2 \geqslant 0 \end{cases}$$

(2) $$\min \quad z = 5x_1 + 2x_2 + 4x_3$$
$$\text{s.t.} \quad \begin{cases} 3x_1 + 2x_2 + x_3 \geqslant 2 \\ 4x_1 + x_2 + 3x_3 \geqslant 4 \\ 2x_1 + 2x_2 + 2x_3 \geqslant 3 \\ x_i \geqslant 0, i = 1,2,3 \end{cases}$$

6. 已知如下线性规划问题：

(1) $\max \quad z=\sum_{j=1}^{n} c_j x_j$

s.t.

$$\begin{cases}\sum_{j=1}^{n} a_{1j}x_j = b_1\\ \sum_{j=1}^{n} a_{2j}x_j = b_2\\ \sum_{j=1}^{n} a_{3j}x_j = b_3\\ x_j \geqslant 0,\ j=1,2,\cdots,n\end{cases}$$

(2) $\max \quad z=\sum_{j=1}^{n} c_j x_j$

s.t.

$$\begin{cases}\sum_{j=1}^{n} 5a_{1j}x_j = 5b_1\\ \sum_{j=1}^{n} \frac{1}{5}a_{2j}x_j = \frac{1}{5}b_2\\ \sum_{j=1}^{n} (a_{3j}+3a_{1j})x_j = b_3+3b_1\\ x_j \geqslant 0,\ j=1,2,\cdots,n\end{cases}$$

若 $y_i(i=1,2,3)$ 和 $\hat{y}_i(i=1,2,3)$ 分别是 (1) 和 (2) 的对偶变量，试分别写出它们之间的关系式。

7. 有一个所有约束条件都是“⩽”的最大化线性规划问题，其简化的最终单纯形表如表 2-11。其中 x_1, x_2 是决策变量；x_3, x_4, x_5 是松弛变量。

表 2-11 第 7 题的最终单纯形表

$\boldsymbol{X}_B$	$\boldsymbol{b}$	x_1	x_2	x_3	x_4	x_5
x_2	2	0	1	1/2	−1/2	0
x_1	3/2	1	0	−1/8	3/8	0
x_5	4	0	0	1	−2	1
$\sigma_j=c_j-\sum_{i=1}^{m} c_i a_{ij}$		0	0	−1/4	−1/4	0

(1) 在保持最优基不变的情况下，若要把一个约束条件的右端项扩大，应该扩大哪一个？为什么？最多扩大多少？并求出新的目标函数值；

(2) 设 c_1, c_2 是目标函数中 x_1, x_2 的系数，求使得最优基变量 x_2, x_1, x_5 保持最优性的比值 c_1/c_2 的范围。

8. 考虑如下线性规划问题：

$$\max \quad z=-5x_1+5x_2+13x_3$$

s.t.

$$\begin{cases}-x_1+\ \ x_2+\ \ 3x_3 \leqslant 20\\ 12x_1+4x_2+10x_3 \leqslant 90\\ x_i \geqslant 0,\ i=1,2,3\end{cases}$$

先用单纯形法求其最优解，然后分析在下列各种情况下最优解是否有变化。

(1) 第一个约束条件的右端项常数由 20 变为 30；

(2) 第二个约束条件的右端项常数由 90 变为 70；

(3) 目标函数中 x_3 的系数由 13 变为 8；

(4) x_1 的系数列向量由 $(-1,12)^{\mathrm{T}}$ 变为 $(0,5)^{\mathrm{T}}$；

(5) 增加一个约束条件 $2x_1+3x_2+5x_3 \leqslant 50$。

9. 某工厂利用 3 种原料能生产 5 种产品，有关每万件产品耗费的原料等数据见表 2-12。

表 2-12 每万件产品耗费的原料及原料拥有量

原料＼产品	A	B	C	D	E	可用原料数量/kg
甲	0.5	1	0.5	0	0.5	5
乙	0.5	0	0.5	1.5	1	12
丙	0.5	1	1	1	1	10.5
利润/(万元/万件)	4	10	5	10	10.5	

(1) 建立数学模型并利用 MATLAB 求解最优生产方案；

(2) 利用 MATLAB 进行价值系数和资源系数的灵敏度分析；

(3) 考虑引进新产品 F，已知生产每万件 F 需要原料甲、乙、丙的数量分别为 0.5,1,0.5(kg)，而每万件 F 产品可获得利润 10 万元。问：是否应该引进该产品？它的利润为多少时才有利于引进？使用 MATLAB 进行分析。

CHAPTER 3 第 3 章

运 输 问 题

学习目标与要求

1. 了解运输问题与线性规划问题之间的异同。
2. 掌握求解运输问题的表上作业法。
3. 会用 MATLAB 求解运输问题。

3.1 运输问题的数学模型

运输问题考虑的是如何将一些物资从产地运输到销地使得总运费最省。这个问题的数学模型是一个特殊的线性规划，特殊之处下面将会讲述。既然是一个线性规划问题，那么从理论上来说就可以使用前面介绍的单纯形法进行求解。但由于运输问题本身的特殊结构，使得我们可以利用一种称之为表上作业法的方法对其求解。这个方法本质上仍然是单纯形法，但与一般的单纯形法有很大的不同。利用这种方法可以用手工求解较多变量的运输问题。在计算机技术不发达的时候，这种方法具有明显的意义。现在学习这种方法也有一定的理论及实际意义。这个问题可以具体描述如下：

已知有 m 个地方 $A_i(i=1,2,\cdots,m)$ 生产或供应某种物资，其生产或供应量为 $a_i(i=1,2,\cdots,m)$ 个单位，同时，有 n 个地方 $B_j(j=1,2,\cdots,n)$ 需要或销售这些物资，它们的需要量或销量为 $b_j(j=1,2,\cdots,n)$ 个单位。从第 i 个产地 A_i 到第 j 个销地 B_j 的单位运费为 c_{ij} 元。问：应该怎样安排运输方案才能使得在不违反产量限制并满足销地需求的情况下总的运费最低？

所有产量之和为 $\sum_{i=1}^{m} a_i$，所有销量之和为 $\sum_{j=1}^{n} b_j$，当两者相等时称为产销平衡的运输问题，当产量之和大于销量之和时称为产大于销的运输问题，否则称为销大于产的运输问题。后两者可以统一称为产销不平衡的运输问题。由于产销不平衡的运输问题可以容易地化为产销平衡问题 (后面将会详述)，所以主要考虑的是产销平衡的运输问题。此时，设 $x_{ij}(i=1,2,\cdots,m;j=1,2,\cdots,n)$ 表示从产地 A_i 到销地 B_j 的运输量，则不难得到其数学模型如下：

$$\min \quad z=\sum_{i=1}^{m}\sum_{j=1}^{n} c_{ij}x_{ij}$$

s.t.

$$\begin{cases} \sum_{j=1}^{n} x_{ij}=a_i, \quad i=1,2,\cdots,m \quad \text{满足产地产量或供应量限制} \\ \sum_{i=1}^{m} x_{ij}=b_j, \quad j=1,2,\cdots,n \quad \text{满足销地的需求} \\ x_{ij}\geqslant 0, i=1,2,\cdots,m; j=1,2,\cdots,n \end{cases} \tag{3-1-1}$$

模型 (3-1-1) 中有 mn 个决策变量，$m+n$ 个约束条件。由于产量之和等于销量之和，这说明所有满足销地需要的约束条件之和与所有满足产地产量限制的约束条件之和相等。反映在模型 (3-1-1) 的增广系数矩阵中就表现为前 n 行之和等于后 m 行之和。于是，模型 (3-1-1) 的系数矩阵就不是行满秩矩阵。这与前面讨论的单纯性法的基本假设不一致。这正是模型 (3-1-1) 为一个特殊的线性规划的原因。注意，其系数矩阵的秩为 $m+n-1$(为什么？请读者自行写出其系数矩阵并讨论)，这说明在模型 (3-1-1) 中始终会有 $m+n-1$ 个基变量，同时有 $mn-n-m+1$ 个非基变量。

为清楚起见，运输问题的有关信息常常列为表 3-1 和表 3-2。表 3-1 称为产销平衡表或运量分配表；表 3-2 称为单位运费表。

表 3-1 产销平衡 (运量分配) 表

产地 \ 销地	B_1	B_2	$\cdots$	B_n	产量
A_1					a_1
A_2					a_2
$\vdots$					$\vdots$
A_m					a_m
销量	b_1	b_2	$\cdots$	b_n	

表 3-2 单位运费表

产地＼销地	B_1	B_2	$\cdots$	B_n
A_1	c_{11}	c_{12}	$\cdots$	c_{1n}
A_2	c_{21}	c_{22}	$\cdots$	c_{2n}
$\vdots$	$\vdots$	$\vdots$		$\vdots$
A_m	c_{m1}	c_{m2}	$\cdots$	c_{mn}

有时将这两张表合在一起称为产销平衡单位运费表 (见表 3-3)。

表 3-3 产销平衡单位运费表

产地＼销地	B_1	B_2	$\cdots$	B_n	产量
A_1	c_{11}	c_{12}	$\cdots$	c_{1n}	a_1
A_2	c_{21}	c_{22}	$\cdots$	c_{2n}	a_2
$\vdots$	$\vdots$	$\vdots$		$\vdots$	$\vdots$
A_m	c_{m1}	c_{m2}	$\cdots$	c_{mn}	a_m
销量	b_1	b_2	$\cdots$	b_n	

表 3-1 的空白处就是数学模型 (3-1-1) 中的 x_{ij}。表上作业法的目的就是在满足产量限制和满足需求方的情况下，通过一定的操作，将具体的运量分配填写在表 3-1 的空白处，使得总的运费最省。

3.2 表上作业法

模型 (3-1-1) 归根结底还是一个线性规划问题，故关于运输问题数学模型的性质及有关理论在此不用重述。下面直接介绍求解运输问题的表上作业法。首先，表上作业法针对的是产销平衡的运输问题，即模型 (3-1-1)。对于产销不平衡的运输问题，可以先将其化为产销平衡的运输问题，然后再用表上作业法求解。表上作业法分为 3 个步骤：

(1) 通过最小元素法或西北角法或伏格尔法求其初始基可行解 (初始可行运输方案)。

(2) 通过闭回路法或位势法计算检验数。当所有检验数大于或等于零时，即已得到最优解，停止；否则，进行下一步。

(3) 通过闭回路法进行调整，然后回到步骤 (2)。

以上运算全部在表 3-1 和表 3-2 上进行。下面通过一个具体的例子加以说明。

例 3.1 设有某物资从 A_1, A_2, A_3 处运往 B_1, B_2, B_3, B_4 处。各处供应量、需求量及单位运费见表 3-4。问：应怎样安排运输方案才能使得总运费最少？

例 3.1 是一个产销平衡的运输问题，下面就以上 3 个步骤分别加以介绍。

表 3-4 产销平衡单位运费表

产地＼销地	B_1	B_2	B_3	B_4	供应量/t
A_1	3	7	6	4	5
A_2	2	4	3	2	2
A_3	4	3	8	5	3
需求量/t	3	2	3	2	10

3.2.1 求初始基可行解的方法

本书介绍 3 种求解初始可行解 (初始运输方案) 的方法：西北角法、最小元素法和伏格尔法。3 种方法各有优缺点，在实际求解中使用任何一种方法即可。值得注意的是，前面已经说过，模型 (3-1-1) 中有 $m+n-1$ 个基变量，故不论是哪种方法，最后都要在表 3-1 中填入 $m+n-1$ 个基变量取值，称为数字格。其他位置为非基变量取值，非基变量取值总是零。一般来说，基变量取值为正数，但在某些退化情况下 (后面将会详述)，可能会有基变量取值零。因此，为避免混淆，在表 3-1 中只填写基变量取值，非基变量的位置不填零 (实际上取值零)，称为空格。

1. 西北角法

该方法的思想非常直观：首先从产销平衡表的左上角 (西北角) 那个空格开始考虑 (对应的是 x_{11})，若 $a_1 < b_1$，说明可以用 A_1 的产量 a_1 去满足 B_1 的需求 b_1，于是在该格内填上 a_1，此时，A_1 的产量全部分配了，在下面将无法从 A_1 去满足别的需求，故在单位运费表中划去 A_1 所在行。若 $a_1 > b_1$，这就说明用 A_1 的产量 a_1 去满足 B_1 的需求 b_1 后还有剩余，于是在该格内仍然填上 a_1，此时，B_1 的需求全部得到满足，在下面无须再考虑 B_1 的需求。故在单位运费表中划去 B_1 所在列。若 $a_1 = b_1$，这说明 A_1 的产量 a_1 刚好满足 B_1 的需求 b_1，在该格内还是填上 a_1，此时，A_1 的产量全部分配了，B_1 的需求也全部得到满足。在下面的分配过程中既无法从 A_1 去满足别的销地，也无须考虑 B_1 的需求。故在单位运费表中同时划去 A_1 所在行和 B_1 所在列。此时出现了退化情况。为保证基变量的个数刚好是 $m+n-1$ 个，在这种退化情况下，必须在同时划去的行和列除去交叉处的位置 (即刚刚填写的数字格) 外的任何一个位置填上 0。无论出现哪种情形，在剩下的产销平衡 (运量) 表上进行同样的操作直至最后划去单位运费表上的每个数字。具体操作见表 3-5～表 3-10。在第二次采用该方法时由于 B_2 的需求是 2t，此时 A_1 在供应了 B_1 的 3t 后刚好还剩 2t，因此按照规则，这 2t 全部供应给 B_2。这时需将单位运费表中的 B_2 列和 A_1 行同时划去，这就出现了退化情况，此时需要在第一行和第二列的其他位置处填上 0，这里选择的是 x_{13} 位置。

最后，在表 3-9 中得到了 $3+4-1=6$ 个数字格，这就是初始基可行解，即 $x_{11}=3, x_{12}=2, x_{13}=0, x_{23}=2, x_{33}=1, x_{34}=2$，相应的总运费为 $z=3\times3+2\times7+0\times6+$

$2 \times 3 + 1 \times 8 + 2 \times 5 = 47$。

表 3-5　西北角法第一次分配表

销地 产地	B_1	B_2	B_3	B_4	产量/t
A_1	3				5
A_2					2
A_3					3
销量/t	3	2	3	2	

表 3-6　西北角法第一次分配后单位运费表

销地 产地	B_1	B_2	B_3	B_4
A_1	~~3~~	7	6	4
A_2	~~2~~	4	3	2
A_3	~~4~~	3	8	5

表 3-7　西北角法第二次分配表

销地 产地	B_1	B_2	B_3	B_4	产量/t
A_1	3	2	0		5
A_2					2
A_3					3
销量/t	3	2	3	2	

表 3-8　西北角法第二次分配后单位运费表

销地 产地	B_1	B_2	B_3	B_4
A_1	~~3~~	~~7~~	~~6~~	~~4~~
A_2	~~2~~	~~4~~	3	2
A_3	~~4~~	~~3~~	8	5

表 3-9　西北角法最后分配表

销地 产地	B_1	B_2	B_3	B_4	产量/t
A_1	3	2	0		5
A_2			2		2
A_3			1	2	3
销量/t	3	2	3	2	

表 3-10 西北角法最后分配后单位运费表

产地 \ 销地	B_1	B_2	B_3	B_4
A_1	~~3~~	~~7~~	~~6~~	~~4~~
A_2	~~2~~	~~4~~	~~3~~	~~2~~
A_3	~~4~~	~~3~~	~~8~~	~~5~~

2. 最小元素法

西北角法简单易行，其缺点是仅仅从供应和需求的角度来分配运量，没有考虑运费的问题 (前面对运费表的操作只是为了作标记)。最小元素法则是每次从未划去的单位运费表中找寻最小者，以最小的运费所对应的产销平衡表那个格为根据来决定运量分配。若出现了两个及以上的相等的最小元素，则任选一个。如何进行运量分配，如何划去单位运费表中相应的行或列，以及在出现了退化情况下如何处理等，都与西北角法一样。

对于这个例题，首先在单位运费表中观察到有两个 2 是最小的，故任选一个，这里选择的是 $c_{21}=2$，与之对应的是考虑产销平衡表中的 x_{21}。由于 B_1 需求是 3t，而 A_2 的供应量是 2t，故 A_2 的供应量全部给 B_1，然后在单位运费表中划去 A_2 行。其他的进一步操作见表 3-11～ 表 3-16。

表 3-15 中有 $3+4-1=6$ 个数字格，这表明得到了初始基可行解：$x_{11}=1, x_{13}=2, x_{14}=2, x_{21}=2, x_{32}=2, x_{33}=1$，相应的总运费为 $z=1\times3+2\times6+2\times4+2\times2+2\times3+1\times3=36$。

表 3-11 最小元素法第一次分配表

产地 \ 销地	B_1	B_2	B_3	B_4	产量/t
A_1					5
A_2	2				2
A_3					3
销量/t	3	2	3	2	

表 3-12 最小元素法第一次分配后单位运费表

产地 \ 销地	B_1	B_2	B_3	B_4
A_1	3	7	6	4
A_2	~~2~~	~~4~~	~~3~~	~~2~~
A_3	4	3	8	5

表 3-13 最小元素法第二次分配表

销地 产地	B_1	B_2	B_3	B_4	产量/t
A_1	1				5
A_2	2				2
A_3					3
销量/t	3	2	3	2	

表 3-14 最小元素法第二次分配后单位运费表

销地 产地	B_1	B_2	B_3	B_4
A_1	~~3~~	7	6	4
A_2	~~2~~	~~4~~	~~3~~	~~2~~
A_3	~~4~~	3	8	5

表 3-15 最小元素法最后分配表

销地 产地	B_1	B_2	B_3	B_4	产量/t
A_1	1		2	2	5
A_2	2				2
A_3		2	1		3
销量/t	3	2	3	2	

表 3-16 最小元素法最后分配后单位运费表

销地 产地	B_1	B_2	B_3	B_4
A_1	~~3~~	~~7~~	~~6~~	~~4~~
A_2	~~2~~	~~4~~	~~3~~	~~2~~
A_3	~~4~~	~~3~~	~~8~~	~~5~~

3. 伏格尔 (Vogal) 法

最小元素法的缺点是在考虑费用时是局部的，即每次挑选最小费用来考虑相应的运量安排。这样做很有可能造成在其他处要多花几倍的运费。伏格尔法考虑到，一产地的产品假如不能按最小运费就近供应，就考虑次小运费，这之间有一个差额。差额越大说明不能按最小运费调运时，运费增加越多。因此，对这样的差额最大者就应该采用最小运费进行运量调整。因此，伏格尔法的做法是：首先在单位运费表中计算每行和每列次小运费减最小费用，然后挑选其中的最大者，若该最大值位于行差额中的最大者，则挑选该行最小元素所对应的运量分配表中的位置进行运量分配，若该最大值位于列差额中的最大者，则挑选该列最小元素所对应的运量分配表中的位置进行运量分配。具体分配方法以及其他做法与前两种方法一样。

对于例 3.1，首先在单位运费表中添加最后一行和最后一列并计算每行、每列次小元素与最小元素的差，然后填在添加的行差额和列差额中。容易看到，第三列的差额是最大的，该列最小元素是 3，在运量分配表中对应的是 x_{23} 位置。由于 B_3 需要 3t 的物质，而 A_2 只能供应 2t 的物资，故将 A_2 的供应量全部运给 B_3。此时在单位运费表中划去 A_2 行。继续下去，见表 3-17～ 表 3-22。此时，相应的运费为 $3\times3+1\times6+1\times4+2\times3+2\times3+1\times5=36$。

表 3-17 伏格尔法第一次分配表

销地 产地	B_1	B_2	B_3	B_4	产量/t
A_1					5
A_2			2		2
A_3					3
销量/t	3	2	3	2	

表 3-18 伏格尔法第一次分配后单位运费表

销地 产地	B_1	B_2	B_3	B_4	行差额
A_1	3	7	6	4	1
A_2	~~2~~	~~4~~	~~3~~	~~2~~	0
A_3	4	3	8	5	1
列差额	1	1	3	2	

表 3-19 伏格尔法第二次分配表

销地 产地	B_1	B_2	B_3	B_4	产量/t
A_1					5
A_2			2		2
A_3		2			3
销量/t	3	2	3	2	

表 3-20 伏格尔法第二次分配后单位运费表

销地 产地	B_1	B_2	B_3	B_4	行差额
A_1	3	~~7~~	6	4	1
A_2	~~2~~	~~4~~	~~3~~	~~2~~	
A_3	4	~~3~~	8	5	1
列差额	1	4	2	1	

表 3-21 伏格尔法最后分配表

产地 \ 销地	B_1	B_2	B_3	B_4	产量/t
A_1	3		1	1	5
A_2			2		2
A_3		2		1	3
销量/t	3	2	3	2	

表 3-22 伏格尔法最后分配后单位运费表

产地 \ 销地	B_1	B_2	B_3	B_4
A_1	~~3~~	~~7~~	~~6~~	~~4~~
A_2	~~2~~	~~4~~	~~3~~	~~2~~
A_3	~~4~~	~~3~~	~~8~~	~~5~~

3.2.2 判断最优解的方法

无论用上面介绍的哪种方法，在得到一个初始基可行解后都需要计算相应的检验数。前面已经讲过，在运量分配表的空格处对应的是非基变量的取值 0，我们要计算的检验数就是这些位置的检验数。具体做法是：在单位运费表中将基变量的单位运费保留，非基变量的单位运费暂时去掉，然后根据下面将要介绍的闭回路法或位势法计算非基变量的检验数并将其填写在那些空格处，如果检验数全部大于或等于零，则已得到最优解；否则，挑选绝对值最大者，在对应的运量表上根据闭回路法进行运量的调整。

下面介绍计算检验数的闭回路法和位势法，在实际求解中任选这两种方法之一即可。

(1) 闭回路法。闭回路是指，在给出调用方案的单位运费表中 (去掉了非基变量的单位运费)，从某一个空格出发，可以横向或竖向画线，碰到下一个数字格时可以转 90° 继续画线，直到回到起点。这样就得到了一个封闭的回路。在碰到数字格时是决定继续前行还是转 90°，关键是在整个封闭的回路中只能有开始的那一个空格。可以证明，从每一个空格出发一定存在和可以找到唯一的闭回路。实际上，运量分配表中的数字格对应的是基变量，在数学模型中的系数矩阵中的系数列向量是一个基，任何一个非基变量的系数列向量是它们的线性组合。比如 x_{ij} 是非基变量，系数列向量是 $\boldsymbol{P}_{ij}=\boldsymbol{e}_i+\boldsymbol{e}_{m+j}$，其中 $\boldsymbol{e}_i$ 表示第 i 个分量为 1，其余分量为 0 的列向量，于是可以有

$$
\begin{aligned}
\boldsymbol{P}_{ij}&=\boldsymbol{e}_i+\boldsymbol{e}_{m+j}\\
&=\boldsymbol{e}_i+\boldsymbol{e}_{m+k}-\boldsymbol{e}_{m+k}+\boldsymbol{e}_l-\boldsymbol{e}_l+\boldsymbol{e}_{m+s}-\boldsymbol{e}_{m+s}+\boldsymbol{e}_u-\boldsymbol{e}_u+\boldsymbol{e}_{m+j}\\
&=\boldsymbol{e}_i+\boldsymbol{e}_{m+k}-\boldsymbol{e}_l-\boldsymbol{e}_{m+k}+\boldsymbol{e}_l+\boldsymbol{e}_{m+s}-\boldsymbol{e}_u-\boldsymbol{e}_{m+s}+\boldsymbol{e}_u+\boldsymbol{e}_{m+j}\\
&=(\boldsymbol{e}_i+\boldsymbol{e}_{m+k})-(\boldsymbol{e}_l+\boldsymbol{e}_{m+k})+(\boldsymbol{e}_l+\boldsymbol{e}_{m+s})-(\boldsymbol{e}_u+\boldsymbol{e}_{m+s})+(\boldsymbol{e}_u+\boldsymbol{e}_{m+j})\\
&=\boldsymbol{P}_{ik}-\boldsymbol{P}_{lk}+\boldsymbol{P}_{ls}-\boldsymbol{P}_{us}+\boldsymbol{P}_{uj}
\end{aligned}
\tag{3-2-1}
$$

若 $x_{ik},x_{lk},x_{ls},x_{us},x_{uj}$ 是基变量，则 $\boldsymbol{P}_{ik},\boldsymbol{P}_{lk},\boldsymbol{P}_{ls},\boldsymbol{P}_{us},\boldsymbol{P}_{uj}$ 正好是其系数列向量。

于是式 (3-2-1) 表明，x_{ij} 通过连接 $x_{ik},x_{lk},x_{ls},x_{us},x_{uj}$ 将会得到一个闭回路。

找到闭回路后若将该空格记为第一个格，则从该空格开始的序数为奇数的相应格单位运费之和减去序数为偶数的数字格的单位运费之和就是该空格 (非基变量) 的检验数。实际上，这表示原来非基变量的运量分配为零，若现在给其分配一个单位的运量，则为保持产销平衡，在相应的闭回路的其他数字格就要相应地减少 (序数为偶数的) 或增加一个单位的运量 (序数为奇数的数字)。这样，总的运费的改变量就是刚才计算的那个数字。若这个数字大于或等于零，则表明不需将该非基变量变为基变量，若这个数字小于零，则表明若将该非基变量变为基变量，总运费将会减少。故这个数字就是检验数。

以例 3.1 按照西北角法得到的初始基变量 (见表 3-23) 为例，计算相应的检验数为表 3-24 中带“[ ]”的数字。为清楚起见，将表 3-24 的检验数计算过程列于表 3-25 中。

表 3-23　由西北角法得到的初始基可行解

销地 产地	B_1	B_2	B_3	B_4	产量/t
A_1	3	2	0		5
A_2			2		2
A_3			1	2	3
销量/t	3	2	3	2	

表 3-24　根据闭回路法计算的检验数

销地 产地	B_1	B_2	B_3	B_4
A_1	3	7	6	[1]
A_2	[2]	[0]	3	[2]
A_3	[−1]	[−6]	8	5

表 3-25　表 3-24 中检验数的计算过程

非基变量	闭回路	检验数
x_{14}	$(1,4)-(1,3)-(3,3)-(3,4)-(1,4)$	$c_{14}-c_{13}+c_{33}-c_{34}=4-6+8-5=1$
x_{21}	$(2,1)-(1,1)-(1,3)-(2,3)-(2,1)$	$c_{21}-c_{11}+c_{13}-c_{23}=2-3+6-3=2$
x_{22}	$(2,2)-(1,2)-(1,3)-(2,3)-(2,2)$	$c_{22}-c_{12}+c_{13}-c_{23}=4-7+6-3=0$
x_{24}	$(2,4)-(2,3)-(3,3)-(3,4)-(2,4)$	$c_{24}-c_{23}+c_{33}-c_{34}=2-3+8-5=2$
x_{31}	$(3,1)-(1,1)-(1,3)-(3,3)-(3,1)$	$c_{31}-c_{11}+c_{13}-c_{33}=4-3+6-8=-1$
x_{32}	$(3,2)-(1,2)-(1,3)-(3,3)-(3,2)$	$c_{32}-c_{12}+c_{13}-c_{33}=3-7+6-8=-6$

(2) 位势法。位势法是根据线性规划的对偶理论推导出来的计算非基变量检验数的一种方法。设产销平衡的运算问题为：

$$\min \quad z=\sum_{i=1}^{m}\sum_{j=1}^{n}c_{ij}x_{ij}$$

$$\text{s.t.} \quad \begin{cases}\sum_{j=1}^{n}x_{ij}=a_i, \quad i=1,2,\cdots,m\\ \sum_{i=1}^{m}x_{ij}=b_j, \quad j=1,2,\cdots,n\\ x_{ij}\geqslant 0, i=1,2,\cdots,m; j=1,2,\cdots,n\end{cases} \tag{3-2-2}$$

则根据对偶理论，其对偶问题为：

$$\max \quad z=\sum_{i=1}^{m}a_iu_i+\sum_{j=1}^{n}b_jv_j$$

$$\text{s.t.} \quad \begin{cases}u_i+v_j\leqslant c_{ij}, i=1,2,\cdots,m; j=1,2,\cdots,n\\ u_i,v_j \text{ 无符合限制}, i=1,2,\cdots,m; j=1,2,\cdots,n\end{cases} \tag{3-2-3}$$

其中，$u_i(i=1,2,\cdots,m)$ 是与原问题产地约束对应的对偶变量，$v_j(j=1,2,\cdots,n)$ 则是与原问题销地对应的对偶变量。在式 (3-2-3) 的约束条件中加入松弛变量 σ_{ij}，则会变为等式约束，即 $u_i+v_j+\sigma_{ij}=c_{ij}(i=1,2,\cdots,m; j=1,2,\cdots,n)$。根据对偶理论，原问题决策变量 x_{ij} 的检验数就是其对偶问题的松弛变量 σ_{ij}。注意到基变量的检验数总是 0，若记原问题的基变量下标集合为 I，则有：

$$\begin{aligned}&u_i+v_j=c_{ij}, \quad (i,j)\in I\\ &\sigma_{ij}=c_{ij}-(u_i+v_j), \quad (i,j)\notin I\end{aligned} \tag{3-2-4}$$

由于产销平衡的运输问题的基变量只有 $m+n-1$ 个，但式 (3-2-4) 的第一组等式有 $m+n$ 个，故需要在 u_i 或 v_j 中任选一个令其为 0 或其他数，然后才能得到 $u_i(i=1,2,\cdots,m)$ 和 $v_j(j=1,2,\cdots,n)$。这样，通过第二组等式即可求得非基变量的检验数 σ_{ij}。

具体操作时，可以在单位运费表中保留基变量的单位运费去掉非基变量的单位运费后加上最后一行，记为行位势 v_j，加上最后一列，记为列位势 u_i，然后任选一个为 0(或其他数)，根据上面的讨论，计算非基变量的检验数后填在去掉非基变量的单位运费的地方，并以“[ ]”作记号与基变量的单位运费区别开。对例 3.1 中由西北角法得到的初始基变量计算相应的检验数见表 3-27。

表 3-26 由西北角法得到的初始基可行解

销地 产地	B_1	B_2	B_3	B_4	产量/t
A_1	3	2	0		5
A_2			2		2
A_3			1	2	3
销量/t	3	2	3	2	

表 3-27 根据位势法计算的检验数

销地 产地	B_1	B_2	B_3	B_4	u_i
A_1	3	7	6	[1]	0
A_2	[2]	[0]	3	[2]	−3
A_3	[−1]	[−6]	8	5	2
v_j	3	7	6	3	

3.2.3 用于调整的闭回路法

当非基变量的检验数出现了负数时，就说明当前的基可行解不是最优解，需要进行运量的调整。挑选绝对值最大者对应的运量分配表中的非基变量为调整的对象，即将其调整为数字格。调整的方法称为闭回路法，与计算检验数时的闭回路法名称一样，寻找闭回路的方法也一样。在运量分配表中从该空格出发寻找其闭回路，然后，调整的数字为偶数格中的最小值。将该数字填写在该空格处，在其他的奇数格上也加上该数字，在偶数格上减去该数字，这时必有一个偶数格为 0。这个格就是新的非基变量，不需填写 0。计算到这里就完成了一次迭代，然后回到检验数的计算继续下去。

对于例 3.1，若初始基可行解是通过西北角法得到的，经过检验数的计算已经得到了相应的检验数。下面利用闭回路法进行调整。由于 $\sigma_{32}=-6=\min\{-1,-6\}$，故应调整非基变量 x_{32}。在运量分配表中以 x_{32} 出发的闭回路为 $(3,2)-(1,2)-(1,3)-(3,3)-(3,2)$，两个偶数格的数字为 $x_{12}=2, x_{33}=1$。可见，能够调整的量为 $x_{33}=1$，于是令 $x_{32}=1$，为保证产销平衡，还有 $x_{12}=2-1=1, x_{13}=0+1=1$，而 x_{33} 则成为新的非基变量。调整后的结果及新的检验数见表 3-28 和表 3-29。

表 3-28 第一次调整后的基可行解

销地 产地	B_1	B_2	B_3	B_4	产量/t
A_1	3	1	1		5
A_2			2		2
A_3		1		2	3
销量/t	3	2	3	2	

表 3-29　根据位势法计算的新的检验数

产地＼销地	B_1	B_2	B_3	B_4	u_i
A_1	3	7	6	[−5]	0
A_2	[2]	[0]	3	[−4]	−3
A_3	[5]	3	[6]	5	−4
v_j	3	7	6	9	

在表 3-29 中还有两个非基变量的检验数为负数，故继续计算。过程见表 3-30 和表 3-31。

表 3-30　第二次调整后的基可行解

产地＼销地	B_1	B_2	B_3	B_4	产量/t
A_1	3		1	1	5
A_2			2		2
A_3		2		1	3
销量/t	3	2	3	2	

表 3-31　根据位势法计算的新的检验数

产地＼销地	B_1	B_2	B_3	B_4	u_i
A_1	3	[5]	6	4	0
A_2	[2]	[5]	3	[1]	−3
A_3	[0]	3	[1]	5	1
v_j	3	2	6	4	

从表 3-31 中可以看到，此时已得到原问题的最优解：$x_{11}^*=3, x_{13}^*=1, x_{14}^*=1, x_{23}^*=2, x_{32}^*=2, x_{34}^*=1$，其他变量为 0。最优值为 $z^*=3\times3+1\times6+1\times4+2\times3+2\times3+1\times5=36$。

最后需要说明的是，利用表上作业法求解产销平衡的运输问题得到最优解时，如果有某空格的检验数，即某非基变量的检验数为零，则最优解将是不唯一的。实际上，在此空格对应的闭回路中进行调整即可得到另一个最优解。当然，最优值是唯一的。

比如在表 (3-30) 中，空格 (3,1) 的检验数为 0(见表 (3-31))，以 (3,1) 为空格的闭回路为 $(3,1)-(1,1)-(1,4)-(3,4)-(3,1)$，调整量为 1，于是在表 (3-30) 的基础上调整为表 (3-32)，检验数为表 (3-33)。

与表 3-30 相比，这显然是另一个最优解，此时最优值为 $z^*=2\times3+1\times6+2\times4+2\times3+1\times4+2\times3=36$。

表 3-32 非基变量 x_{31} 检验数为零进行再调整

产地 \ 销地	B_1	B_2	B_3	B_4	产量/t
A_1	2		2	1	5
A_2			2		2
A_3	1	2			3
销量/t	3	2	3	2	

表 3-33 根据位势法计算的新的检验数

产地 \ 销地	B_1	B_2	B_3	B_4	u_i
A_1	3	[5]	6	4	0
A_2	[2]	[5]	3	[1]	−3
A_3	4	3	[1]	[0]	1
v_j	3	2	6	4	

3.2.4 产销不平衡的运输问题

对于产销不平衡的运输问题，处理的基本思路是设立虚拟的产地或虚拟的销地，使其成为产销平衡的运输问题，然后再用上面介绍的方法进行求解。具体来说，若是产大于销的问题，则设立一个虚拟的销地，该虚拟销地实际上相当于仓库。从所有产地出发到该虚拟销地的单位运费均为 0，而该虚拟销地的需求量则为产量之和减去实际的需求量之和。这样就将其化为了产销平衡的运输问题。若是销大于产的运输问题，则设立一个虚拟的产地，该虚拟产地的产量或供应量为销量之和减去产量之和。该虚拟产地实际上是没有的，故该虚拟产地到所有销地的单位运费也全部是 0。于是，销大于产的运输问题也化为了产销平衡的运输问题。这是两种基本的产销不平衡的运输问题，对于其他类型的产销不平衡问题则可以做具体的分析，基本原则就是将其化为产销平衡的运输问题。

例 3.2 设有 3 个工厂 A_1, A_2, A_3 生产某种物质供应给附近的 4 个地区 B_1, B_2, B_3, B_4，有的地区需求量有下限和上限，有的只有下限，没有上限。由于道路原因，从工厂 A_3 无法运输该物质给 B_4。单位运费等相关数据见表 3-34。试求总的运费最省的调运方案。

表 3-34 单位运费及产地产量和销地需求量

产地 \ 销地	B_1	B_2	B_3	B_4	产量/万 t
A_1	16	13	22	17	50
A_2	14	13	19	15	60
A_3	19	20	23	–	50
最低需求/万 t	30	70	0	10	
最高需求/万 t	50	70	30	不限	

解 题设 3 个工厂总的生产量为 160 万 t 该种物质，4 个销地最低需求为 110 万 t，由于 B_4 的最高需求无上限，所以总的需求也是无限的。从实际上来说，无限量的供应是不可能的，由于需求的最低要求可以得到满足，在满足最低需求的情况下尚余 50 万 t 该物质，这时将其分配给 B_4，于是从最高需求的角度来说，4 个销地的最高总需求将会是 210 万 t。故需设立一个虚拟的产地 A_4，其产量为 50 万 t。另外，对于有最低需求和最高需求的销地来说，最低需求必须得到保证，而最高需求则不一定得到保证，故将其看成为两个销地，其中一个销地的需求为其最低需求，另一个的需求则为其最高需求减去最低需求的差，不仅如此，从虚拟销地到最低需求的销地的单位运费设为不可能达到的值 M(表示任意大的正数)，若因交通问题导致无法运输的产地与销地之间的单位运费也设为 M，但从虚拟产地到最高需求的单位运费设为 0 而不是 M，这表示最高需求可由虚拟产地供应，但虚拟产地是不存在的，故表示了最高需求可以得不到满足。综上，可将原问题化为产销平衡的运输问题，其产销平衡单位运费表见表 (3-35)。

表 3-35 产销平衡单位运费表

产地 \ 销地	B_1'	B_1''	B_2	B_3	B_4'	B_4''	产量/万 t
A_1	16	16	13	22	17	17	50
A_2	14	14	13	19	15	15	60
A_3	19	19	20	23	M	M	50
A_4	M	0	M	0	M	0	50
销量/万 t	30	20	70	30	10	50	

首先利用西北角法求其初始基可行解并计算相应的检验数，见表 3-36 和表 3-37。

由于 $\sigma_{15} = 24 - M < 0$，故选择 x_{14}' 为换入变量，以此为起点的闭回路为 $(1,5)-(1,3)-(3,3)-(3,5)-(1,3)$，进行调整并再次计算检验数，经过 5 次迭代 (略) 最后得到表 3-38 所示的最优解。

表 3-36 由西北角法得到的初始基可行解

产地 \ 销地	B_1'	B_1''	B_2	B_3	B_4'	B_4''	产量/万 t
A_1	30	20	0				50
A_2			60				60
A_3			10	30	10	0	50
A_4						50	50
销量/万 t	30	20	70	30	10	50	

最优解表明，B_1 的最低需求和最高需求都得到满足，且全部由 A_3 供应，B_2 的需求由 A_1 供应 50 万 t，A_2 供应 20 万 t，B_3 得到 A_4 供应的 30 万 t 物质，但 A_4 是虚拟产地，即 B_3 没有得到该种物质，B_4 的最低需求得到满足，且由 A_2 供应。这时，总的运费

为 $z^* = 50\times13+20\times13+10\times15+30\times15+30\times19+20\times19=2460$。

表 3-37 根据位势法计算的检验数

产地 \ 销地	B'_1	B''_1	B_2	B_3	$B'_4B''_4$		u_i
A_1	16	16	13	[6]	$[24-M]$	$24-M$	0
A_2	[−2]	[−2]	13	[3]	$[22-M]$	$[22-M]$	0
A_3	[−4]	[−4]	20	23	M	M	7
A_4	$[22-M]$	$[M-23]$	$[2M-30]$	$[M-23]$	M	0	$7-M$
v_j	16	16	13	16	$M-7$	$M-7$	

表 3-38 例 3.2 的最优解

产地 \ 销地	B'_1	B''_1	B_2	B_3	B'_4	B''_4	产量/万 t
A_1			50				50[-1mm]
A_2			20		10	30	60[-1mm]
A_3	30	20	0				50[-1mm]
A_4				30		20	50
销量/万 t	30	20	70	30	10	50	

3.3 运输问题的 MATLAB 实现

运输问题归根到底是一个线性规划问题。由于其不满足单纯形法的基本假设，故不能直接用单纯形表的方式求解。但是，利用某些成熟的软件，如 Lindo，可以直接求解运输问题，不需作任何改变。编者根据表上作业法的计算步骤编写了求初始可行解的西北角法、最小元素法以及伏格尔法和运输问题的 MATLAB 程序。这些程序都有较为详细的注释，供学习者参考。

☞ **MATLAB 程序 3.1** 求初始基可行解的西北角法

```
% 该程序是求解产销平衡问题初始基可行解的西北角法
% 输入项:
% Demand为需求量或销量(列向量); Supply为供应量或产地产量(列向量)
% 输出项:
% X为运输分配方案; b记录了数字格(1表示对应的是基变量, 数字格, 0表示非基
  变量)
% By Gongnong Li 2013
function [X,b]=NorthWest(Supply,Demand)
m=length(Supply); n=length(Demand);
```

```
i=1; j=1;
X=zeros(m,n); b=zeros(m,n);
while ((i<=m) && (j<=n))
if Supply(i)<Demand(j)
X(i,j)=Supply(i);
b(i,j)=1;
Demand(j)=Demand(j)-Supply(i);
i=i+1;
else
X(i,j)=Demand(j);
b(i,j)=1;
Supply(i)=Supply(i)-Demand(j);
j=j+1;
end
end
```

例 3.3 利用西北角法程序 NorthWest.m 求例 3.1 的初始基可行解。

解 计算过程及结果如下:

```
>> Supply=[5 2 3]';
>> Demand=[3 2 3 2]';
>> [X,b]=NorthWest(Supply,Demand)
X =
     3     2     0     0
     0     0     2     0
     0     0     1     2
b =
     1     1     1     0
     0     0     1     0
     0     0     1     1
```

☞ **MATLAB 程序 3.2** 求初始基可行解的最小元素法

```
% 该程序是求解产销平衡问题初始基可行解的最小元素法
% 输入项:
% Cost为单位运费表(矩阵),行对应产地,列对应销地
% Supply为供应量或产地产量(列向量); Demand为需求量或销量(列向量)
```

```
% 输出项:
% X为运输分配方案; b记录了数字格(1表示对应的是基变量, 数字格, 0表示非基变量)
% By Gongnong Li 2013

function [X,b]=Minimal(Cost,Supply,Demand)
[m,n]=size(Cost);% m=length(Supply); n=length(Demand);
X=zeros(m,n); b=zeros(m,n); I=[1:m];
flag=0;
while flag==0
    for k=1:m
        [T(k),J(k)]=min(Cost(k,:));
    end
    [TT,kk]=min(T);
% Cost(kk,J(kk))元素是Cost中最小者。于是考虑Supply(kk)与Demand(J(kk))之
% 间的关系并安排运输方案。若第J(kk)个销地的销量超过第kk个产地的产量, 则
% 将第kk个产地的产量Supply(kk)全部供应给第J(kk)个销地, 然后将Cost中的第
% kk行划去(通过赋值inf完成)。若第kk个产地的产量超过第J(kk)个销地的销量,
% 则第kk个产地的产量全部满足第J(kk)个销地。然后将Cost中的第J(kk)列划去
% (通过赋值inf完成)
if Supply(kk)<Demand(J(kk))
   X(kk,J(kk))=Supply(kk);  Demand(J(kk))=Demand(J(kk))-Supply(kk);
      Supply(kk)=0;  b(kk,J(kk))=1;  Cost(kk,:)=inf*ones(1,n);
   elseif Supply(kk)>Demand(J(kk))
   X(kk,J(kk))=Demand(J(kk)); Supply(kk)=Supply(kk)-Demand(J(kk));
      Demand(J(kk))=0; b(kk,J(kk))=1;  Cost(:,J(kk))=inf*ones(m,1);
   else
       X(kk,J(kk))=Demand(J(kk));  b(kk,J(kk))=1;
% 这时出现退化情况, 需要补0作为某个基变量的取值
      Supply(kk)=0;  Demand(J(kk))=0; Cost(:,J(kk))=inf*ones(m,1);
      Cost(kk,:)=inf*ones(1,n);
% 为了防止多补0作为某个基变量的取值, 做如下处理
      if length(find(b==1))<m+n-2
```

```
            I1=find(I~=kk); b(I1(end),J(kk))=1;
          end
       end
       if length(find(b==1))==m+n-1
          flag=1;
       else
          flag=0;
       end
    end
```

例 3.4 利用最小元素法程序 Minimal.m 求例 3.1 的初始基可行解。

解 计算过程及结果如下:

```
>> Cost=[3 7 6 4;2 4 3 2;4 3 8 5];
>> Supply=[5 2 3]';
>> Demand=[3 2 3 2]';
>> [X,b]=Minimal(Cost,Supply,Demand)
X =
     1     0     2     2
     2     0     0     0
     0     2     1     0
b =
     1     0     1     1
     1     0     0     0
     0     1     1     0
```

☞ **MATLAB 程序 3.3** 求初始基可行解的伏格尔法

```
% 该程序是求解产销平衡问题初始基可行解的优格尔法。
% 输入项:
% Cost为单位运费表(矩阵), 行对应产地, 列对应销地
% Supply为供应量或产地产量(列向量); Demand为需求量或销量(列向量)
% 输出项:
% X为运输分配方案; b记录了所谓的数字格(1—对应的是基变量, 数字格, 0—非
  基变量)
% By Gongnong Li 2013
function [X,b]=Vogal(Cost,Supply,Demand)
```

```
[m,n]=size(Cost); % m=length(Supply); n=length(Demand);
X=zeros(m,n); b=zeros(m,n); I=[1:m];
flag=0;
while flag==0
     TRC=Cost;TCC=Cost;
    for k=1:m  % 求出每行最小元素和次最小元素的列标J1(k)和J2(k)
    [T1(k),J1(k)]=min(TRC(k,:)); TRC(k,J1(k))=inf; [T2(k),J2(k)]=
                 min(TRC(k,:));
    end
    for s=1:n  % 求出每列最小元素和次最小元素的列标JJ1(s)和JJ2(s)
    [TT1(s),JJ1(s)]=min(TCC(:,s)); TCC(JJ1(s),s)=inf; [TT2(s),JJ2(s)]=
                   min(TCC(:,s));
    end
% 求出每行(列)最小元素和次最小元素的差额并求出其中最大者
    for i=1:m
        if (T2(i)==inf)&(T1(i)~=inf)
            Trow(i)=T1(i);
        elseif T2(i)==inf
           Trow(i)=-inf;
        else
            Trow(i)=T2(i)-T1(i);
        end
    end
    for i=1:n
        if (TT2(i)==inf)&(TT1(i)~=inf)
            Tcolumn(i)=TT1(i);
        elseif TT2(i)==inf
           Tcolumn(i)=-inf;
        else
           Tcolumn(i)=TT2(i)-TT1(i);
        end
    end
    [TrowM,kk1]=max(Trow); [TcolumnM,kk2]=max(Tcolumn);
```

```
% 差额最大者在kk1行，该行最小元素为第J1(kk1)个元素
    if ((TrowM>TcolumnM)|(TrowM==TcolumnM))
       kk=kk1;  Jkk=J1(kk1);
    else % 差额最大者在列，该列最小元素最小者为第JJ1(kk1)个元素
       kk=JJ1(kk2);  Jkk=kk2;
    end
% 这样，X(kk,Jkk)元素是分配矩阵中优先考虑安排的元素
% 于是考虑Supply(kk)与Demand(J(kk))之间的关系并安排运输方案
% 若第Jkk个销地的销量超过第kk个产地的产量，则将第kk个产地的产量Supply(kk)
% 全部供应给第Jkk个销地，然后将Cost中的第kk行划去(通过赋值inf完成)。若
% 第kk个产地的产量超过第Jkk个销地的销量，则第kk个产地的产量全部满足第Jkk
% 个销地
% 然后将Cost中的第Jkk列划去(通过赋值inf完成)
if Supply(kk)<Demand(Jkk)
   X(kk,Jkk)=Supply(kk);  Demand(Jkk)=Demand(Jkk)-Supply(kk);
            Supply(kk)=0;
      b(kk,Jkk)=1;  Cost(kk,:)=inf*ones(1,n);
   elseif Supply(kk)>Demand(Jkk)
   X(kk,Jkk)=Demand(Jkk); Supply(kk)=Supply(kk)-Demand(Jkk);
             Demand(Jkk)=0;
     b(kk,Jkk)=1;  Cost(:,Jkk)=inf*ones(m,1);
   else
      X(kk,Jkk)=Demand(Jkk);  b(kk,Jkk)=1;
% 这时出现退化情况，需要补0作为某个基变量的取值
   Supply(kk)=0;  Demand(Jkk)=0;  Cost(:,Jkk)=inf*ones(m,1); Cost(kk,:)
             =inf*ones(1,n);
      if (length(find(b==1))==(m+n-1))
         flag=1;
      else
         I=find(I~=Jkk);
      if length(I)~=0
         b(I(1),Jkk)=1;
      else
          return;
```

```
            end
          end
        end
        if (length(find(b==1))==(m+n-1))
            flag=1;
        else
            flag=0;
        end
    end
```

例 3.5 利用伏格尔法程序 Vogal.m 求例 3.1 的初始基可行解。

解 计算过程及结果如下:

```
>> Cost=[3 7 6 4;2 4 3 2;4 3 8 5];
>> Supply=[5 2 3]';
>> Demand=[3 2 3 2]';
>> [X,b]=Vogal(Cost,Supply,Demand)
X =
     3     0     1     1
     0     0     2     0
     0     2     0     1
b =
     1     0     1     1
     0     0     1     0
     0     1     0     1
```

☞ **MATLAB 程序 3.4** 运输问题的表上作业法

```
% 求解运输问题的表上作业法程序
% min sum(c(ij)x(ij))
% s.t.
% sum(x(ij))=bi,j=1,2,...,n(n个产地)
% sum(x(ij))=ai,i=1,2,...,m(m个销地)
% x(ij)>=0
% 若sum(bi)=sum(aj), 则为产销平衡问题
% 若sum(bi)>=sum(aj), 则为销大于产问题
% 若sum(bi)<=sum(aj), 则为产大于销平衡问题
```

```
% 输入项:
% Cost为单位运价表(矩阵, 行对应产地, 列对应销地)
% 若无法从某产地出发到达某销地, 将相应的单位运费取作某个很大的正数,如10^5
% Demand为销地需求量(列向量);Supply为产地供应量或产量(列向量)
% 输出项:
% F为最优运费; X为最优运输方案
% By Gongnong Li 2013

function [X,F]=Transport(Cost,Supply,Demand)
[m,n]=size(Cost);  m0=m;n0=n;
% 下面首先判断运输问题的性质并将产销不平衡问题化为产销平衡的运输问题
Temp=sum(Demand)-sum(Supply);
if Temp>0
disp('这是销大于产的运输问题。最优运输分配方案及最优运费F为: ')
Cost(m+1,:)=zeros(1,n);  Supply(m+1)=Temp; m=m+1;
elseif Temp<0
    disp('这是产大于销的运输问题。最优运输分配方案及最优运费F为: ')
Cost(:,n+1)=zeros(m,1);  Demand(n+1)=-Temp; n=n+1;
else
   disp('这是产销平衡的运输问题。最优运输分配方案及最优运费F为: ')
end
mn=m*n; A=zeros(m+n, m*n); % 这里求出运输问题数学模型的约束矩阵A
for k=1:m
A(k,((k-1)*n+1):(k*n))=1;  % 这是矩阵A的第k行, 对应着第k个产地
end
T=1:n:mn;
for k=1:n
    A((k+m),(T+k-1))=1;  % 这里对应着销地
end
% 下面通过Vogal法求出初始基可行解(初始运输方案), 也可改为西北角法或最小
  元素法
[X,b]=Vogal(Cost,Supply,Demand);
%[X,b]=NorthWest(Supply,Demand);
%[X,b]=Minimal(Cost,Supply,Demand);
%F=sum(sum(X.*Cost));
```

```
% 下面检查初始基可行解的最优性并将分配矩阵进行更新
flag=0;
while flag==0
[optflag,entB]=IsOptimal(b,Cost,A);
if  optflag
break;
    end
[Y,Bout]=Loop(X,entB(1),entB(2),b);
b=Bout; X=Y;
end
% 为避免某些产销不平衡问题的单位运费矩阵中出现inf和在计算总运费时出现NaN,
  作如下处理
for i=1:m
    for j=1:n
       if Cost(i,j)==inf
          Cost(i,j)=0;
       end
    end
end
F=sum(sum(X.*Cost));X=X(1:m0,1:n0);
function [optflag,entB]=IsOptimal(b,Cost,A)
[m,n]=size(Cost);     mn=m*n;
blst=reshape(b',1,mn); Clst=reshape(Cost',1,mn);
A=A(1:(end-1),:); B=A(:,logical(blst)); Cb=Clst(logical(blst));
nidx=find(~ blst); N=A(:,nidx); Cn=Clst(nidx) ;
sigma=Cn-Cb*inv(B)*N; % 计算非基变量的检验数
NegFlag=sigma<0;
if sum(NegFlag)==0
optflag=1; entB=[];
else
optflag=0;
[tmp,tmpidx]=min(sigma); tmp=nidx(tmpidx); col=mod(tmp,n);
if col==0
```

```
    entB(1)=tmp/n; entB(2)=n;
     else
    entB(1)=ceil(tmp/n); entB(2)=col;
     end
% 该程序是调整运输方案的闭回路法。根据给定的入基变量，确定退出基并将运输分配方案进行更新。
% 输入项
% X: 当前运输分配方案 (m*n矩阵); b: 基变量标志矩阵，基1对应数字格，0对应空格(m*n矩阵);
% row,col: 入基的行标和列标。
% 输出项
% Y: 更新后的运输分配方案(m*n矩阵); bout: 更新后的新基变量(m*n矩阵，意义和形式同b)。
% By Gongnong Li 2013

function [Y,bout]=Loop(X,row,col,b)
bout=b; Y=X; [m,n]=size(X);
loop=[row,col]; X(row,col)=Inf; b(row,col)=Inf;
rowsearch=1;  % 开始进行闭回路的搜索。
while (loop(1,1)~=row || loop(1,2)~=col || length(loop)==2)
    if rowsearch % 开始闭回路的行搜索。
        j=1;
        while rowsearch
            if (b(loop(1,1), j)~=0) && (j~=loop(1,2))
                loop=[loop(1,1) j ;loop]; % 加入构成闭回路的指标。
                rowsearch=0; % 开始闭回路的列搜索。
            elseif j==n,
                b(loop(1,1),loop(1,2))=0;
                loop=loop(2:length(loop),:); % 回溯。
                rowsearch=0;
            else
                j=j+1;
            end
        end
    else  % 列搜索(也可能从列开始搜索)。
```

```
            i=1;
            while ~rowsearch
                if (b(i,loop(1,2))~=0) && (i~=loop(1,1))
                    loop=[i loop(1,2) ; loop];
                    rowsearch=1;
                elseif i==m
                    b(loop(1,1),loop(1,2))=0;
                    loop=loop(2:length(loop),:);
                    rowsearch=1;
                else
                    i=i+1;
                end
            end
        end
    end
l=length(loop); % 这里计算调整量。
theta=Inf;
minindex=Inf;
for i=2:2:l
    if X(loop(i,1),loop(i,2))<theta
        theta=X(loop(i,1),loop(i,2));
        minindex=i;
    end;
end
Y(row,col)=theta; % 计算新的运输分配方案(矩阵)。
for i=2:l-1
    Y(loop(i,1),loop(i,2))=Y(loop(i,1),loop(i,2))+(-1)^(i-1)*theta;
end
bout(row,col)=1; bout(loop(minindex,1),loop(minindex,2))=0;
```

例 3.6　利用 MATLAB 程序 Transport.m 计算例 3.1。

解　在 MATLAB 提示符下按照如下方式输入并调用该程序计算，过程及结果如下：

```
>> Cost=[3 7 6 4;2 4 3 2;4 3 8 5];
>> Supply=[5 2 3]';
>> Demand=[3 2 3 2]';
```

```
>> [X,F]=Transport(Cost,Supply,Demand)
这是产销平衡的运输问题。最优运输分配方案(矩阵X行对应生产方, 列对应销售方)
  及最优运费F为:
X =

     3     0     1     1
     0     0     2     0
     0     2     0     1

F =

    36

>>
```

计算结果表明，最优解为 $x_{11}^*=3, x_{13}^*=1, x_{14}^*=1, x_{23}^*=2, x_{32}^*=2, x_{34}^*=1$，其余变量为 0，最优值为 $F^*=36$。

例 3.7　设有 3 个产地的产品需要运往 4 个销地，各产地的产量、各销地的销量以及产地到销地的单位运费见表 3-39。试求总运费最小的运输方案。

表 3-39　产销平衡单位运费表

产地 \ 销地	B_1	B_2	B_3	B_4	产量
A_1	6	2	6	7	30
A_2	4	9	5	3	25
A_3	8	8	1	5	21
销量	15	17	22	12	

解　在 MATLAB 提示符下按照如下方式输入并调用该程序计算，过程及结果如下：

```
>> Cost=[6 2 6 7;4 9 5 3;8 8 1 5];
>> Supply=[30 25 21]';
>> Demand=[15 17 22 12]';
>> [X,F]=Transport(Cost,Supply,Demand)
这是产大于销的运输问题。最优运输分配方案(矩阵X行对应生产方, 列对应销售方)
  及最优运费F为:
X =

     2    17     1     0
    13     0     0    12
     0     0    21     0

F =

   161
```

计算结果表明，最优运输方案为：$x_{11}^*=2, x_{12}^*=17, x_{13}^*=1, x_{21}^*=13, x_{24}^*=12, x_{33}^*=$

21。此时总运费为 $F^* = 161$。

例 3.8 利用 MATLAB 程序 Transport.m 计算例 3.2。

解 由于例 3.2 中的产销平衡单位运费表 3-35 中有任意大的正数 M，所以在利用该程序计算时需用一个较大的数代替，比如 10^5。计算过程及结果如下：

```
>> Cost=[16 16 13 22 17 17;14 14 13 19 15 15;19 19 20 23 1e5 1e5;
        1e5 0 1e5 0 1e5 0];
>> Supply=[50 60 50 50]';
>> Demand=[30 20 70 30 10 50]';
>> [X,F]=Transport(Cost,Supply,Demand)
这是产销平衡的运输问题。最优运输分配方案(矩阵X行对应生产方，列对应销售方)
  及最优运费F为:
X =
     0     0    50     0     0     0
     0     0    20     0    10    30
    30    20     0     0     0     0
     0     0     0    30     0    20
F =
    2460
```

结果与前面的手工计算一致。

最后指出，由于运输问题毕竟是线性规划问题，所以在去掉其数学模型 (3-1-1) 的约束方程组中的某一个，比如最后一个约束方程后可以调用前面给出的求解线性规划问题的程序 MMSimplex.m 求解，也可用 PrimalDualLP1.m 求解，还可利用前面给出的程序 SensitivityOfb.m 和 SensitivityOfc.m 进行灵敏度分析。

例 3.9 利用程序 MMSimplex.m 求解例 3.2 并进行灵敏度分析。

解 为方便起见，首先对变量重新编号，令 $x_{1i}(i=1,2,\cdots,6)$ 对应 $x_j(j=1,2,\cdots,6)$；$x_{2i}(i=1,2,\cdots,6)$ 对应 $x_k(k=7,8,\cdots,12)$；$x_{3i}(i=1,2,\cdots,6)$ 对应 $x_l(l=13,14,\cdots,18)$；$x_{4i}(i=1,2,\cdots,6)$ 对应 $x_m(m=19,20,\cdots,24)$。然后将例 3.2 的数学模型写出来 (略)，在例 3.8 输入相关矩阵和向量的基础上按照如下操作 (当然也可重新输入相关数据)：

```
>> A=[1 1 1 1 1 1 0 0 0 0 0 0 0 0 0 0 0 0 0 0 0 0 0 0;...
0 0 0 0 0 0 1 1 1 1 1 1 0 0 0 0 0 0 0 0 0 0 0 0;...
0 0 0 0 0 0 0 0 0 0 0 0 1 1 1 1 1 1 0 0 0 0 0 0;...
0 0 0 0 0 0 0 0 0 0 0 0 0 0 0 0 0 0 1 1 1 1 1 1;...
1 0 0 0 0 0 1 0 0 0 0 0 1 0 0 0 0 0 1 0 0 0 0 0;...
0 1 0 0 0 0 0 1 0 0 0 0 0 1 0 0 0 0 0 1 0 0 0 0;...
```

```
0 0 1 0 0 0 0 0 1 0 0 0 0 0 1 0 0 0 0 0 1 0 0 0;...
0 0 0 1 0 0 0 0 0 1 0 0 0 0 0 1 0 0 0 0 0 1 0 0 ;...
0 0 0 0 1 0 0 0 0 0 1 0 0 0 0 0 1 0 0 0 0 0 1 0];
>> b=[Supply;Demand(1:end-1)];
>> c=[Cost(1,:)';Cost(2,:)';Cost(3,:)';Cost(4,:)'];
>> [xstar,fxstar,A0,IB,iter]=MMSimplex(A,b,-c)
xstar =
Columns 1 through 17
0  0  50  0  0  0  0  0  20  0  10 30 30  20  0  0  0
Columns 18 through 24
0  0  0  0  30  0  20
fxstar =
       -2460
iter =
    16
>> [UOfDeltac,LOfDeltac]=SensitivityOfc(A,b,-c)
输入原始变量的个数24
c1的当前值为-16,变化范围为[-Inf,-14]
c2的当前值为-16,变化范围为[-Inf,-14]
c3的当前值为-13,变化范围为[-15,Inf]
c4的当前值为-22,变化范围为[-Inf,-15]
c5的当前值为-17,变化范围为[-Inf,-15]
c6的当前值为-17,变化范围为[-Inf,-15]
c7的当前值为-14,变化范围为[-14,-12]
c8的当前值为-14,变化范围为[-Inf,-14]
c9的当前值为-13,变化范围为[-15,-11]
c10的当前值为-19,变化范围为[-Inf,-15]
c11的当前值为-15,变化范围为[-17,Inf]
c12的当前值为-15,变化范围为[-17,-14]
c13的当前值为-19,变化范围为[-21,-19]
c14的当前值为-19,变化范围为[-19,Inf]
c15的当前值为-20,变化范围为[-Inf,-18]
c16的当前值为-23,变化范围为[-Inf,-20]
c17的当前值为-100000,变化范围为[-Inf,-20]
```

```
c18的当前值为-100000,变化范围为[-Inf,-20]
c19的当前值为-100000,变化范围为[-Inf,1]
c20的当前值为0,变化范围为[-Inf,1]
c21的当前值为-100000,变化范围为[-Inf,2]
c22的当前值为0,变化范围为[-3,Inf]
c23的当前值为-100000,变化范围为[-Inf,0]
c24的当前值为0,变化范围为[-1,2]
>> [UOfDeltac,LOfDeltac]=SensitivityOfb(A,b,-c)
b1的当前值为50,变化范围为[20,70]
b2的当前值为60,变化范围为[30,Inf]
b3的当前值为50,变化范围为[20,50]
b4的当前值为50,变化范围为[30,Inf]
b5的当前值为30,变化范围为[30,60]
b6的当前值为20,变化范围为[20,50]
b7的当前值为70,变化范围为[70,100]
b8的当前值为30,变化范围为[30,50]
b9的当前值为10,变化范围为[10,40]
```

不难看出，所求结果与例 3.8 是一样的。但也可看出，在例 3.8 里最多经过 5 次迭代 (与求解初始基可行解所采用的方法有关) 即得到最优解，这里却经过了 16 次迭代才得到最优解。显然，对于运输问题，表上作业法的计算效率高于单纯形法。

3.4 应用举例

本节通过几个例题说明运输问题的建模和求解。

例 3.10 (转运问题) 考虑由两个产地 A_1, A_2 运输某种物资到 3 个销地 B_1, B_2, B_3 的运输问题。相关数据见表 3-40。现在假定每个产地和每个销地都可作为转运点，即该物资可经由转运点运输到销地。产地及销地的单位运价见表 3-41 和表 3-42。试求总运费最小的运输方案。

表 3-40 产销平衡单位运费表

产地＼销地	B_1	B_2	B_3	产量
A_1	10	20	30	100
A_2	20	50	40	200
销量	100	100	100	

表 3-41 产地之间的运费表

产地＼产地	A_1	A_2
A_1	0	30
A_2	30	0

表 3-42 销地之间的运费表

销地＼销地	B_1	B_2	B_3
B_1	0	40	10
B_2	40	0	20
B_3	10	20	0

解 一般的运输问题是将物资从每个产地直接运输到每个销地。这种问题则是物资可能通过其他产地和销地转运到需要的地方。某些情况下，这种转运可能更合算。处理的方法仍然是将其化为产销平衡的运输问题。实际上，由于每个产地或销地都可作为转运点，故可将这 5 个地方看成既是产地也是销地的运输问题。因为任意一个地方均可作为转运点，全部物资均可在任意一点集中，但我们不考虑物资反复倒运，所以每个地方的转运量应该等于原始问题中的总供应量或总需求量 (这里考虑的是产销平衡问题)，即 300。但两个产地仍为产地时，供应量应为 $100+300, 200+300$，当 3 个销地仍为销地时，其需求量则应为 $100+300, 100+300, 100+300$。于是，可以得到一个扩展的产销平衡的运输问题，其产销平衡单位运费表为表 3-43。

表 3-43 产销平衡单位运费表

产地＼销地	A_1	A_2	B_1	B_2	B_3	产量
A_1	0	30	10	20	30	400
A_2	30	0	20	50	40	500
B_1	10	20	0	40	10	300
B_2	20	50	40	0	20	300
B_3	30	40	10	20	0	300
销量	300	300	400	400	400	

利用 MATLAB 程序计算如下：

```
>> Cost=[0 30 10 20 30;30 0 20 50 40;10 20 0 40 10;20 50 40 0 20;30 40
     10 20 0];
>> Supply=[400 500 300 300 300]';
>> Demand=[300 300 400 400 400]';
>> [X,F]=Transport(Cost,Supply,Demand)
```

这是产销平衡的运输问题。最优运输分配方案(矩阵X行对应生产方，列对应销售方)

及最优运费F为：

```
X =

   300      0      0    100      0
     0    300    200      0      0
     0      0    200      0    100
     0      0      0    300      0
     0      0      0      0    300

F =

    7000
```

计算结果表明，最优运输方案为：从 A_1 运输 100 个单位的物资给 B_2，从 A_2 运输 200 个单位的物资给 B_1，然后从 B_1 处转运 100 个单位的物资给 B_3。这时总的运费为 7000。

关于此题，若没有转运，该种物质是直接从产地运输到销地，则就是前面已经讨论过的产销平衡问题。此时，利用 Transport.m 计算的结果如下：

```
>> Cost1=[10 20 30;20 50 40];
>> Demand1=[100 100 100]';
>> Supply1=[100 200]';
>> [X,F]=Transport(Cost1,Supply1,Demand1)
```

这是产销平衡的运输问题。最优运输分配方案(矩阵X行对应生产方，列对应销售方)及最优运费F为：

```
X =

     0    100      0
   100      0    100

F =

    8000
```

即从 A_1 运输 100 个单位的物资给 B_2，从 A_2 分别运输 100 个单位的物资给 B_1 和 B_3，总运费为 8000。

下面看一个所谓的运输问题悖论。运输问题的悖论是指在某些运输问题本已求得最优解，即已找到总运费最小的运输方案时，在适当的产、销地增加产、销量使得总运量增加后运费不增反减的现象。

例 3.11(运输问题悖论) 设有 4 个产地 $A_i(i=1,2,3,4)$，5 个销地 $B_j(j=1,2,\cdots,5)$，各地的产量和销量及产地到销地的单位运费见表 3-44。(1) 求总运费最小的运输方案；(2) 如果 A_1,A_2 多生产 5 个单位，B_2 多销 10 个单位，求新的最优运输方案及其总运费。

表 3-44 产销平衡单位运费表

产地 \ 销地	B_1	B_2	B_3	B_4	B_5	产量
A_1	14	15	6	13	14	7
A_2	16	9	22	13	16	18
A_3	8	5	11	4	5	6
A_4	12	4	18	9	10	15
销量	4	11	12	8	11	

解 (1) 这是一个产销平衡的运输问题，可以利用手工计算，也可以利用 MATLAB 计算。这里利用 MATLAB 程序 Transport.m 求解。计算过程如下：

```
>> Cost=[14 15 6 13 14;16 9 22 13 16;8 5 11 4 5;12 4 18 9 10];
>> Supply=[7 18 6 15]';
>> Demand=[4 11 12 8 11]';
>> [X,F]=Transport(Cost,Supply,Demand)
这是产销平衡的运输问题。最优运输分配方案(矩阵X行对应生产方, 列对应销售方)
  及最优运费F为:
X =

     0     0     7     0     0
     4     6     0     8     0
     0     0     5     0     1
     0     5     0     0    10

F =

   444
```

计算结果表明，最优运输方案为：从 A_1 运输 7 个单位给 B_3，从 A_2 运输 4 个单位给 B_1，运输 6 个单位给 B_2，运输 8 个单位给 B_4，从 A_3 运输 5 个单位给 B_3，运输 1 个单位给 B_5，从 A_4 运输 5 个单位给 B_2，运输 10 个单位给 B_5。这时总运费为 444。

(2) 根据题设利用 Transport.m 计算如下：

```
>> Cost=[14 15 6 13 14;16 9 22 13 16;8 5 11 4 5;12 4 18 9 10];
>> Supply=[7+5 18 6+5 15]';
>> Demand=[4 11+10 12 8 11]';
>> [X,F]=Transport(Cost,Supply,Demand)
这是产销平衡的运输问题。最优运输分配方案(矩阵X行对应生产方, 列对应销售方)
  及最优运费F为:
X =
```

```
     0      0     12      0      0
     4      6      0      8      0
     0      0      0      0     11
     0     15      0      0      0
F =
   409
```

计算结果与 (1) 的计算结果相比即可看出总运量从 46 增加到 56，但总运费反而减少到 409。但是必须说明的是，并非增加所有的产、销量都会降低总运费。如本题中，如果是 B_3 销地增加 10 个单位的销量，产地增加的产量不变，则总运费将为 529。

某些问题从表面上看不是运输问题，但若其数学模型具有与运输问题一样的结构，则可以利用表上作业法求解。比如指派问题就可以利用表上作业法求解。指派问题是指，有 n 项任务需要 n 个人去完成，假设每个人都有能力完成其中的任何一件事情，但是每个人有自己的专长，所以每个人完成不同事情的效率 (比如完成的时间) 不同，现在要将这 n 项任务分配给这 n 个人，使得每个人有事情做，每件事情都有人去做的前提下，总的效率最高 (比如总的完成时间最少)。此外，诸如将 n 项加工任务分配给 n 台机床去完成，n 条运输线路安排 n 种不同类型的货车问题等都属于指派问题。

设 $x_{ij}(i,j=1,2,\cdots,)$ 为只取 0 或 1 的决策变量，取值为 1 表示分配第 i 个人去完成第 j 项工作，取值为 0 表示第 i 个人不去做第 j 项工作，那么每个人都有一件事情做与每件事情都有一个人去做可以表示为 (3-4-1) 中第一和第二个表达式。

$$\begin{cases} \sum_{j=1}^{n} x_{ij}=1, i=1,2,\cdots,n & \text{每个人都有一件事情做} \\ \sum_{i=1}^{n} x_{ij}=1, j=1,2,\cdots,n & \text{每件事情有一个人去做} \end{cases} \tag{3-4-1}$$

若第 i 个人完成第 j 项工作的时间可以用 c_{ij} 来表示，则完成任务的总效率可用完成该项任务的总时间来表示，于是总的效率最高即等价于总的时间最少。故得到指派问题的数学模型为：

$$\min \quad z=\sum_{i=1}^{n}\sum_{j=1}^{n} c_{ij}x_{ij}$$

$$\text{s.t.} \quad \begin{cases} \sum_{j=1}^{n} x_{ij}=1, \quad i=1,2,\cdots,n \\ \sum_{i=1}^{n} x_{ij}=1, \quad j=1,2,\cdots,n \\ x_{ij}=0,1, i=1,2,\cdots,n; j=1,2,\cdots,n \end{cases} \tag{3-4-2}$$

比较模型 (3-4-2) 和 (3-1-1) 即知，可将指派问题看成为 n 个产地，每个产地的产量为 1，n 个销地，每个销地的销量也为 1 的产销平衡的运输问题。于是可用表上作业法求其解。此外，常用匈牙利法求解指派问题 (略)。对于其他的指派问题，若目标函数是求极大，则可先求其相反函数的极小，这样也可用表上作业法求解。

例 3.12 (利用表上作业法求解指派问题)　有一份中文说明书需要翻译成英、日、德、俄 4 种语言。现有甲、乙、丙、丁 4 个人有能力完成这项翻译任务，但每个人的专长不同，翻译成不同语言所需的时间不同，具体见表 3-45。问：应如何安排翻译任务使得所需总时间最少？

表 3-45　不同的人翻译成不同语言所需时间/h

任务 / 人员 / 时间/h	英语	日语	德语	俄语
甲	2	15	13	4
乙	10	4	14	15
丙	9	14	16	13
丁	7	8	11	9

解　利用 MATLAB 程序 Transport.m 求解，过程及结果如下：

```
>> Cost=[2 15 13 4;10 4 14 15;9 14 16 13;7 8 11 9];
>> Supply=[1 1 1 1]';
>> Demand=[1 1 1 1]';
>> [X,F]=Transport(Cost,Supply,Demand)
这是产销平衡的运输问题。最优运输分配方案(矩阵X行对应生产方，列对应销售方)
  及最优运费F为：
X =
     0          0          0          1
     0          1          0          0
     1          0          0          0
     0          0          1          0
F =
     28
```

计算结果表明，安排甲翻译俄文，乙翻译日文，丙翻译英文，丁翻译德文，这样总的时间为 28h。

习题 3

1. 表 3-46 和表 3-47 是某两个运输问题的有关数据，试分别用西北角法、最小元素法以及伏格尔法求其初始基可行解，最后利用表上作业法求其最优解。

表 3-46 产销平衡单位运输表

产地＼销地	B_1	B_2	B_3	B_4	供应量
A_1	4	12	20	15	2
A_2	17	8	12	13	6
A_3	18	5	15	10	7
需求量	3	3	4	5	

表 3-47 产销平衡单位运输表

产地＼销地	B_1	B_2	B_3	供应量
A_1	10	2	20	5
A_2	20	10	1	3
A_3	5	8	7	4
A_4	9	30	10	6
需求量	9	4	8	

2. 已知 4 个运输问题的供需关系及单位运费表如表 3-48～ 表 3-51。试用表上作业法求其最优解并利用 MATLAB 程序 Transport.m 求其最优解。其中，表中的“–”表示两地之间无通路。

表 3-48 产销平衡单位运输表

产地＼销地	B_1	B_2	B_3	B_4	供应量
A_1	18	14	17	12	100
A_2	5	8	13	15	100
A_3	17	7	12	9	150
需求量	50	70	60	80	

表 3-49 产销平衡单位运输表

产地＼销地	B_1	B_2	B_3	B_4	供应量
A_1	3	2	7	6	50
A_2	7	5	2	3	60
A_3	2	5	4	5	25
需求量	60	40	20	15	

表 3-50 产销平衡单位运输表

产地＼销地	B_1	B_2	B_3	B_4	B_5	供应量
A_1	10	20	5	9	10	9
A_2	2	10	8	30	6	4
A_3	1	20	7	10	4	8
需求量	3	5	4	6	3	

表 3-51 产销平衡单位运输表

产地＼销地	B_1	B_2	B_3	B_4	B_5	供应量
A_1	8	6	3	7	5	20
A_2	5	–	8	4	7	30
A_3	6	3	9	6	8	30
需求量	25	25	20	10	20	

3. 已知运输问题的产销平衡表、单位运费表及最优调运方案分别如表 3-52 和表 3-53。试回答：(1) 从 A_2 到 B_2 的单位与运费 c_{22} 在什么范围内变化时上述最优调运方案不变？(2) 从 A_2 到 B_4 的单位运费 c_{24} 变为何值时有无穷多的最优调运方案？并写出至少一个不同于表 3-52 中的最优调运方案。

表 3-52 产销平衡表及最优调运方案

产地＼销地	B_1	B_2	B_3	B_4	产量
A_1		5		10	15
A_2	0	10	15		25
A_3	5				5
销量	5	15	15	10	

表 3-53 单位运费表

产地＼销地	B_1	B_2	B_3	B_4
A_1	10	1	20	11
A_2	12	7	9	20
A_3	2	14	16	18

4. 某百货公司拟去外地采购 A, B, C, D 共 4 种规格的某种物质，数量分别为 1500 套、2000 套、3000 套和 3500 套。有甲、乙、丙 3 个城市可供应上述物质，能够供应的量分别为甲 2500 套，乙 2500 套，丙 5000 套。由于这些城市的服装质量、运费和销售情况不同，预计售出后的利润 (元/套) 也不同。请帮助该公司确定一个预期盈利最大的采购方案。

表 3-54 预期盈利表

产地＼销地	A	B	C	D
甲	10	5	6	7
乙	8	2	7	6
丙	9	3	4	8

5. 某玩具公司生产 3 种新型玩具，每月可供应量分别为 1000 件、2000 件和 2000 件，它们分别被送到甲、乙、丙 3 个百货商店销售。已知每月百货商店各类玩具的预期销售量均为 1500 件，由于经营方面的原因，各商店销售不同玩具的盈利额 (元/件) 不同，如表 3-55。又知丙百货商店要求至少供应 C 玩具 1000 件，且拒绝购进 A 玩具。求在满足上述条件下使得总盈利额最大的供销分配方案。

表 3-55 各商店销售不同玩具的盈利表

玩具＼商店	甲	乙	丙	可供应量
A	5	4	–	1000
B	16	8	9	2000
C	12	10	11	2000

6. 考虑把 4 道工序分配到 4 台机床上加工的问题。分配成本 (元) 见表 3-56。问：如何分配才能使得总成本最小？

表 3-56 不同机床加工的成本

工序＼机床	A	B	C	D
1	5	7	9	2
2	7	4	2	3
3	9	3	5	4
4	7	2	6	7

7. 甲、乙、丙 3 个城市每年需要煤炭 320 万 t、250 万 t 和 350 万 t，这些煤炭由 A, B 两煤矿供应，两煤矿每年的产量分别为 400 万 t 和 450 万 t。两煤矿至各城市的煤炭运费见表 3-57。由于需求大于供应，经协商，必要时可少供应甲城市 $0 \sim 30$ 万 t，乙城市需求量必须全部满足，丙城市需求量不少于 270 万 t。试求将 A 和 B 两煤矿的产量全部分配出去并满足上述条件又使得运费最低的调运方案。

表 3-57 煤矿到各城市的煤炭运费 (万元/万 t)

煤矿＼城市	甲	乙	丙
A	15	18	22
B	21	25	16

8. 某厂每月最多生产某种物质 270 万 t，先运至 1，2，3 号仓库，然后再分别运至 A,B,C,D,E 5 个销售地区。已知各仓库的容量分别为 50t、100t 和 150t，各地区的需求量分别为 25t、105t、60t、30t 和 70t。又假设从该厂经由各仓库供应各地区的运费和储存费见表 3-58。试确定一个使总运费最低的调运方案。

表 3-58 各地区的运费和储存费用

仓库＼地区	A	B	C	D	E
1	10	15	20	20	40
2	20	40	15	30	30
3	30	35	40	55	25

9. 产地 A_1,A_2 以及销地 B_1,B_2,B_3 的有关数据见表 3-59。B_1,B_2,B_3 允许物质缺货，A_1,A_2 允许储存。试用表上作业法求总费用最低的调运方案，并写出其数学模型，然后再用单纯形法和 MATLAB 程序 MMSimplex.m 求解，并比较计算所花费的时间和迭代次数。

表 3-59 允许缺货、允许储存及相应的单位运费表

产地＼销地	B_1	B_2	B_3	供应量	允许储存的量
A_1	4	6	8	200	5
A_2	6	2	4	200	4
需求量	50	100	100		
允许缺货的量	3	8	5		

CHAPTER 4 第 4 章

目 标 规 划

学习目标与要求

1. 掌握目标规划的有关概念，了解目标规划与线性规划之间的区别和联系。
2. 掌握求解目标规划的单纯形法并会用 MATLAB 求解目标规划问题。
3. 初步掌握建立目标规划数学模型的方法。

4.1 目标规划问题及其数学模型

在前面的各种问题中，考虑的目标都是单一的，但是实际问题往往需要同时考虑至少两个目标。比如，证券市场上的投资人往往在资金有限及投资偏好的情况下希望收益最大的同时风险最低。这类问题的数学规划模型称为多目标规划。特别，若目标函数和约束条件都是线性函数时，则简称为目标规划。目标规划是由美国运筹学家 A. Charnes 和 W. W. Cooper 于 1961 年最先提出来的。这种方法一经提出即得到广泛的重视和迅速发展，因为它与传统方法不同，这种方法强调了系统性和多元选择，它的目的在于对决策者同时考虑多个目标时提供一个“尽可能”满足所有目标的满意解，而不是绝对意义的最优解，因而在解决多个目标问题时更具有实际意义。

4.1.1 目标规划问题的提出

数学模型是用数学语言来描述实际问题。如果人们在生产活动中面对的是单一目标且目标函数和约束条件都能用线性函数来表示，那么线性规划就是一种有力的工具。但是，人们往往需要同时考虑多个目标，且实现这些目标往往都是矛盾的，即若要达到某个目标可能会破坏另一个目标的完成。下面以第 1 章的模型引入 1.1 为例进一步说明这点。

✍ **模型引入 4.1** (多个目标问题)　在模型引入 1.1 的假设基础上，考虑到市场因素，甲、乙两种产品的产量之和要求至少为 2 个单位，同时假设原料 A 的单价为 2 元，原料 B 的单价为 3 元，若决策者希望利润达到最大的同时成本最低，则该工厂应该如何安排生产？

解　设生产甲、乙产品各为 x_1, x_2 个单位，由模型 1.1 的假设以及这里新的假设，生产甲、乙产品必须满足：

$$\begin{cases} 2x_1 + 3x_2 \leqslant 16 & \text{原料 A 的限制} \\ 4x_1 + \ x_2 \leqslant 12 & \text{原料 B 的限制} \\ x_1 + \ x_2 \geqslant 2 & \text{甲、乙两产品之和至少有两个单位} \\ x_1 \geqslant 0, x_2 \geqslant 0 \end{cases} \tag{4-1-1}$$

根据题意，目标有两个，其一是利润最大，即 $\max z_1 = 6x_1 + 7x_2$；其二是成本最低，即 $\min z_2 = 2 \times (2x_1 + 3x_2) + 3 \times (4x_1 + x_2) = 16x_1 + 9x_2$。

如果决策者希望在满足式 (4-1-1) 的基础上绝对地完成这两个目标，那么不难看出，这样的生产将无法进行。实际上，将这两个目标及约束条件在笛卡儿直角坐标系中画出 (见图 4-1)，即可直观地看出这点。

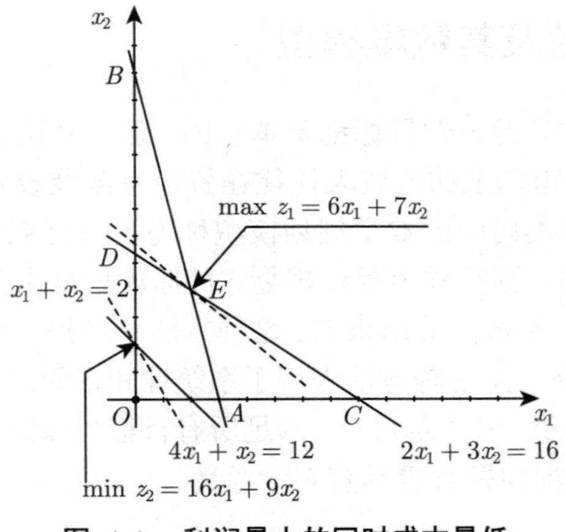

图 4.1　利润最大的同时成本最低

实际上，人们在处理多个目标问题时有两个显著的特点：其一是，在面对多个目标，特别是互相矛盾的目标时，人们会将这些目标按照其重要程度排序，这种排序当然反映了决策者的主观意愿，不是绝对的顺序；其二是，对于每个目标，人们心里会有一个理想值或预期值，不会是盲目的要求某个目标达到最大或最小。比如在这个问题中，决策者可能会要求在成本不超过 36 元的基础上使得利润越大越好，最好能超过 40 元。这就是说，该决策者认为成本控制是第一位的，利润是第二位的，且成本控制的理想值是 36 元，利润则是在此基础上越大越好，且利润的理想值是 40 元。按照这种想法，通过图解法不难得出最满意的生产方案是 $x_1^*=0, x_2^*=4$，即图 4-2 中的 F 点。此时，第一目标，即成本控制不超过 36 元得到了满足，但利润却只有 28 元，未达到原来的预期。

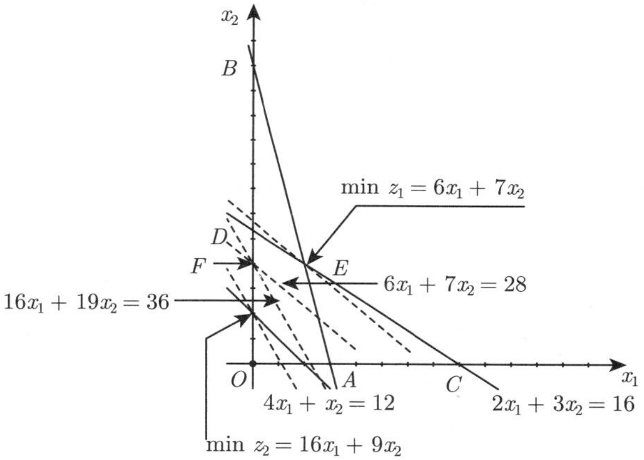

图 4.2 成本控制在 36 元时利润最大的生产方案

4.1.2 基本概念及一般模型

有鉴于上面的讨论，人们在处理多个目标问题时一定会给每个目标一个理想值或预期值，同时会对这些目标进行一个排序。设决策者欲处理的目标有 K 个，第 k 个目标的数学表达式为

$$\sum_{j=1}^{n} c_{kj}x_{kj} \tag{4-1-2}$$

式 (4.1.2) 表达了决策变量在满足模型的各项条件后该目标的实际值，若决策者对这个目标给出的理想值为 g_k，则最后的实际值或者等于理想值，或者不超过理想值或者不低于理想值。记 d_k^- 表示实际值未达到理想值的部分，称为负偏差；d_k^+ 表示实际值超过理想值的部分，称为正偏差。那么，正、负偏差变量和实际值与理想值之间存在这样一种联系：

$$\sum_{j=1}^{n} c_{kj}x_{kj} + d_k^- - d_k^+ = g_k \tag{4-1-3}$$

其中，$d_k^- \geqslant 0, d_k^+ \geqslant 0$ 且 $d_k^- \times d_k^+ = 0$。

于是，要求该目标最后的实际值超过原定的理想值，即是要求 d_k^- 最好是 0，是否能达到 0，关键还要看其他的目标以及该目标的重要性。类似地，要求该目标最后的实际值不超过原定的理想值，即是要求 d_k^+ 最好是 0，要求实际值刚好等于原定的理想值，即是要求最好能有 $d_k^- = d_k^+ = 0$。注意到 $d_k^- \geqslant 0, d_k^+ \geqslant 0$，这些要求即是 $\min d_k^-$ 或 $\min d_k^+$ 或 $\min d_k^- + d_k^+$。

至于不同目标的重要程度，可以引进所谓的优先因子 P_k 来表达，即对最重要的目标赋予优先因子 P_1，对第二重要的目标赋予优先因子 P_2 ……若同样重要，则可以在同一个优先等级里通过加权系数来反映，并规定：

$$P_1 \gg P_2 \gg \cdots \gg P_K \tag{4-1-4}$$

其中，符号“≫”表示“远大于”的意思。

这样，在上面的模型引入 4.1 中，可以写出最后的数学模型为：

$$\begin{aligned}
&\min \quad z = P_1 d_1^+ + P_2 d_2^- \\
&\text{s.t.} \\
&\begin{cases}
16x_1 + 9x_2 + d_1^- - d_1^+ = 36 \\
6x_1 + 7x_2 + d_2^- - d_2^+ = 40 \\
2x_1 + 3x_2 \leqslant 16 \\
4x_1 + x_2 \leqslant 12 \\
x_1 + x_2 \geqslant 2 \\
x_1 \geqslant 0, x_2 \geqslant 0, d_i^- \geqslant 0, d_i^+ \geqslant 0, i = 1, 2
\end{cases}
\end{aligned} \tag{4-1-5}$$

将上面的模型抽象并推广，则有目标规划的一般数学模型为：

$$\begin{aligned}
&\min \quad z = \sum_{l=1}^{L} P_l \sum_{k=1}^{K} (\omega_{lk}^- d_k^- + \omega_{lk}^+ d_k^+) \\
&\text{s.t.} \\
&\begin{cases}
\sum_{j=1}^{n} c_{kj} x_j + d_k^- - d_k^+ = g_k, \quad k = 1, 2, \cdots, K \\
\sum_{j=1}^{n} a_{ij} x_j \leqslant (=, \geqslant) b_i, \quad i = 1, 2, \cdots, m \\
x_j \geqslant 0, \quad j = 1, 2, \cdots, n \\
d_k^-, d_k^+ \geqslant 0, \quad k = 1, 2, \cdots, K
\end{cases}
\end{aligned} \tag{4-1-6}$$

式 (4.1.4) 中 $P_1 \gg P_2 \gg \cdots \gg P_L$ 表示必须首先满足第一优先目标，在第一优先目标得到满足的情况下满足第二优先目标…… $\omega_{lk}^-, \omega_{lk}^+$ 都是权重系数。权重系数、优先等级目标值等都具有一定程度的主观性和模糊性，可以通过各种方法量化。

模型 (4-1-6) 中带有 d_k^-, d_k^+ 的约束条件称为目标约束或软约束，一般是从各个目标函数与其理想值得到的。也可能是原来的约束由于允许其变化而得到。其他约束称为硬约束，是问题中绝对不能违反的约束。目标函数则称为达成函数。目标规划的解称为满意解。

4.1.3 目标规划问题的图解法

在目标规划的一般模型 (4-1-6) 中，优先权因子 $P_i(i=1,2,\cdots,L)$ 是实数，因此这是一个关于决策变量 x_i 及正、负偏差变量 d_k^-, d_k^+ 的线性规划问题。由于线性函数 (取等式) 将整个空间分成两部分，根据 d_k^-, d_k 的含义，d_k^-, d_k 只是反映了决策变量应该落在某一部分，所以在只有两个决策变量时，可以通过图解法求解目标规划问题。图解法求解目标规划问题的步骤为：

(1) 在笛卡儿直角坐标系中画出目标规划问题的所有硬约束及软约束中暂不考虑正、负偏差变量的直线。

(2) 在暂不考虑正、负偏差变量的软约束所表示的直线上标示出 d_k^-, d_k^+ 不为零的方向。

(3) 首先考虑第一优先目标所满足的区域，然后在该区域里考虑第二优先目标，依次进行。若在优先等级高的区域里无法满足优先等级低的目标，则终止。挑选最小破坏低等级的点或区域得到目标规划的满意解。

例 4.1 利用图解法求解目标规划问题：

$$\begin{aligned}&\min \quad z=P_1(d_1^-+d_1^+)+P_2d_2^-\\&\text{s.t.}\\&\qquad\begin{cases}2x_1+\ 5x_2+d_1^--d_1^+=19\\2x_1+\quad x_2+d_2^--d_2^+=8\\10x_1+12x_2 \qquad\qquad \leqslant 70\\ \quad x_1\geqslant 0,x_2\geqslant 0,d_i^-\geqslant 0,d_i^+\geqslant 0,i=1,2.\end{cases}\end{aligned} \tag{4-1-7}$$

解 根据上面所说的作图步骤画出其所有硬约束及暂不考虑正、负偏差变量的软约束直线，并在软约束直线上标示出正、负偏差变量不为零的方向。注意到正偏差不为零时负偏差一定等于零，这时正偏差变量不等于零的方向等价于该直线方程取大于号。负偏差不等于零的方向类似。具体见图 4-3。

考虑到第一优先目标是对 $d_1^-+d_1^+$ 取极小，即要求 $d_1^-=d_1^+=0$，故在满足硬约束的基础上，可行解应该位于直线段 DH 上。在此基础上考虑第二优先目标，即对 d_2^- 取极小，也就是要求 $d_2^-=0$。此时，可行解应该在 d_2^+ 不等于零的方向上，也就是直线段 DH 上面满足 d_2^+ 不等于零的方向的那些点。显然，DI 满足这个要求。故直线段 DI 上的所有点即为该问题的满意解。D 是直线 BG 与直线 CH 的交点，解方程组得到 D 的坐标

为 (4.7, 1.92)。I 是直线 CH 与直线 AF 的交点，解方程组得到 I 的坐标为 (2.625, 2.75)。取 $0 \leqslant \lambda \leqslant 1$，则该问题的所有满意解可以表示为：

$$x_1 = 4.7\lambda + 2.625(1-\lambda) = 2.625 + 2.075\lambda$$
$$x_2 = 1.92\lambda + 2.75(1-\lambda) = 2.75 - 0.83\lambda$$

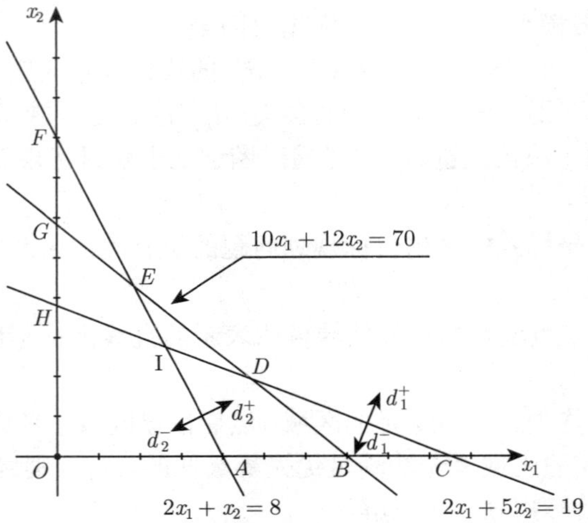

图 4.3　例 4.1 的图解法

例 4-1 说明，虽然目标规划问题总是让某些正、负偏差变量取极小，即总是试图让这些偏差变量等于零，但由于目标之间可能是互相矛盾的，所以一般来说不可能同时让所有的目标达成，故最后得到的解称为满意解而不是最优解。

4.2　单纯形法及灵敏度分析

从数学的角度来看，目标规划的模型 (4-1-6) 除了价值系数是一些具有特殊关系，但一般不能用具体实数代替的参数外，其他与一般的线性规划问题无异。所以，可以利用单纯形法求解模型 (4-1-6) 并可以对其进行灵敏度分析。

4.2.1　求解目标规划的单纯形法

利用单纯形表求解模型 (4-1-6) 时，由于检验数一定与价值系数，即优先因子有关，为避免误判，优先因子不能用具体实数取代。这样，每个检验数将会是关于优先因子的很长的表达式。因此，在一般求解线性规划问题的单纯形表的基础上作一个改变，将检验数按照以前的方法求解出来以后，按照优先因子从高到低的顺序将每个检验数的系数排列出来，并且检验数的正、负由高等级的优先因子前面的系数决定。除此以外，所有的计算以及挑选换入变量和换出变量的方法与一般线性规划问题的单纯形表的方法没有区别。下面通过两个例题加以说明。

例 4.2 利用单纯形法求解例 4.1。

解 首先将其化为如下标准形式的线性规划：

$$\min \quad z = P_1 d_1^- + P_1 d_1^+ + P_2 d_2^-$$

$$\text{s.t.} \begin{cases} 2x_1 + 5x_2 + d_1^- - d_1^+ = 19 \\ 2x_1 + x_2 + d_2^- - d_2^+ = 8 \\ 10x_1 + 12x_2 + x_3 = 70 \\ x_1 \geqslant 0, x_2 \geqslant 0, x_3 \geqslant 0, d_i^- \geqslant 0, d_i^+ \geqslant 0, i = 1, 2 \end{cases} \tag{4-2-1}$$

建立初始单纯形表 4-1：

表 4-1 例 4.1 的初始单纯形表

c_j			0	0	0	P_1	P_1	P_2	0	θ
$\boldsymbol{c}_B$	$\boldsymbol{X}_B$	$\boldsymbol{b}$	x_1	x_2	x_3	d_1^-	d_1^+	d_2^-	d_2^+	
P_1	d_1^-	19	2	[5]	0	1	−1	0	0	19/5
P_2	d_2^-	8	2	1	0	0	0	1	−1	8
0	x_3	70	10	12	1	0	0	0	0	35/6
$\sigma_j = c_j - z_j$		P_1	−2	−5	0	0	2	0	0	
		P_2	−2	−1	0	0	0	0	1	

表 4-1 中检验数的计算方法仍然是

$$\sigma_j = c_j - z_j = c_j - \sum_{i=1}^{m} c_i a_{ij}$$

比如，$\sigma_1 = 0 - (P_1 \times 2 + P_2 \times 2 + 0 \times 10) = -2P_1 - 2P_2$，计算检验数以后按照 P_1, P_2 的顺序将其系数填写在表中。检查检验数时，首先看 P_1 行，若 P_1 行有负数，则说明该负数所对应的检验数为负，此时绝对值最大者对应的非基变量为换入变量，挑选换出变量的方法与前面所说一致，即按照 θ 规则挑选换出变量。

若 P_1 行没有负数，即 P_1 行都是零或正数，则忽略正数而检查那些零所在列的 P_2 行元素，依此类推。当检验数部分的所有优先因子所在行都为零元素或正数时，则得到最优解，这个最优解是从单纯形表的角度来说的，而从目标规划的角度来说，即得到了问题的满意解。因此，在表 4-1 中 x_2 为换入变量，而 d_1^- 为换出变量。继续迭代，过程见表 4-2。

从最终单纯形表中可以看出，所有非基变量的检验数均已满足最优检验规则，即全部大于或等于零，故得到最优解 (单纯形表意义下) 为 $x_1^* = 21/8 = 2.625, x_2^* = 11/4 = 2.75$。此解即为图 4-3 中的 I 点。

表 4-2　例 4.1 的单纯形表后继迭代过程

c_j			0	0	0	P_1	P_1	P_2	0	θ
c_B	X_B	b	x_1	x_2	x_3	d_1^-	d_1^+	d_2^-	d_2^+	
0	x_2	19/5	2/5	1	0	1/5	−1/5	0	0	19/2
P_2	d_2^-	21/5	[8/5]	0	0	−1/5	1/5	1	−1	21/8
0	x_3	122/5	26/5	0	1	−12/5	12/5	0	0	61/13
$\sigma_j = c_j - z_j$		P_1	0	0	0	1	1	0	0	
		P_2	−8/5	0	0	1/5	−1/5	0	1	
0	x_2	11/4	0	1	0	1/4	−1/4	−1/4	1/4	
0	x_1	21/8	1	0	0	−1/8	1/8	5/8	−5/8	
0	x_3	43/4	0	0	1	−7/4	7/4	−13/4	13/4	
$\sigma_j = c_j - z_j$		P_1	0	0	0	1	1	0	0	
		P_2	0	0	0	0	0	1	0	

这个解只是原目标规划问题满意解中的一个。注意到最终单纯形表中非基变量 d_2^+ 的检验数为 0，故有无穷多组解。实际上，在上述最终单纯形表中选用 d_2^+ 为换入变量继续迭代则可得到另一个解 $x_1^* = 61/13 = 4.6923, x_2^* = 25/13 = 1.9231$。迭代过程见表 (4-3)。此解即为图 4-3 中的 D 点。从而连接 I 和 D 两点线段中的所有点均为原问题的满意解。

表 4-3　例 4.1 的另一个单纯形表及其迭代过程

c_j			0	0	0	P_1	P_1	P_2	0	θ
c_B	X_B	b	x_1	x_2	x_3	d_1^-	d_1^+	d_2^-	d_2^+	
0	x_2	11/4	0	1	0	1/4	−1/4	−1/4	1/4	11
0	x_1	21/8	1	0	0	−1/8	1/8	5/8	−5/8	−
0	x_3	43/4	0	0	1	−7/4	7/4	−13/4	[13/4]	43/12
$\sigma_j = c_j - z_j$		P_1	0	0	0	1	1	0	0	
		P_2	0	0	0	0	0	1	0	
0	x_2	25/13	0	1	−1/13	5/13	−5/13	0	0	
0	x_1	61/13	1	0	5/26	−6/13	6/13	0	0	
0	d_2^+	43/13	0	0	4/13	−7/13	7/13	−1	1	
$\sigma_j = c_j - z_j$		P_1	0	0	0	1	1	0	0	
		P_2	0	0	0	0	0	1	0	

例 4.3　利用单纯形法计算目标规划问题 (4-1-5)。

解　首先将其化为标准形式：

$$\min \quad z = P_1 d_1^+ + P_2 d_2^-$$

$$\text{s.t.} \begin{cases} 16x_1 + 9x_2 + d_1^- - d_1^+ = 36 \\ 6x_1 + 7x_2 + d_2^- - d_2^+ = 40 \\ 2x_1 + 3x_2 + x_3 = 16 \\ 4x_1 + x_2 + x_4 = 12 \\ x_1 + x_2 - x_5 = 2 \\ x_j \geqslant 0, j = 1, \cdots, 5.\ d_i^- \geqslant 0, d_i^+ \geqslant 0, i = 1, 2 \end{cases} \tag{4-2-2}$$

显然，还需要一个人工变量才能用单纯形表的方法求解，故添加人工变量 $x_6 \geqslant 0$，利用大 M 法，于是有式 (4-2-3)

$$
\begin{aligned}
&\min \quad z = P_1 d_1^+ + P_2 d_2^- + M x_6 \\
&\text{s.t.} \\
&\begin{cases}
16x_1 + 9x_2 + d_1^- - d_1^+ = 36 \\
6x_1 + 7x_2 + d_2^- - d_2^+ = 40 \\
2x_1 + 3x_2 + x_3 = 16 \\
4x_1 + x_2 + x_4 = 12 \\
x_1 + x_2 - x_5 + x_6 = 2 \\
x_j \geqslant 0, j = 1, \cdots, 6. \ d_i^- \geqslant 0, d_i^+ \geqslant 0, i = 1, 2
\end{cases}
\end{aligned}
\tag{4-2-3}
$$

建立式 (4-2-3) 的初始单纯形表 (表 4-4)。

表 4-4　例 4.3 的初始单纯形表

	c_j		0	0	0	0	0	M	0	P_1	P_2	0	θ
$\boldsymbol{c}_B$	$\boldsymbol{X}_B$	$\boldsymbol{b}$	x_1	x_2	x_3	x_4	x_5	x_6	d_1^-	d_1^+	d_2^-	d_2^+	
0	d_1^-	36	16	9	0	0	0	0	1	−1	0	0	4
P_2	d_2^-	40	6	7	0	0	0	0	0	0	1	−1	40/7
0	x_3	16	2	3	1	0	0	0	0	0	0	0	16/3
0	x_4	12	4	1	0	1	0	0	0	0	0	0	12
M	x_6	2	1	[1]	0	0	−1	1	0	0	0	0	2
$\sigma_j = c_j - z_j$		P_1	0	0	0	0	0	0	0	1	0	0	
		P_2	−6	−7	0	0	0	0	0	0	0	1	
		M	−1	−1	0	0	1	0	0	0	0	0	

在表 4-4 中的检验数位置除了优先因子外，还有大 M。大 M 表示任意大的正数，一般也不能用具体的实数代替。由于目标规划的含义，当检验数中即有优先因子也有大 M 时，确定其符号的还是高等级的优先因子的系数的符号。因此，从表 4-4 中可以看到，应该选取 x_2 为换入变量，按照 θ 规则，选取 x_6 为换出变量。继续迭代，过程见表 4-5。

从最终单纯形表中得到 $x_1^* = 0, x_2^* = 4(x_3^* = 4, x_4^* = 8, x_5^* = 2, x_6^* = 0)$，而且 $d_1^+ = 0, d_2^- = 12$ 表明第一优先目标完成，而第二优先目标未完成，且距离理想的利润 40 元少了 12 元。实际上，这就是图 4-2 中的 F 点。

表 4-5　例 4.3 的单纯形表后继迭代过程

c_j			0	0	0	0	0	M	0	P_1	P_2	0	θ
$\boldsymbol{c}_B$	$\boldsymbol{X}_B$	$\boldsymbol{b}$	x_1	x_2	x_3	x_4	x_5	x_6	d_1^-	d_1^+	d_2^-	d_2^+	
0	d_1^-	18	7	0	0	0	[9]	[−9]	1	−1	0	0	2
P_2	d_2^-	26	−1	0	0	0	7	−7	0	0	1	−1	26/7
0	x_3	10	−1	0	1	0	3	−3	0	0	0	0	10/3
0	x_4	10	3	0	0	1	1	−1	0	0	0	0	10
0	x_2	2	1	1	0	0	−1	1	0	0	0	0	—
$\sigma_j = c_j - z_j$		P_1	0	0	0	0	0	0	0	1	0	0	
		P_2	1	0	0	0	−7	7	0	0	0	1	
		M	0	0	0	0	0	1	0	0	0	0	
0	x_5	2	7/9	0	0	0	1	−1	1/9	−1/9	0	0	
P_2	d_2^-	12	−58/9	0	0	0	0	0	−7/9	7/9	1	−1	
0	x_3	4	−30/9	0	1	0	0	0	−1/3	1/3	0	0	
0	x_4	8	20/9	0	0	1	0	0	−1/9	1/9	0	0	
0	x_2	4	16/9	1	0	0	0	0	1/9	−1/9	0	0	
$\sigma_j = c_j - z_j$		P_1	0	0	0	0	0	0	0	1	0	0	
		P_2	58/9	0	0	0	0	0	7/9	−7/9	0	1	
		M	0	0	0	0	0	1	0	0	0	0	

4.2.2　目标规划的灵敏度分析

目标规划的灵敏度分析与一般线性规划问题的灵敏度分析基本相同。这里仅仅通过两个例题讨论优先因子改变时的灵敏度分析和约束条件右端项变化时的灵敏度分析。

(1) 优先因子改变时的分析。由于优先因子的特殊性，不同的优先因子不能加或减形成一个实数，所以当优先因子改变而其他参数不发生改变时，只需将改变后的优先因子直接反映到改变前的最终单纯形表中并重新计算检验数，若仍然满足最优检验规则，最优解 (满意解) 不变；否则，继续迭代直到满足最优检验规则。

例 4.4　若目标规划 (4-1-5) 中两个目标的优先次序交换，试分析其满意解的变化。

解　目标规划 (4-1-5) 中两个目标的优先次序交换前的最终单纯形表见表 4-5 的最终单纯形表。现将检验数位置的 P_1, P_2 行对换，将表中 c_j 行相应的 P_1, P_2 以及 c_B 列中的 P_1, P_2 也对换，则有表 4-6。从表中可见检验数出现了负数，故满意解发生了变化，d_1^+ 应为换入变量，根据 θ 规则，x_3 为换出变量。于是继续迭代，过程见表 4-7。

由于上表中的检验数满足最优检验规则，故得到最优解为 $x_1^* = 2, x_2^* = 4(x_3^* = 0, x_4^* = 0, x_5^* = 4), d_1^+ = 0, d_2^- = 32$。这就是图 4-2 中的 E 点。此时利润值达到理想的 40 元，但成本却为 68 元，与原来预期控制在 36 元相比，超出了 32 元 (即 $d_2^- = 32$)。

(2) 约束条件右端项变化时的分析。与一般线性规划问题相比，通过单纯形表的方式求解目标规划除了检验数的表达形式有所不同外，其余的与一般线性规划问题并无不同。因此，某个约束条件的右端项发生改变只可能会影响到基变量的取值，即单纯形表

中 $\boldsymbol{b}$ 列，而不会影响到检验数。此时，灵敏度分析与一般线性规划问题相同，即若 $\boldsymbol{b}$ 变为 $\boldsymbol{b}+\Delta\boldsymbol{b}$，则计算 $\boldsymbol{B}^{-1}\Delta\boldsymbol{b}$ 并将其与最终单纯形表中的 $\boldsymbol{b}$ 列相加，然后观察该列是否出现了负数，若仍然保持非负，则说明原最优解 (满意解) 不变；否则，利用对偶单纯形法继续迭代。至于在最终单纯形表中如何找到 $\boldsymbol{B}^{-1}$ 的方法与前面一样，即 $\boldsymbol{B}^{-1}$ 由初始基变量在最终单纯形表中的系数列向量构成。

表 4-6　目标规划 (4-1-5) 中两个目标的优先次序交换后的单纯形表 (1)

c_j			0	0	0	0	0	M	0	P_2	P_1	0	θ
$\boldsymbol{c}_B$	$\boldsymbol{X}_B$	$\boldsymbol{b}$	x_1	x_2	x_3	x_4	x_5	x_6	d_1^-	d_1^+	d_2^-	d_2^+	
0	x_5	2	7/9	0	0	0	1	−1	1/9	−1/9	0	0	—
P_1	d_2^-	12	−58/9	0	0	0	0	0	−7/9	7/9	1	−1	108/7
0	x_3	4	−30/9	0	1	0	0	0	−1/3	[1/3]	0	0	12
0	x_4	8	20/9	0	0	1	0	0	−1/9	1/9	0	0	72
0	x_2	4	16/9	1	0	0	0	0	1/9	−1/9	0	0	—
$\sigma_j=c_j-z_j$		P_1	58/9	0	0	0	0	0	7/9	−7/9	0	1	
		P_2	0	0	0	0	0	0	0	1	0	0	
		M	0	0	0	0	0	1	0	0	0	0	

表 4-7　目标规划 (4-1-5) 中两个目标的优先次序交换后的单纯形表 (2)

c_j	0	0	0	0	0	M	0	P_2	P_1	0			θ
$\boldsymbol{c}_B$	$\boldsymbol{X}_B$	$\boldsymbol{b}$	x_1	x_2	x_3	x_4	x_5	x_6	d_1^-	d_1^+	d_2^-	d_2^+	
0	x_5	10/3	−1/3	0	1/3	0	1	−1	0	0	0	0	—
P_1	d_2^-	8/3	[4/3]	0	−7/3	0	0	0	0	0	1	−1	2
P_2	d_1^+	12	−10	0	3	0	0	0	−1	1	0	0	—
0	x_4	20/3	10/3	0	−1/3	1	0	0	0	0	0	0	2
0	x_2	16/3	2/3	1	1/3	0	0	0	0	0	0	0	8
$\sigma_j=c_j-z_j$		P_1	−4/3	0	7/3	0	0	0	0	0	0	1	
		P_2	10	0	−3	0	0	0	1	0	0	0	
		M	0	0	0	0	0	1	0	0	0	0	
0	x_5	4	0	0	−1/4	0	1	−1	0	0	1/4	−1/4	
0	x_1	2	1	0	−7/4	0	0	0	0	0	3/4	−3/4	
P_2	d_1^+	32	0	0	−29/2	0	0	0	−1	1	15/2	−15/2	
0	x_4	0	0	0	99/2	1	0	0	0	0	−5/2	5/2	
0	x_2	4	0	1	3/2	0	0	0	0	0	−1/2	1/2	
$\sigma_j=c_j-z_j$		P_1	0	0	0	0	0	0	0	0	1	0	
		P_2	0	0	29/2	0	0	0	1	0	−15/2	15/2	
		M	0	0	0	0	0	1	0	0	0	0	

例 4.5　若目标规划 (4-1-5) 中第一个约束条件的右端项由 36 改变为 50，即成本控制由 36 元改为 50 元，其他不变，试分析其满意解的变化。

解 根据题意，$\Delta\boldsymbol{b}=(14,0,0,0,0)^{\mathrm{T}}$，由于目标规划 (4-1-5) 的初始基变量为 $d_1^-, d_2^-, x_3, x_4, x_6$ (见表 4-4)，因此从表 4-5 的最终单纯形表中得到

$$\boldsymbol{B}^{-1}=\begin{pmatrix} 1/9 & 0 & 0 & 0 & -1 \\ -7/9 & 1 & 0 & 0 & 0 \\ -1/3 & 0 & 1 & 0 & 0 \\ -1/9 & 0 & 0 & 1 & 0 \\ 1/9 & 0 & 0 & 0 & 0 \end{pmatrix} \tag{4-2-4}$$

从而

$$\boldsymbol{B}^{-1}\Delta\boldsymbol{b}=\begin{pmatrix} 1/9 & 0 & 0 & 0 & -1 \\ -7/9 & 1 & 0 & 0 & 0 \\ -1/3 & 0 & 1 & 0 & 0 \\ -1/9 & 0 & 0 & 1 & 0 \\ 1/9 & 0 & 0 & 0 & 0 \end{pmatrix}\begin{pmatrix} 14 \\ 0 \\ 0 \\ 0 \\ 0 \end{pmatrix}=\begin{pmatrix} 14/9 \\ -98/9 \\ -14/3 \\ -14/9 \\ 14/9 \end{pmatrix} \tag{4-2-5}$$

将其与表 4-5 中的 $\boldsymbol{b}$ 列对应元素相加，得到单纯形表 (表 4-8)。

表 4-8 目标规划 (4-1-5) 中约束条件右端项变化后的单纯形表 (1)

c_j			0	0	0	0	0	M	0	P_1	P_2	0	θ
$\boldsymbol{c}_B$	$\boldsymbol{X}_B$	$\boldsymbol{b}$	x_1	x_2	x_3	x_4	x_5	x_6	d_1^-	d_1^+	d_2^-	d_2^+	
0	x_5	32/9	7/9	0	0	0	1	−1	1/9	−1/9	0	0	
P_2	d_2^-	10/9	−58/9	0	0	0	0	0	−7/9	7/9	1	−1	
0	x_3	−2/3	−30/9	0	1	0	0	0	−1/3	1/3	0	0	
0	x_4	58/9	20/9	0	0	1	0	0	−1/9	1/9	0	0	
0	x_2	50/9	16/9	1	0	0	0	0	1/9	−1/9	0	0	
$\sigma_j=c_j-z_j$		P_1	0	0	0	0	0	0	0	1	0	0	
		P_2	58/9	0	0	0	0	0	7/9	−7/9	0	1	
		M	0	0	0	0	0	1	0	0	0	0	

表中 $\boldsymbol{b}$ 列的 x_3 行处出现了负数，故用对偶单纯形法继续迭代，x_3 为换出变量，系数矩阵中 x_3 行的负数作分母，相应的检验数作分子，比值的绝对值最小者所对应的非基变量为换入变量，故这里的换入变量为 x_1。其余过程见表 4-9。

从表 4-9 中可知，$x_1^*=1/5, x_2^*=26/5(x_3^*=0, x_4^*=6, x_5^*=17/5)$，此时成本控制在 50 元，而 $d_2^-=12/5$ 表示理想的利润值未达到，相差 12/5 元。

表 4-9 目标规划 (4-1-5) 中约束条件右端项变化后的单纯形表 (2)

c_j			0	0	0	0	0	M	0	P_1	P_2	0	θ
$\boldsymbol{c}_B$	$\boldsymbol{X}_B$	$\boldsymbol{b}$	x_1	x_2	x_3	x_4	x_5	x_6	d_1^-	d_1^+	d_2^-	d_2^+	
0	x_5	17/5	0	0	7/30	0	1	−1	1/30	−1/30	0	0	
P_2	d_2^-	12/5	0	0	−29/15	0	0	0	−2/15	2/15	1	−1	
0	x_1	1/5	1	0	−3/10	0	0	0	1/10	−1/10	0	0	
0	x_4	6	0	0	2/3	1	0	0	−1/3	1/3	0	0	
0	x_2	26/5	0	1	8/15	0	0	0	−1/15	1/15	0	0	
$\sigma_j = c_j - z_j$		P_1	0	0	0	0	0	0	0	1	0	0	
		P_2	0	0	29/15	0	0	0	2/15	−2/15	0	1	
		M	0	0	0	0	0	1	0	0	0	0	

4.3 MATLAB 实现

目标规划中的优先因子只是表示不同目标的重要程度，反映了人们在处理多个目标问题时对不同目标重要性的排序。求解目标规划问题必须在不破坏高等级目标的基础上尽可能完成低等级目标，所以可以采取分层、逐次地求解线性规划问题来得到目标规划问题的满意解。若某目标规划问题有 L 个目标，则具体步骤如下：

(1) 将目标规划问题化为标准形式的线性规划问题，$k := 1$。

(2) 考虑只是由第 k 个优先目标组成的目标函数 (不含优先因子)，约束条件不变，求解相应的线性规划问题。

(3) 将第 k 个优先目标达到的值 (即步骤 (2) 的最优解) 添加到约束条件中，并令 $k = k + 1$。

(4) 若 $k > L$ 计算终止，此时，相应的线性规划问题的最优解即为原目标规划问题的满意解，否则返回步骤 (2)。

根据以上计算步骤，编者编写了如下 MATLAB 程序。

☞ **MATLAB 程序 4.1** 目标规划的 MATLAB 程序

```
% 单纯形法求解目标规划问题, 采用分层、逐次利用单纯形法求解
% 须将目标规划化为标准形式
% 输入项: A为约束方程组系数矩阵; b为约束方程右端项
% c为达成函数依优先目标按行输入, 即c的第一行是第一优先目标不考虑优先因子时
% 的目标函数, 第二行是只考虑第二优先目标(不考虑优先因子)时的目标函数,
% 以下类推
% By Gongnong Li 2013
function x=GoalProg(A,b,c)
```

```
[m0,n0]=size(A);[m1,n1]=size(c);
if n1~=n0
     disp('目标函数矩阵输入有误')
    return
end
for i=1:m1
   [xstar,fxstar,A0,IB,iter]=MMSimplex(A,b,-c(i,:)');
   A(m0+i,:)=c(i,:);b(m0+i)=-fxstar;
end
x=xstar;
```

例 4.6 利用 MATLAB 求解目标规划:

$$\min \quad z = P_1 d_1^- + P_2 d_4^+ + P_3(5d_2^- + 3d_3^- + 3d_2^+ + 5d_3^+)$$

$$\text{s.t.} \quad \begin{cases} x_1 + x_2 + d_1^- - d_1^+ = 80 \\ x_1 + d_2^- - d_2^+ = 70 \\ x_2 + d_3^- - d_3^+ = 45 \\ d_1^+ + d_4^- - d_4^+ = 10 \\ x_1, x_2 \geqslant 0,\ d_i^- \geqslant 0, d_i^+ \geqslant 0, i = 1,2,3,4 \end{cases} \tag{4-3-1}$$

解 按照上面的计算步骤，将变量按照 $x_1, x_2, d_1^-, d_1^+, d_2^-, d_2^+, d_3^-, d_3^+, d_4^-, d_4^+$ 的顺序排列，然后在 MATLAB 提示符下输入相关矩阵和向量。其中矩阵 $\boldsymbol{c}$ 这样输入：第一优先目标是对 d_1^- 求极小，即目标函数为 $0x_1+0x_2+d_1^-+0d_1^++0d_2^-+0d_2^++0d_3^-+0d_3^++0d_4^-+0d_4^+$，故 $\boldsymbol{c}$ 的第一行为 [0 0 1 0 0 0 0 0 0 0]，$\boldsymbol{c}$ 的其他行类似输入。然后调用上面介绍的程序 GoalProg.m 进行计算。计算过程如下：

```
>> A=[1 1 1 -1 0 0 0 0 0 0;1 0 0 0 1 -1 0 0 0 0;...
0 1 0 0 0 0 1 -1 0 0;0 0 0 1 0 0 0 0 1 -1];
>> b=[80 70 45 10]';
>> c=[0 0 1 0 0 0 0 0 0 0;0 0 0 0 0 0 0 0 0 1;0 0 0 0 5 3 3 5 0 0];
>> x=GoalProg(A,b,c)
x =
  70    20     0    10     0     0    25     0     0     0
```

最后的结果表明，$x_1 = 70, x_2 = 20$ 为该目标规划的满意解，且有 $d_1^+ = 10, d_3^- = 25$，其余偏差变量为 0。这表明第一和第二优先目标达到，第三优先目标中的权重系数大的目标也达到，但有一个目标未达到。

另外，在目标规划模型中所有常数不太大的情况下，可以通过拉开不同优先因子之间的取值距离来给优先因子赋予具体的实数值，从而可以利用前面提供的 MMSimplex.m 或 MATLAB 自带的 linprog.m 计算。但这种方法的缺点是显而易见的，如果给优先因子赋予的实数太大，则有可能在利用计算机计算时出现溢出现象；如果给优先因子赋予的实数值不太大，则有可能在计算检验数后出现误判现象，即某检验数本来应该是负的，计算结果却是正的，或者反过来。因此，给优先因子赋予具体实数值的方法只能用于变量不太多，所有常数都不太大的问题。当然，这个标准有点模糊。比如，令目标规划 (4-3-1) 中的优先因子 $P_1=10^5, P_2=10^3, P_3=10$，则利用 MMSimplex.m 计算如下：

```
>>  A=[1 1 1 -1 0 0 0 0 0 0;1 0 0 0 1 -1 0 0 0 0;...
0 1 0 0 0 0 1 -1 0 0;0 0 0 1 0 0 0 0 1 -1];
>> b=[80 70 45 10]';
>> c=-[0 0 1e5 0 50 30 30 50 0 1e3]';
>> [xstar,fxstar,A0,IB,iter]=MMSimplex(A,b,c)
xstar =
  Columns 1 through 6
     70          20          0          10          0          0
  Columns 7 through 10
     25          0           0          0
fxstar =
    -750
iter =
       3
```

计算结果表明：$x_1=70, x_2=20, d_1^+=10, d_3^-=25$，其余变量为 0。

4.4 应用举例

例 4.7 某计算机公司生产 3 种型号的笔记本式计算机 A，B 和 C。这 3 种笔记本式计算机需要在复杂的装配线上生产。生产 1 台 A，B 和 C 型号的笔记本式计算机分别需要 5h、8h 和 12h。公司装配线正常的生产时间是 1700h。公司营业部门估计 A，B 和 C 3 种笔记本式计算机的利润分别是每台 1000 元、1440 元和 2520 元，而公司预测这个月生产的笔记本式计算机能够全部售出。公司经理有 5 个目标需要考虑，第一优先目标为充分利用正常的生产能力，避免开工不足；第二优先目标为满足老客户的需求，A、B 和 C 3 种型号的计算机 50、50 和 80 台，同时根据三种型号计算机的纯利润分配不同的权重；第三优先目标是限制装配线加班时间，尽量不超过 200h；第四优先目标为满足各种型号计算机的销售目标，A、B 和 C 型号分别为 100 台、120 台和 100 台，再根据 3 种计算机的纯利润分配不同的权重；第五优先目标是装配线的加班时间尽可能少。建立该问题的目标规划模型并求解。

解　设生产这 3 种型号的计算机分别为 x_1, x_2, x_3 台，根据题目假设讨论其应满足的约束条件：

(1) 装配线正常的生产时间是 1700h，在假设生产这 3 种型号的计算机分别为 x_1, x_2, x_3 台的基础上，装配线实际的生产时间为 $5x_1+8x_2+12x_3$h。由于要求充分利用正常的生产能力，这说明有目标约束 $5x_1+8x_2+12x_3+d_1^- - d_1^+ = 1700$，并且希望 d_1^- 达到极小(即希望取 0)。

(2) 为满足老客户的需求，生产的产品显然有目标约束 $x_1+d_2^- - d_2^+ = 50$ 以及 $x_2+d_3^- - d_3^+ = 50$ 和 $x_3+d_4^- - d_4^+ = 80$，由于这 3 种型号的计算机每小时的利润是 $1000/5, 1440/8, 2520/12$，因此为满足老客户的需求，希望 $20d_2^- + 18d_3^- + 21d_4^-$ 取极小。

第四个优先目标是关于一般销售的，类似上面的讨论有目标约束 $x_1+d_5^- - d_5^+ = 100$ 以及 $x_2+d_6^- - d_6^+ = 120$ 和 $x_3+d_7^- - d_7^+ = 100$，且希望让 $20d_5^- + 18d_6^- + 21d_7^-$ 取极小。

(3) 关于加班时间。题目要求加班时间尽量不超过 200h，即在原生产时间 1700h 的基础上，生产时间不超过 1900h。故有目标约束 $5x_1+8x_2+12x_3+d_8^- - d_8^+ = 1900$，且希望 d_8^+ 取极小。

(4) 加班时间尽可能少意味着在目标约束 $5x_1+8x_2+12x_3+d_1^- - d_1^+ = 1700$ 中让 d_1^+ 取极小。

综上，最后得到该问题的目标规划模型为：

$$\min \quad z = P_1 d_1^- + P_2(20d_2^- + 18d_3^- + 21d_4^-) + P_3 d_8^+ + P_4(20d_5^- + 18d_6^- + 21d_7^-) + P_5 d_1^+$$

s.t.

$$\begin{cases} 5x_1+8x_2+12x_3+d_1^- - d_1^+ = 1700 \\ x_1+d_2^- - d_2^+ = 50 \\ x_2+d_3^- - d_3^+ = 50 \\ x_3+d_4^- - d_4^+ = 80 \\ x_1+d_5^- - d_5^+ = 100 \\ x_2+d_6^- - d_6^+ = 120 \\ x_3+d_7^- - d_7^+ = 100 \\ 5x_1+8x_2+12x_3+d_8^- - d_8^+ = 1900 \\ x_1, x_2 \geqslant 0,\ d_i^- \geqslant 0, d_i^+ \geqslant 0, i=1,2,\cdots,8 \end{cases} \tag{4-4-1}$$

下面利用 MATLAB 求解该问题。在 MATLAB 提示符下输入相关矩阵和向量并调用 GoalProg.m 计算如下：

```
>> A=[5 8 12 1 -1 0 0 0 0 0 0 0 0 0 0 0 0 0 0;...
```

```
1 0 0 0 0 1 -1 0 0 0 0 0 0 0 0 0 0 0 0;0 1 0 0 0 0 0 1 -1 0 0 0 0 0 0
  0 0 0 0;...
0 0 1 0 0 0 0 0 0 1 -1 0 0 0 0 0 0 0 0;1 0 0 0 0 0 0 0 0 0 0 1 -1 0 0
  0 0 0 0;...
0 1 0 0 0 0 0 0 0 0 0 0 0 1 -1 0 0 0 0;0 0 1 0 0 0 0 0 0 0 0 0 0 0 0 1
 -1 0 0;...
5 8 12 0 0 0 0 0 0 0 0 0 0 0 0 0 0 1 -1];
>> b=[1700 50 50 80 100 120 100 1900]';
>> c=[0 0 0 1 0 0 0 0 0 0 0 0 0 0 0 0 0 0 0;...
0 0 0 0 0 20 0 18 0 21 0 0 0 0 0 0 0 0 0;0 0 0 0 0 0 0 0 0 0 0 0 0 0 0
  0 0 0 1;...
0 0 0 0 0 0 0 0 0 0 0 20 0 18 0 21 0 0 0;0 0 0 0 1 0 0 0 0 0 0 0 0 0 0
  0 0 0 0];
>> x=GoalProg(A,b,c)
x =
  Columns 1 through 10
  100.0000  55.0000  80.0000  0  200.0000  0  50.0000  0  5.0000  0
  Columns 11 through 19
   0          0        0    65.0000     0    20.0000      0    0.0000     0
```

计算结果表明，$x_1=100, x_2=55, x_3=80$ 为所求满意解。同时可以看出，第一、第二和第三优先目标均已达到 $(d_1^-=d_2^-=d_3^-=d_4^-=d_8^+=0)$，第四优先目标未达到，且总偏差为 $20d_5^-+18d_6^-+21d_7^-=20\times0+18\times65+21\times20=1590$，第五个优先目标也未达到，且偏差为 $200(d_1^+=200)$。

例 4.8　已知 3 个工厂生产的产品供应 4 个用户，各工厂生产量、用户需求量及从各工厂到用户的单位产品的运输费用见表 4-10。

表 4-10　产销平衡单位运费表

工厂 \ 用户	B_1	B_2	B_3	B_4	生产量
A_1	5	2	6	7	300
A_2	3	5	4	6	200
A_3	4	5	2	3	400
需求量	200	100	450	250	

显然，这是一个销大于产的运输问题。在不考虑别的因素的情况下，设一个虚拟产地 A_4 并利用表示作业法得到其最优运输方案见表 4-11，总运费为 2950 元。

表 4-11 最优运输方案

工厂 \ 用户	B_1	B_2	B_3	B_4	生产量
A_1	200	100			300
A_2	0		200		200
A_3			250	150	400
A_4				100	100
需求量	200	100	450	250	

表 4-11 表明，用户 B_4 的需求中有 100 是由 A_4 供应的，即 B_4 的需求有 100 个单位未得到满足，若 B_4 是某个非常重要的客户，其需求必须得到满足，那么这个方案就不是好的方案。现假设有关部门在安排运输方案时有 7 个目标需要考虑，其重要程度为：第一目标，用户 B_4 的需求必须全部得到满足；第二目标，供应用户 B_1 的产品中，工厂 A_3 的产品不少于 100 单位；第三目标，由于销大于产，为平衡各用户，每个用户的满足率不低于其需求量的 80%；第四目标，新的运输方案总运费不超过原方案的 10%；第五目标，因为道路限制，从工厂 A_2 到 B_4 的路线应尽量避免分配运输任务；第六目标，用户 B_1 和用户 B_3 的满足率应尽量保持平衡；第七目标，尽量减少总运费。

试根据新的要求建立该问题的目标规划模型并求出满意的运输方案。

解 设 $x_{ij}(i=1,2,3;j=1,2,3,4)$ 表示工厂 A_i 到用户 B_j 的运输量，根据题意，有如下考虑：

(1) 供应量约束：

$$\begin{cases} x_{11}+x_{12}+x_{13}+x_{14} \leqslant 300 \\ x_{21}+x_{22}+x_{23}+x_{24} \leqslant 200 \\ x_{31}+x_{32}+x_{33}+x_{34} \leqslant 400 \end{cases}$$

需求量约束：

$$\begin{cases} x_{11}+x_{21}+x_{31}+d_1^- - d_1^+ = 200 \\ x_{12}+x_{22}+x_{32}+d_2^- - d_2^+ = 100 \\ x_{13}+x_{23}+x_{33}+d_3^- - d_3^+ = 450 \\ x_{14}+x_{24}+x_{34}+d_4^- - d_4^+ = 250 \end{cases}$$

(2) 用户 A_1 需要量中工厂 A_3 的产品不低于 100 单位，有目标约束：

$$x_{31}+d_5^- - d_5^+ = 100$$

(3) 各用户满足率不低于 80%，有：

$$
\begin{cases}
x_{11}+x_{21}+x_{31}+d_6^- - d_1^+ = 160\\
x_{12}+x_{22}+x_{32}+d_7^- - d_7^+ = 80\\
x_{13}+x_{23}+x_{33}+d_8^- - d_8^+ = 360\\
x_{14}+x_{24}+x_{34}+d_9^- - d_9^+ = 200
\end{cases}
$$

(4) 运费限制：

$$\sum_{i=1}^{3}\sum_{j=1}^{4} c_{ij}x_{ij} + d_{10}^- - d_{10}^+ = 3245$$

(5) 道路通过限制：

$$x_{24} + d_{11}^- - d_{11}^+ = 0$$

(6) 用户 B_1 和用户 B_3 的满足率保持平衡：

$$(x_{11}+x_{21}+x_{31}) - \frac{200}{450}(x_{13}+x_{23}+x_{33}) + d_{12}^- - d_{12}^+ = 0$$

(7) 尽量减少总运费：

$$\sum_{i=1}^{3}\sum_{j=1}^{4} c_{ij}x_{ij} + d_{13}^- - d_{13}^+ = 2950$$

最后，根据题目要求得到其达成函数为

$$\min z = P_1 d_4^- + P_2 d_5^- + P_3(d_6^- + d_7^- + d_8^- + d_9^-) + P_4 d_{10}^- + P_5 d_{11}^+ + P_6(d_{12}^- + d_{12}^+) + P_7 d_{13}^+$$

该目标规划模型有 38 个变量，16 个约束条件，添加 3 个松弛变量将其化为标准形式的线性规划问题 (略)，然后调用 MATLAB 程序 GoalProg.m 求解。计算过程如下：

```
>> A(1,:)=[1 1 1 1 0 0 0 0 0 0 0 0 1 0 0 0 0 0 0 0 0 0
           0 0 0 0 0 0 0 0 0 0 0 0 0 0 0 0 0 0 0];
>> A(2,:)=[0 0 0 0 1 1 1 1 0 0 0 0 0 1 0 0 0 0 0 0 0 0
           0 0 0 0 0 0 0 0 0 0 0 0 0 0 0 0 0 0 0];
>> A(3,:)=[0 0 0 0 0 0 0 0 1 1 1 1 0 0 1 0 0 0 0 0 0 0
           0 0 0 0 0 0 0 0 0 0 0 0 0 0 0 0 0 0 0];
>> A(4,:)=[1 0 0 0 1 0 0 0 1 0 0 0 0 0 0 1 -1 0 0 0 0 0
           0 0 0 0 0 0 0 0 0 0 0 0 0 0 0 0 0 0 0];
>> A(5,:)=[0 1 0 0 0 1 0 0 0 1 0 0 0 0 0 0 0 1 -1 0 0 0
           0 0 0 0 0 0 0 0 0 0 0 0 0 0 0 0 0 0 0];
>> A(6,:)=[0 0 1 0 0 0 1 0 0 0 1 0 0 0 0 0 0 0 0 1 -1 0
```

```
        0 0 0 0 0 0 0 0 0 0 0 0 0 0 0 0 0 0 0];
>> A(7,:)=[0 0 0 1 0 0 0 1 0 0 0 1 0 0 0 0 0 0 0 0 0 1
       -1 0 0 0 0 0 0 0 0 0 0 0 0 0 0 0 0 0 0];
>> A(8,:)=[0 0 0 0 0 0 0 0 1 0 0 0 0 0 0 0 0 0 0 0 0 0 0
        1 -1 0 0 0 0 0 0 0 0 0 0 0 0 0 0 0 0];
>> A(9,:)=[1 0 0 0 1 0 0 0 1 0 0 0 0 0 0 0 0 0 0 0 0 0 0
        0 0 1 -1 0 0 0 0 0 0 0 0 0 0 0 0 0 0];
>> A(10,:)=[0 1 0 0 0 1 0 0 0 1 0 0 0 0 0 0 0 0 0 0 0 0 0
         0 0 0 0 1 -1 0 0 0 0 0 0 0 0 0 0 0 0];
>> A(11,:)=[0 0 1 0 0 0 1 0 0 0 1 0 0 0 0 0 0 0 0 0 0 0 0
         0 0 0 0 0 0 1 -1 0 0 0 0 0 0 0 0 0 0];
>> A(12,:)=[0 0 0 1 0 0 0 1 0 0 0 1 0 0 0 0 0 0 0 0 0 0 0
         0 0 0 0 0 0 0 0 1 -1 0 0 0 0 0 0 0 0];
>> A(13,:)=[5 2 6 7 3 5 4 6 4 5 2 3 0 0 0 0 0 0 0 0 0 0 0
         0 0 0 0 0 0 0 0 0 0 1 -1 0 0 0 0 0 0];
>> A(14,:)=[0 0 0 0 0 0 0 1 0 0 0 0 0 0 0 0 0 0 0 0 0 0 0
         0 0 0 0 0 0 0 0 0 0 0 0 1 -1 0 0 0 0];
>> A(15,:)=[1 0 -4/9 0 1 0 -4/9 0 1 0 -4/9 0 0 0 0 0 0 0 0
         0 0 0 0 0 0 0 0 0 0 0 0 0 0 0 0 0 ...
 0 1 -1 0 0];
>> A(16,:)=[5 2 6 7 3 5 4 6 4 5 2 3 0 0 0 0 0 0 0 0 0 0 0
         0 0 0 0 0 0 0 0 0 0 0 0 0 0 0 0  1 -1];
>> b=[300 200 400 200 100 450 250 100 160 80 360 200 3245 0 0 2950]';
>> c=[0 0 0 0 0 0 0 0 0 0 0 0 0 0 0 0 0 0 0 0 0 1 0 0 0 0
      0 0 0 0 0 0 0 0 0 0 0 0 0 0 0;...
0 0 0 0 0 0 0 0 0 0 0 0 0 0 0 0 0 0 0 0 0 0 0 1 0 0 0 0 0 0 0 0 0
0 0 0 0 0 0 0 0;...
0 0 0 0 0 0 0 0 0 0 0 0 0 0 0 0 0 0 0 0 0 0 0 0 0 1 0 1 0 1 0 1 0
0 0 0 0 0 0 0 0;...
0 0 0 0 0 0 0 0 0 0 0 0 0 0 0 0 0 0 0 0 0 0 0 0 0 0 0 0 0 0 0 0 0
0 1 0 0 0 0 0 0;...
0 0 0 0 0 0 0 0 0 0 0 0 0 0 0 0 0 0 0 0 0 0 0 0 0 0 0 0 0 0 0 0 0
0 0 0 1 0 0 0 0;...
0 0 0 0 0 0 0 0 0 0 0 0 0 0 0 0 0 0 0 0 0 0 0 0 0 0 0 0 0 0 0 0 0
0 0 0 0 1 1 0 0;...
```

```
0 0 0 0 0 0 0 0 0 0 0 0 0 0 0 0 0 0 0 0 0 0 0 0 0 0 0 0 0 0 0 0 0 0 0
0 0 0 0 0 0 0 1];
>> x=GoalProg(A,b,c)
x =
  Columns 1 through 6
      0        80        0       170       60       0
  Columns 7 through 12
    140        0       100       0       220       80
  Columns 13 through 18
     50        0        0        40        0       20
  Columns 19 through 24
      0       90        0        0         0        0
  Columns 25 through 30
      0        0        0        0         0        0
  Columns 31 through 36
      0        0       50        75        0        0
  Columns 37 through 41
      0        0        0        0        220
```

计算结果表明，$x_{12}=80, x_{14}=170, x_{21}=60, x_{23}=140, x_{31}=100, x_{33}=220, x_{34}=80, d_1^-=40, d_2^-=20, d_3^-=90, d_9^+=50, d_{10}^-=75, d_{13}^+=220$，其余变量为 0。此时，$B_4$ 获得 $x_{14}+x_{34}=170+80=250$ 个单位的产品，其需求全部得到满足，B_1 的产品中有 100 个单位来自 A_3，B_1, B_2, B_3, B_4 分别获得 160，80，360 和 250 个单位产品，满足每个用户产品满足率不低于其需求量的 80%，A_2 到 B_4 没有运输产品，B_1 和 B_3 的满足率均为 80%(160/200=360/450=0.8)，总运费为 3170 元，超出原方案 220 元，占原方案运费的 7.45%。

习题 4

1. 分别说明下列表达式作为目标规划中的目标函数在逻辑上是否正确？若正确，则代表什么意思？

(1) $\max z=d^-+d^+$ (2) $\max z=d^- - d^+$

(3) $\min z=d^-+d^+$ (4) $\min z=d^- - d^+$

2. 分别用图解法和单纯形法求解下列目标规划问题。

(1) $\min z = P_1 d_1^- + P_2(2d_2^+ + d_3^-)$

s.t.

$$\begin{cases} 8x_1 + 4x_2 + d_1^- - d_1^+ = 160 \\ x_1 + 2x_2 + d_2^- - d_2^+ = 30 \\ x_1 + 2x_2 + d_3^- - d_3^+ = 40 \\ x_1, x_2 \geqslant 0, d_i^-, d_i^+ \geqslant 0, i = 1,2,3 \end{cases}$$

(2) $\min z = P_1(d_1^- + d_2^+) + P_2 d_3^-$

s.t.

$$\begin{cases} x_1 + x_2 + d_1^- - d_1^+ = 1 \\ x_1 + x_2 + d_1^- - d_1^+ = 2 \\ 3x_1 - 2x_2 + d_3^- - d_3^+ = 6 \\ x_1, x_2 \geqslant 0, d_i^-, d_i^+ \geqslant 0, i=1,2,3 \end{cases}$$

(3) $\min z = P_1(d_1^- + d_1^+) + P_2(d_2^- + d_3^+)$

s.t.

$$\begin{cases} x_1 + x_2 + d_1^- - d_1^+ = 40 \\ 2x_1 + x_2 + d_2^- - d_2^+ = 14 \\ x_2 + d_3^- - d_3^+ = 30 \\ x_1, x_2 \geqslant 0, d_i^-, d_i^+ \geqslant 0, i=1,2,3 \end{cases}$$

(4) $\min z = P_1(2d_1^+ + d_2^-) + P_2 d_2^-$

s.t.

$$\begin{cases} x_1 + 2x_2 \leqslant 6 \\ x_1 - x_2 + d_1^- - d_1^+ = 2 \\ -x_1 + 2x_2 + d_2^- - d_2^+ = 2 \\ x_1, x_2 \geqslant 0, d_i^-, d_i^+ \geqslant 0, \\ \quad i = 1,2,3 \end{cases}$$

3. 考虑如下目标规划问题：

$$\min z = P_1(2d_1^+ + 3d_2^+) + P_2 d_3^- + P_3 d_4^-$$

s.t.

$$\begin{cases} x_1 + x_2 + d_1^- - d_1^+ = 10 \\ x_1 + d_2^- - d_2^+ = 4 \\ 5x_1 + 3x_2 + d_3^- - d_3^+ = 56 \\ x_1 + x_2 + d_4^- - d_4^+ = 12 x_1, x_2 \geqslant 0, d_i^-, d_i^+ \geqslant 0, i = 1,2,3,4 \end{cases}$$

(1) 用单纯形法求此目标规划问题；(2) 分析当第二和第三优先目标交换后满意解的变化。

4. 已知某线性规划问题为

$$\max z = 100x_1 + 50x_2$$

s.t.

$$\begin{cases} 10x_1 + 16x_2 \leqslant 200 \ (\text{资源 } 1) \\ 11x_1 + \ \ 3x_2 \geqslant 25 \ (\text{资源 } 2) \\ x_1, x_2 \geqslant 0 \end{cases}$$

假设重新确定该问题的目标为：P_1，目标函数 z 的值不低于 1900；P_2，资源 1 必须全部用完。在此假设下将其转换为目标规划问题并列出数学模型然后求其满意解。

5. 某工厂生产 A, B 两种产品，它们都需要经过两道工序加工，每种产品所需加工时间、销售利润及该厂每周最大加工能力见表 4-12。

表 4-12 单位产品所需加工时间

产品 \ 工序	A	B	每周最大加工能力/h
工序 1(h/台)	4	6	150
工序 2(h/台)	3	2	75
利润/(元/台)	300	450	

工厂经营者考虑：P_1，每周总利润不低于 10000 元；P_2，产品 A 每周至少生产 10 台，产品 B 每周至少生产 15 台；P_3，工序 1 每周生产时间恰好为 150h，工序 2 生产时间可适当超过其生产能力。试建立其数学模型并求解。

6. 某公司要将一批货物从 3 个产地运到 4 个销地，有关数据见表 4-13。

表 4-13 单位产品所需加工时间

产地 \ 销地	B_1	B_2	B_3	B_4	供应量
A_1	7	3	7	9	560
A_2	2	6	5	11	400
A_3	6	4	2	5	750
需求量	320	240	480	380	

现要求制定一个调运方案，且依次满足：(1)B_3 的供应量不低于需求量；(2) 其余销地的供应量不低于其需求的 85%；(3)A_3 给 B_3 的供应量不低于 200；(4) 由于道路原因，A_2 尽可能少给 B_1 运输货物；(5) 销地 B_2, B_3 的供应量尽可能保持平衡；(6) 总运费最低。试建立该问题的数学模型并利用 MATLAB 求解。

7. 某商店有 5 名职工，其中经理 1 人，管理员 1 人，2 名全职售货员，1 名临时工。每工作 1h 的贡献为：经理 24 元，管理员 16 元，全职售货员 9 元，临时工 1.5 元。规定将销售额的 5.5%作为工资收入。计划经理和管理员每月工作 200h，全职售货员甲每月工作 172h，乙每月工作 160h，临时工每月工作 100h，满足以下要求：P_1，销售额达到 14500 元；P_2，保证正常工作；P_3，管理员的收入不低于 170 元；P_4，经理、管理员和全职售货员甲的加班时间不超过规定；P_5，全职售货员乙和临时工加班时间不超过规定；P_6，保证全职售货员甲、乙的收入分别为每天 87 元和 53 元。试建立此问题的目标规划模型并利用 MATLAB 求解。

CHAPTER 5

第 5 章

整数规划

学习目标与要求

1. 了解整数规划的有关概念，掌握分支定界法和割平面法。
2. 了解 0-1 规划的有关概念以及在实际建模中的特点。
3. 会用 MATLAB 求解整数规划及 0-1 规划。

5.1 整数规划及其数学模型

我们知道，数学模型是用数学语言描述某个实际问题，因此建立的数学模型必须反映真实情况。在各种实际问题中，我们常常会遇到决策变量是人、集装箱、电视机等不能取小数的情况，此时在这些决策变量满足一定约束的情况下对某目标求最优的问题就是所谓的整数规划问题。特别，这里所指的整数规划是在线性规划的基础上要求部分或全部决策变量取整数的情况。前者称为混合整数规划，后者称为纯整数规划。本章主要讨论纯整数规划问题，在不会产生歧义时就简称为整数规划问题。

✍ **模型引入 5.1** (整数规划问题) 某小型内河货运轮船装货限制为体积 120m^3，重量 150t。现拟运输两种规格的集装箱 A,B，其体积和重量分别为 20m^3, 50t 和 50m^3, 40t。运输这两种集装箱的利润分别为 6(百元/集装箱) 和 6.5(百元/集装箱)。问：该货运轮船应如何装载才能使其获利最大？

解 设装载 A,B 两种集装箱分别为 x_1,x_2 箱，由于集装箱无法分割，所以自然要

求 x_1, x_2 为正整数，于是容易得到如下数学模型：

$$\begin{aligned}&\max\quad z = 6x_1 + 6.5x_2\\&\text{s.t.}\\&\qquad\begin{cases}20x_1 + 50x_2 \leqslant 120\\50x_1 + 40x_2 \leqslant 150\\x_1, x_2 \geqslant 0, \text{且为整数}\end{cases}\end{aligned}\tag{5-1-1}$$

在模型 (5-1-1) 中，如果没有要求决策变量 x_1, x_2 取整数，则是一个典型的线性规划问题。此时称这个线性规划问题为整数规划 (5-1-1) 的松弛问题。显然，整数规划 (5-1-1) 的可行点集合，即可行域是其松弛问题可行域的子集。若松弛问题无最优解，则整数规划显然也没有最优解，若松弛问题有最优解，那么能否通过求解其松弛问题然后四舍五入得到整数解呢？通过图解法容易得到整数规划 (5-1-1) 的最优解，见图 5-1。显然，$x_1^* = 27/17 = 1.5882, x_2^* = 30/17 = 1.7647$，若四舍五入应有 $x_1 = x_2 = 2$，但不难从图 5-1 中看出此点已不在可行域里面。若只取松弛问题解的整数部分，则应有 $x_1 = x_2 = 1$，但此时的目标函数值为 12.5，小于 $x_1 = 1, x_2 = 2$ 时的目标函数值 19。实际上，该整数规划的可行域是由图 5-1 中的 9 个整数点组成，其最优解正是 $x_1 = 1, x_2 = 2$。那么，能否求出满足所有可行条件的整数点然后决定其最优解呢？这种方法称之为枚举法，不难想象，当决策变量较多时，枚举法根本行不通。

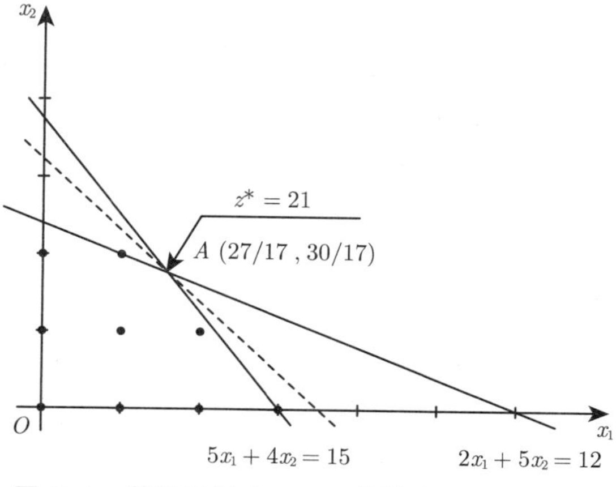

图 5-1　整数规划 (5-1-1) 的松弛问题的图解法

这个例子说明，整数规划问题虽然只比线性规划问题多了对决策变量取整数的要求，但不能通过求解松弛问题然后四舍五入的方法或通过求出所有整数可行点然后比较目标函数值的方法来得到最优解。

5.2 分支定界法及割平面法

如上所述，整数规划的可行域是由其松弛问题可行域里的整数点所组成的。故其可行域是松弛问题可行域的子集，从而整数规划的最优解不会大于 (求极大的情况) 或不会小于 (求极小的情况) 松弛问题的最优解。若松弛问题的可行域某顶点正好是整数点，则由于线性规划的最优解可在顶点处得到，那么求解松弛问题将可能会求得原整数规划的最优解。

本节介绍求解整数规划问题的两个常用算法：分支定界法和割平面法。这两种方法利用了整数规划和线性规划 (松弛问题) 之间的紧密联系。它们的共同之处在于，通过某种方法让整数点“跑到”某可行域的顶点处，然后通过求解松弛问题的最优解来得到整数规划的最优解。不同之处在于如何让整数点出现在可行域的顶点处。

5.2.1 分支定界法

分支定界法可用于求解纯整数规划和混合整数规划问题，是 Land Doig 和 Dakin 等人于 20 世纪 60 年代提出来的一种算法。该方法现已成为求解整数规划问题的重要方法之一，其缺点是在某些极端情况下会蜕化成枚举法。若记求极大时的整数规划问题为 A，其松弛问题为 B，则利用单纯形法 (或其他方法) 求解 B 将会出现以下 3 种情况之一：

(1) B 没有最优解，此时原问题 A 也没有最优解，计算停止。

(2) B 有最优解，且其最优解刚好满足原问题对决策变量取整数的要求，则此解即为原整数规划的最优解，计算停止。

(3) B 有最优解，但最优解不满足原问题对决策变量取整数的要求，此时记其最优值为 $\overline{z}$，若整数规划的最优值为 z^*，则可利用观察或试探的方法找到原问题的一个整数可行解。例如，一般情况下可令所有变量取 0，其目标函数值记为 $\underline{z}$，于是有

$$\underline{z} \leqslant z^* \leqslant \overline{z}$$

然后转下一步。

① 在 B 的最优解中选择一个不满足整数要求的变量 x_j，若其值为 b_j，以 $[b_j]$ 表示不超过 b_j 的最大整数，则在 B 的可行域里分别添加以下两个约束条件，目标函数不变，构成两个子问题 B_1 和 B_2。

$$x_j \leqslant [b_j] \quad \text{和} \quad x_j \geqslant [b_j] + 1$$

求解这两个子问题。求出其最优解后将每个子问题的最优值与其他问题的最优值比较，目标函数值最大者且满足整数要求的，即为整数规划的最优解，否则该目标函数值为新的上界。从符合整数要求的子问题中找出最大者作为新的下界。这个过程称为定界。

② 在后继求解中，各分支的最优目标函数值有小于下界 $\underline{z}$ 者，则不再考虑 (剪支)；若有大于 $\underline{z}$ 且不满足整数要求的子问题，则返回步骤①继续求解。一直到最后得到 $z^* = \underline{z}$ 为止。此时求得整数规划的最优解。

若松弛问题的可行域有界，则相应的整数规划的可行域将会是有限个点组成的集合，该方法每次从可行域里去掉一部分，即 $([b_j], [b_j]+1)$，这一部分不会有原问题的整数最优解 (起码 x_j 不是整数解)。这样，经过有限次的分支，一定会有整数点“跑到”某可行域的顶点处。定界的目的则在于减少计算量。

例 5.1　利用分支定界法求解模型引入 5.1 中的整数规划 (5-1-1)。

解　首先将整数规划 (5-1-1) 的松弛问题 B 化为标准形式的线性规划 (5-2-1)。

$$\begin{aligned}&\max \quad z = 6x_1 + 6.5x_2\\&\text{s.t.}\\&\qquad\begin{cases}2x_1 + 5x_2 + x_3 \qquad = 12\\5x_1 + 4x_2 + \qquad x_4 = 15\\x_i \geqslant 0, i = 1,2,3,4\end{cases}\end{aligned} \tag{5-2-1}$$

利用单纯形法求解线性规划 (5-2-1)，其最终单纯形表见表 5-1。

表 5-1　松弛问题 B 的单纯形表

c_j			6	6.5	0	0	θ
$\boldsymbol{c}_B$	$\boldsymbol{X}_B$	$\boldsymbol{b}$	x_1	x_2	x_3	x_4	
6.5	x_2	30/17	0	1	5/17	−2/17	
6	x_1	27/17	1	0	−4/17	5/17	
$\sigma_j = c_j - \sum_{i=1}^{m} c_i a_{ij}$			0	0	−1/2	−1	

可见，松弛问题 B 的最优解为 $x_1^* = 27/17, x_2^* = 30/17$，最优值为 21。不难从原整数规划问题中看出 $x_1 = x_2 = 0$ 为其整数可行解。目标函数值为 0，故原问题的最优值 z^* 满足：$\underline{z} = 0 \leqslant z^* \leqslant \overline{z} = 21$。由于 B 的最优解不满足整数要求，从 x_1, x_2 中任选一个变量，比如选择 x_1，其值为 27/17，由于 $[27/17] = 1$，故在 B 的约束条件后面分别添加 $x_1 \leqslant 1$ 和 $x_1 \geqslant 2$，得到两个子问题 B_1 和 B_2：

$$\begin{aligned}&\qquad\text{子问题}B_1\\&\max \quad z = 6x_1 + 6.5x_2\\&\text{s.t.}\\&\qquad\begin{cases}2x_1 + 5x_2 \leqslant 12\\5x_1 + 4x_2 \leqslant 15\\x_1 \qquad\quad \leqslant 1\\x_i \geqslant 0, i = 1,2\end{cases}\end{aligned} \tag{5-2-2}$$

子问题B_2

$$\max \quad z = 6x_1 + 6.5x_2$$

$$\text{s.t.} \quad \begin{cases} 2x_1 + 5x_2 \leqslant 12 \\ 5x_1 + 4x_2 \leqslant 15 \\ x_1 \qquad \geqslant 2 \\ x_i \geqslant 0, i = 1, 2 \end{cases} \tag{5-2-3}$$

对于子问题 B_1，添加松弛变量后即知在 B 的最终单纯形表 5-1 中添加最后一行并将 $a_{31} = 1$ 用初等行变换化掉即可得其初始单纯形表，继续迭代下去得到其最优解为 $x_1^* = 1, x_2^* = 2$。

表 5-2　松弛问题 B_1 的初始及最终单纯形表

	c_j		6	6.5	0	0	0	θ
$\boldsymbol{c}_B$	$\boldsymbol{X}_B$	$\boldsymbol{b}$	x_1	x_2	x_3	x_4	x_5	
6.5	x_2	30/17	0	1	5/17	−2/17	0	
6	x_1	27/17	1	0	−4/17	5/17	0	
0	x_5	1	1	0	0	0	1	
$\sigma_j = c_j - \sum_{i=1}^{m} c_i a_{ij}$			0	0	−1/2	−1	0	
6.5	x_2	30/17	0	1	5/17	−2/17	0	
6	x_1	27/17	1	0	−4/17	5/17	0	
0	x_5	−10/17	0	0	4/17	[−5/17]	1	
$\sigma_j = c_j - \sum_{i=1}^{m} c_i a_{ij}$			0	0	−1/2	−1	0	
6.5	x_2	2	0	1	1/5	0	−2/5	
6	x_1	1	1	0	0	0	1	
0	x_4	2	0	0	−4/5	1	−17/5	
$\sigma_j = c_j - \sum_{i=1}^{m} c_i a_{ij}$			0	0	−13/10	0	−17/5	

此时，$\underline{z} = 19$。对于子问题 B_2，将其化为标准形式后还需添加人工变量，然后添加到原问题最终单纯形表 5-1 并将 $a_{31} = 1$ 用初等行变换去掉，有单纯形表 5-3。

从最终单纯形表 5-3 中看出，B_2 的最优解为 $x_1^* = 2, x_2^* = 5/4$，最优值为 161/8。

表 5-3 松弛问题 B_2 的初始及最终单纯形表

c_j			6	6.5	0	0	0	$-M$	θ
$\boldsymbol{c}_B$	$\boldsymbol{X}_B$	$\boldsymbol{b}$	x_1	x_2	x_3	x_4	x_5	x_6	
6.5	x_2	30/17	0	1	5/17	−2/17	0	0	
6	x_1	27/17	1	0	−4/17	5/17	0	0	
$-M$	x_6	7/17	0	0	[4/17]	−5/17	−1	1	
$\sigma_j = c_j - \sum_{i=1}^{m} c_i a_{ij}$			0	0	$(4/17)M - 1/2$	$-(5/17)M - 1$	$-M$	0	
6.5	x_2	5/4	0	1	0	1/4	5/4		
6	x_1	2	1	0	0	0	−1		
0	x_3	7/4	0	0	1	−5/4	−17/4		
$\sigma_j = c_j - \sum_{i=1}^{m} c_i a_{ij}$			0	0	0	−13/8	−17/8		

子问题B_{21}

$$\max \quad z = 6x_1 + 6.5x_2$$
$$\text{s.t.} \quad \begin{cases} 2x_1 + 5x_2 \leqslant 12 \\ 5x_1 + 4x_2 \leqslant 15 \\ x_1 \geqslant 2 \\ x_2 \leqslant 1 \\ x_i \geqslant 0, i = 1, 2 \end{cases} \tag{5-2-4}$$

子问题B_{22}

$$\max \quad z = 6x_1 + 6.5x_2$$
$$\text{s.t.} \quad \begin{cases} 2x_1 + 5x_2 \leqslant 12 \\ 5x_1 + 4x_2 \leqslant 15 \\ x_1 \geqslant 2 \\ x_2 \geqslant 2 \\ x_i \geqslant 0, i = 1, 2 \end{cases} \tag{5-2-5}$$

此时，$\overline{z} = 161/8$，即 $19 \leqslant z^* \leqslant 161/8$。由于 $161/8 > 19$，所以还需对 B_2 进行分支，选择 $x_2 = 5/4$。由于 $[5/4] = 1$，所以在 B_2 的约束条件后面添加 $x_2 \leqslant 1$ 以及 $x_2 \geqslant 2$ 形成两个新的松弛子问题 B_{21} 和 B_{22}。分别求解子问题 B_{21} 和 B_{22}，对于 B_{21}，将 B_{21} 的最

后一个约束条件 $x_2 \leqslant 1$ 化为等式，然后添加到 B_2 的单纯形表 5-3 的最终表的最后一行并将 $a_{42}=1$ 用初等行变换去掉，得到 B_{21} 的初始及最终单纯形表 5-4。

表 5-4 松弛问题 B_{21} 的初始及最终单纯形表

	c_j		6	6.5	0	0	0	0	θ
$\boldsymbol{c}_B$	$\boldsymbol{X}_B$	$\boldsymbol{b}$	x_1	x_2	x_3	x_4	x_5	x_6	
6.5	x_2	5/4	0	1	0	1/4	5/4	0	
6	x_1	2	1	0	0	0	−1	0	
0	x_3	7/4	0	0	1	−5/4	−17/4	0	
0	x_6	−1/4	0	0	0	−1/4	[−5/4]	1	
$\sigma_j=c_j-\sum\limits_{i=1}^{m}c_ia_{ij}$			0	0	0	−13/8	−17/8		
0	x_5	1/5	0	0	0	1/5	1	−4/5	
6	x_1	11/5	1	0	0	1/5	0	−4/5	
0	x_3	13/5	0	0	1	−2/5	0	−17/5	
6.5	x_2	1	0	1	0	0	0	1	
$\sigma_j=c_j-\sum\limits_{i=1}^{m}c_ia_{ij}$			0	0	0	−6/5	0	−17/10	

可见，B_{21} 的最优解为 $x_1^*=11/5, x_2^*=1$，最优值为 197/10；B_{22} 无可行解。

由于 B_{21} 的最优值 197/10 大于已得到的整数解，即 B_1 的目标函数值 19，故还需对 B_{21} 进行分支，选择 $x_1=11/5$，由于 $[11/5]=2$，故在 B_{21} 的约束条件基础上分别添加 $x_1 \leqslant 2$ 和 $x_1 \geqslant 3$ 得到子问题 B_{211} 和 B_{212}。

子问题B_{211}

$$
\begin{aligned}
&\max \quad z=6x_1+6.5x_2\\
&\text{s.t.}\\
&\qquad \begin{cases}
2x_1+5x_2 \leqslant 12\\
5x_1+4x_2 \leqslant 15\\
x_1 \geqslant 2\\
x_2 \leqslant 1\\
x_1 \leqslant 2\\
x_i \geqslant 0, i=1,2
\end{cases}
\end{aligned}
\tag{5-2-6}
$$

子问题B_{212}

$$
\begin{aligned}
&\max \quad z = 6x_1 + 6.5x_2 \\
&\text{s.t.} \\
&\quad \begin{cases}
2x_1 + 5x_2 \leqslant 12 \\
5x_1 + 4x_2 \leqslant 15 \\
x_1 \geqslant 2 \\
x_2 \leqslant 1 \\
x_1 \geqslant 3 \\
x_i \geqslant 0, i = 1, 2
\end{cases}
\end{aligned} \tag{5-2-7}
$$

分别求解子问题 B_{211} 和 B_{212}，类似前面的做法，B_{211} 的初始及最终单纯形表见表 5-5。

表 5-5　松弛问题 B_{211} 的初始及最终单纯形表

c_j			6	6.5	0	0	0	0	0	θ
$\boldsymbol{c}_B$	$\boldsymbol{X}_B$	$\boldsymbol{b}$	x_1	x_2	x_3	x_4	x_5	x_6	x_7	
0	x_5	1/5	0	0	0	1/5	1	−4/5	0	
6	x_1	11/5	1	0	0	1/5	0	−4/5	0	
0	x_3	13/5	0	0	1	−2/5	0	−17/5	0	
6.5	x_2	1	0	1	0	0	0	1	0	
0	x_7	−1/5	0	0	0	[−1/5]	0	4/5	1	
$\sigma_j = c_j - \sum_{i=1}^{m} c_i a_{ij}$			0	0	0	−6/5	0	−17/10	0	
0	x_5	0	0	0	0	0	1	0	1	
6	x_1	2	1	0	0	0	0	0	0	
0	x_3	3	0	0	1	0	0	−5	0	
6.5	x_2	1	0	1	0	0	0	1	0	
0	x_4	1	0	0	0	1	0	−4	0	
$\sigma_j = c_j - \sum_{i=1}^{m} c_i a_{ij}$			0	0	0	0	0	−13/2	0	

由表 5-5 知 B_{211} 的最优解为 $x_1^* = 2, x_2^* = 1$，最优值为 37/2；B_{212} 无可行解。由于 $37/2 < 19$，故最后得到原整数规划问题的最优解为 B_1 的最优解，即 $x_1^* = 1, x_2^* = 2$，最优值为 $z^* = 19$。

该问题分支定界法过程的图示见图 5-2。

如果模型中只对部分决策变量有整数的要求，求解松弛问题后，只需对有整数要求的变量进行分支即可。所以，分支定界法也可用于求解混合整数规划问题。该方法比纯粹的枚举法优越，因为通过定界可以减少很大的计算量。但对于较大规模的整数规划问题，其计算量还是非常大的。

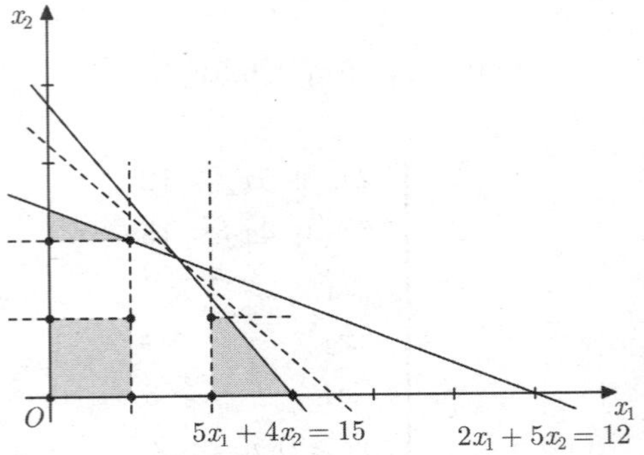

图 5-2 整数规划 (5-1-1) 的分支定界法图示

5.2.2 割平面法

割平面法与分支定界法的共同之处在于，通过缩小松弛问题的可行域，让整数点"跑到"可行域的顶点处。不同之处在于，分支定界法每次将松弛问题的可行域一分为三，由于中间的一部分可行域不会有满足整数要求的解，故舍弃中间的一部分，这样将会逐渐让整数点出现在某可行域的顶点处；割平面法则是在松弛问题可行域的基础上添加一个线性约束条件，使得原可行域分成两部分，其中一部分不会含有原问题的任何整数可行点。这样，舍弃这部分可行域即可将原松弛问题的可行域缩小。从几何图形上来看，这有点像是用添加的超平面 (即添加的线性约束) 将原可行域进行了切割。经过有限次的切割，原可行域的整数点一定会出现在可行域的顶点处。该方法是 R. E. Gomory 于 1958 年提出来的，故又称为 Gomory 割平面法。

割平面需要从松弛问题的最终单纯形表中分析得到。以模型引入 5.1 的整数规划 (5-1-1) 为例，其松弛问题的最终单纯形表见表 5-1，由于单纯形法的主体部分实质上是对线性约束方程组进行的初等行变换，故表 5-1 的主体部分即为：

$$\begin{cases} x_2 + \dfrac{5}{17}x_3 - \dfrac{2}{17}x_4 = \dfrac{30}{17} \\ x_1 - \dfrac{4}{17}x_3 + \dfrac{5}{17}x_4 = \dfrac{27}{17} \end{cases} \tag{5-2-8}$$

选择不满足整数要求的基变量所对应的线性方程，在这里任选式 (5-2-8) 中的一个等式，比如选择第一个等式，将所有的分数部分 (包括变量前面的系数) 分成为整数与非负真分数之和，将所有整数以及变量前面带整数的部分保留在等式的左端，其他项移到等式的右端，即

$$x_2 + \frac{5}{17}x_3 - \frac{2}{17}x_4 = \frac{30}{17} \Longrightarrow x_2 - x_4 - 1 = \frac{13}{17} - \left(\frac{5}{17}x_3 + \frac{15}{17}x_4\right)$$

原整数规划要求 x_1, x_2 为整数，显然，对于松弛变量而言也一定是整数。实际上，任何一个纯整数规划中，所有的松弛变量也一定是整数。因为可以让约束方程两端出现的所有系数成为整数，这只需在约束方程两端乘上所有分数系数的最小公倍数即可。于是，此段上面最后一个式子的左端说明右端项是整数，但右端项是一个大于零小于 1 的正数减去一个非负的实数，这样就必有

$$\frac{13}{17}-\left(\frac{5}{17}x_3+\frac{15}{17}x_4\right)\leqslant 0 \tag{5-2-9}$$

否则，由于是整数，就一定至少是 1，即

$$\frac{13}{17}-\left(\frac{5}{17}x_3+\frac{15}{17}x_4\right)\geqslant 1\Longrightarrow\frac{13}{17}\geqslant 1+\left(\frac{5}{17}x_3+\frac{15}{17}x_4\right)\geqslant 1$$

这显然是一个矛盾。这就是说，若决策变量满足了原松弛问题的可行域但不满足式 (5-2-9)，则说明这些变量是松弛问题可行域里的那些非整数可行点。于是，将式 (5-2-9) 添加到松弛问题 B 的约束域里就起到了切割的作用。现在求解问题 (5-2-10)，记为 B_1。

$$\begin{aligned}&\max\quad z=6x_1+6.5x_2\\&\text{s.t.}\\&\quad\begin{cases}x_2+\dfrac{5}{17}x_3-\dfrac{2}{17}x_4=\dfrac{30}{17}\\x_1-\dfrac{4}{17}x_3+\dfrac{5}{17}x_4=\dfrac{27}{17}\\-\dfrac{5}{17}x_3-\dfrac{15}{17}x_4+x_5=-\dfrac{13}{17}\\x_i\geqslant 0, i=1,\cdots,5\end{cases}\end{aligned} \tag{5-2-10}$$

式 (5-2-10) 中的前两个约束由 B 的最终单纯形表中得到，最后一个约束来自于式 (5-2-9)，即所谓的割平面。将割平面方程写成这样的目的是在求解式 (5-2-10) 时可以直接在 B 的最终单纯形表中添加最后一行，然后利用对偶单纯形法继续求解，而不需要重新建立式 (5-2-10) 的初始单纯形表。于是有如下单纯形表 5-6。

由表 5-6 的最终单纯形表可知，B_1 的最优解为 $x_1^*=4/3, x_2^*=28/15, z^*=302/15$。可见，仍然不满足原问题对决策变量取整数的要求。重复以上过程，取表 5-6 的最终单纯形表的第一行，有

$$x_2+\frac{1}{3}x_3-\frac{2}{15}x_5=\frac{28}{15}\Longrightarrow x_2-x_5-1=\frac{13}{15}-\left(\frac{1}{3}x_3+\frac{13}{15}x_5\right)$$

于是，第二次的割平面方程为

$$-\frac{1}{3}x_3-\frac{13}{15}x_5+x_6=-\frac{13}{15} \tag{5-2-11}$$

将其添加到最终单纯形表 5-6 的最后一行并继续迭代 (记此时的松弛问题为 B_2)，见表 5-7。

表 5-6　松弛问题 B_1 的初始及最终单纯形表

		c_j	6	6.5	0	0	0	θ
c_B	X_B	b	x_1	x_2	x_3	x_4	x_5	
6.5	x_2	30/17	0	1	5/17	−2/17	0	
6	x_1	27/17	1	0	−4/17	5/17	0	
0	x_5	−13/17	0	0	−5/17	[−15/17]	1	
$\sigma_j=c_j-\sum_{i=1}^{m}c_ia_{ij}$			0	0	−1/2	−1	0	
6.5	x_2	28/15	0	1	1/3	0	−2/15	
6	x_1	4/3	1	0	−1/3	0	1/3	
0	x_4	13/15	0	0	1/3	1	−17/15	
$\sigma_j=c_j-\sum_{i=1}^{m}c_ia_{ij}$			0	0	−1/6	0	−17/15	

表 5-7　松弛问题 B_2 的初始及最终单纯形表

		c_j	6	6.5	0	0	0	0	θ
c_B	X_B	b	x_1	x_2	x_3	x_4	x_5	x_6	
6.5	x_2	28/15	0	1	1/3	0	−2/15	0	
6	x_1	4/3	1	0	−1/3	0	1/3	0	
0	x_4	13/15	0	0	1/3	1	−17/15	0	
0	x_6	−13/15	0	0	[−1/3]	0	−13/15	1	
$\sigma_j=c_j-\sum_{i=1}^{m}c_ia_{ij}$			0	0	−1/6	0	−17/15	0	
6.5	x_2	1	0	1	0	−1/2	0	1/2	
6	x_1	11/5	1	0	0	3/5	0	−2/5	
0	x_5	0	0	0	0	−1/2	1	−1/2	
0	x_3	13/5	0	0	1	13/10	0	−17/10	
$\sigma_j=c_j-\sum_{i=1}^{m}c_ia_{ij}$			0	0	0	−7/20	0	−17/20	

由表 5-7 可知，松弛问题 B_2 的最优解为 $x_1^*=11/5, x_2^*=1, z^*=197/10$。再次重复以上过程，取表 5-7 的最终单纯形表的第二行，有

$$x_1+\frac{3}{5}x_4-\frac{2}{5}x_6=\frac{11}{5}\Longrightarrow x_2-x_6-2=\frac{1}{5}-\left(\frac{3}{5}x_4+\frac{3}{5}x_6\right)$$

于是，第三次的割平面方程为

$$-\frac{3}{5}x_4-\frac{3}{5}x_6+x_7=-\frac{1}{5} \tag{5-2-12}$$

将其添加到表 5-7 的最终单纯形表最后一行并继续迭代 (记此时的松弛问题为 B_3)，见表 5-8。

表 5-8　松弛问题 B_3 的初始及最终单纯形表

	c_j		6	6.5	0	0	0	0	0	θ
$\boldsymbol{c}_B$	$\boldsymbol{X}_B$	$\boldsymbol{b}$	x_1	x_2	x_3	x_4	x_5	x_6	x_7	
6.5	x_2	1	0	1	0	−1/2	0	1/2	0	
6	x_1	11/5	1	0	0	3/5	0	−2/5	0	
0	x_5	0	0	0	0	−1/2	1	−1/2	0	
0	x_3	13/5	0	0	1	13/10	0	−17/10	0	
0	x_7	−1/5	0	0	0	−3/5	0	−3/5	1	
$\sigma_j = c_j - \sum_{i=1}^{m} c_i a_{ij}$			0	0	0	[−7/20]	0	−17/20	0	
6.5	x_2	7/6	0	1	0	0	0	1	−5/6	
6	x_1	2	1	0	0	0	0	−1	1	
0	x_5	1/6	0	0	0	0	1	0	−5/6	
0	x_3	13/6	0	0	1	0	0	−3	13/6	
0	x_4	1/3	0	0	0	1	0	1	−5/3	
$\sigma_j = c_j - \sum_{i=1}^{m} c_i a_{ij}$			0	0	0	0	0	−1/2	−7/12	

由表 5-8 可知，松弛问题 B_3 的最优解为 $x_1^* = 2, x_2^* = 7/6, z^* = 235/12$。因此仍然需要进行切割。取表 5-8 的最终单纯形表的第一行，有

$$x_2 + x_6 - \frac{5}{6}x_7 = \frac{7}{6} \Longrightarrow x_2 + x_6 - x_7 - 1 = \frac{1}{6} - \frac{1}{6}x_7$$

于是，第四次的割平面方程为

$$-\frac{1}{6}x_7 + x_8 = -\frac{1}{6} \tag{5-2-13}$$

将其添加到表 5-8 的最终单纯形表最后一行并继续迭代 (记此时的松弛问题为 B_4)，见表 5-9。

经过 4 次切割，最后得到最优解 $x_1^* = 1, x_2^* = 2$。前两次切割的过程图示见图 5-3。图中的 (1), (2) 即为第一次和第二次的割平面。

这个例题说明割平面法的计算效率也不高。有时为提高计算效率，常常将分支定界法和割平面法混合使用。关于割平面法的一般描述如下：

(1) 首先求解整数规划问题的松弛问题，若松弛问题无解，则原问题也无解，计算停止；若松弛问题的解满足整数要求，则其最优解就是原问题的最优解，计算停止；若松弛问题有最优解，但不满足原问题的整数要求，设 x_i 表示其最优解中的某个分数解，该基变量在松弛问题的最终单纯形表中对应的行为

$$x_i + \sum_k a_{ik}x_k = b_i \tag{5-2-14}$$

表 5-9 松弛问题 B_4 的初始及最终单纯形表

	c_j		6	6.5	0	0	0	0	0	0	θ
$\boldsymbol{c}_B$	$\boldsymbol{X}_B$	$\boldsymbol{b}$	x_1	x_2	x_3	x_4	x_5	x_6	x_7	x_8	
6.5	x_2	7/6	0	1	0	0	0	1	−5/6	0	
6	x_1	2	1	0	0	0	0	−1	1	0	
0	x_5	1/6	0	0	0	0	1	0	−5/6	0	
0	x_3	13/6	0	0	1	0	0	−3	13/6	0	
0	x_4	1/3	0	0	0	1	0	1	−5/3	0	
0	x_8	−1/6	0	0	0	0	0	0	[−1/6]	1	
$\sigma_j = c_j - \sum_{i=1}^{m} c_i a_{ij}$			0	0	0	0	0	−1/2	−7/12	0	
6.5	x_2	2	0	1	1/3	0	0	0	0	−2/3	
6	x_1	1	1	0	−1/3	0	0	0	0	5/3	
0	x_5	1	0	0	0	0	1	0	0	−5	
0	x_6	0	0	0	−1/3	0	0	1	0	−13/3	
0	x_4	2	0	0	1/3	1	0	0	0	−17/3	
0	x_7	1	0	0	0	0	0	0	1	−6	
$\sigma_j = c_j - \sum_{i=1}^{m} c_i a_{ij}$			0	0	−1/6	0	0	0	0	−17/3	

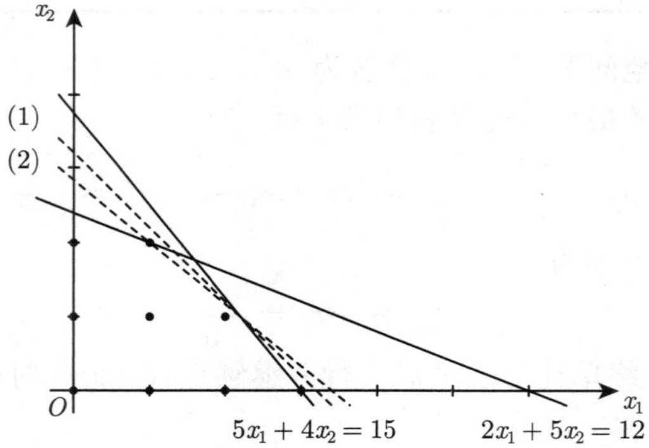

图 5-3 整数规划 (5-1-1) 的割平面法图示

(2) 将所有系数分解成整数与非负真分数之和，即 $b_1 = [b_i] + (b_i)$，其中 $[b_i]$ 表示不超过 b_i 的最大整数，$0 \leqslant (b_i) < 1$。$a_{ik} = [a_{ik}] + (a_{ik})$，于是式 (5-2-14) 变为

$$x_i + \sum_k [a_{ik}]x_k - [b_i] = (b_i) - \sum_k (a_{ik})x_k \tag{5-2-15}$$

(3) 由于所有变量均为整数，$0 < (b_i) < 1, \sum_k (a_{ik})x_k \geqslant 0$，所以在式 (5-2-15) 中必有

$$(b_i) - \sum_k (a_{ik})x_k \leqslant 0 \tag{5-2-16}$$

否则，会有 $(b_i) \geqslant 1$ 的矛盾。式 (5-2-16) 即为 Gomory 割平面。将其改写为

$$-\sum_k (a_{ik})x_k + x_s = -(b_i) \tag{5-2-17}$$

然后将式 (5-2-17) 添加到松弛问题的最终单纯形表中并利用对偶单纯形法继续迭代。

(4) 返回步骤 (1)。

5.3 0-1 规划

0-1 规划，顾名思义，是指决策变量只能取 0 或 1 的数学规划，是一种特殊的整数规划问题。

在实际问题中，常常会遇到非此即彼的情况，比如选择某个投资项目，可能会在投资与不投资之间做出抉择；在工厂选址问题上，需要决定某个地方是建厂还是不建厂等。因此，要求决策变量只能取 0 或 1 是非常常见的。另外，0-1 规划虽然也是整数规划问题，但由于 0 或 1 这两个整数的特殊性，所以在此需要单独进行讨论。

一般所称 0-1 规划是指在线性规划的基础上要求所有决策变量只能取 0 或 1，即 0-1 规划的数学模型可以写为：

$$\begin{aligned} &\max \quad z = \boldsymbol{c}^{\mathrm{T}}\boldsymbol{X} \\ &\text{s.t.} \\ &\qquad \begin{cases} \boldsymbol{A}\boldsymbol{X} = \boldsymbol{b} \\ \boldsymbol{X} \in \boldsymbol{R}^n, x_i = 0 \text{ 或 } 1, i = 1, 2, \cdots, n \end{cases} \end{aligned} \tag{5-3-1}$$

其中，$\boldsymbol{A} = (a_{ij})_{m\times n} \in \boldsymbol{R}^{m\times n}, \boldsymbol{c} \in \boldsymbol{R}^n, \boldsymbol{X} = (x_1, x_2, \cdots, x_n)^{\mathrm{T}} \in \boldsymbol{R}^n, \boldsymbol{b} \in \boldsymbol{R}^m$。

5.3.1 0-1 规划问题的特点

能够或需要用 0-1 规划解决的问题都具有非此即彼或经过变形可以看成为非此即彼问题的特点。因此 0-1 规划非常适合描述和解决如线路设计、工厂选址、旅行购物、背包问题、人员安排、可靠性等多种问题。另外，由于一个非负整数都可以用二进制记数法用若干 0-1 变量表示，因而凡是有界变量的整数规划在理论上都可以转化为 0-1 规划来处理。下面举几个例子加以说明。

例 5.2 (背包问题) 由于旅行包的容量限制，某人在旅行时所能装的物品是有限的。所以，某人旅行前装载物品时希望在不破坏旅行包容量限制下所装物品的效用最大。设旅行包最多能装 $b$kg 的物品，该旅行者有 n 件物品，第 i 件物品重 $a_i$kg，其效用为 $c_i(i = 1, 2, \cdots, n)$，若这些物品不能分零，即必须是整件的，问该旅行者应如何决定。

解 显然，该旅行者在装载物品时对于某件物品无非两个选择，即装或不装。故可设 $x_i=0$ 表示不装第 i 件物品，$x_i=1$ 表示装该件物品。于是有如下数学模型：

$$
\begin{aligned}
&\max \quad z=\sum_{i=1}^{n} c_i x_i \\
&\text{s.t.} \\
&\qquad \begin{cases} \sum_{i=1}^{n} a_i x_i \leqslant b \\ x_i = 0 \text{ 或 } 1, i=1,2,\cdots,n \end{cases}
\end{aligned} \tag{5-3-2}
$$

这里是从旅行者的角度来说明背包问题的。实际上，航空器、水面舰船以及一切运输方式都可能会出现背包问题。其应用背景广泛，是一种组合优化的 NP 完全问题。

例 5.3 (投资问题) 某投资公司共有资金 b 元，现有 5 个候选投资项目，第 i 个投资项目需要投资 a_i 元，投资后预期收益为 c_i 元，由于某种原因，该公司决定在第 1 和第 2 个项目中至少投资一个项目，在第 3 和第 4 个项目中最多投资一个项目，而项目 5 的实施必须以项目 4 的实施为前提，问该公司应如何决定。

解 引入变量

$$
x_i=\begin{cases} 1, & \text{决定投资该项目} \\ 0, & \text{决定不投资该项目}, \quad i=1,2,\cdots,n \end{cases}
$$

由于在第 1 和第 2 个项目中至少投资一个项目，所以 x_1 和 x_2 中至少有一个变量取 1，这等价于 $x_1+x_2 \geqslant 1$；第 3 和第 4 个项目中最多投资一个项目，则等价于 x_3 和 x_4 中最多有一个变量取 1，故有 $x_3+x_4 \leqslant 1$；项目 5 的实施必须以项目 4 的实施为前提，则表示 x_4 取 1 时，x_5 可以取 1，也可以取 0，但 x_4 取 0 时，x_5 只能取 0。所以有 $x_5 \leqslant x_4$ 或者等价于 $x_4-x_5 \geqslant 0$。最后，所有投资额不能超过其拥有的资金量。所以，该问题的数学模型为：

$$
\begin{aligned}
&\max \quad z=\sum_{i=1}^{5} c_i x_i \\
&\text{s.t.} \\
&\qquad \begin{cases} \sum_{i=1}^{5} a_i x_i \leqslant b \\ x_1+x_2 \geqslant 1 \\ x_3+x_4 \leqslant 1 \\ x_4-x_5 \geqslant 0 \\ x_i = 0 \text{ 或 } 1, i=1,2,\cdots,n \end{cases}
\end{aligned} \tag{5-3-3}
$$

例 5.4 (生产方式选择问题) 某工厂为了生产某种产品，有几种不同的生产方式可供选择，如选定投资高的生产方式 (即选用自动化程度高的设备)，由于产量大，因而分配到每件产品的变动成本就低；反之，若选定投资低的生产方式，将来分配到每件产品的变动成本就会增加，所以必须全面考虑。从投资成本的角度，现有高、中、低 3 种方式可供选择，$c_j(j=1,2,3)$ 表示采用第 j 种方式时每件产品的变动成本，$k_j(j=1,2,3)$ 表示采用第 j 种方式时的固定成本。为了说明成本的特点，在暂不考虑其他约束条件的情况下，该工厂应如何决定？

解 设 x_j 表示采用第 j 种方式时的产量，显然，采用各种生产方式的总成本分别为

$$P_j=\begin{cases} k_j+c_jx_j, & \text{当 } x_j>0 \\ 0, & \text{当 } x_j=0, j=1,2,3 \end{cases}$$

目的是为了选择一种生产方式，于是引入 0-1 变量 y_j，令

$$y_j=\begin{cases} 1, & \text{当采用第}j\text{种生产方式，即}x_j>0\text{时} \\ 0, & \text{当不采用第}j\text{种生产方式，即}x_j=0\text{时} \end{cases} \tag{5-3-4}$$

由于 $c_j(j=1,2,3)$ 表示采用第 j 种方式时每件产品的变动成本，因此总是有变动成本 c_jx_j，问题的关键是采用不同的生产方式其固定成本不同。因此，目标函数为

$$\min z=(k_1y_1+c_1x_1)+(k_2y_2+c_2x_2)+(k_3y_3+c_3x_3)$$

x_j 和 y_j 的关系，即式 (5-3-4) 可由下述 3 个线性约束条件代替：

$$x_j\leqslant y_jM, j=1,2,3 \tag{5-3-5}$$

其中，M 是充分大的正常数。

式 (5-3-5) 说明，若 $x_j=1$，则 y_j 必须为 1，若 $x_j=0$，则 y_j 可为 0 或 1，但目标函数是求极小，所以一定会有 y_j 为 0。因此，该问题的数学模型为：

$$\begin{aligned} &\min \quad z=(k_1y_1+c_1x_1)+(k_2y_2+c_2x_2)+(k_3y_3+c_3x_3) \\ &\text{s.t.} \\ &\qquad \begin{cases} x_j\leqslant y_jM \\ y_j=0 \text{ 或 } 1, j=1,2,3 \end{cases} \end{aligned} \tag{5-3-6}$$

最后说明，若在某整数规划问题里要求决策变量 x_i 取有限个 (整) 数中的一个时，比如，要求 x_i 取 $a_1,a_2,\cdots,a_m$ 中的某一个，则可引进 0-1 变量 $y_j(j=1,2,\cdots,m)$：

$$y_j=\begin{cases} 1, & x_i=a_j \\ 0, & x_i\neq a_j \end{cases} \tag{5-3-7}$$

然后用 $x_i=\sum\limits_{j=1}^{m}a_jy_j$ 代替原模型中的 x_i，并添加 $\sum\limits_{j=1}^{m}y_j=1$，即可将原问题转化为 0-1 规划。

5.3.2 隐枚举法

由于 0-1 规划的决策变量只取两个值，所以求解 0-1 规划问题最容易想到的就是枚举法，即列出所有变量取 0 或 1 的不同组合，然后检查是否满足约束条件，在所有满足约束条件的可行点中找到目标函数值最大或最小的即为最优解。在变量数较少时，枚举法勉强可用。当变量数较多时，由于计算时间无法忍受，枚举法根本行不通。事实上，若 $n=80$，即有 80 个 0-1 变量时，列出所有组合将会有 2^{80} 个不同的组合，若计算机的运行速度为 10^{12} 次/s，而其他都不考虑的情况下，也需要连续计算大约 639 年才能将所有组合计算完。当然，在解决实际问题时，大多数问题没有这么多的决策变量。对于小规模问题，可以通过求解整数规划的分支定界法求其最优解，也可通过所谓隐枚举法求其最优解。

隐枚举法是对枚举法的一种修正。若目标函数是求极大的情况，在通过观察得到一个可行解后，其目标函数值可作为一个过滤条件，即接下来的变量取 0、1 的不同组合，只有当其对应的目标函数值大于已得到的目标函数值时，才考虑其是否满足约束条件。若不满足其中一个约束条件，则终止此组合的验证；若满足所有约束条件，则其目标函数值为新的过滤条件。依次检查，直至所有组合检查完毕。

例 5.5 利用隐枚举法求解 0-1 规划问题：

$$\max \quad z=3x_1-2x_2+5x_3$$

$$\text{s.t.} \begin{cases} x_1+2x_2-x_3\leqslant 3 & (1)\\ x_1+3x_2+2x_3\leqslant 5 & (2)\\ x_1+x_2\leqslant 2 & (3)\\ 4x_1+x_3\leqslant 6 & (4)\\ x_i=0 \text{ 或 } 1, i=1,2,3 \end{cases}$$

解 首先，3 个 0-1 变量的所有组合有 $2^3=8$ 种，根据观察容易看到 $x=(1,0,0)^{\mathrm{T}}$ 是原问题的一个可行解，对应的目标函数值为 $z=3$。此后，凡是函数值小于或等于 3 的组合就不去验证是否满足约束条件了。即只考虑 $z\geqslant 3$ 相应的组合，将其看成新的约束条件并记此条件为 (0)，称为过滤条件。为清楚起见，将余下的过程列于表 5-10。在计算过程中发现组合 $(0,0,1)^{\mathrm{T}}$ 的函数值为 5，超过已观察到的函数值 3，故进行是否满足约束条件的验证。由于该组合满足了约束条件，故从此以后只有目标函数值大于 5 的组合才去验证是否满足约束条件。进行到组合 $(1,0,1)^{\mathrm{T}}$ 时，其目标函数值为 8，且满足约束条件，故新的过滤条件为 $z\geqslant 8$。以后只有目标函数值大于 8 的组合才去验证是否满足约束。最后得到最优解为 $x^*=(1,0,1)^{\mathrm{T}}, z^*=8$。

表 5-10 隐枚举法求解 0-1 规划

点	约束条件					是否可行	函数值 z
	(0)	(1)	(2)	(3)	(4)		
$(0,0,0)^{\mathrm{T}}$	0						
$(0,0,1)^{\mathrm{T}}$	5	-1	2	0	1	是	5
$(0,1,0)^{\mathrm{T}}$	-2						
$(1,0,0)^{\mathrm{T}}$	3						
$(1,1,0)^{\mathrm{T}}$	1						
$(1,0,1)^{\mathrm{T}}$	8	0	3	1	5	是	8
$(0,1,1)^{\mathrm{T}}$	3						
$(1,1,1)^{\mathrm{T}}$	6						

5.4 应用举例及 Matlab 实现

整数规划问题属于所谓的 NP-hard 问题，即在多项式时间内无法得到其最优解。这个概念指的是，在决策变量非常多的情况下，求其最优解的时间将会很长，而且随着决策变量的增多，计算时间将呈指数增长。但是，在实际问题中出现的整数规划其决策变量通常不会太多，这时，前面介绍的分支定界法和 Gomory 割平面法还是较为有效的方法。

5.4.1 整数规划的 MATLAB 实现

根据前面介绍的分支定界法和割平面法，编者编写了分支定界法的 MATLAB 程序 BranchBound.m 和 Gomory 割平面法的程序 Gomory.m。程序代码如下，其中有较为详细的注释，供学习者参考。

☞ **MATLAB 程序 5.1** 求解整数规划的分支定界法

```
% 求解整数线性规划的分支定界法，可求解如下形式的全整数线性或混合整数线性规
  划问题
% max c'x
% s.t.
% Ax<=b, Aeq x=beq.
% lb<=x<=ub.
% x为整数或部分整数决策列向量
% 本程序调用MATLAB自带的linprog命令求解每次的松弛问题,问题形式和linprog的
  要求相同
% 调用格式
%     [xstar,fxstar,slack]=BranchBound(c,A,b)
%     [xstar,fxstar,slack]=BranchBound(c,A,b,Aeq,beq)
%     [xstar,fxstar,slack]=BranchBound(c,A,b,Aeq,beq,lb,ub)
```

```
%     [xstar,fxstar,slack]=BranchBound(c,A,b,Aeq,beq,lb,ub,x0)
%     [xstar,fxstar,slack]=BranchBound(c,A,b,Aeq,beq,lb,ub,x0,I)
%     [xstar,fxstar,slack]=BranchBound(c,A,b,Aeq,beq,lb,ub,x0,I,options)
% 其中，输出项：
% xstar为最优解列向量；fxstar为目标函数最小值；slack为松弛（剩余）变量
% 输入项：c为目标函数价值系数向量；A为不等式约束系数矩阵；b为不等式约束条
  件右端列
% 向量；Aeq为等式约束条件系数矩阵；beq为等式约束条件右端列向量
% lb为决策变量下界列向量（Default:-inf）;ub为决策变量上界列向量（Default:
  inf)
% x0为迭代初值（可缺省）；I为整数变量指标列向量，1表示整数，0表示实数
  (default:1)
% options 的设置请参见optimset或linprog
% By Gongnong Li 2013
function [xstar,fxstar,iter]=BranchBound(c,A,b,Aeq,beq,lb,ub,x0,I,
options)
global z2 opt c1 x01 A1 b1 Aeq1 beq1 I options iter;
[m1,n1]=size(A);[m2,n2]=size(Aeq);iter=1;
if nargin<10
   options=optimset({});options.Display='off'; options.LargeScale='off';
end
if nargin<9
   I=ones(size(c));
end
if nargin<8
   x0=[];
end
if nargin<7|isempty(ub)
   ub=inf*ones(size(c));
end
if nargin<6|isempty(lb)
    lb=zeros(size(c));
end
if nargin<5
    beq=[];
```

```
end
if nargin<4
    Aeq=[];
end
z2=inf;c1=c;x01=x0;A1=A;b1=b;Aeq1=Aeq;beq1=beq;I=I;
z1=BranchBound1(lb(:),ub(:));
xstar=opt;[mm,nn]=size(xstar);fxstar=-z2;
if mm>1
  disp('最优解有多个(xstar矩阵每行对应一组最优解)以及最优目标函数值fxstar、
  迭代次数(iter)为: ')
else
   disp('最优解xstar以及最优目标函数值fxstar、迭代次数(iter)为: ')
end
% 以下为上面程序需要调用的子函数
function z1=BranchBound1(vlb,vub)
global z2 opt c1 x01 A1 b1 Aeq1 beq1 I options iter;
[x,z1,exitflag]=linprog(-c1,A1,b1,Aeq1,beq1,vlb,vub,x01,options);
if exitflag<=0
   return
end
if z1-z2>1e-3
    return
end
if max(abs(x.*I-round(x.*I)))<1e-3
    if z2-z1>1e-3
      opt=x';z2=z1;
      return
    else
      opt=[opt;x'];
      return
    end
end
notintx=find(abs(x-round(x))>1e-3);
intx=fix(x);tempvlb=vlb;tempvub=vub;
if vub(notintx(1,1),1)>=intx(notintx(1,1),1)+1
```

```
        tempvlb(notintx(1,1),1)=intx(notintx(1,1),1)+1;
        z1=BranchBound1(tempvlb,vub);iter=iter+1;
    end
    if vlb(notintx(1,1),1)<=intx(notintx(1,1),1)
        tempvub(notintx(1,1),1)=intx(notintx(1,1),1);iter=iter+1;
        z1=BranchBound1(vlb,tempvub);
    end
```

☞ MATLAB 程序 5.2 (求解整数规划的割平面法)

```
% 求解如下整数规划问题的Gomory割平面法
% max c'x
% s.t.
% Ax=b
% x>=0且为整数
% 这里 A\in R^{m\times n},c,x'\in R^n,b\in R^m,b\geq 0
% 对于某些问题可能需要将a_{ij},b_i都化为整数才行
% 在求解松弛问题时调用MMSimplex.m
% By Gongnong Li 2013
function [xstar,fxstar,iter]=Gomory(A,b,c)
[m,n]=size(A);n0=n;
[x,f,k1,A0,IB]=MMSimplex(A,b,c); %首先调用MMSimplex.m计算原问题的松弛问题
for i=1:length(IB)
    if abs(floor(x(IB(i)))-x(IB(i)))>1e-3
        xx(i)=i;    % 若满足上述条件，则认为x(IB(i))为非整数
    else
        xx(i)=0;
    end
end xx(find(xx==0))=[];
%xx记录了松弛问题解x中非整数解对应的行标。若xx为非空向量，表明松弛问题有
 非整数解
if length(xx)~=0
    flag=0;
else
    flag=1;
end
```

```
k2=0;
while flag==0
    bbar=A0(xx(1),1)-floor(A0(xx(1),1));
    abar=A0(xx(1),2:n+1)-floor(A0(xx(1),2:n+1));
    A0(:,n+2)=zeros(m,1);
    A0(m+1,:)=[-bbar,-abar,1];  %以上操作添加了割平面约束
    A=A0(:,2:n+2);  b=A0(:,1);   c=[c;0];
    [x,f,A0,IB,k3]=Dsimplex(A,b,c);
% 调用对偶单纯形法程序Dsimplex.m继续计算添加了割平面约束的松弛问题
   for i=1:length(IB)
       if abs(round(x(IB(i)))-x(IB(i)))>1e-3
           xx(i)=i;     % 若满足上述条件, 则认为x(IB(i))为非整数
       else
           xx(i)=0;
       end
   end
   xx(find(xx==0))=[];
%xx记录了松弛问题解x中非整数解对应的行标。若xx为非空向量, 表明松弛问题有非
 整数解
  if length(xx)~=0
      flag=0;
  else
      flag=1;
  end
     [m,n]=size(A0);  n=n-1;  k2=k2+k3;
end
xstar=x(1:n0); fxstar=x(IB)*c(IB); iter=k1+k2;
```

例 5.6　利用以上两个程序求解整数规划问题:

$$
\begin{aligned}
&\max \quad z = 7x_1 + 9x_2 \\
&\text{s.t.} \\
&\qquad \begin{cases} -x_1 + 3x_2 \leqslant 6 \\ 7x_1 + \ \ x_2 \leqslant 35 \\ x_1, x_2 \geqslant 0,\ \text{且为整数} \end{cases}
\end{aligned}
$$

解　利用 BranchBound.m 求解的过程如下:

```
>> A=[-1 3;7 1];
>> b=[6 35]';
>> c=[7 9]';
>> [xstar,fxstar,iter]=BranchBound(c,A,b,[],[])
最优解xstar以及最优目标函数值fxstar、迭代次数(iter)为: xstar =
     4     3
fxstar =
    55
iter =
     5
```

计算结果表明，经过 5 次迭代得到其最优解为 $x_1^* = 4, x_2^* = 3$，最优目标函数值为 $z^* = 55$。

如果利用 Gomory 割平面法程序计算，则首先须将原问题写成标准形式，即

$$
\begin{aligned}
&\max \quad z = 7x_1 + 9x_2 \\
&\text{s.t.} \\
&\qquad \begin{cases}
-x_1 + 3x_2 + x_3 \qquad = 6 \\
7x_1 + \ \ x2 + \qquad x_4 = 35 \\
x_i \geqslant 0, i = 1, 2, 3, 4,\ \text{且为整数}
\end{cases}
\end{aligned}
$$

然后在 MATLAB 提示符下输入相关矩阵和向量并调用 Gomory.m。计算过程如下：

```
>> A=[-1 3 1 0;7 1 0 1];
>> b=[6 35]';
>> c=[7 9 0 0]';
>> [xstar,fxstar,iter]=Gomory(A,b,c)
Elapsed time is 0.016000 seconds. xstar =
    4.0000    3.0000    1.0000    4.0000
fxstar =
    55
iter =
     4
```

计算结果表明，经过 4 次迭代得到其最优解为 $x_1^* = 4, x_2^* = 3$，最优目标函数值为 $z^* = 55$。

程序 Gomory.m 在整数规划问题的系数矩阵中的元素 a_{ij}、右端项 b_i 出现小数或分数时，计算结果可能不正确。其原因是计算过程中的舍入误差所致。这时，将原问题做一个预处理，即将所有系数 a_{ij}、b_i 化为整数即可，c_i 则不需要化为整数。

例 5.7 利用程序 Gomory.m 求解整数规划问题：

$$\max \quad z = x_1 + x_2$$

$$\text{s.t.} \begin{cases} x_1 + \dfrac{9}{14}x_2 \leqslant \dfrac{51}{14} \\ -2x_1 + \quad x_2 \leqslant \dfrac{1}{3} \\ x_1, x_2 \geqslant 0, \text{ 且为整数} \end{cases}$$

解 将其化为标准形 (略)，然后调用 Gomory.m 计算，过程如下：

```
>> A=[1 9/14 1 0;-2 1 0 1];
>> b=[51/14 1/3]';
>> c=[1 1 0 0]';
>> [xstar,fxstar,iter]=Gomory(A,b,c)
Elapsed time is 0.000000 seconds. 原问题无可行解
```

结果表明，原整数规划问题无可行解。实际上，将原问题约束条件中的系数化为整数后再化为标准形 (略)，此时计算过程如下：

```
>> A=[14 9 1 0;-6 3 0 1];
>> b=[51 1]';
>> c=[1 1 0 0]';
>> [xstar,fxstar,iter]=Gomory(A,b,c)
Elapsed time is 0.000000 seconds.
xstar =
     3     1     0    16
fxstar =
     4
iter =
    13
```

计算结果表明，$x_1^* = 3, x_2^* = 1, z^* = 4$。不难看出，这正是原整数规划问题的最优解。

关于 0-1 规划的 MATLAB 实现，有两种方法，其一是利用 MATLAB 自带的程序 bintprog.m，其二是利用上面介绍的 Matlab 程序。下面通过一个例题分别加以介绍。

例 5.8 求解如下 0-1 规划问题。

$$
\begin{aligned}
&\max \quad z = 6x_1 + 2x_2 + 3x_3 + 5x_4 \\
&\text{s.t.} \\
&\qquad \begin{cases}
3x_1 - 5x_2 + x_3 + 6x_4 \geqslant 4 \\
2x_1 + x_2 + x_3 - x_4 \leqslant 3 \\
x_1 + 2x_2 + 4x_3 + 5x_4 \leqslant 10 \\
x_i = 0 \text{ 或 } 1, i = 1, \cdots, 5
\end{cases}
\end{aligned}
$$

解　首先介绍 bintprog.m。在 MATLAB 提示符下，输入“help bintprog”即可得到帮助文件：

```
BINTPROG Binary integer programming.
   BINTPROG solves the binary integer programming problem
      min f'*X  subject to:  A*X <= b,
                             Aeq*X = beq,
                             where the elements of X are binary
                             integers, i.e., 0's or 1's.

   X = BINTPROG(f) solves the problem min f'*X, where the elements of X
   are binary integers.

   X = BINTPROG(f,A,b) solves the problem min f'*X subject to the
      linear
   inequalities A*X <= b, where the elements of X are binary integers.

   X = BINTPROG(f,A,b,Aeq,beq) solves the problem min f'*X subject to
      the linear equalities Aeq*X=beq,the linear inequalities A*X<=b,
   where the elements of X are binary integers.
   ....
```

帮助文件显示，该命令求解的 0-1 规划形式为：

$$
\begin{aligned}
&\min \quad f'X \\
&\text{s.t.} \\
&\qquad \begin{cases}
AX \leqslant b \\
Aeq\ X = beq \\
x_i = 0 \text{ 或 } 1, i = 1, \cdots, n
\end{cases}
\end{aligned}
\tag{5-4-1}
$$

即目标函数求极小，约束分为“⩽”和“=”两种。因此，应用此命令时须将原问题化为此形式。其他说明参见其帮助文件。对于本题，利用该命令的求解过程如下：

```
>> A=[-3 5 -1 -6;2 1 1 -1;1 2 4 5];
>> b=[-4 3 10]';
>> c=[-6 -2 -3 -5]';
>> [x,fval]=bintprog(c,A,b)
Optimization terminated.
x = 1     0     1     1
fval = -14
```

结果显示，最优解为 $x_1^*=1,x_2^*=0,x_3^*=1,x_4^*=1$，最优值为 14。

由于 0-1 规划也是整数规划问题，因此也可以利用上面介绍的 MATLAB 程序进行求解。对于本题，利用 Gomory.m 求解时，首先须将表达式写成程序 Gomory.m 要求的形式，即除了变量的 0-1 要求以外，添加 $x_i\leqslant 1(i=1,\cdots,5)$ 然后将所有约束化成等式，具体过程略。求解过程如下：

```
>> A1=[3 -5 1 6 -1 0 0 0 0 0 ;2 1 1 -1 0 1 0 0 0 0 ;1 2 4 5 0 0 1 0 0 0;
...
1 0 0 0 0 0 1 0 0;0 1 0 0 0 0 0 1 0;0 0 1 0 0 0 0 0 1];
>> b1=[4 3 10 1 1 1]';
>> c1=[6 2 3 5 0 0 0 0 0 0]';
>> [xstar,fxstar,iter]=Gomory(A1,b1,c1)
Elapsed time is 0.001140 seconds.
xstar =
  Columns 1 through 8
    1.0000    0.0000    1.0000    1.0000    6.0000    1.0000         0
         0
  Columns 9 through 10
    1.0000    0.0000
fxstar =
    14
iter =
    10
```

结果表明，经过 10 次迭代得到最优解为 $x_1^*=1,x_2^*=0,x_3^*=1,x_4^*=1$，最优值为 14。

若利用 BranchBound.m 求解时，由于该程序是调用 MATLAB 的 Linprog.m 程序求解松弛问题的，所以表达式的要求与 Lingprog.m 的要求相同。但需要添加 $x_i\leqslant 1(i=1,\cdots,5)$。具体过程略。求解过程如下：

```
>> A2=[-3 5 -1 -6;2 1 1 -1;1 2 4 5;1 0 0 0;0 1 0 0;0 0 1 0;0 0 0 1];
>> b2=[-4 3 10 1 1 1 1]';
>> c2=[6 2 3 5]';
>> [xstar,fxstar,iter]=BranchBound(c2,A2,b2,[],[])
```

最优解 xstar 以及最优目标函数值 fxstar、迭代次数 (iter) 为:

```
xstar =
    1.0000         0    1.0000    1.0000
fxstar =
    14
iter =
    5
```

5.4.2 应用举例

本节通过几个例题说明整数规划以及 0-1 规划的数学建模。

例 5.9　某公司需生产 2100 件某种整件产品，该产品可以利用 A，B，C 三种设备中的任意一种加以生产。每种设备的生产准备费用以及利用该设备进行生产时的单件成本、每种设备的最大生产能力等数据见表 5-11。该公司应如何生产才能使得总成本最低？试建立该问题的数学模型并求解。

表 5-11　生产准备费用及单件成本、最大生产能力

设备	生产准备费用/元	单件生产成本/(元/件)	最大生产能力/件
A	100	10	600
B	300	2	800
C	200	5	1200

解　设 $x_i(i=1,2,3)$ 表示在设备 A,B,C 上生产的产品数，根据题意，只有使用了某种设备进行生产时才会有生产准备费用，而且此时该设备的最大生产能力才起作用。故引入 0-1 变量 $y_i(i=1,2,3)$，当 y_1 取 1 时表示采取设备 A 进行生产，否则不生产。其余变量的含义类似。于是可以建立其数学模型 (5-4-2)。

$$\min\quad z=10x_1+2x_2+5x_3+100y_1+300y_2+200y_3$$

$$\text{s.t.}\quad \begin{cases} x_1+x_2+x_3=2100 \\ x_1\leqslant 600y_1 \\ x_2\leqslant 800y_2 \\ x_3\leqslant 1200y_3 \\ x_i\geqslant 0 \text{ 且为整数 } 1, i=1,2,3;\quad y_j=0 \text{ 或 } 1, j=1,2,3 \end{cases} \tag{5-4-2}$$

将其化成程序 BranchBound.m 所要求的形式 (略)，然后求解。

```
>> Aeq=[1 1 1 0 0 0];beq=2100;
>> A=[1 0 0 -600 0 0;0 1 0 0 -800 0;0 0 1 0 0 -1200;...
0 0 0 1 0 0;0 0 0 0 1 0;0 0 0 0 0 1];
>> b=[0 0 0 1 1 1]';
>> c=[-10 -2 -5 -100 -300 -200]';
>> [xstar,fxstar,iter]=BranchBound(c,A,b,Aeq,beq)
```

最优解 xstar 以及最优目标函数值 fxstar、迭代次数 (iter) 为:

```
xstar = 100        800        1200        1        1        1
fxstar = -9200
iter = 3
```

结果表明，最优解为 $x_1^*=100, x_2^*=800, x_3^*=1200, y_1^*=1, y_2^*=1, y_3^*=1$，即在设备 A,B,C 上分别生产 100 件、800 件和 1200 件，总成本最低为 9200 元。

例 5.10 (布点问题) 某市有 6 个区，每个区都可以设立消防站，每个消防站设立一辆消防车。市政府希望在满足消防需求的情况下所设立的消防站最少。根据要求，当某地发生火灾时，需要消防车在 15min 内赶到。若第 i 个区有消防车，则到达第 j 个区所需时间见表 5-12。问：该市应如何安排消防站？

表 5-12　消防车在各区之间的行驶时间　(单位：min)

	地区 1	地区 2	地区 3	地区 4	地区 5	地区 6
地区 1	0	10	16	28	27	20
地区 2	10	0	24	32	17	10
地区 3	16	24	0	12	27	21
地区 4	28	32	12	0	15	25
地区 5	27	17	27	15	0	14
地区 6	20	10	21	25	14	0

解　显然，对于某个区来说，要么设立一个消防站，要么不设立。所以引入 0-1 变量 $x_i(i=1,2,\cdots,n)$。当 x_i 取 1 时，表示在第 i 个区设立消防站，当 x_i 取 0 时，则表示不设立消防站。由表 5-12 可知，要保证每个区都在消防车的 15min 行程内即要求相关区的消防车数量至少是 1，比如地区 1，只有当地区 1 和地区 2 中至少有一个消防站 (也就是至少一辆消防车) 时，才能满足消防需求。这就是要求

$$x_1+x_2\geqslant 1$$

其他区的情况类似地考虑。从而可建立该问题的数学模型为:

$$\min \quad z = x_1 + x_2 + x_3 + x_4 + x_5 + x_6$$

$$\text{s.t.} \quad \begin{cases} x_1 + x_2 \geqslant 1 \\ x_1 + x_2 + x_6 \geqslant 1 \\ x_3 + x_4 \geqslant 1 \\ x_3 + x_4 + x_5 \geqslant 1 \\ x_4 + x_5 + x_6 \geqslant 1 \\ x_2 + x_5 + x_6 \geqslant 1 \\ x_i = 0 \text{ 或 } 1, i = 1, \cdots, 6 \end{cases} \tag{5-4-3}$$

利用 bintprog.m 求解如下：

```
>> A=[-1 -1 0 0 0 0;-1 -1 0 0 0 -1;0 0 -1 -1 0 0;...
0 0 -1 -1 -1 0;0 0 0 -1 -1 -1;0 -1 0 0 -1 -1];
>> b=[-1 -1 -1 -1 -1 -1]';
>> c=[1 1 1 1 1 1]';
>> [x,fval]=bintprog(c,A,b)
Optimization terminated.
x = 0    1    0    1    0    0
fval =
     2
```

计算结果表明，只需在第 2 区和第 4 区各设立一个消防站即可满足要求。

例 5.11 (指派问题) 女子体操团体赛规定：每支参赛代表队由 5 名运动员组成，比赛项目是高低杠、平衡木、鞍马和自由体操。每个运动员最多只能参加 3 个项目的比赛，且每个项目只能参赛一次，每个项目至少要有人参赛一次，并且总的参赛人次数等于 10，每个项目采用 10 分制记分，将 10 次比赛的得分求和，按其得分高低排名，分数越高成绩越好。已知代表队 5 名运动员各单项的预赛成绩见表 5-13。试为该代表队安排运动员的参赛项目使得该队的团体总分最高。

表 5-13　预赛成绩表

运动员 \ 参赛项目	高低杠	平衡木	鞍马	自由体操
甲	8.6	9.7	8.9	9.4
乙	9.2	8.3	8.5	8.1
丙	8.8	8.7	9.3	9.6
丁	8.5	7.8	9.5	7.9
戊	8.0	9.4	8.2	7.7

解　将运动员按照 1，2，3，4，5 排序，项目按照 1，2，3，4 排序，则根据题意，引进 0-1 变量：

$$x_{ij}=\begin{cases}1, & 第i个运动员参加第j项比赛\\ 0, & 第i个运动员不参加第j项比赛，\quad i=1,\cdots,5;j=1,\cdots,4\end{cases}$$

每个运动员最多只能参加 3 个项目的比赛等价于

$$x_{i1}+x_{i2}+x_{i3}+x_{i4}\leqslant 3(i=1,\cdots,5)$$

每个项目只能参赛一次则包含在 0-1 变量的含义中，每个项目至少要有人参赛一次等价于

$$x_{1j}+x_{2j}+x_{3j}+x_{4j}+x_{5j}\geqslant 1, j=1,\cdots,4$$

总的参赛人次数等于 10 显然就是

$$\sum_{i=1}^{5}\sum_{j=1}^{4}x_{ij}=10$$

目标函数则是

$$\begin{aligned}\max z=&8.6x_{11}+9.7x_{12}+8.9x_{13}+9.4x_{14}+9.2x_{21}+8.3x_{22}+8.5x_{23}+8.1x_{24}\\&+8.8x_{31}+8.7x_{32}+9.3x_{33}+9.6x_{34}+8.5x_{41}+7.8x_{42}+9.5x_{43}+7.9x_{44}\\&+8.0x_{51}+9.4x_{52}+8.2x_{53}+7.7x_{54}\end{aligned}$$

利用 bintprog.m 求解如下：

```
>> A=[1 1 1 1 0 0 0 0 0 0 0 0 0 0 0 0 0 0 0 0;0 0 0 0 1 1 1 1 0 0
     0 0 0 0 0 0 0 ...
0 0 0;0 0 0 0 0 0 0 0 1 1 1 1 0 0 0 0 0 0 0 0;0 0 0 0 0 0 0 0 0 0
0 0 1 1 1 1 0 ...
0 0 0;0 0 0 0 0 0 0 0 0 0 0 0 0 0 0 0 1 1 1 1;-1 0 0 0 -1 0 0 0 -1 0 0 0
-1 0 0 ...
0 -1 0 0 0;0 -1 0 0 0 -1 0 0 0 -1 0 0 0 -1 0 0 0 -1 0 0;0 0 -1 0 0 0 -1
0 0 0 -1 ...
0 0 0 -1 0 0 0 -1 0;0 0 0 -1 0 0 0 -1 0 0 0 -1 0 0 0 -1 0 0 0 -1];
>> b=[3 3 3 3 3 -1 -1 -1 -1]';
>> c=[8.6 9.7 8.9 9.4 9.2 8.3 8.5 8.1 8.8 8.7 9.3 9.6 8.5 7.8 9.5 7.9
```

```
8.0 9.4 8.2 7.7]';
>> Aeq=ones(1,20); beq=10;
>> [x,fval]=bintprog(-c,A,b,Aeq,beq)
Optimization terminated.
x = 0  1  1  1  1  0  0  0  1  0  1  1  1 0  1  0  0  1  0  0
fval =
  -92.3000
```

结果显示，安排甲参加平衡木、鞍马和自由体操比赛，安排乙参加高低杠比赛，安排丙参加高低杠、鞍马和自由体操比赛，安排丁参加高低杠和鞍马比赛，安排戊参加平衡木比赛，这样将可能得到最高分 92.3 分。

利用 BranchBound.m 也可求解本题。但需要添加 $x_{ij} \leqslant 1(i=1,\cdots,5;j=1,\cdots,4)$。此时，在上面相关矩阵输入的情况下再做如下操作：

```
>> A(10:29,:)=eye(20);b(10:29)=ones(20,1);
>> [xstar,fxstar,iter]=BranchBound(c,A,b,Aeq,beq)
```

最优解有多个 (xstar 矩阵每行对应一组最优解) 以及最优目标函数值 fxstar、迭代次数 (iter) 为：

```
xstar =
  Columns 1 through 8
         0    1.0000    1.0000    1.0000    1.0000         0    1.0000    0.0000
    0.0000    1.0000    1.0000    1.0000    1.0000    0.0000    0.0000         0
  Columns 9 through 16
    1.0000         0    1.0000    1.0000    0.0000    0.0000    1.0000   -0.0000
    1.0000   -0.0000    1.0000    1.0000    1.0000   -0.0000    1.0000   -0.0000
  Columns 17 through 20
   -0.0000    1.0000    0.0000    0.0000
         0    1.0000   -0.0000   -0.0000
fxstar =
   92.3000
iter =
     3
```

结果显示有两个方案：其一是，安排甲参加平衡木、鞍马和自由体操比赛，安排乙参加高低杠和鞍马比赛，安排丙参加高低杠、鞍马和自由体操比赛，安排丁参加鞍马比赛，安排戊参加平衡木比赛；其二就是上面的方案。两个方案的得分都是 92.3 分。

习题 5

1. 利用分支定界法以及相关 MATLAB 程序求解下列整数规划问题。

(1) max $z = x_1 + x_2$

s.t.

$$\begin{cases} 3x_1 + 2x_2 \leqslant 7 \\ 2x_1 + 4x_2 \geqslant 5 \\ x_1, x_2 \geqslant 0, \text{且为整数} \end{cases}$$

(2) min $z = x_1 + 2x_2$

s.t.

$$\begin{cases} -x_1 + x_2 \leqslant 10 \\ 10x_1 + 2x_2 \geqslant 50 \\ x_1, x_2 \geqslant 0, \text{且为整数} \end{cases}$$

(3) max $z = 3x_1 + x_2$

s.t.

$$\begin{cases} 2x_1 + x_2 \leqslant 6 \\ 4x_1 + 5x_2 \geqslant 7 \\ x_1, x_2 \geqslant 0, \text{且为整数} \end{cases}$$

(4) max $z = 10x_1 + 20x_2$

s.t.

$$\begin{cases} 0.25x_1 + 0.4x_2 \leqslant 3 \\ 0.5x_1 + x_2 \leqslant 8 \\ x_1, x_2 \geqslant 0, \text{且为整数} \end{cases}$$

2. 利用割平面法以及相关 MATLAB 程序求解如下整数规划。

(1) max $z = 2x_1 + x_2$

s.t.

$$\begin{cases} 2x_1 + x_2 \leqslant 8 \\ 2x_1 + 4x_2 \geqslant 20 \\ x_1, x_2 \geqslant 0, \text{且为整数} \end{cases}$$

(2) max $z = 3x_1 - 2x_2$

s.t.

$$\begin{cases} 3x_1 - 2x_2 \leqslant 3 \\ 5x_1 + 4x_2 \geqslant 10 \\ x_1, x_2 \geqslant 0, \text{且为整数} \end{cases}$$

3. 利用隐枚举法以及相关 MATLAB 程序求解如下 0-1 规划。

(1) max $z = 3x_1 - 2x_2 + 5x_3$

s.t.

$$\begin{cases} x_1 + 2x_2 - x_3 \leqslant 2 \\ x_1 + 4x_2 + x_3 \leqslant 4 \\ x_1 + x_2 \leqslant 3 \\ 4x_1 + x_3 \leqslant 6 \\ x_1, x_2, x_3 = 0 \text{ 或 } 1 \end{cases}$$

(2) max $z = 4x_1 + 3x_2 + 2x_3$

s.t.

$$\begin{cases} 2x_1 - 5x_2 + 3x_3 \leqslant 4 \\ 4x_1 + x_2 + 3x_3 \geqslant 3 \\ x_2 + x_3 \leqslant 1 \\ x_1, x_2, x_3 = 0 \text{ 或 } 1 \end{cases}$$

4. 远洋货轮装载不同的货物其价值也不同。有的货物有冷藏需求，有的则没有，不同货物的可燃性也不同。相关数据见表 5-14。该远洋货轮总装载量为 400000kg，总容积为 50000m^3，可以冷藏的总容积为 10000m^3，允许的可燃性指数的总和不能超过 750。该远洋货轮应装载这些货物各多少件 (整数) 才能使得价值最大？建立数学模型并用 MATLAB 求解。

表 5-14 不同货物的有关参数

货物编号	单位重量/kg	单位体积/m^3	冷藏要求	可燃性指数	价值
1	20	1	需要	0.1	5
2	5	2	不需要	0.2	10
3	10	3	不需要	0.4	15
4	12	4	需要	0.1	18
5	25	5	不需要	0.2	25

5. 一服装厂生产 3 种服装，生产不同种类的服装要租用不同的设备，设备租金和其他的经济参数见表 5-15。假设市场需求不成问题，服装厂每月可用人工工时为 2000h，该厂如何安排生产可使每月的利润最大？建立此问题的整数规划模型并用 MATLAB 求解。

表 5-15 服装厂设备租金等参数

服装种类	设备租金/元	生产成本/(元/件)	销售价格/(元/件)	人工工时/(h/件)	设备工时/(h/件)	设备可用工时/h
西服	5000	280	400	5	3	300
衬衫	2000	30	40	1	0.5	300
羽绒服	3000	200	300	4	2	300

6. 某公司制造小、中、大 3 种尺寸的金属容器，相关数据见表 5-16。不考虑固定费用，每种容器售出一件所得的利润分别为 4 元、5 元和 6 元。可以使用的金属板有 500 张，劳动力有 300 个，机器有 100 台。此外，不管每种容器制造的数量是多少，都要支付一笔固定费用，小号容器是 100 元，中号容器是 150 元，大号容器是 200 元。现在要制订生产计划使得所获利润最大。试建立其数学模型并用 MATLAB 求解。

表 5-16 制造金属容器的相关数据

资源	小号容器	中号容器	大号容器
金属板	2	4	8
劳动力	2	3	4
机器	1	2	3

7. 分配甲、乙、丙、丁 4 人去完成某项任务。每人完成各项任务的时间见表 5-17。由于任务数多于人数，故规定其中有一人可完成两项任务，其余 3 人每人完成一项。试确定总花费时间最少的指派方案；建立此问题的数学模型并用 MATLAB 求解。

表 5-17 每个人完成不同任务的时间 (单位：h)

人	任务				
	A	B	C	D	E
甲	25	29	31	42	37
乙	39	38	26	20	33
丙	34	27	28	40	32
丁	24	42	36	23	45

CHAPTER 6

第 6 章

图与网络优化

学习目标与要求

1. 理解图的有关概念，掌握最小支撑树问题。
2. 掌握最短路问题的两个算法并会用 MATLAB 求解。
3. 掌握最大流及最小费用最大流问题的标号法并会用 MATLAB 求解。

6.1 图的基本概念

图论 (Graph Theory) 是数学的一门重要分支。它以图为研究对象。图论中的图是由若干给定的点及连接这些点的线所构成的示意图。这种图与几何图形不同，它与大小、形状无关，只与点以及点与点之间是否有线连接有关。这样的示意图可以用来描述事物之间的某种特定关系，用点代表事物，用连接点与点之间的线表示相应事物间具有这种关系。

图论起源于著名的哥尼斯堡七桥问题。哥尼斯堡（今俄罗斯加里宁格勒）是东普鲁士的首都，普莱格尔河横贯其中。河的中间有两个小岛，两个小岛之间有一座桥相连，其中一个小岛与河的两岸分别有两座桥相连，另外一个小岛与河的两岸各有一座桥相连。所谓七桥问题是指：从某个地方 (河的某一边或某一个岛) 开始，能不能每座桥都只走一遍，最后又回到原来的位置。这个问题看似容易，但在具体走的过程中没有人能得出令人信服的能或不能的结论。1736 年，数学家欧拉在解决这个问题时把两座小岛和河的两岸分别看作 4 个点，而把 7 座桥看作这 4 个点之间的连线 (见图 6-1)。于是，这个问题就简化成，能不能用一笔就把这个图形画出来。经过分析，欧拉得出结论：不可能每座桥都只走一遍，最后回到原来的位置。欧拉还给出了所有能够一笔画出来的图形所应具有的条件。这项工作使欧拉成为图论 (及拓扑学) 的创始人。

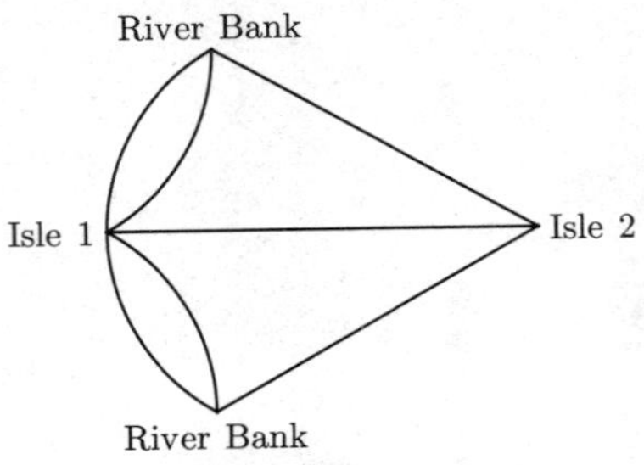

图 6-1　哥尼斯堡七桥问题示意图

随着科技的进步和计算机技术的发展，图论在物理学、化学、计算机、工程等领域得到了广泛的应用。图论中的图是表示各种事物及其联系的示意图，很多复杂的工程系统和管理问题用图来描述有其方便的一面。比如，完成工程任务的时间最少，运输货物时考虑费用最少时运量最大，等等。所以，图论在运筹学中也有着广泛的应用。这里介绍的就是图论中与最优化有关的几个问题，不是图论的全部。

定义 6.1 (无向图)　考虑 n 个事物，并用 n 个点 $v_1, v_2, \cdots, v_n$ 表示这些事物，称这些点为顶点，其集合用 V 表示。当考虑事物之间的某种联系时，若这种联系没有方向性，或者说事物之间的联系具有双向的特点，这时，用 $e_{ij} = [v_i, v_j]$ 表示顶点 v_i 和 v_j 有这种联系，用线将其连接起来，并称 e_{ij} 为连接 v_i 和 v_j 的边，边的集合记为 E，称这样的图为无向图，并表示为 $G = (V, E)$。

比如，甲、乙、丙、丁 4 人互相认识，而戊只与甲、乙互相认识就可以表示成图 6-2，其中 $v_1, \cdots, v_5$ 分别表示甲、乙、丙、丁、戊这 5 人，他们之间相互认识就用线将相应的顶点连接起来。同时，这个图也可以表示某 4 个城市有 (双向) 道路连接，而第 5 个城市只与前两个城市有双向道路连接。显然，只要具有类似的连接情况的 5 个事物均可由图 6-2 表示。图 6-2 的形状以及边的长短、弯曲等不影响表示这种联系。

有些事物之间的联系是有方向的。设有一个水厂，记为 v_5，有 4 个小区，记为 v_1, v_2, v_3, v_4，从水厂到各个小区以及小区之间的自来水管的水流具有方向性，用一个示意图来描述它们之间的管网情况时就得到了一个有方向的图 6-3。

定义 6.2 (有向图)　考虑 n 个事物，用点 $v_1, v_2, \cdots, v_n$ 表示这些事物，其集合为 V。若这些事物之间具有某种有方向的联系，则用 $a_{ij} = (v_i, v_j)$ 表示这种联系是从 v_i 指向 v_j 的。用带箭头的线将 v_i, v_j 连接起来，并称这条线为弧，用 A 来表示所有弧的集合，二元组 $D = (V, A)$ 称为有向图。

在有向图中去掉弧的方向就得到一个无向图。称此时的无向图为该有向图的基础图。

无向图 6-2 就是有向图 6-3 的基础图。

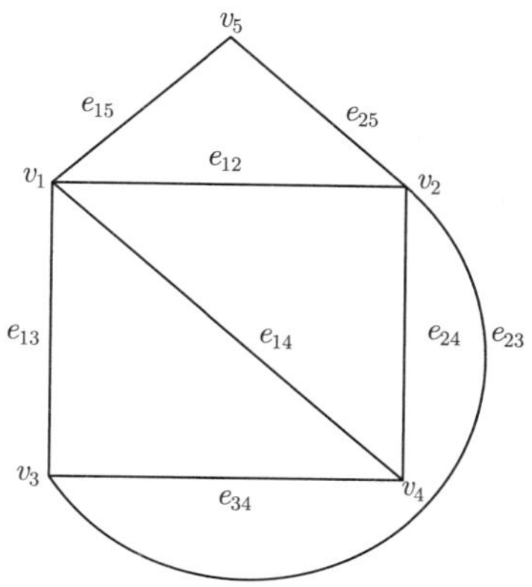

图 6-2　$V=\{v_1,v_2,v_3,v_4,v_5\}, E=\{e_{12},e_{13},e_{14},e_{34},e_{24},e_{23},e_{15},e_{25}\}$

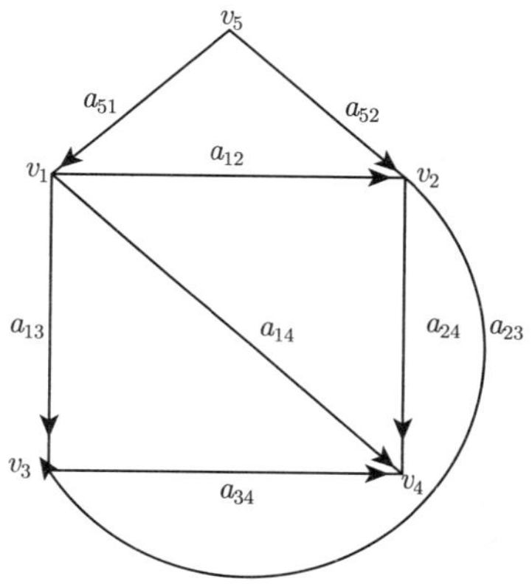

图 6-3　$V=\{v_1,v_2,v_3,v_4,v_5\}, A=\{a_{12},a_{13},a_{14},a_{34},a_{24},a_{23},a_{15},a_{25}\}$

图的每一条边都有两个顶点，这两个顶点称为关联点；两条边共有某一个顶点，则称这两条边为关联边。从某个顶点出发，不经过任何别的顶点的边称为一个环，如图 6-4a 中的边 e_{55} 就是一个环。若某两个顶点之间有不止一条边连接，则称这两条边为多重边。如图 6-4a 中的 e'_{14} 和 e''_{14}。一个有多重边但没有环的图称为多重图；一个没有环也没有多重边的图称为简单图。图 6-4b 即为多重图，c 则为简单图。

定义 6.3 (链)　在无向图中，从某顶点 v_i 出发经过一系列的点、边的交错序列到达顶点 v_j，则称之为从顶点 v_i 到顶点 v_j 的一条链。若 v_i 经过 e_{i_1} 到达 v_{i_1}，再经过 e_{i_2} 到达 v_{i_2} ……最后到达 v_j，则常常记为 $(v_i,v_{i_1},v_{i_2},\cdots,v_j)$，并称 v_i 为起点，v_j 为终点，其他的点为中间点。若链的中间点不同，则称为初等链；若链所含边不同，则称为简单链。

比如，在图 6-2 中，$v_1\rightarrow e_{12}\rightarrow v_2\rightarrow e_{23}\rightarrow v_3$ 就是一条从 v_1 到 v_3 的链。图 6-2 中

的 $(v_1, v_2, v_4, v_1, v_3)$ 也是连接 v_1 和 v_3 的一条链。前者是初等链，也是简单链；后者是简单链，而不是初等链。

类似地，在有向图中，从某顶点 v_i 出发经过一系列的点、弧的交错序列到达顶点 v_j，则称之为从顶点 v_i 到顶点 v_j 的一条路。起点、终点和中间点的概念与此类似。比如，在图 6-3 中，$v_1 \to a_{12} \to v_2 \to a_{23} \to v_3$ 就是一条从 v_1 到 v_3 的路。路的概念需要注意方向性，通俗地说，路就是能从 v_i"走到"v_j。一般来说，某两个顶点之间的链或路不止一条。

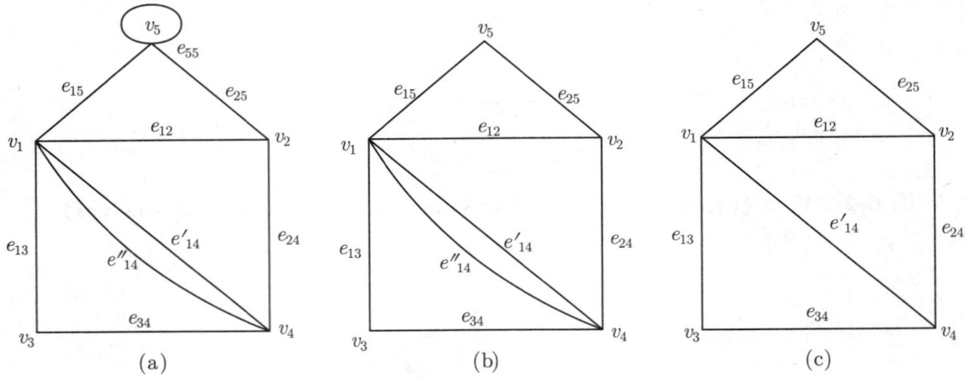

图 6-4　图 b 为多重图、图 c 为简单图

定义 6.4 (圈)　如果无向图中的某条链的起点和终点重合，则称为一个圈；圈中的中间点不同，则称之为初等圈；若构成圈的边均不同，则称为简单圈。

如图 6-2 中 $(v_1, v_5, v_2, v_3, v_4, v_2, v_1)$ 是一个简单圈，但不是初等圈；(v_1, v_2, v_4, v_1) 则是简单圈，也是初等圈。在有向图中，则有类似回路的概念。即在有向图的某条路中，如果起点和终点重合，则称为一个回路。相应的有初等回路、简单回路等概念。

定义 6.5 (连通图)　图 G 中任何两个顶点之间都至少有一条链，则称之为连通图；否则，称为不连通图。

若 G 是不连通的图，则一定是由连通的若干部分组成。每个联通的部分称为连通分图。

定义 6.6 (子图)　若图 $G = (V, E), G' = (V', E')$，当 $V' \subset V, E' \subset E$ 时，称 G' 是 G 的一个子图。当 $V = V', E' \subset E$ 时，则称图 G' 为 G 的一个支撑子图或生产子图。若 $v \in V$，用 $G - v$ 表示在 G 中去掉顶点 v 以及与该顶点相关联的所有边所形成的子图。

图 6-2 的一个子图、一个支撑子图以及 $G - v_5$ 如图 6-5 所示。

定义 6.7 (顶点的度)　图 G 中以顶点 v 为端点的边的条数称为 v 的度或次，记为 $d(v)$。度为奇数的点称为奇点；度为偶数的点称为偶点。度为 1 的点称为悬挂点；度为 0 的点称为孤立点。

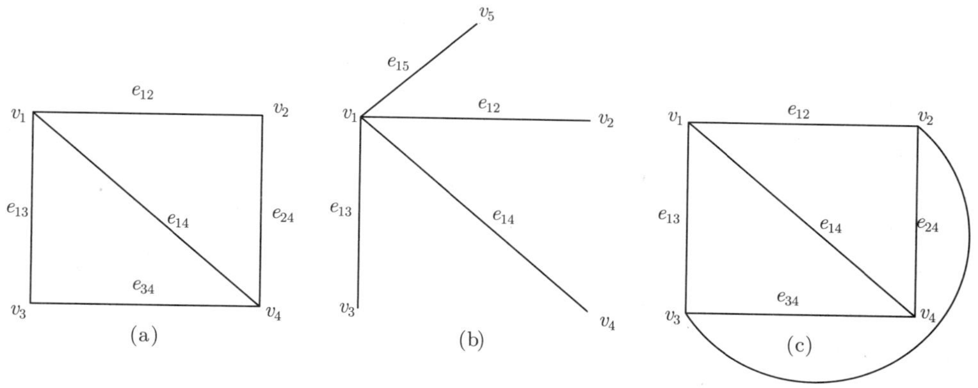

图 6-5　图 6-2 的一个子图 (a)、一个支撑子图 (b) 以及 $G - v_5$(c)

如图 6-4a 中，$d(v_1) = 5, d(v_5) = 4$，其中，顶点 v_5 处有一个环，在计算 v_5 的度时需要算两次。由于每条边都有两个顶点，根据度的概念，在计算所有点的度之和时，每条边都计算了两次，所以马上可得到如下结论：图 $G = (V, E)$ 中所有顶点的度之和为边数的 2 倍，且奇点的个数为偶数。

6.2　最小支撑树问题

我们在很多时候需要考虑问题的连通性，但又不希望重复。比如，考虑在一些小区之间架设通信线路，修建自来水管网，等等。连通性不用说，重复的意思则是表示连通图中的某两点之间存在至少一个圈。因此，连通的无圈图有着实际的应用背景。

6.2.1　树

一个图只有连通或不连通两种情况，不连通图是由连通分图构成的。在连通图中，有一类图可以认为是最简单的，那就是所谓的树。这种简单指的是在某一个连通图中去掉任何一条边所得到的子图都不再连通，而多添加任何一条边将会出现一个圈。

定义 6.8 (树)　一个无圈的连通无向图称为树。如果在有向图中，任何一个顶点都可由某一个顶点 v 经过某条路到达，则称该顶点 v 为有向图的根，此时，若其基础图是树，则称该有向图为有向树。

限于篇幅，本书只讨论与无向图有关的树。根据定义，图 6-5 中的 b 即为树。

定义 6.9 (支撑树)　若图 $T = (V, E')$ 是连通图 $G = (V, E)$ 的一个支撑子图，且 T 是树，则称 T 为图 G 的一棵支撑树。

设无向图 $G = (V, E)$ 的顶点数为 n，边数为 m。关于树，有如下一些结论。

定理 6.1　设无向图 G 是一棵树且 $n \geqslant 2$ 时，G 中至少有两个悬挂点。

证明 由假设 G 是一棵树且 $n \geqslant 2$，则 G 中含边数最多的一条链至少有一条边。不妨设为 $(v_1, v_2, \cdots, v_k)$。若 v_1 不是悬挂点，则 $d(v_1) \geqslant 2$，根据度的定义，此时存在边 $[v_1, v_m]$ 使得 $m \neq 2$。若 v_m 不在该条链上，那么另一条链 $(v_m, v_1, v_2, \cdots, v_k)$ 将比上面假设的边数最多的链多了一条边，矛盾。若 v_m 在该条链上，那么该条链可以从 v_1 出发经过 v_m 回到 v_1，即构成一个圈，与假设 G 是一棵树也矛盾。从而 $d(v_1) = 1$，即 v_1 是悬挂点，同理可证 v_k 也是悬挂点。

定理 6.2 设无向图 $G = (V, E)$ 有 n 个顶点，m 条边，则 G 是一棵树的充分必要条件是 G 不含圈且 $m = n - 1$。

证明 必要性。只需证明当 G 是一棵树时，$m = n - 1$。实际上，当 $n = 1, 2$ 时，结论显然是成立的，这只需考虑树的定义即可。假设 G 有 n 个顶点时，$m = n - 1$，现考虑顶点数为 $n + 1$ 时的情况。根据定理 6.1，G 有至少 2 个悬挂点，若 v_1 是其中一个悬挂点，考虑子图 $G - v_1$，根据这种子图以及悬挂点的定义，它的顶点数为 n，而边数为 G 的边数减 1，即 $m - 1$。由于 G 是树，而 $G - v_1$ 只是在 G 的基础上去掉了 v_1 及一条悬挂边，故 $G - v_1$ 还是树，此时，由归纳法假设，$G - v_1$ 的边数为 $n - 1$，也就是 $m - 1 = n - 1$，从而 $m = (n + 1) - 1$。根据数学归纳法，结论成立。

充分性。即要证明当 G 不含圈且 $m = n - 1$，G 是连通的。用反证法。假设 G 不连通，有 s 个连通分支 $G_1, G_2, \cdots, G_s (s \geqslant 2)$，因每个 G_i 是连通的并且不含圈，故每个 G_i 是树，设 G_i 有 $n_i (i = 1, 2, \cdots, s)$ 个点，则由必要性，G_i 有 $n_i - 1$ 条边，由于 G 所含边的数目是所有 G_i 所含边数之和，注意到所有子图的顶点数之和为 G 的顶点数 n，故有

$$m = \sum_{i=1}^{s}(n_i - 1) = \sum_{i=1}^{s} n_i - s = n - s \leqslant n - 2$$

这与假设 $m = n - 1$ 矛盾。

以上定理是从图所含边数与点数之间的关系以及其是否含圈来刻画一棵树的，也可从图所含边数与点数之间的关系以及其是否连通来刻画一棵树。于是有下面的定理 (证明略)。

定理 6.3 设无向图 $G = (V, E)$ 有 n 个顶点，m 条边，则 G 是一棵树的充分必要条件是 G 是连通图且 $m = n - 1$。

下面的定理刻画了图的链和树之间的关系。

定理 6.4 图 G 是一棵树的充分必要条件是任意两个顶点之间恰有一条链。

证明 先证必要性。即需证明 G 是一棵树时，其任意两点之间恰有一条链。事实上，G 是连通的，故任意两点之间至少有一条链。但若某两点之间有两条或更多条链，则根据链的定义，在这两点之间一定形成圈。这与树的定义矛盾。故树的任意两点之间恰有一条链。

充分性。即要证明当图 G 的任意两点之间恰有一条链时，G 是树。根据这个前提，G

是连通的。如果 G 含有圈，那么在这个圈上的两点之间将至少会有两条链。这与前提矛盾。故此时 G 不含圈。即 G 是一棵树。

以上几个定理描述了前面所说的树是最简单的连通图这个意思。也就是说，在树的任意两点之间添加一条边将会有圈，去掉树的任何一边将会导致图不连通。上面的定理还给出了找出连通图的支撑树的方法。即只需在连通图中通过避免圈或破出圈的方法去找到一个支撑子图即可。前者称为避圈法，后者称为破圈法。

例 6.1 通过避圈法找到连通图 6-6 的一棵支撑树。

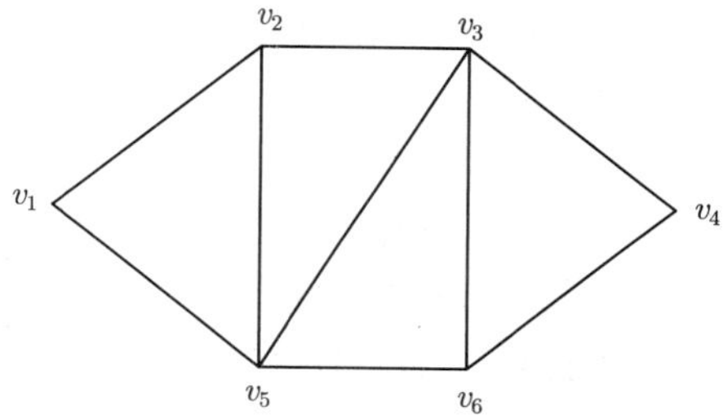

图 6-6 连通图

解 过程见图 6-7。首先保留图 6-6 的所有顶点，然后任取图 6-6 中的一条边。接下来，在原来图 6-6 中某两个顶点有边连接的，可以考虑保留该边，若某两点之间在原图中没有边连接，则不能连接。若该边与已经保留的边形成一个圈，则不保留。如此直至得到的子图是连通的即找到一棵支撑树。

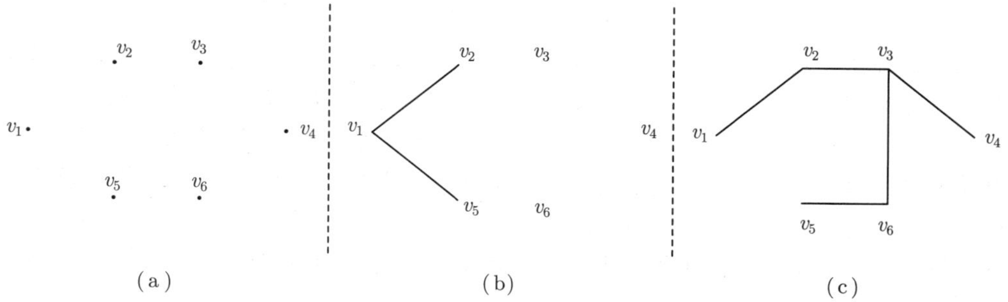

图 6-7 首先保留图 6-6 的所有顶点，然后添加一些边，c 即为图 6-6 的一棵支撑树

破圈法则是在原连通图的基础上，逐一检查边，当发现有圈时，则去掉某一条边，直到连通但不含圈为止即得到一棵支撑树。

例 6.2 通过破圈法找到连通图 6-6 的一棵支撑树。

解 在原图 6-6 中逐一检查边，如果保留边 $[v_1, v_2]$ 和 $[v_1, v_5]$，则必须去掉边 $[v_2, v_5]$……最后得到如图 6-6 所示的一棵支撑树。过程见图 6-8。

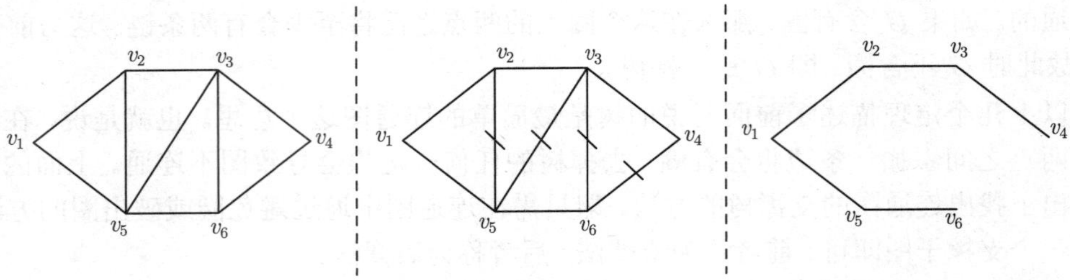

(a)　(b)　(c)

图 6-8　在图 6-6 的基础上逐一检查边，c 即为图 6-6 的一棵支撑树

6.2.2　最小支撑树

前面一节已经介绍了支撑树的概念，所谓最小支撑树则是指在一个赋权图的支撑树中，其权之和最小的那一棵支撑树。具体定义如下。

定义 6.10 (赋权图及最小支撑树)　若对图 $G=(V,E)$ 的每一条边 $e_{ij}\in E$ 相应地有一个实数 w_{ij} 与其对应，则称图 G 为赋权 (无向) 图。w_{ij} 称为边 e_{ij} 的权。此时，若 $T=(V,E')$ 是 G 的一棵支撑树，则称 E' 中所有边的权之和为支撑树 T 的权 $w(T)$，即

$$w(T)=\sum_{e_{ij}\in E} w_{ij}$$

如果 G 的支撑树 T^* 的权 $w(T^*)$ 是所有支撑树的权中最小者，则称 T^* 是 G 的最小支撑树，即

$$w(T^*)=\min_{T} w(T)$$

由于树保持了连通性，同时又不含圈，所以在架设通信线路、敷设管网、建设城市间的交通线等问题中均有应用。求最小支撑树的方法也有所谓的避圈法和破圈法。

1) 避圈法 (Kruskal 法)。该方法与前面介绍的求支撑树的避圈法类似。但是，由于这里牵涉权的问题，所以每次挑选边时不仅要避免圈，而且要挑选权最小的边。具体地说，首先挑选所有边的权最小者，然后再从与已选边不构成圈的那些未选边中挑选权最小者，若有两条及以上的边都是最小的，只要与已选边不构成圈，则任选其一。如此直至得到一棵支撑树。

例 6.3　图 6-9 表示某个新建小区有 7 栋楼，楼与楼之间的道路连接以及它们之间的距离 (单位：百米)。现需要在这个新建小区敷设下水道。试问：如何敷设才能使得管道总长最小？

解　首先挑选边 $[v_1,v_4]$，见图 6-10a。然后有 3 条边的权都是 2，且与已选边不构成圈，故全部保留，然后，可以看到有 4 边的权都是 3，但是 $[v_1,v_2]$ 与已选边构成圈，故不选该边。此外，$[v_6,v_7]$ 也不能选，但 $[v_3,v_5]$ 与 $[v_3,v_7]$ 两边可选一条边。见图 6-10b，最后添加边 $[v_1,v_3]$ 得到如图 6-9 的一棵最小支撑树。最小支撑树的权是 14。

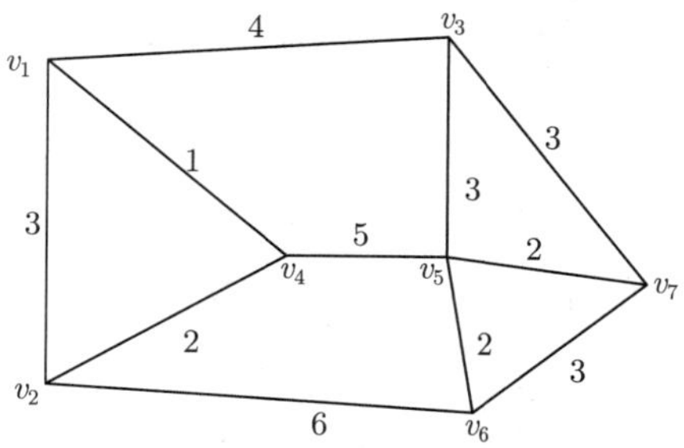

图 6-9　某小区楼与楼之间的道路连接及道路长度

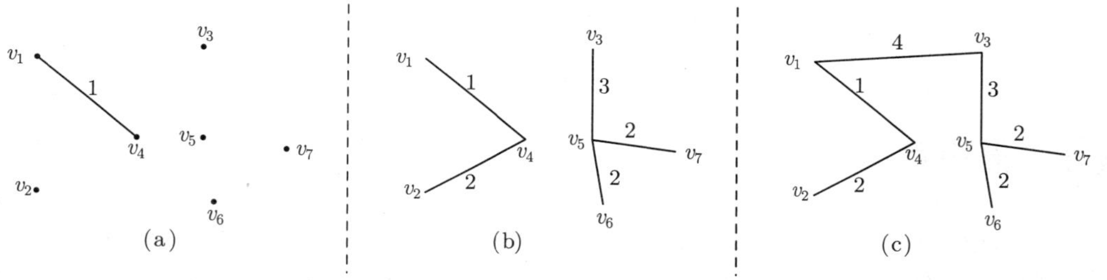

图 6-10　避圈法 (图 c 为赋权图 6-9 的最小支撑树)

设图 $G=(V,E)$，其最小支撑树为 $T=(V,E')$，则求最小支撑树的避圈法算法描述如下：

(1) $i:=1, E'=\phi$。

(2) 若 $w_{ij}=\min\limits_{e_{st}\in E-E'} w_{st}$，且 e_{ij} 与 E' 中的边不构成圈，则令 $E'=\{e_{ij}\}\cup E'$；若这样的边不存在，停止。

(3) $i:=i+1$ 并转图 b。

可以证明该方法的正确性 (略)。

2) 破圈法。与避圈法相反，首先在原图中找到边的权最大者并去掉该边，然后在未去掉的其他边上去寻找边最大者，若去掉该边会导致图的不连通，则保留该边，否则去掉。若同时有几条边的权都是最大的，则在不影响连通性的情况下任意去掉一边。如此重复直至得到原图的一棵支撑树。此时的支撑树即为最小支撑树。其算法描述完全类似避圈法，这里从略。

例 6.4　利用破圈法求图 6-9 的最小支撑树。

解　首先去掉边 $[v_2,v_6]$，然后观察到边 $[v_4,v_5]$ 的权是 5，是剩下的边中权最大者，且去掉该边不影响连通性，故去掉该边。接下来，边 $[v_1,v_3]$ 的权是 4，在余下的边中权最大，但若去掉该边将会导致不连通，故保留该边。在剩下的边中有 4 边的权都是 3，这时在边 $[v_3,v_5]$ 与 $[v_3,v_7]$ 中只能去掉一边，否则图不连通。而边 $[v_1,v_2]$ 与 $[v_6,v_7]$ 也必须去掉，否则会有圈。最后可得到如图 6-9 的一棵最小支撑树，见图 6-11c。最小支撑树的权为 14。

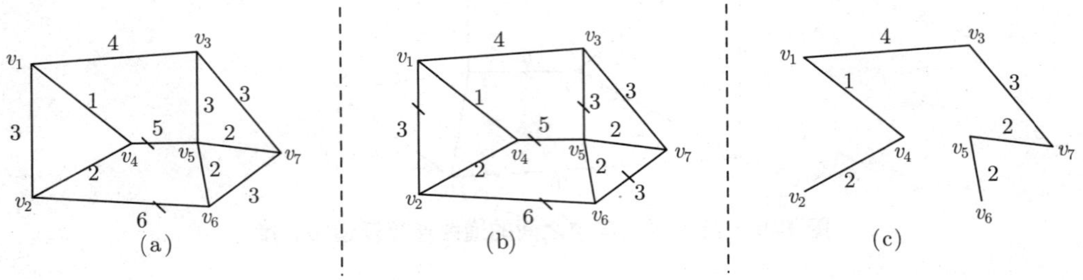

图 6-11　破圈法 (图 c 为赋权图 6-9 的最小支撑树)

6.3　最短路问题

最短路问题有很多实际应用背景。例如，从某一地出发到另一个地方去，需要选择总路程最短的旅行线路；运输货物时，需要选择总路程最短或者运费最少或者所用时间最少的运输路线；甚至一个企业的设备更新计划也可表示成最短路问题。从数学模型的角度出发，最短路问题就是在一个连通的赋权有向图中选择从某点出发到达另一个点的所有弧上的权之和最小的路 (对于无向图也可讨论最短路问题)。有向图的最短路问题描述如下。关于无向图的最短路问题，在后面介绍有关算法时再讨论。

6.3.1　数学模型

定义 6.11 (有向图的最短路)　给定一个连通的赋权有向图 $G=(V,A)$，对于其中的每一条弧 $a_{ij}\in A$，赋予一个实数 w_{ij}，称为该弧上的权。指定 V 中的某一点为发点，记为 v_s，另一点为终点，记为 v_t，若 P 是 D 中从 v_s 到 v_t 的一条路，定义该路上所有弧上的权之和为路 P 的权，记为 $w(P)$，则最短路问题就是要在所有从 v_s 到 v_t 的路中找出一条权最小的路 P^*，即

$$w(P^*)=\min_P w(P)$$

称 $w(P^*)$ 为从 v_s 到 v_t 的距离，此时相应的路 P^* 称为从 v_s 到 v_t 的最短路。

一般来说，在一个连通的赋权有向图中，从某一点 v_s 到某一点 v_t 的路不止一条，将所有的路找出并求出其权，权最小者即为所求的最短路。这个方法称为枚举法。显然，枚举法容易出错且在顶点数较多时是无法实施的。例如，下面的赋权有向图 6-12 中有 7 个顶点，很难将所有情况一一列举 (根据下面将要介绍的算法，从 v_1 到 v_7 的最短路是 (v_1,v_2,v_3,v_5,v_7)，距离是 29。

最短路问题也可表示成 0-1 规划的形式。对于图 6-12，以 v_1 为起点，v_7 为终点，引入 0-1 变量：

$$x_{ij}=\begin{cases}1, & 在路P中选择弧a_{ij}\\ 0, & 在路P中不选择弧a_{ij}\end{cases}$$

则有 0-1 规划：

$$\min\quad z=6x_{12}+10x_{13}+12x_{14}+3x_{23}+14x_{25}+2x_{32}+6x_{62}+5x_{34}+9x_{35}+7x_{36}+5x_{46}+8x_{65}+11x_{57}+14x_{67}$$

s.t.

$$\begin{cases}x_{12}+x_{13}+x_{14}=1\\(x_{12}+x_{62}+x_{32})-(x_{23}+x_{25})=0\\(x_{13}+x_{23})-(x_{32}+x_{35}+x_{36}+x_{34})=0\\(x_{14}+x_{34})-x_{46}=0\\(x_{25}+x_{35}+x_{65})-x_{57}=0\\(x_{36}+x_{46})-(x_{62}+x_{65}+x_{67})=0\\x_{57}+x_{67}=1\\x_{ij}=0 \text{ 或 } 1, a_{ij}\in A\end{cases}\qquad(6\text{-}3\text{-}1)$$

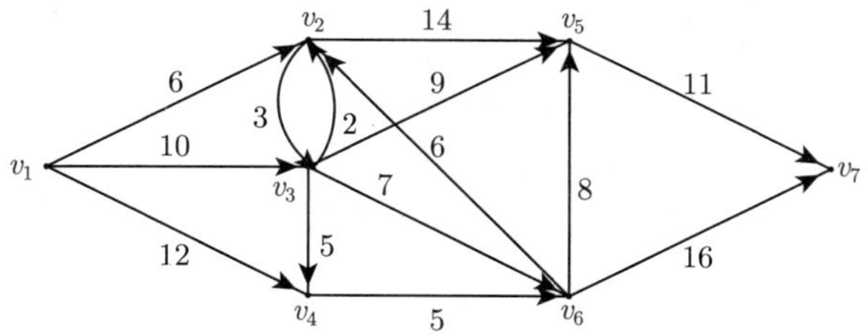

图 6-12

式 (6-3-1) 中的第一个约束条件表示 x_{12},x_{13},x_{14} 有且只能有一个取 1，即表达了从 v_1 出去的意思，第 2~6 个约束条件则表达了从某点到该点就一定从这个点到其他的点的意思，最后一个约束条件则表达了 v_7 的上一点一定是 v_5 或 v_6。这样就可以利用 MATLAB 自带的函数 bintprog.m 进行求解。为此，重新对变量编号，令：$y_1=x_{12},y_2=x_{13},y_3=x_{14},y_4=x_{23},y_5=x_{25},y_6=x_{32},y_7=x_{62},y_8=x_{34},y_9=x_{35},y_{10}=x_{36},y_{11}=x_{46},y_{12}=x_{65},y_{13}=x_{57},y_{14}=x_{67}$，然后在 MATLAB 提示符下进行如下操作：

```
>> A=[];b=[];
>> c=[6 10 12 3 14 2 6 5 9 7 5 8 11 16]';
>> Aeq=[1 1 1 0 0 0 0 0 0 0 0 0 0 0;1 0 0 -1 -1 1 1 0 0 0 0 0 0 0;...
```

```
0 1 0 1 0 -1 0 -1 -1 -1 0 0 0 0;0 0 1 0 0 0 0 1 0 0 -1 0 0 0;... 0
0 0 0 1 0 0 0 1 0 0 1 -1 0;0 0 0 0 0 0 -1 0 0 1 1 -1 0 -1;...
0 0 0 0 0 0 0 0 0 0 0 1 1];
>> beq=[1 0 0 0 0 0 1]';
>> [x,fval]=bintprog(c,A,b,Aeq,beq)
Optimization terminated.
x = 1  0  0  1  0   0   0   0   1   0   0   0   1   0
fval =
   29
```

结果表明，$y_1^*=1, y_4^*=1, y_9^*=1, y_{13}^*=1$，根据变量的对应关系，即有 $x_{12}^*=1, x_{23}^*=1, x_{35}^*=1, x_{57}^*=1$，即最短路为 $(v_1, v_2, v_3, v_5, v_7)$，距离为 29。

也可以利用编者编写的 MATLAB 程序 BranchBound.m 进行求解。但此时需要添加约束条件 $y_i \leqslant 1 (i=1,2,\cdots,14)$ 并将其化为等式约束。在上面已经输入相关矩阵和向量的情况下做如下操作即可完成。

```
>> Aeq=[Aeq;eye(14)];
>> Temp=[zeros(7,14);eye(14)];
>> Aeq=[Aeq,Temp];
>> beq(8:21)=ones(14,1);
>> c(15:28)=zeros(14,1);
>> [xstar,fxstar,iter]=BranchBound(-c,[],[],Aeq,beq)
Elapsed time is 0.007861 seconds.
```

最优解 xstar 以及最优目标函数值 fxstar、迭代次数 (iter) 为:

```
xstar =
  Columns 1 through 8
  1.0000  0.0000       0     1.0000   0.0000  -0.0000   -0.0000   0.0000
  Columns 9 through 16
  1.0000  0.0000  0.0000  -0.0000  1.0000   0.0000        0   1.0000
  Columns 17 through 24
  1.0000  0.0000   1.0000  1.0000  1.0000   1.0000    0.0000   1.0000
  Columns 25 through 28
  1.0000   1.0000   0.0000  1.0000
fxstar =
  -29.0000
iter =  1
```

可以看到，结果与用 bintprog.m 求解的是一样的。同时，从对这个问题的求解也可看出，虽然可以利用 0-1 规划进行求解，但其 0-1 规划模型较原问题大。另外，没有利用原问题的结构特点。下面将要介绍的两种算法则是充分利用了原问题的结构、特点的算法。

6.3.2 带有非负权的 Dijkstra 算法

Dijkstra 算法是用于求解带有非负权的有向图最短路的一种标号算法。该算法的原理很简单：若找到一条从 v_s 到 v_t 的最短路 P，那么从 v_s 到 P 上所有各点的最短路也在 P 上。实际上，若 v_i 是 P 上的某一点，且 v_s 到 v_i 的最短路不在 P 上，那么从 v_s 首先经过那条最短路到达 v_i，再从 v_i 到达 v_t 才是从 v_s 到 v_t 的最短路，与假设 P 是最短路矛盾。根据这个原理，可以从 v_s 出发逐一考察各个顶点，方法是给每个顶点标号，标号分为两类，一类是临时性标号，用 $T(T_1,T_2)$ 表示。其中 T_1 记录从 v_s 到该点的最短路的上界，T_2 则记录该点的上一点的编号。另一类是永久性标号，用 $P(P_1,P_2)$ 表示。其中 P_1 记录从 v_s 到该点的最短路的距离，P_2 则记录该点的上一个点的编号。然后修改 T 标号。修改的原则是：若与该具有 T 标号的点直接关联的 P 标号点的第一个坐标 (表示 v_s 到这个点的距离) 与该弧上权之和小于该 T 标号点的第一个坐标，则将其修改为这个和值并将其第二个坐标修改为这个 P 标号点的编号，比较所有具有 T 标号点的第一个坐标，将最小者修改为 P 标号。这样又回到修改的过程直至 v_t 获得 P 标号或标号过程无法继续。此时得到一条最短路，最短路的路径则从 v_t 的最后一个坐标倒推，距离则是 v_t 的第一个坐标。

用 V_T 表示标号过程中具有 T 标号点的集合，V_P 表示具有 P 标号点的集合，则 Dijkstra 算法的具体步骤如下：

(1) 标号。首先给 v_s 标号为 $P(0,v_s)$, $V_P=\{v_s\}, V_T=V-V_P$，若 $a_{si}\in A$，则给点 v_i 标号为 $T(T_i(1),T_i(2))$，其中 $T_i(1)=w_{si}, T_i(2)=v_s$；若 $a_{si}\notin A$，则 $T_i(1)=+\infty, T_i(2)=M$。

(2) 调整。若点 $v_k\in V_T$ 的标号中 $T_k(1)=\min\limits_i\{T_i(1)|v_i\in V_T\}$，则将 v_k 的 T 标号改为 $P(T_k(1),T_k(2))$ 且 $V_P=\{v_k\}\cup V_P, V_T=V_T-\{v_k\}$。

(3) 修改。若 $V_P=V$ 或标号过程无法进行，停止；否则，若 $v_j\in V_P, v_i\in V_T, a_{ji}\in A$ 且 $T_j(1)+w_{ji}<T_i(1)$，则令 $T_i(1)=T_j(1)+w_{ji}, T_i(2)=v_j$，然后回到 (2)。

算法中的 $+\infty$ 表示从 v_s 到该点的最短路的上限是 $+\infty$，M 则表示暂时不知道在最短路中该点的上一点是哪一个点。关于该算法的正确性的证明本书从略。

例 6.5　利用 Dijkstra 算法求赋权有向图 6-12 中从 v_1 到 v_7 的最短路。

解　首先，给 v_1 标号为 $P(0,v_1)$，此外，与 v_1 直接关联的点有 v_2,v_3,v_4，故给这 3 个点分别标号为 $T(6,v_1),T(10,v_1),T(12,v_1)$，其他与 v_1 不直接关联的点均标号为 $T(+\infty,M)$，见图 6-13。

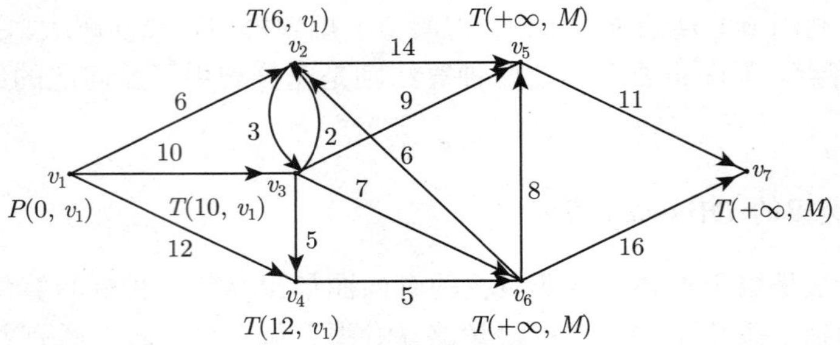

图 6-13 求图 6-12 最短路的第一步——标号

此时 $V_P=\{v_1\},V_T=\{v_2,v_3,v_4,v_5,v_6,v_7\}$。

现在对 T 标号点进行调整。由于 $T2(1)=6=\min\limits_{i}\{T_i(1)|v_i\in V_T\}$，故将 v_2 的标号修改为 $P(6,v_1)$，于是 $V_P=\{v_1,v_2\},V_T=\{v_3,v_4,v_5,v_6,v_7\}$。由于有了新的 P 标号点，所有 T 标号点的标号可能会修改。因为 $T_2(1)+w_{23}=6+3=9<T_3(1)=10$，故将 v_3 的标号修改为 $T(9,v_2)$。同理，将 v_5 的标号修改为 $T(20,v_2)$，见图 6-14。

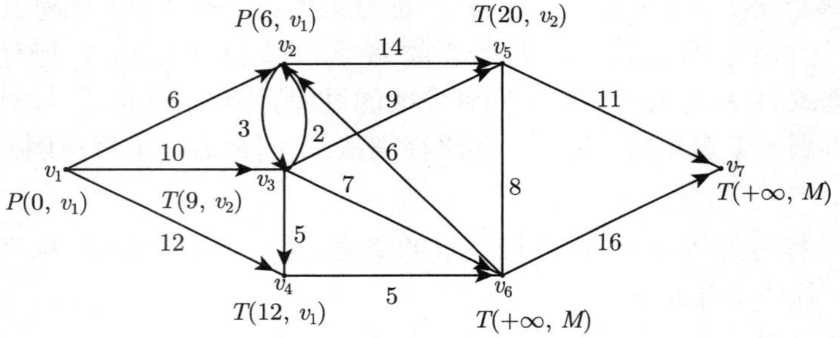

图 6-14 求图 6-12 最短路的第二步 —— 第一次调整并修改

在图 6-14 中，由于 $T_3(1)=9=\min\limits_{i}\{T_i(1)|v_i\in V_T\}$，故将 v_3 的 T 标号修改为 P 标号，并且由于 $T_3(1)+w_{35}=9+9=18<T_5(1)=20$，故将 v_5 的标号 $T(20,v_2)$ 修改为 $T(18,v_3)$，同理，由于 $T_3(1)+w_{36}=9+7=16<T_6(1)=+\infty$，故将其修改为 $T(16,v_3)$，其余点的标号不变，见图 6-15。此时，$V_P=\{v_1,v_2,v_3\},V_T=\{v_4,v_5,v_6,v_7\}$。

在图 6-15 中，由于 $T_4(1)=12=\min\limits_{i}\{T_i(1)|v_i\in V_T\}$，故将 v_4 的 T 标号修改为 P 标号，由于 $T_4(1)+w_{46}=12+5=17>T_6(1)=16$，故 v_6 的标号不变，其余点的标号也不变，见图 6-16。此时，$V_P=\{v_1,v_2,v_3,v_4\},V_T=\{v_5,v_6,v_7\}$。

在图 6-16 中，由于 $T_6(1)=16=\min\limits_{i}\{T_i(1)|v_i\in V_T\}$，故将 v_6 的 T 标号修改为 P 标号，由于 $T_6(1)+w_{67}=16+16=32<T_7(1)=+\infty$，故 v_7 的标号修改为 $T(32,v_6)$，其余点的标号也不变，见图 6-18。此时，$V_P=\{v_1,v_2,v_3,v_4,v_6\},V_T=\{v_5,v_7\}$。

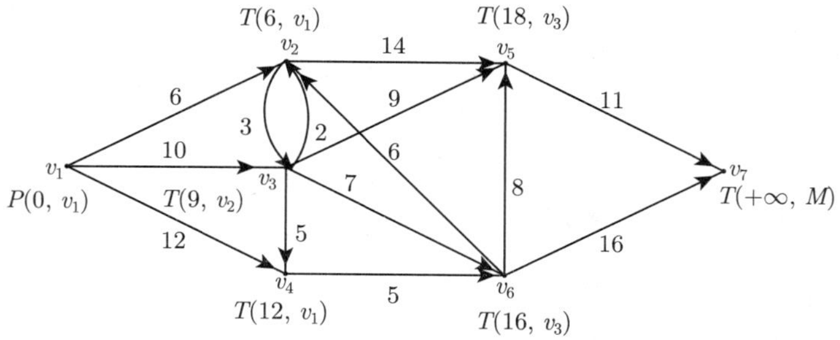

图 6-15　求图 6-12 最短路的第二次调整并修改

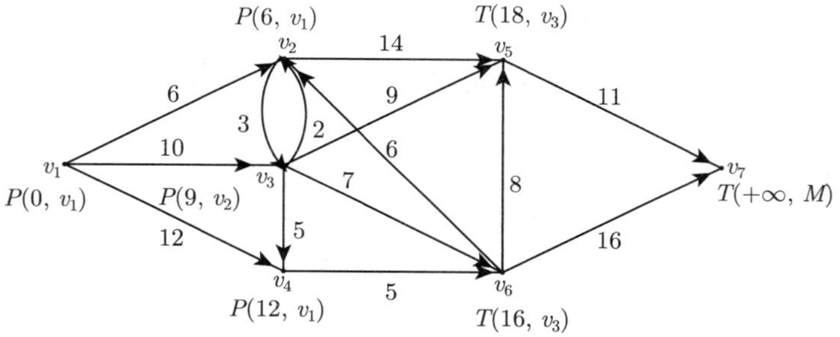

图 6-16　求图 6-12 最短路的第三次调整并修改 (一)

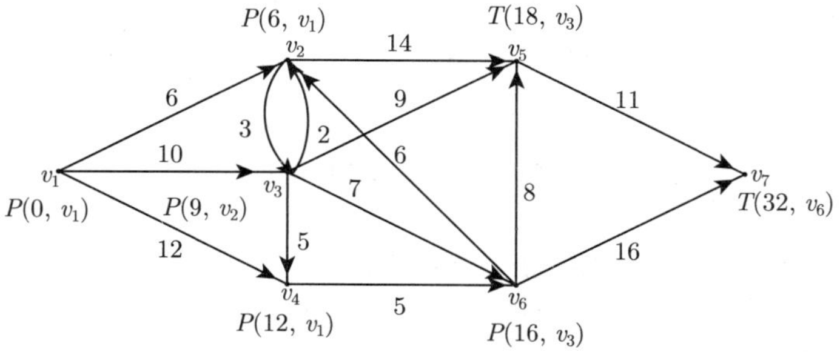

图 6-17　求图 6-12 最短路的第三次调整并修改 (二)

在图 6-18 中，由于 $T_5(1) = 18 = \min\limits_i\{T_i(1)|v_i \in V_T\}$，故将 v_5 的 T 标号修改为 P 标号，由于 $T_5(1) + w_{57} = 18 + 11 = 29 < T_7(1) = 32$，故 v_7 的标号修改为 $T(29, v_5)$，这时，只有 v_7 的标号为 T 标号，故将其修改为 P 标号，见图 6-18。

此时，$V_P = \{v_1, v_2, v_3, v_4, v_6, v_5, v_7\}, V_T = \varnothing$。故最后得到图 6-12 中从 v_1 到 v_7 的一条最短路，距离是 29，最短路的路径从 v_7 的第二个坐标倒推即知，为 $v_1 \to v_2 \to v_3 \to v_5 \to v_7$。此外，Dijkstra 算法同时求出了从 v_1 到所有其他点的最短路，从 v_1 到 v_2 的最短路是 $v_1 \to v_2$，距离是 6；从 v_1 到 v_3 的最短路是 $v_1 \to v_2 \to v_3$，距离是 9；从 v_1 到 v_4

的最短路是 $v_1 \to v_4$，距离是 12；从 v_1 到 v_5 的最短路是 $v_1 \to v_2 \to v_3 \to v_5$，距离是 18；从 v_1 到 v_6 的最短路是 $v_1 \to v_2 \to v_3 \to v_6$，距离是 16。关于 Dijkstra 算法，还有以下两点说明：

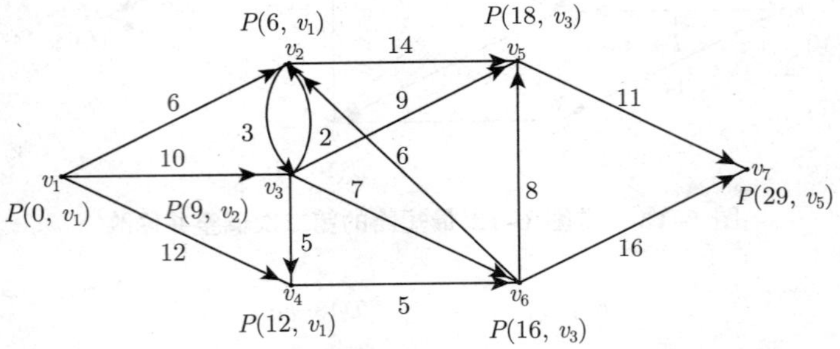

图 6-18　求图 6-12 最短路的第三次调整并修改 (三)

(1) Dijkstra 算法只适用于所有弧上的权为非负数的情况。当弧上的权有负数时，算法失效。如在赋权有向图 6-19a 中，根据 Dijkstra 算法，从 v_1 到 v_3 的最短路是 $v_1 \to v_3$，距离是 1。但实际上，从 $v_1 \to v_2 \to v_3$ 才是最短路，因为此时的距离是 -1。过程见图 6-19b 和 c

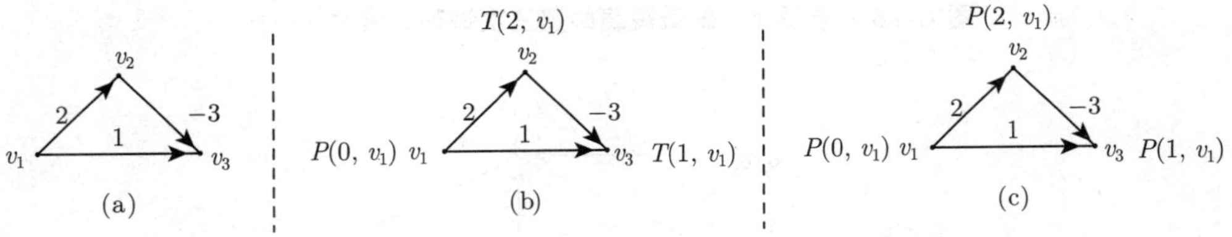

图 6-19　赋权有向图有负权时算法失效

(2) 对于赋权无向图，利用 Dijkstra 算法也可求出其最短链 (有向图中的路在无向图中即为链)。与最小支撑树不同，最短链是找出连通的无向图中从某点出发到另一点的权之和最小的链，这个链不一定包含所有的顶点。实际上，无向的边可看成两个方向相反的有向弧，每条弧上的权都是原来边上的权，故当所有边上的权 $w_{ij} \geqslant 0$ 时，可以利用 Dijkstra 算法求其最短链。

例 6.6　利用 Dijkstra 算法求赋权无向图 6-20 中从 v_1 到 v_9 的最短链。

解　首先给顶点标号，如图 6-21 所示。

标号结束后，由于 v_4 的第一个坐标最小，故将其修改为 P 标号，同时调整 v_5 和 v_6 的标号为 $T(7, v_4), T(11, v_4)$，但 v_3 的标号可调也可不调。调整结束后，由于 v_3 的第一个坐标最小，故将其标号改为 P 标号并继续调整，见图 6-22。

在图 6-22 的基础上继续调整并修改 (中间过程省略) 即可得到最后的图 6-23。于是，

从 v_9 的第二个坐标倒推得知，从 v_1 到 v_9 的最短链为：$v_1 \to v_3 \to v_2 \to v_5 \to v_9$，长度是 8。同时也得到从 v_1 到其他各点的最短链，请读者自己写出来。

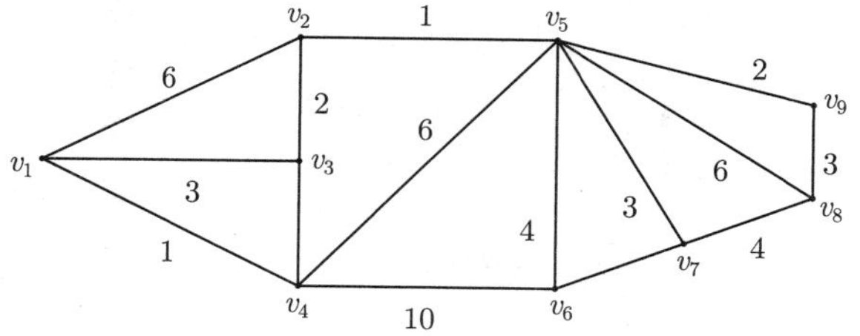

图 6-20　赋权无向图

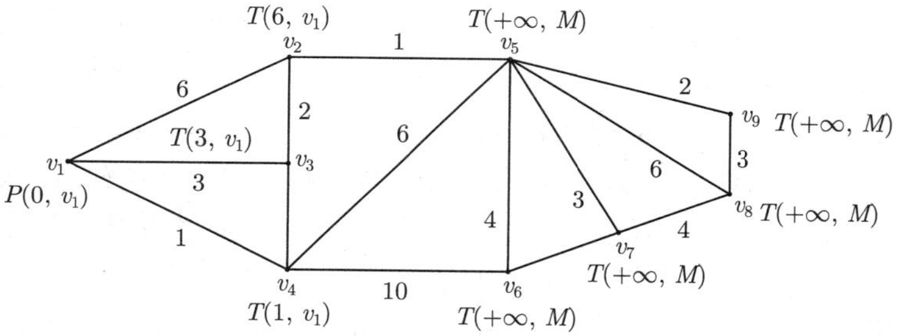

图 6-21　求图 6-20 中最短链 —— 标号

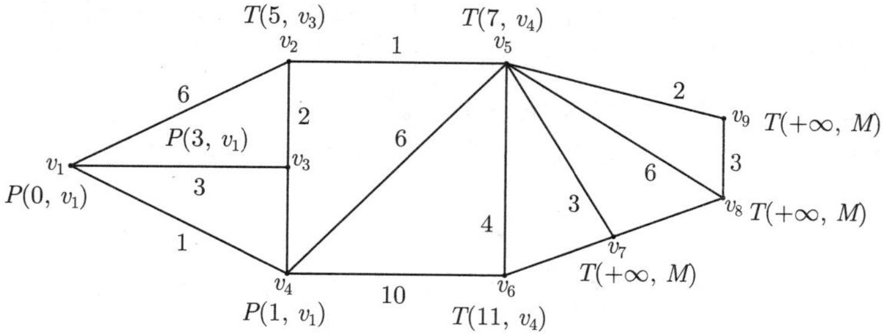

图 6-22　求图 6-20 中最短链 —— 标号后第一次调整并修改

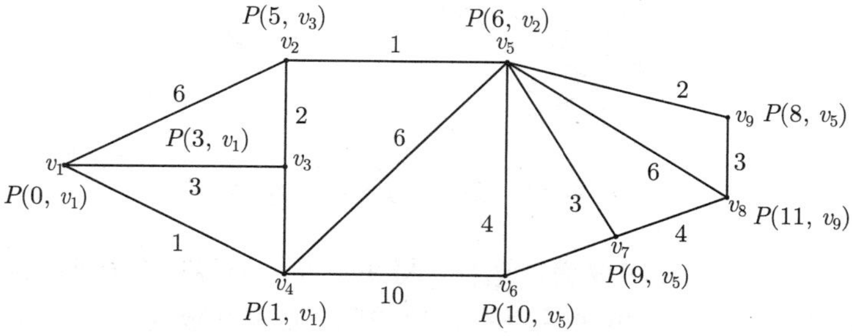

图 6-23　一个连通的赋权有向图

6.3.3 Floyd 算法

当赋权有向图中的权有负数时，Dijkstra 算法失效。此时，Floyd 算法可求其最短路。该算法的根据是：若用 $d(v_s, v_j)$ 表示从 v_s 到 v_j 的最短路的距离，v_i 是图中直接与 v_j 相关联且指向 v_j 的点 (可能不止一个点)，那么，从 v_s 到 v_j 的最短路一定是先到 v_i 后再选择从 v_i 到 v_j 的距离最短的路径，即 $d(v_s, v_j)$ 满足

$$d(v_s, v_j) = \min_i \{d(v_s, v_i) + w_{ij}\} \tag{6-3-2}$$

为了通过解方程 6-3-2 得到 v_s 到所有各点 v_j 的距离 $d(v_s, v_j)$，可利用如下的递推迭代方法：

初始令 $d^{(1)}(v_s, v_j) = w_{sj}$，其中，$j = 1, 2, \cdots, n$，$n$ 是图 G 或 D 的顶点数，若 v_s 与某顶点没有直接关联，则令 $d^{(1)}(v_s, v_j) = +\infty$，这实际上表示了从 v_s 到所有各点的最短路的上界。在此基础上，取 $d^{(t)}(v_s, v_j) = \min_i \{d^{t-1}(v_s, v_i) + w_{ij}\}, t = 2, 3, \cdots$，这个式子表明，通过迭代不断减少从 v_s 到 v_j 的路的权的长度。若迭代进行到某一步时有 $d^{(k)}(v_s, v_j) = d^{(k-1)}(v_s, v_j)$ 对所有 $j = 1, 2, \cdots, n$ 都成立，则表明无法再减少从 v_s 到 v_j 的路的权，也即得到了满足方程 (6-3-2) 的解。此时的 $d^{(k)}(v_s, v_j)$ 或 $d^{(k-1)}(v_s, v_j)$ 即为所求最短路的距离。由于 $d^{(k)}(v_s, v_j)$ 实际起到的是验证的作用，所以从 $d^{(k-1)}(v_s, v_j) = \min_i \{d^{k-2}(v_s, v_i) + w_{ij}\} (j = 1, 2, \cdots, n)$ 开始倒推即可得到最短路的路径。

该算法不仅能求有负数权的赋权有向图的最短路，也可以求正数权的最短路以及赋权无向图的最短链。其正确性的证明这里从略。在手工计算实现以上算法时，一般都是通过表格的方式实现。下面通过一个例题加以说明。

例 6.7 利用 Floyd 算法求图 6-24 中从 v_1 到所有各点的最短路。

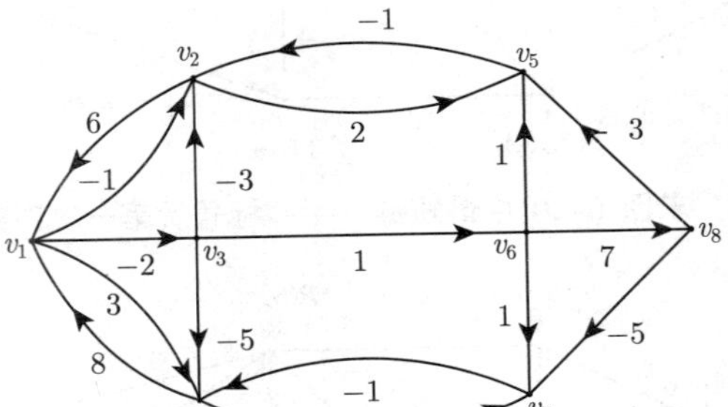

图 6-24 图 6-20 最短链结果

解 为了方便手工计算实现递推迭代，将在下面的表格中分成两大栏。左边栏记录的是图中弧或边上的权，若某两个顶点不直接关联，则令其权为 $+\infty$，为简洁起见，将其空出，即表中的空格均表示 $+\infty$(后面的空格意义相同)。右边栏记录的则是递推迭代的过

程。右边栏的第一列，即 $t=1$ 列，是 v_s 到所有各点的弧或边的权 w_{sj}。从第二列开始，根据上面介绍的递推迭代公式，由于第 j 行对应着左边栏的顶点 $v_j(j=1,2,\cdots,n)$，该数值等于前一列与该顶点在左边栏的列相应数值之和的极小值，即前面介绍的 $d^{(t)}(v_s,v_j)=\min\limits_i\{d^{t-1}(v_s,v_i)+w_{ij}\},t=2,3,\cdots$。当右边栏中某两列对应数值完全对应相等时，就说明已得到原问题的最短路或最短链。

表 6-1 用 Floyd 算法求图 6-24 的最短路

顶点	w_{ij}								$d^{(t)}(v_1,v_j)$			
	v_1	v_2	v_3	v_4	v_5	v_6	v_7	v_8	$t=1$	$t=2$	$t=3$	$t=4$
v_1	0	-1	-2	3					0	0	0	0
v_2	6	0			2				-1	-5	-5	-5
v_3		-3	0	-5		1			-2	-2	-2	-2
v_4	8			0			2		3	-7	-7	-7
v_5		-1			0					1	-3	-3
v_6					1	0	1	7		-1	-1	-1
v_7				-1			0			5	-5	-5
v_8					-3		-5	0			6	6

在表 6-1 的 $t=3$ 和 $t=4$ 这两列对应的数值相等，说明已得到从 v_1 到所有各点的最短路及其距离，如 v_1 到 v_8 的最短路距离是 6。最短路的路径则需倒推。从 $t=3$ 列开始，由于 $d^{(3)}(v_1,v_8)=6=\min\limits_i\{d^{(2)}(v_s,v_i)+w_{i8}\}=-1+7=d^{(2)}(v_1,v_6)+w_{68}$，说明 v_8 的上一个顶点是 v_6，又由于 $d^{(2)}(v_1,v_6)=-1=\min\limits_i\{d^{(1)}(v_1,v_i)+w_{i6}\}=-2+1=d^{(1)}(v_1,v_3)+w_{36}$，说明 v_6 的上一个顶点是 v_3，而 $d^{(1)}(v_1,v_3)=w_{13}$，说明 v_3 的上一个顶点是 v_1。故 v_1 到 v_8 的最短路的路径为 $v_1\to v_3\to v_6\to v_8$。

最后需要说明的是，在最短路问题中，如果某个赋权有向图中存在一个回路，其弧上的权之和为负数，称之为负回路，则 v_s 到该负回路上的某点的最短路将会无下界。

6.3.4 最短路问题应用举例

图表示的是事物之间的某种联系，最短路则反映了某种指标的极小化。因此，对于某些很难用解析方式表达或用解析方式表达比较烦琐的问题就有可能将其表示为最短路问题加以解决。

例 6.8 (设备更新问题) 企业在利用某种设备进行生产的过程会遇到这样的问题：如果每次使用新设备，维修费用低，故障少，但需要购置费用，如果坚持使用旧设备，则会随着使用年限的增长其维修费用会增加，且故障也会增多。因此，对于一个企业来说，合理决定设备的更新计划是非常重要的。表 6-2 显示的是某企业所需要的某种设备在未来 5 年年初的价格，表 6-3 表示的是该设备在使用一定年限后所需要的维修费用。试决定该企业的一个设备更新计划使得 5 年内在该设备的购置以及维修方面总的花费最少。

表 6-2 某种设备在每年年初的价格 (单位：万元)

第 1 年年初	第 2 年年初	第 3 年年初	第 4 年年初	第 5 年年初
22	22	24	24	26

表 6-3 某种设备在使用一定时间后的维修费用 (单位：万元)

0～1 年	1～2 年	2～3 年	3～4 年	4～5 年
10	12	16	22	36

解 用 $v_i(i=1,2,3,4,5)$ 表示第 i 年年初，v_6 表示第 5 年年底，若第 i 年年初购买设备一直用到第 j 年年底，则表示从 v_i 有一条指向 v_j 的弧。该弧上的权为第 i 年年初的购买费用与从第 i 年年初使用到第 j 年年底的维修费。例如，w_{16} 表示第 1 年年初购买设备用去 22 万元，然后在第 1 年的使用期内产生 10 万元的维修费，由于是一直使用到第 5 年年底，故在第 2 年内又产生 12 万元的维修费，第 3 年内产生 16 万元的维修费，第 4 年内产生 22 万元的维修费，第 5 年内产生 36 万元的维修费。这样，$w_{16}=22+10+12+16+22+36=118$ (万元)。其他弧上的权类似得到。于是将此问题转化为求图 6-25 中从 v_1 到 v_6 的最短路。

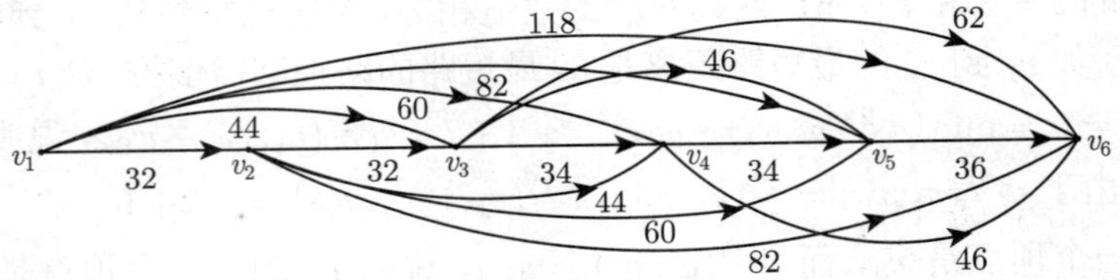

图 6-25 设备更新问题的图论模型

由于所有的权都是正数，故可采用 Dijkstra 算法求解，也可采用 Floyd 算法求解。表 6-4 是用 Floyd 算法求解的过程。

表 6-4 用 Floyd 算法求图 6-25 的最短路

顶点	w_{ij}						$d^{(t)}(v_1,v_j)$		
	v_1	v_2	v_3	v_4	v_5	v_6	$t=1$	$t=2$	$t=3$
v_1	0	32	44	60	82	118	0	0	0
v_2		0	32	44	60	82	32	32	32
v_3			0	34	46	62	44	44	44
v_4				0	34	46	60	60	60
v_5					0	36	82	82	82
v_6						0	118	106	106

表 6-4 的 $t=2$ 和 $t=3$ 这两列对应数值相等，故得到从 v_1 到 v_6 的最短路，距离是 106。最短路路径从 $t=2$ 开始，由于 $d^{(2)}(v_1,v_6)=106=60+46=d^{(1)}(v_1,v_4)+$

$w_{46}=w_{14}+w_{46}$，故最短路路径为 $v_1\rightarrow v_4\rightarrow v_6$，或者 $d^{(2)}(v_1,v_6)=106=44+62=d^{(1)}(v_1,v_3)+w_{36}=w_{13}+w_{36}$，故 $v_1\rightarrow v_3\rightarrow v_6$ 也是最短路路径。即最优方案有两个，其一是，第 1 年年初购买设备用到第 3 年年底 (或第 4 年年初)，然后再次购买新设备用到第 5 年年底；其二是第 1 年年初购买设备用到第 2 年年底 (或第 3 年年初)，然后再次购买新设备用到第 5 年年底。总花费为 106 万元。

例 6.9 (选址问题)　图 6-26 表示某个区域 8 个小区之间的连接及其道路长度情况。现要在这 8 个小区中的某一个设立一个医疗中心。试问：应设在哪个小区才是最合理的？

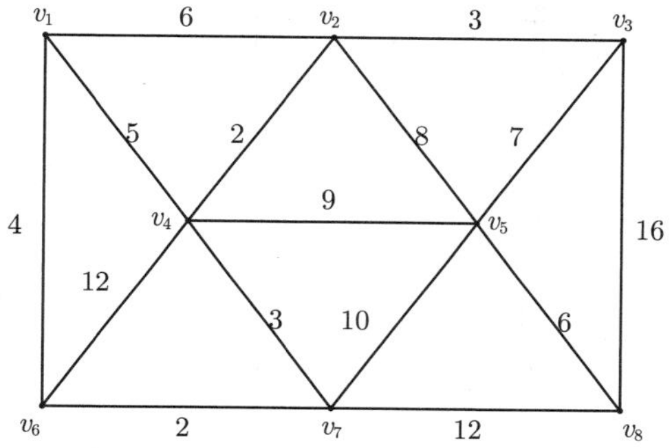

图 6-26　选址问题的图论模型

解　根据 Floyd 算法可以求出从某个小区 $v_i(i=1,2,\cdots,8)$ 到所有其他小区的最短链，在这些最短链中有一个最大值 (共有 8 个这样的最大值)，所有这些最大值之间有一个最小值，将医疗中心设立在相应的小区里是最合理的。因为，这表示从医疗中心到所有小区的距离最大者最小。

表 6-5 是用 Floyd 算法求从 v_1 到所有小区最短链的过程。$t=3$ 和 $t=4$ 两列数值对应相等，故得到从 v_1 到所有其他各点的最短链 (即 $t=3$ 列)。

表 6-5　用 Floyd 算法求图 6-26 中从 v_1 到所有点的最短链

顶点	w_{ij}								$d^{(t)}(v_1,v_j)$			
	v_1	v_2	v_3	v_4	v_5	v_6	v_7	v_8	$t=1$	$t=2$	$t=3$	$t=4$
v_1	0	6		5		4			0	0	0	0
v_2	6	0	3	2	8				6	6	6	6
v_3		3	0		7			16		9	9	9
v_4	5	2		0	9	12	3		5	5	5	5
v_5		8	7	9	0		10	6		14	14	14
v_6	4			12		0	2		4	4	4	4
v_7				3	10	2	0	12		6	6	6
v_8			16		6		12	0			18	18

类似地，求出从 $v_2, \cdots, v_8$ 到所有其他各点的最短链 (共用 8 次 Floyd 算法计算)。将所有这些最短链整理在一个表中 (见表 6-6)。从中可以看到，所有这些最短链的最大值中的最小值是 12，此时对应的顶点是 v_7，即从 v_7 到所有其他各点最短链的最大值是所有最大值中的最小值，故医疗中心设在 v_7 是最合理的。

表 6-6 图 6-26 中从 $v_i(i=1,2,\cdots,8)$ 到所有点的最短链长度

顶点	w_{ij}								最大值
	v_1	v_2	v_3	v_4	v_5	v_6	v_7	v_8	
v_1	0	6	9	5	14	4	6	18	18
v_2	6	0	3	2	8	7	5	14	14
v_3	9	3	0	5	7	10	8	13	13
v_4	5	2	5	0	9	5	3	15	15
v_5	14	8	7	9	0	12	10	6	14
v_6	4	7	10	5	12	0	2	14	14
v_7	6	5	8	3	10	2	0	12	12
v_8	18	14	13	15	6	14	12	0	18

6.4 最大流问题

赋权有向图中弧上的权可以随着问题的不同赋予不同的含义。如果考虑诸如石油、运输货物在单位时间内各顶点之间的流动等问题，就称之为一个流量问题。定义弧上在单位时间内的最大通过能力为该弧上的容量，那么，一个具体的、可行的流动方案显然要在不违反容量的情况下实施。此时称为一个可行流。这样的赋权有向图有时也称为一个网络。所谓最大流问题就是在这样一个赋权有向图中找出一个在单位时间内流量最大的流动方案。

图 6-27 表示一个从 v_1 到 v_6 的公路网，每条弧上的权表示在该条公路上单位时间内的最大通过能力，这些数字可以表示在单位时间内 (比如 1h) 该条公路最多能承载的货物吨数等。这些数值即为容量。而图 6-28 则表示这个网络的一个具体的可行运输方案，即可行流。

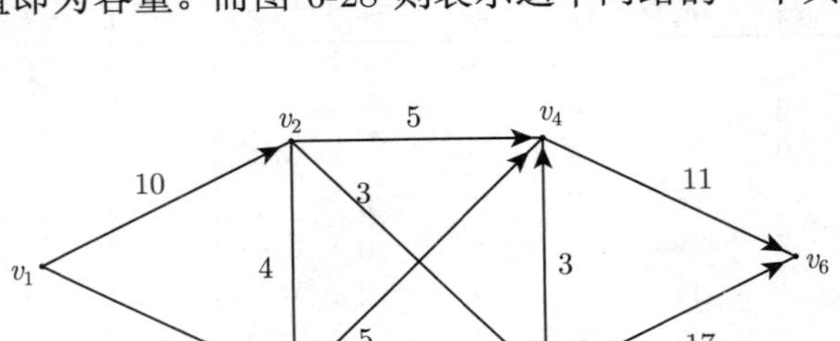

图 6-27 弧上数字为该公路网单位时间内的最大通过能力 (容量)

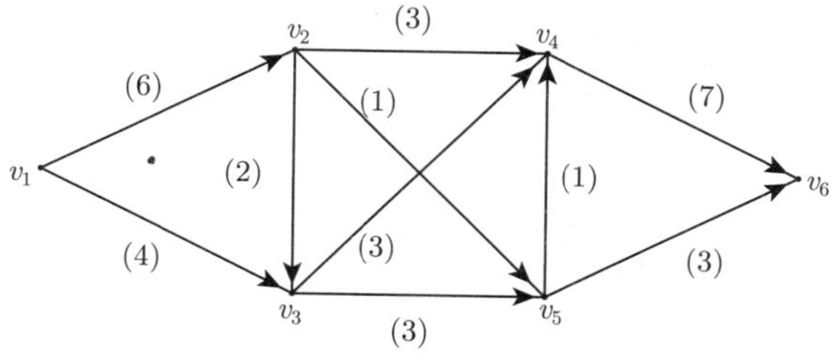

图 6-28　弧上数字为图 6-27 中的一个可行流

每条弧上的流量除不违反该弧上的容量以外还须满足别的条件。下面先给出具体的相关概念并讨论有关结论，然后介绍一个求网络最大流的标号法。

6.4.1　基本概念

定义 6.12 (可行流与最大流)　在一个赋权有向图 $D=(V,A)$ 中指定一个顶点称为发点，记为 v_s，再指定一个顶点称为收点，记为 v_t，其余的顶点称为中间点。对于每一条弧 $a_{ij}=(v_i,v_j)\in A$，其上的权记为 $c_{ij}\geqslant 0$，表示该弧上的某种通行的最大能力，称为该弧上的容量。在弧 a_{ij} 上定义一个函数 f_{ij}，称为该弧上的流量，如果满足：

(1) 容量限制条件：$\forall a_{ij}\in A$，有 $0\leqslant f_{ij}\leqslant c_{ij}$。

(2) 平衡条件：对于中间点 $v_i(i\neq s,t)$，流进该点的流量之和等于流出该点的流量之和，即

$$\sum_j f_{ji}-\sum_j f_{ij}=0$$

对于发点和收点则是，发点流出的流量等于收点收到的流量，即

$$\sum_j f_{sj}-\sum_j f_{js}=\sum_j f_{jt}-\sum_j f_{tj}=v(f)$$

则称流量 $\{f_{ij}|a_{ij}\in A\}$ 为定义在该网络上的一个可行流，$v(f)$ 则称为流量。如果某可行流是所有可行流中流量最大者，则称为最大流。

上面的定义中，如果是一个单独的赋权有向图，则 $\sum\limits_j f_{js}=\sum\limits_j f_{tj}=0$；如果考虑的是某个赋权有向图中的一部分，则 $\sum\limits_j f_{js}$ 和 $\sum\limits_j f_{tj}$ 可能不为零。根据定义，一个网络的可行流总是存在的，至少可以令所有弧上的流量为零，这时称为一个零流。用数学规划的语言描述最大流问题，则可以写成如下一个线性规划问题：

$$\max \quad v(f)$$
$$\text{s.t.}$$
$$\begin{cases} \sum_j f_{ji} - \sum_j f_{ij} = 0, i \neq s, t \\ \sum_j f_{sj} - \sum_j f_{js} = v(f) \\ \sum_j f_{jt} - \sum_j f_{tj} = v(f) \\ 0 \leqslant f_{ij} \leqslant c_{ij}, \quad \forall a_{ij} \in A \end{cases} \tag{6-4-1}$$

比如，图 6-27 所代表的问题可用数学规划模型表示为：

$$\max \quad v(f)$$
$$\text{s.t.}$$
$$\begin{cases} f_{12} + f_{13} = v(f) \\ f_{46} + f_{56} = v(f) \\ f_{12} - f_{23} - f_{24} - f_{25} = 0 \\ f_{13} + f_{23} - f_{34} - f_{35} = 0 \\ f_{24} + f_{34} + f_{54} - f_{46} = 0 \\ f_{25} + f_{35} - f_{54} - f_{56} = 0 \\ 0 \leqslant f_{12} \leqslant 10, 0, \leqslant f_{13} \leqslant 8,\ 0 \leqslant f_{23} \leqslant 4,\ 0 \leqslant f_{24} \leqslant 5 \\ 0 \leqslant f_{25} \leqslant 3,\ 0 \leqslant f_{34} \leqslant 5,\ 0 \leqslant f_{35} \leqslant 6, 0 \leqslant f_{54} \leqslant 3 \\ 0 \leqslant f_{46} \leqslant 11, 0 \leqslant f_{56} \leqslant 17 \end{cases} \tag{6-4-2}$$

为方便计算起见，重新使用新的符号，令 $f_{12} = x_1, f_{13} = x_2, f_{23} = x_3, f_{24} = x_4, f_{25} = x_5, f_{34} = x_6, f_{35} = x_7, f_{54} = x_8, f_{46} = x_9, f_{56} = x_{10}, v(f) = x_{11}$，利用 MATLAB 程序 linprog.m 计算如下：

```
>> c=-[0 0 0 0 0 0 0 0 0 0 1]';
>> A=[];b=[];
>> Aeq=[1 1 0 0 0 0 0 0 0 0 -1;0 0 0 0 0 0 0 0 1 1 -1;1 0 -1 -1 -1 0 0
0 0 0 0;...
0 1 1 0 0 -1 -1 0 0 0 0;0 0 0 1 0 1 0 1 -1 0 0;0 0 0 0 1 0 1 -1 0 -1 0]
>> beq=[0 0 0 0 0 0]';
>> lb=zeros(11,1);
>> ub=[10 8 4 5 3 5 6 3 11 17 +inf]';
>> [x,fval]=linprog(c,A,b,Aeq,beq,lb,ub)
Optimization terminated.
```

```
Elapsed time is 0.956521 seconds.
x=10.0000 8.0000 2.4495 4.6326 2.9180 4.6481 5.8014 0.3764 9.6571 8.3429
  18.0000
fval =
  -18.0000
```

计算结果表明，最大流的流量为 18，具体分配方案为：$f_{12}=10, f_{13}=8, f_{23}=2.4495, f_{24}=4.6326, f_{25}=2.918, f_{34}=4.6481, f_{35}=5.8014, f_{54}=0.3764, f_{46}=9.6571, f_{56}=8.3429$。从这个例题可以看到，最大流问题也是线性规划问题，但求解其数学规划模型并没有利用图的特点，显得烦琐，且所得结果与后面将要介绍的算法所求结果相比，在某种意义上后者更合理。当然，无论用什么方法求解，最优目标函数值，即最大流的流量是一样的。

6.4.2 有关结论

在求解最大流问题时，充分利用图的特点的算法称之为 Ford-Fulkerson 标号算法。为介绍该算法，首先介绍几个概念以及有关结论。

定义 6.13 (增广链) 若赋权有向图 $D=(V,A)$ 有一个可行流 $\{f_{ij}|a_{ij}\in A\}$，将满足 $f_{ij}=c_{ij}$ 的弧称为饱和弧，满足 $f_{ij}<c_{ij}$ 的弧称为非饱和弧，满足 $f_{ij}=0$ 的弧称为零流弧，使得 $f_{ij}>0$ 的弧称为非零流弧。对于该赋权有向图的基础图中一条从发点 v_s 到收点 v_t 的一条链来说，其中，弧的指向与整个从 v_s 到 v_t 的指向一致的，称为前向弧，前向弧的集合记为 μ^+；弧的指向与整个从 v_s 到 v_t 的指向相反的，称为后向弧，后向弧的集合记为 μ^-。若对于该条链上的前向弧来说都是非饱和弧，同时 (若有) 后向弧都是非零流弧，则称为一条增广链。

定义 6.14 (截集与截量) 设 $v_s\in V_1\subset V, V_1\neq\varnothing$ 且 $V_1\neq V$，那么，$\overline{V_1}\neq\varnothing$ 且 $v_t\in\overline{V_1}$ 将赋权有向图 $D=(V,A)$ 中那些起点在 V_1 中，终点在 $\overline{V_1}$ 中的弧组成的集合记为 $(V_1,\overline{V_1})$，并称为是 D 的一个分离 v_s 和 v_t 的截集。截集中所有弧的容量之和称为这个截集的截量，记为 $c(V_1,\overline{V_1})$，即

$$c(V_1,\overline{V_1})=\sum_{(v_i,v_j)\in(V_1,\overline{V_1})}c_{ij}$$

根据截集的定义，不难想象，在一个联通图中，去掉某一个截集的弧，则图将不再连通。如在图 6-27 中，若取 $V_1=\{v_1\},\overline{V_1}=\{v_2,v_3,v_4,v_5,v_6\}$，则 $(V_1,\overline{V_1})=\{(v_1,v_2),(v_1,v_3)\}$ 就是一个截集，此时的截量为 18。若将弧 $(v_1,v_2),(v_1,v_3)$ 去掉，则图将不再连通。若取 $V_1=\{v_1,v_2\},\overline{V_1}=\{v_3,v_4,v_5,v_6\}$，则 $(V_1,\overline{V_1})=\{(v_1,v_3),(v_3,v_3),(v_2,v_4),(v_2,v_5)\}$ 是另一个截集，此时的截量为 20。可见，截集将会有多个，从而截量也有多个。

最大流问题考虑的单位时间内某网络的最大通行能力，由于截集在连通性中的地位 (将截集中弧去掉就不再连通)，容易想到，网络的最大流取决于截量最小的截集。

定理 6.5 赋权有向图 $D=(V,A)$ 中的可行流 $f^*=\{f_{ij}^*|a_{ij}\in A\}$ 是最大流的充分必要条件是 D 中不存在关于 f^* 的增广链。

证明 先证必要性。若 f^* 是 D 的最大流，假设关于 f^* 还存在一个增广链 μ，令

$$\theta=\min\{\min_{\mu^+}(c_{ij}-f_{ij}^*),\min_{\mu^-}f_{ij}^*\}$$

则由增广链的定义可知，$\theta>0$，此时对于该增广链上前向弧的权加上 θ，后向弧上的权减去 θ，不在增广链上的弧上的权不变，即令

$$f_{ij}^{**}=\begin{cases}f_{ij}^*+\theta, & (v_i,v_j)\in\mu^+\\ f_{ij}^*-\theta, & (v_i,v_j)\in\mu^-\\ f_{ij}^*, & (v_i,v_j)\notin\mu\end{cases}$$

对于不在增广链上的弧，由于流量不变，故满足容量限制和中间点平衡。对于在增广链上的弧来说，由 θ 的构成，也知满足容量限制和中间点平衡，即 f^{**} 还是可行流，但此时的流量 $v(f^{**})=v(f^*)+\theta>v(f^*)$。这与假设 f^* 是最大流矛盾。从而证明了若 f^* 是最大流，则关于 f^* 不再有增广链。

再证充分性。若 D 中关于可行流 f^* 不存在增广链，那么按照如下方式构造一个截集：首先令 $v_s\in V_1$，若 $v_i\in V_1$，且 $f_{ij}^*<c_{ij}$，则令 $v_j\in V_1$；若 $v_i\in V_1$，且 $f_{ji}^*>0$，则令 $v_j\in V_1$，根据增广链的定义，由于假设不存在关于 f^* 的增广链，故 $v_t\notin V_1$。记 $\overline{V_1}$ 为 V_1 的补集，则得到一个截集 $(V_1,\overline{V_1})$。显然有

$$f_{ij}^*=\begin{cases}c_{ij}, & (v_i,v_j)\in(V_1,\overline{V_1})\\ 0, & (v_i,v_j)\in(\overline{V_1},V_1)\end{cases}$$

所以，$v(f^*)=c(V_1,\overline{V_1})$。根据截量的含义，任何一个可行流的流量 $v(f)$ 都不会超过任何一个截集的截量，上式说明此时的流量无法再得到增加，即 $v(f^*)$ 是最大流的流量，f^* 是最大流。

这个定理的证明说明，网络中各截集的截量中最小者即为最大流，即决定一个网络在单位时间内的最大通行能力的是所有隔断 v_s 和 v_t 的截集中截量最小的截集。如果将网络理解为交通网络，则最小截集就是人们通常所说的“交通瓶颈”。其次，定理的证明还提供了一个利用图的特点求解最大流的方法。实际上，对于一个可行流 (若问题没有给出可行流，则可以用零流作为可行流)，可以从发点 v_s 出发，沿着到 v_t 的方向去逐一寻找增广链，若找到一个增广链，则按照定理证明中的方法计算 θ，并按照证明中的方法去改善 (增加) 当前的可行流。若无法再找到增广链，则说明已得到最大流。

6.4.3 Ford-Fulkerson 标号算法

具体实施以上方法的算法称为 Ford-Fulkerson 标号算法。设 $\{f_{ij}|a_{ij}\in A\}$ 是赋权有向图 $D=(V,A)$ 的一个给定的可行流，则有以下计算步骤。

(1) 标号。给发点 v_s 标号为 $(0,+\infty)$，第一个坐标 0 表示 v_s 的上一个顶点是自己或没有上一个顶点，第二个坐标 $+\infty$ 表示从发点出发可以增加的流量 (上限)。此时 v_s 是已标号未检查的点，其余顶点为未标号点。一般地，设 v_i 为已标号未检查的点，若 $a_{ij}\in A$ 且 $f_{ij}<c_{ij}$，这表明 a_{ij} 是非饱和的前向弧，于是给 v_j 标号为 (v_i,l_j)，其中

$$l_j=\min\{c_{ij}-f_{ij},l_i\}$$

第一个坐标 v_i 表示弧是从 v_i 指向该点，即 v_j 的上一个顶点是 v_i，第二个坐标 l_j 表示弧 a_{ij} 上能够增加的流量与上一个顶点的第二个坐标两者之间的极小值。若 $a_{ji}\in A$ 且 $f_{ji}>0$，则表明弧 a_{ji} 是一条非零流的后向弧，此时给 v_j 标号为 $(-v_i,l_j)$，其中

$$l_j=\min\{f_{ji},l_i\}$$

其第一个坐标 $-v_i$ 表示弧是从 v_j 指向已标号的点 v_i；第二个坐标 l_j 表示弧 a_{ji} 上能够减少的流量与上一个顶点的第二个坐标两者之间的极小值。若收点 v_t 也成为已标号未检查的点，则转下一步；否则，算法终止，找到一个最大流。

(2) 调整。从 v_t 的第一个坐标开始倒推即得到一个关于当前可行流的增广链 μ，此时根据步骤 (1) 中标号的方法即知 $\theta=l_t$。于是，令

$$f'_{ij}=\begin{cases}f_{ij}+\theta, & (v_i,v_j)\in\mu^+\\ f_{ij}-\theta, & (v_i,v_j)\in\mu^-\\ f_{ij}, & (v_i,v_j)\notin\mu\end{cases}$$

并返回步骤 (1)。

这个算法实际上是用一种枚举的方式对于某一个可行流逐一寻找增广链，使得在前向弧上的流量尽可能的增加，在后向弧上的流量极可能减少。由于顶点是有限的，故在有限步后一定会终止并得到最大流。

例 6.10　利用 Ford-Fulkerson 标号算法求赋权有向图 6-27 的最大流。

解　图 6-28 中给出了赋权有向图 6-27 的一个可行流，从这个可行流出发 (当然可以从零可行流开始) 进行标号，为方便起见，将每条弧上的可行流与该弧上的容量一起标注在图上，即弧 a_{ij} 上的权为 (f_{ij},c_{ij})。首先给 v_1 标号为 $(0,+\infty)$，由于 $f_{12}=6<c_{12}$，故 a_{12} 是非饱和的前向弧，且 $\min\{c_{12}-f_{12},l_1\}=\min\{10-6,+\infty\}=4$，故给 v_2 标号为 $(v_1,4)$(弧 a_{13} 也是非饱和的前向弧，但一次选择一个点，可在两点之间任选一个进行标号)。从 v_2 开始也有多种选择，为避免混淆，这里选择 v_4，与 v_2 类似，将 v_4 标号为 $(v_2,2)$，同样，将 v_6 标号为 $(v_4,2)$。这时得到一条增广链 (v_1,v_2,v_4,v_6)，见图 6-29 中的双线。

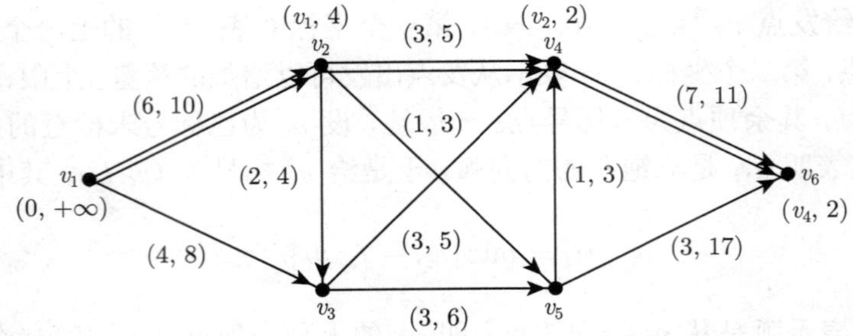

图 6-29　图中双线为赋权有向图 6-27 的一条增广链

此时可行流的调整量 $\theta = l_6 = 2$，将该增广链上所有前向弧上的权加上 θ，后向弧上的权减去 θ(这条增广链上没有后向弧)，于是得到一个新的可行流。再进行相同的标号与调整，由于 a_{12} 还是非饱和的前向弧，为避免遗漏，仍然从 v_2 开始寻找增广链。过程及结果见图 6-30。

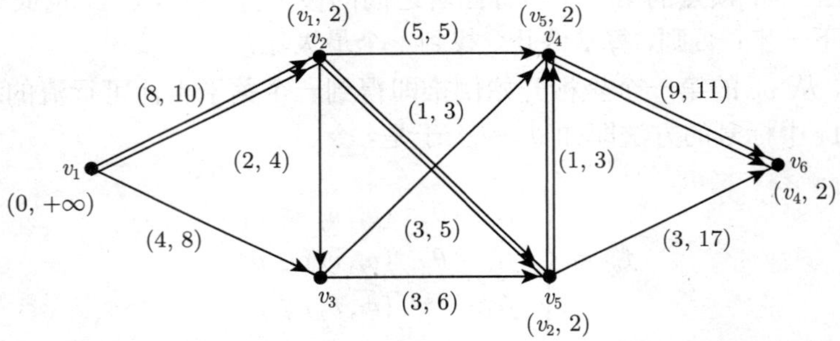

图 6-30　图中双线为赋权有向图 6-27 流量修改后的一条增广链

从图 6-30 中可以看到，a_{13} 是非饱和的前向弧，给 v_3 标号为 $(v_1, 4)$。现在，弧 a_{32} 可被看成非零流的后向弧，但若给 v_2 标号，到了 v_2 以后，弧 a_{24}, a_{25} 均为饱和的前向弧，标号无法继续。弧 a_{34}, a_{35} 则是非饱和的前向弧，从中选择一个顶点，为避免遗漏，选择 v_4，给其标号为 $(v_3, 2)$，到了 v_4 以后，a_{46} 是饱和的前向弧，不能参与到增广链中，此时，弧 a_{45} 可被看成非零流的后向弧，故可将 v_5 标号为 $(-v_4, 2)$，弧 a_{56} 是非饱和的前向弧，给其标号为 $(v_5, 2)$。这样又找到了一条增广链 $(v_1, v_3, v_4, v_5, v_6)$，调整量为 2，见图 6-31。

从图 6-31 中可以看到，a_{13} 还是非饱和的前向弧，给 v_3 标号为 $(v_1, 2)$，与上一个标号、调整过程一样，弧 a_{32} 虽可被看成非零流的后向弧，但若给 v_2 标号，到了 v_2 以后，弧 a_{24}, a_{25} 均为饱和的前向弧，标号无法继续。弧 a_{34} 则是饱和的前向弧，不能参与到增广链中。弧 a_{35} 是非饱和的前向弧，将 v_5 标号为 $(v_3, 2)$，弧 a_{56} 是非饱和的前向弧，给其标号为 $(v_5, 2)$。这样又找到一条增广链 (v_1, v_3, v_5, v_6)，调整量为 2，见图 6-32。

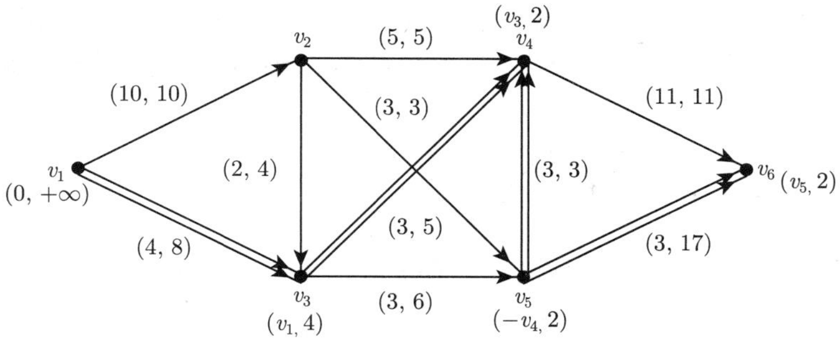

图 6-31　图中双线为赋权有向图 6-27 第二次流量修改后的一条增广链

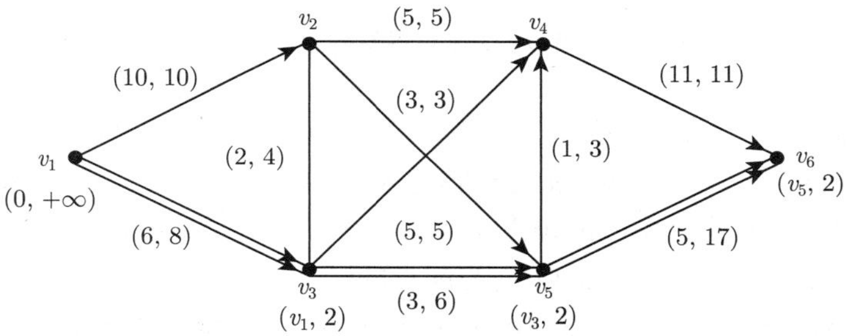

图 6-32　图中双线为赋权有向图 6-27 第三次流量修改后的一条增广链

对图 6-32 进行调整后得到图 6-33。此时弧 a_{12}, a_{13} 均为饱和的前向弧，标号无法进行，故已得到最大流。显然，最大流的流量为 18。每条弧上的流量为具体的分配方案。与前面利用数学规划求得的结果相比，最大流的流量相同，但这个结果更合理。

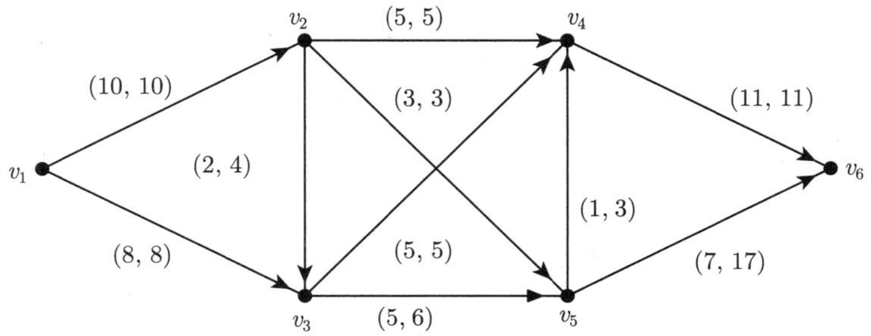

图 6-33　赋权有向图 6-27 的最大流

6.4.4　最大流问题应用举例

例 6.11 (顶点有容量约束的网络)　某油田通过输油管道向港口输送原油，中间有 4 个泵站，管道的输送能力和各泵站的输送能力如图 6-34 所示，图中 s 表示油田，t 表示港口，$v_i(i=1,2,3,4)$ 表示 4 个泵站，圆圈内数字是该泵站单位时间的输送能力，每条弧上的权则是管道单位时间的输送能力。求这个输油系统在单位时间的最大输送能力。

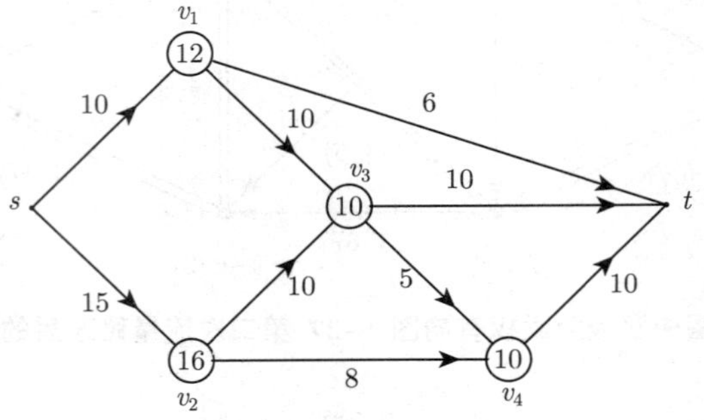

图 6-34　顶点有容量约束的网络

解　这个问题从表面上看就是一个简单的最大流问题，但是 Ford-Fulkerson 只能求解顶点没有容量限制，只是在每条弧上有容量限制的最大流问题。为此，将泵站看成一条“管道”，即将每一个有容量限制的顶点 $v_i(i=1,2,3,4)$ 看成两个顶点 v_i', v_i''，并且把以 v_i 为终点的弧 (v_j,v_i) 看成 (v_j,v_i')，把以 v_i 为起点的弧 (v_i,v_j) 看成 (v_i'',v_j)，这两条弧上的权与原来一样，此外，添加一条新的弧 (v_i',v_i'')，该弧上的容量即为泵站的容量。于是得到一个新的赋权有向图 6-35。对于该图利用 Ford-Fulkerson 标号算法求其最大流 (过程从略)，为节省篇幅起见，将最大流也标注在图 6-35 中，即弧上数字为 (f_{ij},c_{ij})。可见，该输油系统单位时间内的最大输送能力为 $24(f_{sv_1'}+f_{sv_2'}=10+14=f_{v_1''t}+f_{v_3''t}+f_{v_4''t}=6+8+10=24)$。

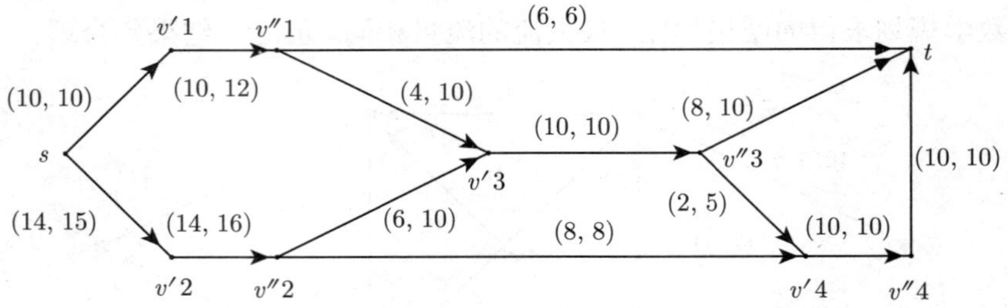

图 6-35　例 6.11(顶点有容量约束的网络) 的最大流

例 6.12 (多发点多收点网络的最大流问题) 某种物质有两个产地 s_1 和 s_2，3 个销地 t_1,t_2,t_3。运输网络如图 6-36 所示，其中 v_1,v_2 是两个中转站。图中弧上数字是该线路单位时间的最带运输能力。求从产地到销地单位时间内的最大运输量。

解　Ford-Fulkerson 标号算法只能求解一个发点和一个收点的最大流问题，故设立一个虚拟的发点 v_s 和一个虚拟的收点 v_t。从 v_s 出发只是指向 s_1,s_2，且 v_s 到 s_1 弧上的权大于或等于从 s_1 流出的量之和 (取等于即可)，即 27。从 v_s 到 s_2 的弧上的权也为 27。

类似地，设立的收点是从 t_1,t_2,t_3 指向该点，且各弧上的权分别为 18, 12, 22，见图 6-37。

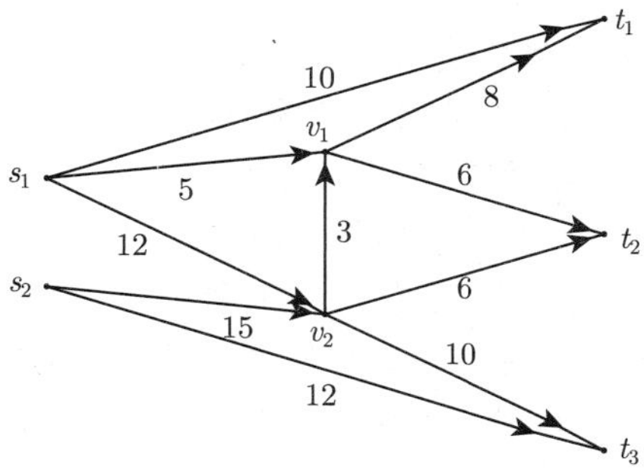

图 6-36　多个发点、多个收点的网络

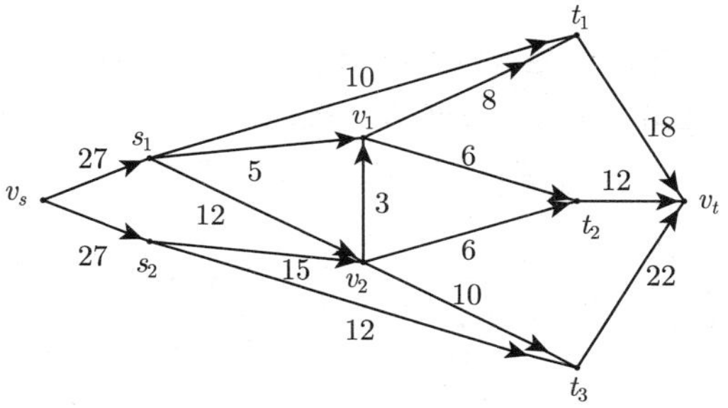

图 6-37　设立虚拟发点和虚拟收点后的多发点多收点网络

从零可行流开始，利用 Ford-Fulkerson 标号法求最大流，过程从略，结果见图 6-38。弧上的权为 (f_{ij},c_{ij})。从产地到销地单位时间内的最大运输量为 46 个单位。

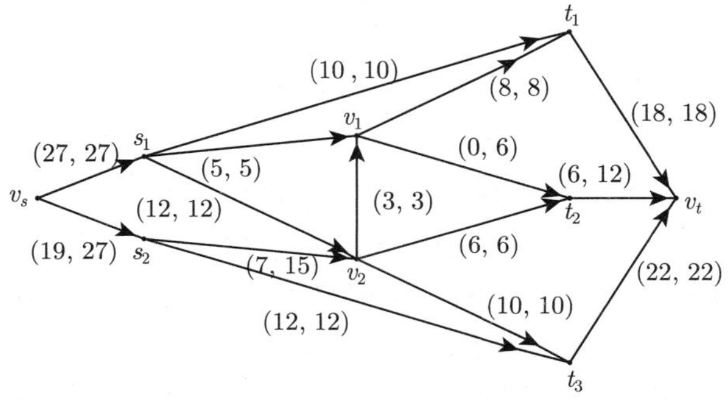

图 6-38　设立虚拟发点和虚拟收点后的多发点多收点网络的最大流

6.5 最小费用最大流问题

赋权有向图 6-33 表示某公路交通网 (图 6-27) 中从发点 v_1 到收点 v_6 在单位时间内运输货物的最大通行能力。但是，这个最大流没有考虑运输成本。实际上，运输货物时除了考虑最大通行能力外，往往还需要考虑运输费用。在一个赋权有向图 $D=(V,A)$ 中，弧 a_{ij} 除了赋予一个容量 c_{ij} 以外，再赋予一个权 b_{ij} 表示通过该弧的单位费用，则不难理解，对于同一个流量的不同方案，其总费用也会不同。所谓最小费用最大流问题就是在这样的赋权有向图中找出一个总费用最小的最大流。记流量为 f 时，相应的总费用为 $b(f)$，即 $b(f)=\sum\limits_{a_{ij}\in A} b_{ij}f_{ij}$，于是最小费用最大流 f^* 满足：

$$f^*=\min_f b(f)=\min_f \sum_{a_{ij}\in A} b_{ij}f_{ij}$$

为了求解最小费用最大流问题，首先考察在当前流量为 f，且存在一个增广链 μ，流量调整为 θ 时费用的改变量。此时，根据增广链的定义，当 $a_{ij}\in\mu^+$ 时，$f'_{ij}=f_{ij}+\theta$，当 $a_{ij}\in\mu^-$ 时，$f'_{ij}=f_{ij}-\theta$，当 $a_{ij}\notin\mu$ 时，$f'_{ij}=f_{ij}$，故有

$$\begin{aligned}
b(f')-b(f)&=\left(\sum_{a_{ij}\in\mu} b_{ij}f'_{ij}+\sum_{a_{ij}\notin\mu} b_{ij}f'_{ij}\right)-\left(\sum_{a_{ij}\in\mu} b_{ij}f_{ij}+\sum_{a_{ij}\notin\mu} b_{ij}f_{ij}\right)\\
&=\left(\sum_{a_{ij}\in\mu} b_{ij}f'_{ij}+\sum_{a_{ij}\notin\mu} b_{ij}f_{ij}\right)-\left(\sum_{a_{ij}\in\mu} b_{ij}f_{ij}+\sum_{a_{ij}\notin\mu} b_{ij}f_{ij}\right)\\
&=\left(\sum_{a_{ij}\in\mu^+} b_{ij}f'_{ij}+\sum_{a_{ij}\in\mu^-} b_{ij}f'_{ij}\right)-\left(\sum_{a_{ij}\in\mu^+} b_{ij}f_{ij}+\sum_{a_{ij}\in\mu^-} b_{ij}f_{ij}\right)\\
&=\sum_{a_{ij}\in\mu^+} b_{ij}\left(f'_{ij}-f_{ij}\right)+\sum_{a_{ij}\in\mu^-} b_{ij}(f'_{ij}-f_{ij})\\
&=\theta\left(\sum_{a_{ij}\in\mu^+} b_{ij}-\sum_{a_{ij}\in\mu^-} b_{ij}\right)
\end{aligned}$$

上式表明，沿着增广链 μ 调整流量时费用的改变量。于是，当 f 是流量为 $v(f)$ 的所有可行流中费用最小者，μ 是关于 f 的所有增广链中费用最小的一个，则沿着该增广链进行调整得到一个新的可行流 f' 将会得到流量为 $v(f')$ 的所有可行流中的最小费用流，进而，当 f' 是最大流时就得到了最小费用最大流。

显然，零可行流是流量为零的最小费用流，因此从零可行流开始去找一条费用最小的增广链，即求以单位费用为权的一条从发点到收点的最短路，沿着这条最短路 (增广链) 进行流量的调整。一般地，设已知 f 是流量为 $v(f)$ 的最小费用流，为找到一条费用

最小的增广链进行流量的进一步调整，构造一个新的赋权有向图 $W(f)=(V,A')$，即顶点保留原网络的所有顶点，所有弧 (v_i,v_j) 则变成两条分析相反的弧 (v_i,v_j) 和 (v_j,v_i)，且定义相应的权为：

$$w_{ij}=\begin{cases} b_{ij}, & 若 f_{ij}<c_{ij} \\ +\infty, & 若 f_{ij}=c_{ij} \end{cases}$$

$$w_{ji}=\begin{cases} -b_{ij}, & 若 f_{ij}>0 \\ +\infty, & 若 f_{ij}=0 \end{cases}$$

根据最短路以及增广链的定义，不难看出，求 $W(f)$ 从发点到收点的最短路将会得到原网络在当前流量为 f 时的一条费用最小的增广链。一旦对于某可行流进行如上构造的 $W(f)$ 无法找到最短路时就得到了最小费用最大流。

6.5.1 标号算法

为便于利用手工计算实现如上算法，也是通过对构造的 $W(f)$ 的顶点进行标号的方式实现的。记第 k 次迭代时的流量为 $f^{(k)}$，按照如上方式相应构造的赋权有向图为 $W(f^{(k)})$，则具体计算步骤如下：

(1) $f^{(0)}=\{0|a_{ij}\in A\}, k:=0$。

(2) 构造 $W(f^{(k)})$，求 $W(f^{(k)})$ 中从发点到收点的最短路。若不存在最短路，停止，$f^{(k)}$ 即为最小费用最大流；若存在最短路，则得到原网络中的一条增广链 μ，在增广链上对 $f^{(k)}$ 进行流量的调整，调整量为

$$\theta=\min\left[\min_{\mu^+}(c_{ij}-f_{ij}^{(k)}),\min_{\mu^-}(f_{ij}^{(k)})\right]$$

并令

$$f_{ij}^{(k+1)}=\begin{cases} f_{ij}^{(k)}+\theta, & (v_i,v_j)\in\mu^+ \\ f_{ij}^{(k)}-\theta, & (v_i,v_j)\in\mu^- \\ f_{ij}^{(k)}, & (v_i,v_j)\notin\mu \end{cases}$$

(3) $k:=k+1$ 返回步骤 (2)。

显然，该算法是以一种枚举的方式求最小费用最大流。故对于有限个顶点的赋权有向图来说，该算法一定可以求得最小费用最大流。

例 6.13 在图 6-27 的基础上考虑每条公路的单位运费，则有图 6-39，即每条弧上的数字为 (b_{ij},c_{ij})。求其最小费用最大流。

解 首先，取零可行流 $f^{(0)}=0$ 为初始可行流，按照如上方式构造 $W(f^{(0)})$，弧上权为 $+\infty$ 者可略去，后同，见图 6-40b。利用 Floyd 算法求其最短路，为节省篇幅，过程从略，结果也标记在图 6-40b 中，即双箭头部分。

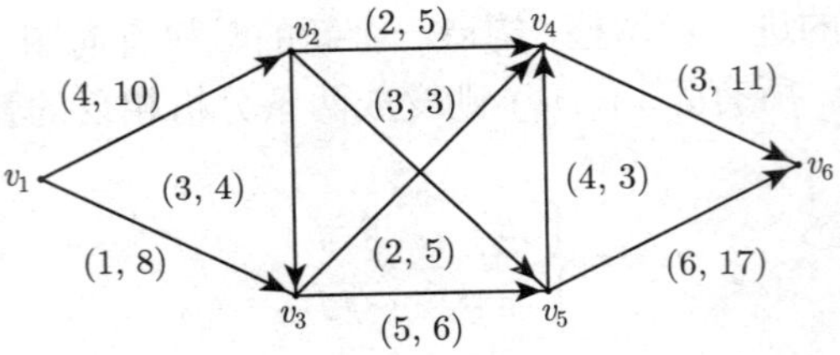

图 6-39　弧上数字为 (b_{ij}, c_{ij})

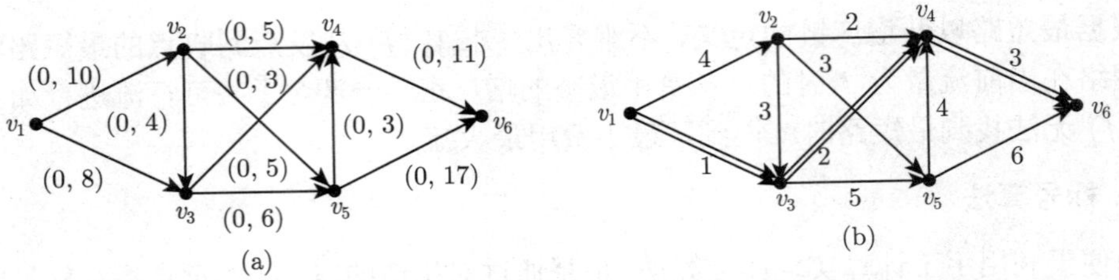

图 6-40　a 中弧上的权为 (f_{ij}, c_{ij})，b 中弧上的权为 b_{ij}

(a) $f^{(0)}, v(f^{(0)}) = 0, b(f^{(0)}) = 0$；(b) $W(f^{(0)})$

从图 6-40 中得到原网络的一条增广链为 (v_1, v_3, v_4, v_6)，此时流量的调整量为 $\theta = \min\{8-0, 5-0, 11-0\} = 5$，从而得到新的可行流为 $f^{(1)}$，流量为 5，见图 6-41a。构造 $W(f^{(1)})$，见图 6-41b。利用 Floyd 算法求其最短路，过程从略，结果也标记在图 6-41b 中，即双箭头部分。此时，对于可行流 $f^{(1)}$，求得一条增广链 (v_1, v_2, v_4, v_6)。流量的调整量为 $\theta = \min\{10-0, 5-0, 11-5\} = 5$，因此得到新的可行流 $f^{(2)}$，流量为 10。

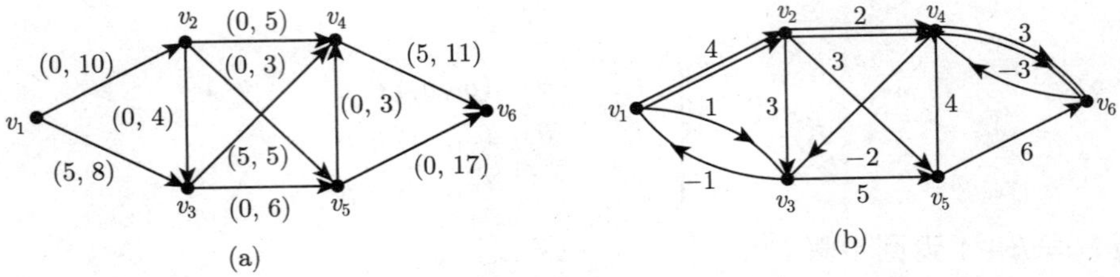

图 6-41　a 中弧上的权为 (f_{ij}, c_{ij})，b 中弧上的权为 b_{ij}

(a) $f^{(1)}, v(f^{(1)}) = 5, b(f^{(1)}) = 30$；(b) $W(f^{(1)})$

对于 $f^{(2)}$ 构造 $W(f^{(2)})$，见图 6-42。同样，利用 Floyd 算法求其最短路，过程从略，结果也标记在图 6-42b 中，即双箭头部分。此时，对于可行流 $f^{(2)}$，求得一条增广链 (v_1, v_3, v_5, v_6)。流量的调整量为 $\theta = \min\{8-5, 6-0, 17-0\} = 3$，因此得到新的可行流 $f^{(3)}$，流量为 13。

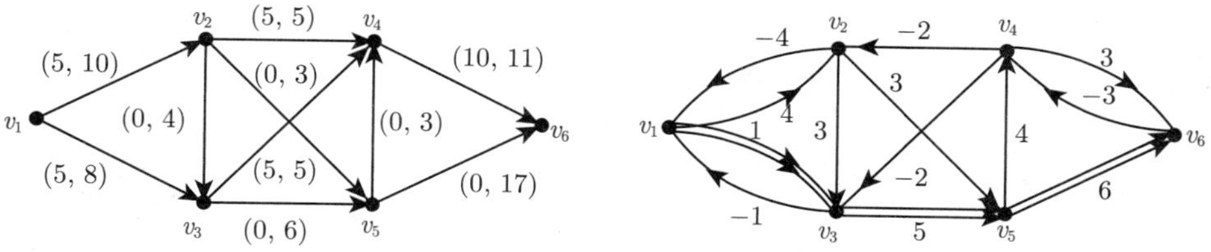

(a)　(b)

图 6-42　a 中弧上的权为 (f_{ij}, c_{ij})，b 中弧上的权为 b_{ij}

(a) $f^{(2)}, v(f^{(2)}) = 10, b(f^{(2)}) = 75$；(b) $W(f^{(2)})$

对于 $f^{(3)}$ 构造 $W(f^{(3)})$，见图 6-43。同样利用 Floyd 算法求其最短路，结果也标记在图 6-43b 中，即双箭头部分。此时，对于可行流 $f^{(3)}$，求得一条增广链 (v_1, v_2, v_5, v_6)。流量的调整量为 $\theta = \min\{10-5, 3-0, 17-3\} = 3$，因此得到新的可行流 $f^{(4)}$，流量为 16。

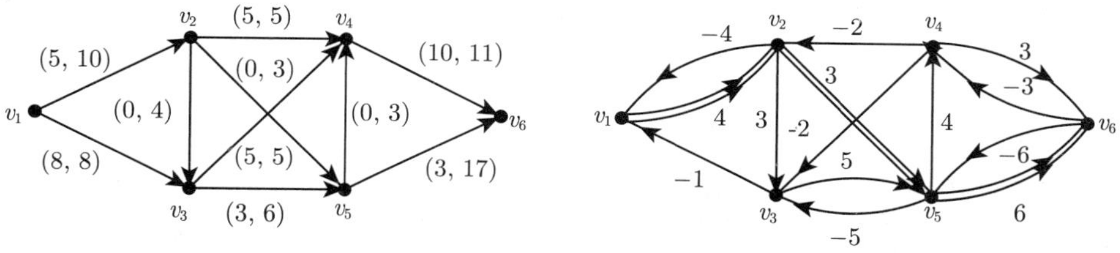

(a)　(b)

图 6-43　a 中弧上的权为 (f_{ij}, c_{ij})，b 中弧上的权为 b_{ij}

(a) $f^{(3)}, v(f^{(3)}) = 13, b(f^{(3)}) = 111$；(b) $W(f^{(3)})$

与前面一样构造 $W(f^{(4)})$，见图 6-44。图 6-44b 中的双箭头部分为对应的赋权有向图 $W(f^{(4)})$ 的最短路。此时，存在一条增广链 $(v_1, v_2, v_3, v_5, v_6)$。流量的调整量为 $\theta = \min\{10-8, 4-0, 6-3, 17-6\} = 2$，因此得到新的可行流 $f^{(5)}$，流量为 18。

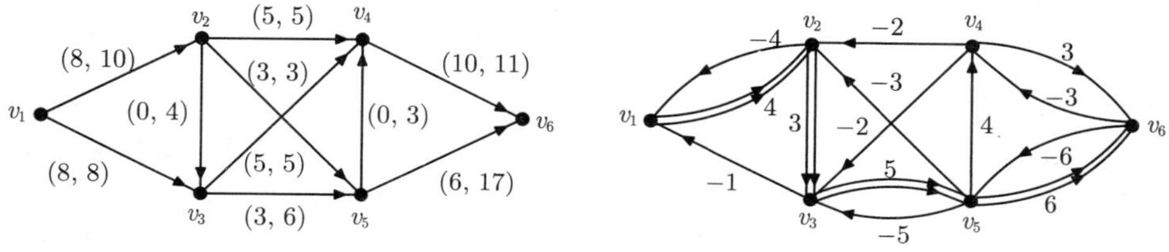

(a)　(b)

图 6-44　a 中弧上的权为 (f_{ij}, c_{ij})，b 中弧上的权为 b_{ij}

(a) $f^{(4)}, v(f^{(4)}) = 16, b(f^{(4)}) = 150$；(b) $W(f^{(4)})$

构造 $W(f^{(5)})$，见图 6-45。根据 Floyd 算法可知此时已不存在 v_1 到 v_6 的最短路 (具体过程从略)。故 $f^{(5)}$ 就是所求的最小费用最大流。

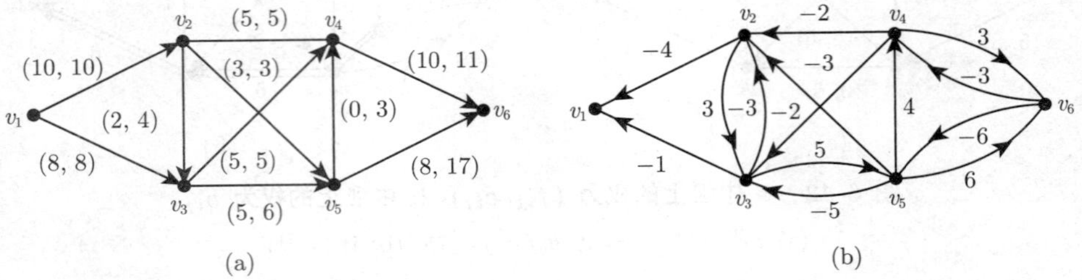

图 6-45　a 中弧上的权为 (f_{ij}, c_{ij})，b 中弧上的权为 b_{ij}

(a) $f^{(5)}, v(f^{(5)}) = 18, b(f^{(5)}) = 186$; (b) $W(f^{(5)})$

关于本题，在上一节介绍最大流问题时，根据 Ford-Fulkerson 标号算法求得赋权有向图 6-27 的一个最大流，即图 6-33 所示。对于该最大流，若是在同样的单位费用下其总费用为 187。

6.5.2　应用举例

下面举一个例子说明最小费用最大流的应用。

例 6.14 (订货问题)　某公司在每个月的月初订购货物，订购后能及时到货、进库并供应市场。若所订货物于当月售出，则不必付存贮费，当月未售出的货物经盘点后转入下月，此时需付每件 6 个单位的存贮费。仓库的最大存贮量是 120 件。预测 1—6 月货物的订购价格和需求量见表 6-7。假设 1 月初的库存量为零，要求 6 月底的库存量也为零且不允许缺货，试作出 6 个月的订货计划使得总成本最低。

表 6-7　1—6 月货物的订购价格和需求量

月份	1	2	3	4	5	6
需求量	50	55	50	45	40	30
订货价格	70	67	65	80	84	88

解　首先将这个问题用图论的语言重新描述。这个问题要解决的是一个每月月初的订货计划。由于市场需求以及存贮问题，月份之间产生了一定的联系，这种联系的数量关系是成本 (包括订货价格和存贮费) 和货物的流通量 (包括订购、销售以及转入下月的量)。用顶点 $v_i(i = 1, 2, \cdots, 6)$ 表示第 i 月月初进货后货物量的状态，v_s 表示销售，v_t 表示销售，则可以将其表示成图 6-46。

图 6-46 中的顶点 $v_i(i = 1, 2, \cdots, 6)$ 有容量 120，表示仓库的最大存贮量，每条弧上的权为 (b_{ij}, c_{ij})，b_{ij} 表示订货价格或存贮费。例如，从 v_s 到 v_i 的弧上，b_{ij} 为每月的订货价格，而从 v_i 到 v_j 的弧上 b_{ij} 则是每件货物的存贮费。从 v_i 到 v_t 的弧上 b_{ij} 为 0，表

示货物销售出去没有订货价格和存贮费。c_{ij} 表示货物的最大流通量 (订购、销售或转入下月)。于是，制订一个 6 个月的订货计划使得总成本最低就等价于求从 v_s 到 v_t 的最小费用最大流。这时，顶点有容量限制，类似于例 6.11 处理顶点有容量限制情况下的最大流问题，将每一个有容量限制的顶点 $v_i(i=1,2,\cdots,6)$ 看成两个顶点 v_i',v_i''，并且把以 v_i 为终点的弧 (v_j,v_i) 看成 (v_j,v_i')，把以 v_i 为起点的弧 (v_i,v_j) 看成 (v_i'',v_j)，这两条弧上的权与原来一样。此外，添加一条新的弧 (v_i',v_i'')，该弧上的容量即为仓库的最大存贮量，单位费用则为零。于是得到一个新的赋权有向图 6-47。

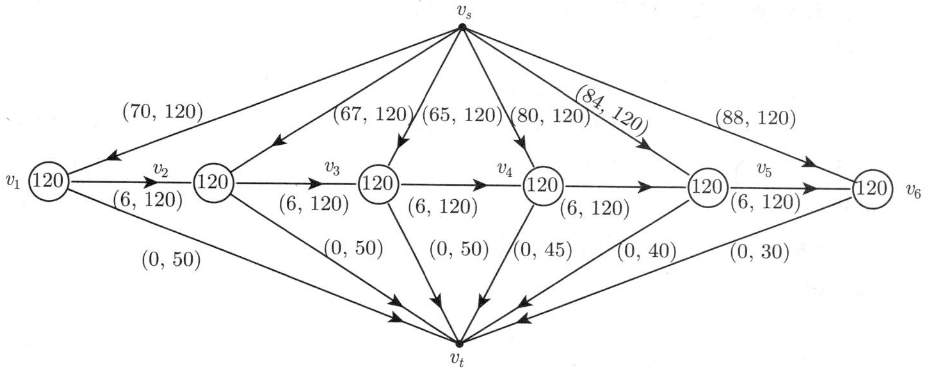

图 6-46　订货问题的图论模型 (顶点有容量限制)

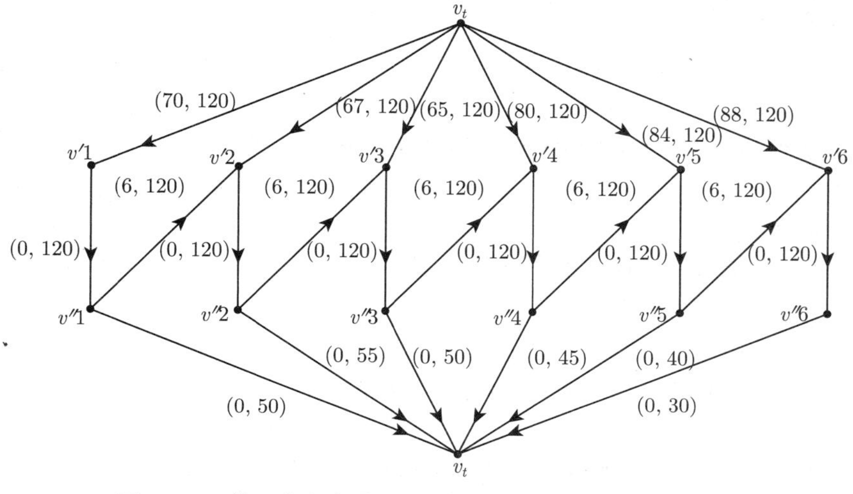

图 6-47　将顶点有容量限制转换后的订货问题的图论模型

根据标号算法或后面介绍的 MATLAB 程序求得其最小费用最大流为 (过程从略)：流量 270，总费用 19 455 元。具体的安排为 1—6 月的订购量分别是 $50,55,120,0,15,30$。

6.6 MATLAB 实现网络优化

本节介绍编者编写的 5 个 MATLAB 程序，分别是用于求赋权图最小支撑树的 Kruskal 算法程序，最短路问题的 Dijkstra 算法程序、Floyd 算法程序，求网络最大流的 Ford-Fulkerson(标号算法) 程序和求解网络最小费用最大流问题的标号法程序。在使用这些程序时需要注意程序中对输入矩阵的说明。

☞ **MATLAB 程序 6.1** 求赋权图最小支撑树的 Kruskal 程序

```
% 求赋权图的最小支撑树的Kruskal算法(避圈法)程序
% 输入项:
% C为赋权图的权重邻接矩阵(C=[c(i,j)]n*n是对称方阵)。其中, c(i,i)=0
% 若顶点i与顶点j没有直接相关联, 则其权重c(i,j)为无穷大,即c(i,j)=inf
% v0为根结点, 也可以默认为顶点1
% 输出项:
% T为最小生成树的邻接矩阵; W为最小支撑树的权
% By Gongnong Li 2013

function [T,W]=Kruskal(C,v0)
[m,n]=size(C);
if nargin<2
    v0=1;
end
if m~=n
    error('赋权邻接矩阵C输入有误, C必须是对称方阵。')
end
if v0>n
    error('根结点错误, 不存在该顶点。')
end
temp=0; C(find(C==0))=inf;
T=zeros(n); comp=zeros(n);  comp(:,1)=[1:n]';
while temp<n-1
  TT=min(min(C));  [Imin,Jmin]=find(C==TT);
  I=Imin(1); J=Jmin(1);  C(I,J)=inf;
  [i1,j1]=find(comp==I);
  [i2,j2]=find(comp==J);
```

```
    if i1==i2
        continue;
    else
        l1=length(find(comp(i1,:)~=0));
        l2=length(find(comp(i2,:)~=0));
        comp(i1,[l1+1:l1+l2])=comp(i2,[1:l2]);
        comp(i2,:)=0;
        T(I,J)=TT;
        temp=temp+1;
    end
end
T=T';W=sum(sum(T));
disp('最小支撑树的赋权邻接矩阵T以及最小支撑树的权W为：');
```

☞ **MATLAB 程序 6.2** 最短路问题的 Dijkstra 算法程序

```
% 赋权(有向)图最短路问题的Dijkstra算法(标号算法)
% 赋权(有向)图的权必须为非负数，若图有n个点，本程序规定发点为1，终点为n
% 输入项:
% Weight=[w(i,j)]n*n，赋权(有向)图的权重邻接矩阵(n*n方阵)。w(i,j)表示从顶
  点i
% 指向顶点j的弧上的权，特别，从顶点i指向顶点i的弧上权重总是零，即 w(i,i)
  =0。若不是
% 从顶点i指向顶点j，则取权重w(i,j)为无穷大
% 输出项:
% d为距离向量，其中第i个分量d(i)表示从发点(顶点s,即顶点1)到顶点i的最短路
  距离
% Path矩阵中的第i行则是相应的路径(1为发点的顶点编号，n为终点编号)
% 程序中P标号(永久性标号)向量的第i个元素是从顶点1(发点)到顶点i的P标号
% T标号(临时性标号)向量的第i个元素是从顶点1(发点)到顶点i的T标号
% By Gongnong Li 2013

function [d,Path]=Dijkstra(Weight)
n=size(Weight,1);
%下面检查是否符合Dijkstra算法的要求
if find(Weight<0)
```

```
    disp('出现了负权, 错误, Dijkstra算法要求所有的权非负。')
    return;
end
d=Weight(1,:);
% 初始化。该向量表示顶点1(发点)到所有各点的最短路上界
% 同时, 最后更新后就是所求最短路距离
P(1)=1;
d0=Weight(1,2:n);
% 首先将发点设为具有P标号的点, 故这是发点到其他各点最短路的上界
T=2:n ; % 这里表示除发点外的其他各点暂时是T标号点(未检查)
Path0(:,1)=ones(n,1);
% 到每个顶点的最短路都是从发点(即顶点1)出发, 故最短路路径矩阵(初始)的第一
    列都是1
k=1; flag=0;
while flag==0
    for j=1:length(T)
        if Weight(P(end),T(j))~=inf
            d0(j)=min(d(P(end))+Weight(P(end),T(j)),d0(j));
        else
            d0(j)=d0(j);
        end
    end
  [T0,J]=min(d0);  P(k+1)=T(J);  T(J)=[];  d0(J)=[];  d(P(end))=T0;
% 以下操作是对最短路径进行记录
temp=P(end);
for j=1:length(P)-1
for i=1:length(P)
    if (d(P(i))~=inf)|(Weight(P(i),temp)~=inf)
        if d(temp)==(d(P(i))+Weight(P(i),temp))
            temp=P(i);
            Path0(P(end),length(P)-j)=temp;
            Path0(P(end),length(P))=P(end);
        else
            Path0(P(end),length(P))=P(end);
```

```
            end
        else
            Path0(P(end),length(P))=P(end);
        end
    end
    end
    if length(d0)==0
        flag=1;
    else
      flag=0;
    end
      k=k+1;
    end
    % 对以上最短路的路径记录进行化简处理。得到最终的最短路路径
    for i=1:n
        [PP,PI]=unique(Path0(i,:));
        PPI=sort(PI);
        for j=1:length(PPI)
          Path(i,j)=Path0(i,PPI(j));
        end
    end
    [r,s]=size(Path);
    for j=1:s
        if Path(:,j)==0
            Path(:,j)=[];
        end
    end
    disp('从第1个点(发点)到所有点的最短路距离d(i)（即d的第i个分量）及最短路路
    径Path(对应的是其第i行)为：')
```

☞ **MATLAB 程序 6.3**　最短路问题的 Floyd 算法程序

```
% 赋权(有向)图最短路问题的Floyd算法(递推迭代算法)
% 赋权(有向)图的权正、负皆可，若图有n个点，本程序规定发点为1，终点为n
% 输入项:
% Weight=[w(i,j)]n*n，赋权(有向)图的权重邻接矩阵(n*n方阵)。其中，顶点i到
```

```
  顶点i的
% 权重总是零, 即 w(i,i)=0。若顶点i与顶点j没有直接相关联或该弧是从j指向i,
  则其权
% 重w(i,j)为无穷大
% 输出项:
% d为距离向量, 其中第i个分量d(i)表示从发点(顶点s,即顶点1)到顶点i的最短路
  距离
% Path矩阵中的第i行则是相应的路径(1为发点的顶点编号, n为终点编号)
% By Gongnong Li 2013

function [d,Path]=Floyd(Weight)
n=size(Weight,1); D=Weight;
d0=Weight(1,:)'; d2=zeros(n,1);%取Weight矩阵中第一行为下面迭代时的初值
t=1;flag=0;
while flag==0
    d1=d0;  D(:,n+t)=d0; % 迭代初始
    for j=1:n
      Td=d1+Weight(:,j);  d2(j)=min(Td);
    end
      d0=d2;
    if d1==d2
       flag=1;
    else
      flag=0;
    end
    t=t+1;
end
d=d2'; D(:,n+t)=d2; Path=zeros(n,t); t0=t;
% 以下操作为倒推求出最短路的路径
for k=n:-1:1
    k0=k;
  while t0>1
    k1=k0;
    [dd,I]=min(D(:,k1)+D(:,n+t0-2));
```

```
    P(k,t0-1)=I; k0=I; t0=t0-1;
  end
  P(k,1)=1;  P(k,t)=k;
  for i=1:n
    [PP,PI]=unique(P(i,:));
    PPI=sort(PI);
    for j=1:length(PPI)
      Path(i,j)=P(i,PPI(j));
    end
  end
 t0=t;
end
disp('从第1个点(发点)到所有点的最短路距离d(i) (即d的第i个分量) 及最短路路
径Path(对应的是其第i行)为: ')
```

☞ **MATLAB 程序 6.4**　最大流问题的 Ford-Fulkserson 标号算法程序

```
% 求解网络最大流的Ford-Fulkserson标号算法程序
% 在赋权有向图(网络)中寻找一个流量最大的(运输)方案。本程序规定发点为1, 终
  点为n
% 输入项:
% C为(有向)图的容量矩阵(n*n方阵)。其中, C(i,j)表示顶点i到顶点j弧上的最大
% 流量, 即该弧上的容量。若顶点i与顶点j没有直接相关联或该弧是从j指向i, 则容
  量C(i,j)为零
% C(i,i)也是零
% 输出项:
% maxflow表示该网络上的最大流量; f为具体的流量分配方案
% By Gongnong Li 2013

function [f,maxflow]=Maxflow(C)
n=size(C,1); f=zeros(n);    % 取零流为初始可行流
Label=zeros(1,n); Theta=zeros(1,n);  %Label记录顶点标号,Theta记录流量的改
变量
while 1
  Label(1)=1; Theta(1)=Inf;  %给发点vs 标号1,其流量改变量为inf
  while 1
```

```
    Temp=0; % 用Temp记录标号过程。Temp=0 表示未标号, Temp=1则表示已经标号
    for i=1:n
      if Label(i)~=0
        for j=1:n
          if (Label(j)==0 & f(i,j)<C(i,j))
% 这里反映的是非饱和的正向弧, 顶点i参与到增广链
              Label(j)=i; Theta(j)=C(i,j)-f(i,j); Temp=1;
             if Theta(j)>Theta(i)
                Theta(j)=Theta(i);
             end
          elseif (Label(j)==0 & f(j,i)>0)
% 这里反映的是非零流的反向弧, 顶点j参与到增广链
              Label(j)=-i; Theta(j)=f(j,i); Temp=1;
            if Theta(j)>Theta(i)
              Theta(j)=Theta(i);
            end
          end
        end
      end
    end
   if Label(n)~=0|Temp==0
      break;
   end
  end  % 这里表示终点vt获得标号或者无法标号,标号过程停止
   if Temp==0
      break;
   end
  theta=Theta(n); t=n; % 下面是对当前流量的调整过程, theta表示调整量
   while 1
     if Label(t)>0
       f(Label(t),t)=f(Label(t),t)+theta;
     elseif Label(t)<0
       f(Label(t),t)=f(Label(t),t)-theta;
     end
     if Label(t)==1
```

```
        for i=1:n
          Label(i)=0;Theta(i)=0;
        end
        break
      end
        t=Label(t);
    end
  end
maxflow=sum(f(1,:));
disp('该网络(赋权有向图)最大流分配方案f(其元素f(i,j)表示从顶点i到顶点j的流量)及其最大流量maxflow为：')
```

☞ **MATLAB 程序 6.5**　最小费用最大流问题的标号算法程序

```
% 本程序求解赋权有向图的最小费用最大流问题。本程序规定顶点1为发点，顶点n为终点
% 输入项:
% B为网络的单位流费用矩阵(B=[b(i,j)]n*n)。其中，顶点i到顶点i的费用总是零
% 即 b(i,i)=0。若顶点i与顶点j没有直接相关联或该弧是从j指向i，则其费用
% b(i,j)取为无穷大
% C为网络的容量矩阵(C=[c(i,j)]n*n)。其中，顶点i到顶点i的容量总是零，即c(i,i)=0
% 若顶点i与顶点j没有直接相关联或该弧是从j指向i，则其流量取为零
% 输出项:
% maxflow为最大流的流量；bf为与maxflow相应的费用；f为最小费用最大流的分配方案
% By Gongnong Li 2013

function [f,maxflow,bf]=MinMaxCostFlow(B,C)
n=size(C,1); f=zeros(n); %从零可行流开始
flag=0;
while flag==0
    W=B;
   for i=1:n
       for j=1:n % 以下为针对当前流量f定义赋权有向图W(f)从而进行最短路的计算
```

```
            if ((f(i,j)<C(i,j))&(f(i,j)>0)&(B(i,j)~=inf)&(C(i,j)~=0))
             W(i,j)=B(i,j);W(j,i)=-B(i,j);
            elseif (f(i,j)==C(i,j)&(B(i,j)~=inf)&(C(i,j)~=0))
             W(i,j)=inf;W(j,i)=-B(i,j);
            elseif ((f(j,i)>0)&(B(i,j)~=inf)&(C(i,j)~=0))
             W(j,i)=-B(i,j);W(i,j)=B(i,j);
            elseif ((f(i,j)==0)&(B(i,j)~=inf)&(C(i,j)~=0))
                W(i,j)=B(i,j);W(j,i)=inf;
            end
          end
      end
    [d,Path]=Floyd(W);
    % 调用Floyd程序计算W中的最短路，得到的最短路也是原网络中的一条增广链
      T=Path(n,:);  T(find(T==0))=[];
      if d(n)~=inf
      for i=1:length(T)-1
         if (W(T(i),T(i+1))>0)|(W(T(i),T(i+1))==0)
             TT(i)=C(T(i),T(i+1))-f(T(i),T(i+1));
         elseif W(T(i),T(i+1))<0
              TT(i)=f(T(i+1),T(i));
         end
      end
       TT(find(TT==0))=[]; theta=min(TT);
      for i=1:length(T)-1
          if (W(T(i),T(i+1))>0)|(W(T(i),T(i+1))==0)
              f(T(i),T(i+1))=f(T(i),T(i+1))+theta;
         elseif W(T(i),T(i+1))<0
              f(T(i+1),T(i))=f(T(i+1),T(i))-theta;
          end
      end
      else
          flag=1;
      end
    end
    maxflow=sum(f(1,:)); bf=0;
```

```
for i=1:n
    for j=1:n
      if B(i,j)~=inf
          bf=f(i,j)*B(i,j)+bf;
      end
    end
end
disp('该网络的最小费用最大流f(分配方案)及其流量maxflow、相应的费用bf为:')
```

例 6.15　利用 MATLAB 程序 Kruskal.m 求解例 6.3 中赋权图的最小支撑树。

解　由图 6-9 所示，根据程序要求，在 MATLAB 提示符下输入相关矩阵并调用程序计算如下：

```
>> C=[0 3 4 1 inf inf inf;3 0 inf 2 inf 6 inf;4 inf 0 inf 3 inf 3;...
1 2 inf 0 5 inf inf;inf inf 3 5 0 2 2;inf 6 inf inf 2 0 3;inf inf  3 inf
2 3 0];
>> v0=1;
>> [T,W]=Kruskal(C,v0)
最小支撑树的赋权邻接矩阵T以及最小支撑树的权W为:
T =

     0     0     4     1     0     0     0
     0     0     0     2     0     0     0
     0     0     0     0     3     0     0
     0     0     0     0     0     0     0
     0     0     0     0     0     2     2
     0     0     0     0     0     0     0
     0     0     0     0     0     0     0

W =

    14
```

计算结果表明，图 6-9 的最小支撑树的权为 14，最小支撑树各顶点之间具体的连接为：$(v_1,v_3),(v_1,v_4),(v_2,v_4),(v_3,v_5),(v_5,v_6),(v_5,v_7)$。

例 6.16　利用 MATLAB 程序 Dijkstra.m 求赋权有向图 6-12 中从 v_1 到 v_7 的最短路。

解　由图 6-12 所示，根据程序要求，在 MATLAB 提示符下输入相关矩阵并调用程序计算如下：

```
>> Weight=[0 6 10 12 inf inf inf;inf 0 3 inf 14 inf inf;...
inf 2 0 5 9 7 inf;inf inf inf 0 inf 5 inf;inf inf inf inf 0 inf 11;...
```

```
inf 6 inf inf 8 0 16;inf inf inf inf inf inf 0];
>> [d,Path]=Dijkstra(Weight)
从第1个点(发点)到所有点的最短路距离d(i) (即d的第i个分量) 及最短路路径Path
(对应的是其第i行)为:
d =
     0     6     9    12    18    16    29
Path =
     1     0     0     0     0
     1     2     0     0     0
     1     2     3     0     0
     1     4     0     0     0
     1     2     3     5     0
     1     2     3     6     0
     1     2     3     5     7
```

最后的计算结果中的 d 为从 v_1 到所有各点的最短路，Path 中的每一行则表示最短路的路径，因此图 6-12 中从 v_1 到 v_7 的最短路为 $v_1 \to v_2 \to v_3 \to v_5 \to v_7$，距离为 29。

例 6.17 利用 MATLAB 程序 Floyd.m 求赋权有向图 6-24 中从 v_1 到各点的最短路。

解 由图 6-24 所示，根据程序要求，在 MATLAB 提示符下输入相关矩阵并调用程序计算如下：

```
>> W=[0 -1 -2 3 inf inf inf inf;6 0 inf inf 2 inf inf inf;...
inf -3 0 -5 inf 1 inf inf;inf inf inf 0 inf inf 2 inf;...
inf -1 inf inf 0 inf inf inf;inf inf inf inf 1 0 1 7;...
inf inf inf -1 inf inf 0 inf;inf inf inf inf -3 inf -5 0];
>> [d,Path]=Floyd(W)
从第1个点(发点)到所有点的最短路距离d(i) (即d的第i个分量) 及最短路路径Path
(对应的是其第i行)为:
d =
     0    -5    -2    -7    -3    -1    -5     6
Path =
     1     0     0     0
     1     3     2     0
     1     3     0     0
     1     3     4     0
     1     3     2     5
```

```
     1     3     6     0
     1     3     4     7
     1     3     6     8
```

计算结果中 d 为从 v_1 到所有各点的最短路距离，Path 中的每一行则表示最短路的路径，因此图 6-24 中从 v_1 到 v_8 的最短路为 $v_1 \to v_3 \to v_6 \to v_8$，距离为 6。

例 6.18 利用 MATLAB 程序 Maxflow.m 求网络 6-37 的最大流。

解 由图 6-37 所示，根据程序要求，在 MATLAB 提示符下输入相关矩阵并调用程序计算如下：

```
>> C=[0 27 27 0 0 0 0 0 0;0 0 0 5 12 10 0 0 0;0 0 0 0 15 0 0 12 0;...
0 0 0 0 0 8 6 0 0;0 0 0 3 0 0 6 10 0;0 0 0 0 0 0 0 0 18;0 0 0 0 0 0 0 0
12;...
0 0 0 0 0 0 0 0 22;0 0 0 0 0 0 0 0 0];
>> [f,maxflow]=Maxflow(C)
该网络(赋权有向图)最大流分配方案f(其元素f(i,j)表示从顶点i到顶点j的流量)
及其最大流量maxflow为:
f =

     0    27    19     0     0     0     0     0     0
     0     0     0     5    12    10     0     0     0
     0     0     0     0     7     0     0    12     0
     0     0     0     0     0     8     0     0     0
     0     0     0     3     0     0     6    10     0
     0     0     0     0     0     0     0     0    18
     0     0     0     0     0     0     0     0     6
     0     0     0     0     0     0     0     0    22
     0     0     0     0     0     0     0     0     0

maxflow =

    46
```

计算结果表明，该网络的最大流为 46，流量的具体分配方案为：$f(v_s,s_1)=27, f(v_s,s_2)=19, f(s_1,v_1)=5, f(s_1,v_2)=12, f(s_1,t_1)=10, f(s_2,v_2)=7, f(s_2,t_3)=12, f(v_1,t_1)=8, f(v_2,v_1)=3, f(v_2,t_2)=6, f(v_2,t_3)=10, f(t_1,v_t)=18, f(t_2,v_t)=6, f(t_3,v_t)=22$。

例 6.19 利用 MATLAB 程序 MinMaxCostFlow.m 求解例 6.14。

解 根据图 6-47，为方便起见，将顶点重新编号，将 v_s 记为 v_1，$v_i'(i=1,2,\cdots,6)$ 记为 $v_i(i=2,\cdots,7)$，$v_i''(i=1,2,\cdots,6)$ 记为 $v_j(j=8,\cdots,13)$，v_t 记为 v_{14}，然后在 MATLAB 提示符下输入相关矩阵并调用该程序计算，过程及结果如下：

```
>> B(1,:)=[0 70 67 65 80 84 88 inf inf inf inf inf inf inf];
```

```
>> B(2,:)=[inf 0 inf inf inf inf inf 0 inf inf inf inf inf inf];
>> B(3,:)=[inf inf 0 inf inf inf inf inf 0 inf inf inf inf inf];
>> B(4,:)=[inf inf inf 0 inf inf inf inf inf 0 inf inf inf inf];
>> B(5,:)=[inf inf inf inf 0 inf inf inf inf inf 0 inf inf inf];
>> B(6,:)=[inf inf inf inf inf 0 inf inf inf inf inf 0 inf inf];
>> B(7,:)=[inf inf inf inf inf inf 0 inf inf inf inf inf 0 inf];
>> B(8,:)=[inf inf 6 inf inf inf inf 0 inf inf inf inf inf 0];
>> B(9,:)=[inf inf inf 6 inf inf inf inf 0 inf inf inf inf 0];
>> B(10,:)=[inf inf inf inf 6 inf inf inf inf 0 inf inf inf 0];
>> B(11,:)=[inf inf inf inf inf 6 inf inf inf inf 0 inf inf 0];
>> B(12,:)=[inf inf inf inf inf inf 6 inf inf inf inf 0 inf 0];
>> B(13,:)=[inf inf inf inf inf inf inf 6 inf inf inf inf 0 0];
>> B(14,:)=[inf inf inf inf inf inf inf inf inf inf inf inf inf 0];
>> C(1,:)=[0 120 120 120 120 120 120 0 0 0 0 0 0 0];
>> C(2,:)=[0 0 0 0 0 0 0 120 0 0 0 0 0 0];
>> C(3,:)=[0 0 0 0 0 0 0 0 120 0 0 0 0 0];
>> C(4,:)=[0 0 0 0 0 0 0 0 0 120 0 0 0 0];
>> C(5,:)=[0 0 0 0 0 0 0 0 0 0 120 0 0 0];
>> C(6,:)=[0 0 0 0 0 0 0 0 0 0 0 120 0 0];
>> C(7,:)=[0 0 0 0 0 0 0 0 0 0 0 0 120 0 ];
>> C(8,:)=[0 0 120 0 0 0 0 0 0 0 0 0 0 50 ];
>> C(9,:)=[0 0 0 120 0 0 0 0 0 0 0 0 0  55 ];
>> C(10,:)=[0 0 0 0 120 0 0 0 0 0 0 0 0 50 ];
>> C(11,:)=[0 0 0 0 0 120 0 0 0 0 0 0 0 45 ];
>> C(12,:)=[0 0 0 0 0 0 120 0 0 0 0 0 0 40];
>> C(13,:)=[0 0 0 0 0 0 0 0 0 0 0 0 0 30];
>> C(14,:)=[0 0 0 0 0 0 0 0 0 0 0 0 0 0];
>> [f,maxflow,bf]=MinMaxCostFlow(B,C)
```

该网络的最小费用最大流f(分配方案)及其流量maxflow、相应的费用bf为:

```
f =
0   50   55  120    0   15   30    0    0    0    0    0    0    0
0    0    0    0    0    0    0   50    0    0    0    0    0    0
0    0    0    0    0    0    0    0   55    0    0    0    0    0
0    0    0    0    0    0    0    0    0  120    0    0    0    0
```

```
0    0    0    0    0    0    0    0    0    0   70    0    0    0
0    0    0    0    0    0    0    0    0    0    0   40    0    0
0    0    0    0    0    0    0    0    0    0    0    0   30    0
0    0    0    0    0    0    0    0    0    0    0    0    0   50
0    0    0    0    0    0    0    0    0    0    0    0    0   55
0    0    0    0   70    0    0    0    0    0    0    0    0   50
0    0    0    0    0   25    0    0    0    0    0    0    0   45
0    0    0    0    0    0    0    0    0    0    0    0    0   40
0    0    0    0    0    0    0    0    0    0    0    0    0   30
0    0    0    0    0    0    0    0    0    0    0    0    0    0
maxflow =   270
bf =  19455
```

计算结果表明，流量为 270，总费用为 19455。具体安排为 1—6 月的订购量分别是 $50, 55, 120, 0, 15, 30$。

习题 6

1. 证明：对于有 n 个顶点的简单图，若其边数大于 $\frac{1}{2}(n-1)(n-2)$，则该简单图一定是连通的。

2. 若图 G 中任意两个顶点之间恰有一条边，则称其为完全图。又若图 G 中顶点集合 V 可分为两个非空子集 V_1 和 V_2，使得同一子集中任何两个顶点都不邻接，则称 G 为二部图。试问：(1) 具有 p 个顶点的完全图有多少条边？(2) 具有 n 个顶点的二部图有多少条边？

3. 证明：若树 T 中顶点的最大度大于或等于 k，则 T 中至少有 k 个悬挂点。

4. 分别用破圈法和避圈法求图 6-48 中各个图的最小支撑树并建立其各自的 0-1 规划数学模型。

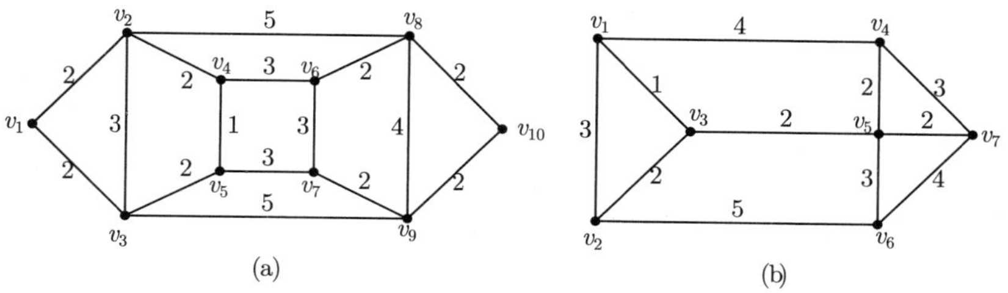

图　6-48

5. 求图 6-49a 及 b 中从 v_1 到 v_9 的最短路，并比较图 6-49a 及 b 的结果。

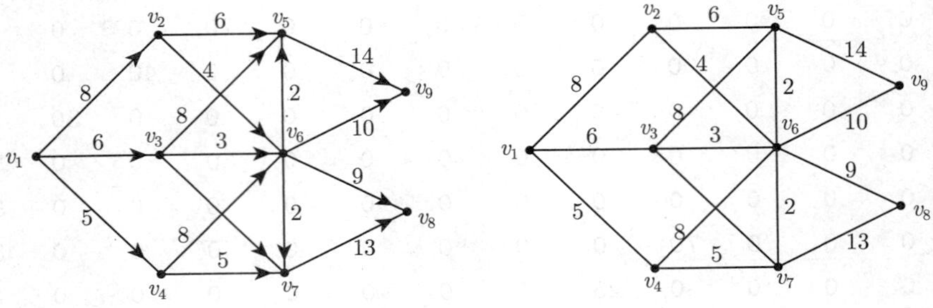

(a) (b)

图 6-49

6. 求图 6-50 中从 v_1 到 v_6 的最短路和最长路然后建立其数学规划模型并利用 MATLAB 求解。

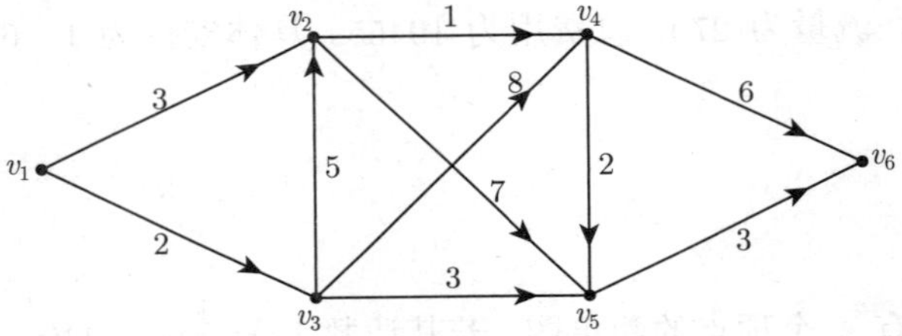

图 6-50

7. 某厂利用某种设备进行生产，按照规定，该设备只能使用 5 年。预计该设备在今后 5 年年初的价格以及设备在使用一段时间后的维修费分别列于表 6-8 和表 6-9。该厂现有设备已使用 2 年，试给出这台设备的更新计划，使 5 年设备的购置、维修费用最少。

表 6-8 设备今后 5 年的价格

第 1 年	第 2 年	第 3 年	第 4 年	第 5 年
18	19	21	22	25

表 6-9 设备的维修费用

使用年限	0 ～ 1	1 ～ 2	2 ～ 3	3 4	4 ～ 5
维修费用	6	11	18	22	30

8. 利用 Ford-Fulkerson 标号算法求图 6-51 中从 v_s 到 v_t 的最大流，并写出各网络的最小割集。弧旁数字为 (f_{ij}, c_{ij})。然后建立其数学规划模型并再次利用 MATLAB 求解。

9. 利用标号算法求图 6-52 中网络的最小费用最大流及其费用和流量并利用 MATLAB 程序 MinMaxCostFlow.m 求解。弧旁数字为 (b_{ij}, c_{ij})。

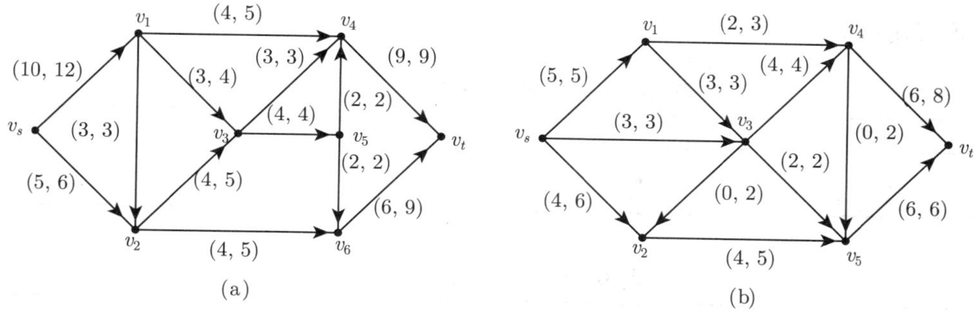

图　6-51

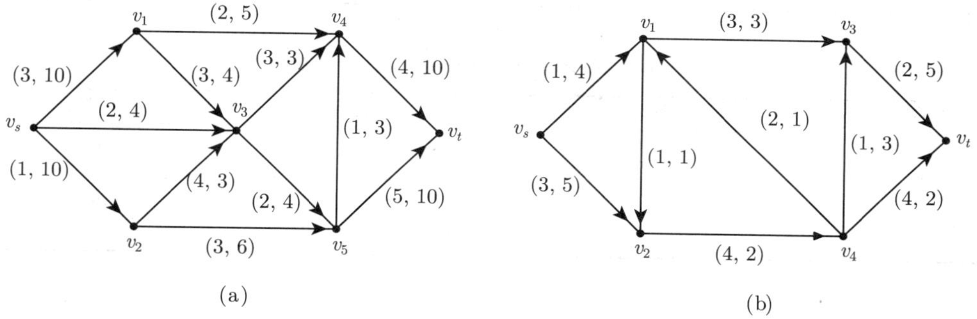

图　6-52

10. 有 4 个公司到某高校招聘企业管理 (A)、国际贸易 (B)、管理信息系统 (C)、工业工程 (D)、市场营销 (E) 专业的本科毕业生。经本人报名和两轮筛选，最后可供选择的各专业毕业生人数分别为 4，3，3，2，4。若公司 1 想招聘 A、B、C、D、E 各专业毕业生各 1 人，公司 2 想招聘 4 人，其中 C、D 专业各 1 人，A、B、E 专业可从任两个专业中各选 1 人。公司 3 招聘 4 人，其中 C、B、E 专业各 1 人，再从 A 或 D 专业中选 1 人；公司 4 招聘 3 人，其中须有 E 专业 1 人，其余 2 人可从余下 A、B、C、D 专业中任选其中两个专业各 1 人。问上述 4 个公司是否都能招聘到各自需要的专业人才；试建立此问题的网络最大流模型并利用 MATLAB 求解。

11. 有 3 个电站 t_1, t_2, t_3，每月每个电站各需 60t 煤。有 2 个煤矿 s_1, s_2，每月每个煤矿可提供 100t 煤。煤矿向电站每月的最大运输能力见表 6-10。表 6-11 中的数字则表示各条线路每吨煤的运费。试建立该问题的网络优化模型并利用 MATLAB 求解，回答应该如何供煤才能使得总运费最小。

12. 某厂根据合同明年每个季度末应向销售公司提供产品。有关信息如表 6-12。若产品在季末有积压，则每吨产品积压一个季度需支付存贮费 0.2 万元。试建立网络模型并用 MATLAB 求解，回答该厂应如何制订生产方案使得该厂在完成合同的情况下全年的生产费用最低。

表 6-10 煤矿向电站的最大运输能力

运输量	t_1	t_2	t_3
s_1	40	40	30
s_2	40	20	50

表 6-11 各线路的单位运费

运费	t_1	t_2	t_3
s_1	4	6	9
s_2	5	4	7

表 6-12 生产能力、需求量及生产成本表

季度	生产能力/t	生产成本/(万元/t)	需求量/t
1	30	15.6	20
2	40	14.0	25
3	25	15.3	30
4	10	14.8	15

CHAPTER 7
第 7 章

无约束非线性规划

学习目标与要求

1. 掌握无约束非线性规划的有关概念。
2. 掌握一维线搜索的两类方法。
3. 掌握无约束非线性规划的几个算法并会用 MATLAB 求解。

7.1 无约束非线性规划的基本概念

非线性规划 (Nonlinear Programming, NLP) 是运筹学 (数学规划) 的一个重要分支。这个分支主要研究的是决定一组决策变量的取值，使得某目标函数达到极大或极小。这组决策变量或者满足一些非线性的约束条件或者目标函数本身是非线性函数。由于非线性关系广泛存在于各种问题中，所以非线性规划在工程、经济以及管理等领域有着广泛的应用。

非线性规划的研究始于 1939 年，是由 W. 卡鲁什首次进行的，20 世纪 40 年代后期进入系统研究，1951 年 H.W. 库恩和 A.W. 塔克提出最优解的判别条件，从而奠定了非线性规划的理论基础。该条件称为 KT 条件 (或 KKT 条件)，后来在理论研究和实用算法方面都有很大的应用。20 世纪后半叶出现了许多求解非线性规划问题的有效算法，但迄今为止，没有一种通用算法能求解所有的非线性规划问题。本章讲述无约束非线性规划的基本内容，下章讲述约束非线性规划问题的基本内容。

7.1.1 数学模型

✍ **模型引入 7.1** (曲线拟合问题) 在进行某种研究时，发现某个量 y 随着一个可控制的量 x 的变化而变化。现在控制 x 的取值 n 次，观察得到 n 个 y 的值，即得到 n 对数据 $(x_i, y_i)(i=1,2,\cdots,n)$，将其描述在二维直角坐标系中，发现 y 与 x 之间的关系近似于某幂函数，即假设 $y=a+x^b$。问如何决定参数 a,b，才能肯定用该函数描述两者之间的数量关系是合适的。

解 如果给定了参数 a,b 的取值，那么令 $x=x_i(i=1,2,\cdots,n)$ 将会计算出一个函数值，这个由计算得到的函数值与实验中得到的观测值之间存在误差，所谓合适就是指这种误差应尽可能的小。考虑到 (绝对) 误差有正负，所以参数 a,b 的选择应满足

$$\min_{a,b} f(a,b)=\sum_{i=1}^{n}(a+x_i^b-y_i)^2$$

这个问题是对一个非线性函数求极小，称之为无约束的非线性规划。这种决定参数的方法称为最小二乘法。将这个模型推广到一般情形，即得到无约束非线性规划

$$\min_{\boldsymbol{x}\in \boldsymbol{R}^n} f(\boldsymbol{x}) \tag{7-1-1}$$

其中：$f(\boldsymbol{x})$ 为 (多变量) 非线性函数，称为目标函数。$\boldsymbol{x}\in\boldsymbol{R}^n$ 为 n 维列向量，称为决策向量。

对于任何函数 $f(\boldsymbol{x})$ 来说，由于 $\max f(\boldsymbol{x})=-\min[-f(\boldsymbol{x})]$，所以只需考虑问题 (7-1-1)。下面给出与问题 (7-1-1) 的最优解及最优值有关的一些概念。

定义 7.1 (范数) 映射 $\|\cdot\|:\boldsymbol{R}^n\to\boldsymbol{R}$ 称为 $\boldsymbol{R}^n$ 上的范数，如果满足：

(1) $\|\boldsymbol{x}\|\geqslant 0,\forall\boldsymbol{x}\in\boldsymbol{R}^n$ 且 $\|\boldsymbol{x}\|=0\iff\boldsymbol{x}=\boldsymbol{0}$;

(2) $\|\alpha\boldsymbol{x}\|=|\alpha|\|\boldsymbol{x}\|,\forall\alpha\in\boldsymbol{R},\boldsymbol{x}\in\boldsymbol{R}^n$;

(3) $\|\boldsymbol{x}+\boldsymbol{y}\|\leqslant\|\boldsymbol{x}\|+\|\boldsymbol{y}\|,\forall\boldsymbol{x},\boldsymbol{y}\in\boldsymbol{R}^n$,

则称 $\|\cdot\|$ 为 $\boldsymbol{R}^n$ 上的范数。

根据定义，向量的范数有很多种。设 $\boldsymbol{x}=(x_1,x_2,\cdots,x_n)^{\mathrm{T}}\in\boldsymbol{R}^n$，最常用的向量范数之一有 l_2 范数

$$\|\boldsymbol{x}\|_2=\left(\sum_{i=1}^{n}x_i^2\right)^{1/2}=\sqrt{x_1^2+x_2^2+\cdots+x_n^2} \tag{7-1-2}$$

l_2 范数一般简写为 $\|\boldsymbol{x}\|$。显然，l_2 范数是 $\boldsymbol{R}^2$ 平面和 $\boldsymbol{R}^3$ 空间中欧氏距离的推广，因此也称为欧氏范数。一般地，对于 $1\leqslant p<\infty$，有所谓的 l_p 范数

$$\|\boldsymbol{x}\|_p=\left(\sum_{i=1}^{n}|x_i|^p\right)^{1/p} \tag{7-1-3}$$

定义 7.2 (局部极小点和全局极小点)　若存在 $\boldsymbol{x}^* \in \boldsymbol{R}^n, \varepsilon > 0$，使得 $\forall \boldsymbol{x} \in \{\boldsymbol{x} | \|\boldsymbol{x} - \boldsymbol{x}^*\| \leqslant \varepsilon\}$ 均有

$$f(\boldsymbol{x}^*) \leqslant f(\boldsymbol{x}) \tag{7-1-4}$$

则称 $\boldsymbol{x}^*$ 是问题 (7-1-1) 的局部极小点或极小解。若式 (7-1-4) 中不等式严格成立，则称为严格局部极小点。若对于 $\forall \boldsymbol{x} \in \boldsymbol{R}^n$，式 (7-1-4) 均成立，则称 $\boldsymbol{x}^*$ 为问题 (7-1-1) 的全局极小点，当不等式严格成立时，则为严格全局极小点。

一般来说，只能求得问题 (7-1-1) 的局部极小点，在不混淆的情况下就简称为极小点，此时相应的函数值 $f(\boldsymbol{x}^*)$ 即为 (局部) 极小值。

7.1.2　最优性条件

对于问题 (7-1-1)，求解是通过所谓的算法进行的，不存在公式解。这些算法中有的利用了目标函数 $f(\boldsymbol{x})$ 的导数信息，有的则不需要 $f(\boldsymbol{x})$ 的导数信息。本书只介绍几个利用了 $f(\boldsymbol{x})$ 导数信息的下降迭代算法。$f(\boldsymbol{x})$ 的导数信息是指其梯度和哈塞 (Hesse) 矩阵。

定义 7.3 (梯度和 Hesse 矩阵)　对于函数 $f(\boldsymbol{x}), \boldsymbol{x} \in \boldsymbol{R}^n$，其梯度 $\nabla f(\boldsymbol{x})$ 定义为

$$\nabla \boldsymbol{f}(\boldsymbol{x}) = \left(\frac{\partial f(\boldsymbol{x})}{\partial \boldsymbol{x}_1}, \frac{\partial f(\boldsymbol{x})}{\partial \boldsymbol{x}_2}, \cdots, \frac{\partial f(\boldsymbol{x})}{\partial \boldsymbol{x}_n}\right)^{\mathrm{T}} \tag{7-1-5}$$

其 Hesse 矩阵定义为

$$\nabla^2 \boldsymbol{f}(\boldsymbol{x}) = \left(\frac{\partial^2 f(\boldsymbol{x})}{\partial x_i \partial x_j}\right)_{n\times n} = \begin{pmatrix} \dfrac{\partial^2 f(\boldsymbol{x})}{\partial x_1^2} & \dfrac{\partial^2 f(\boldsymbol{x})}{\partial x_1 \partial x_2} & \cdots & \dfrac{\partial^2 f(\boldsymbol{x})}{\partial x_1 \partial x_n} \\ \dfrac{\partial^2 f(\boldsymbol{x})}{\partial x_2 \partial x_1} & \dfrac{\partial^2 f(\boldsymbol{x})}{\partial x_2^2} & \cdots & \dfrac{\partial^2 f(\boldsymbol{x})}{\partial x_2 \partial x_n} \\ \vdots & \vdots & \ddots & \vdots \\ \dfrac{\partial^2 f(\boldsymbol{x})}{\partial x_n \partial x_1} & \dfrac{\partial^2 f(\boldsymbol{x})}{\partial x_n \partial x_2} & \cdots & \dfrac{\partial^2 f(\boldsymbol{x})}{\partial x_n^2} \end{pmatrix} \tag{7-1-6}$$

为方便起见，有时将 $\nabla^2 \boldsymbol{f}(\boldsymbol{x})$ 记为 $\boldsymbol{H}(\boldsymbol{x})$。

定理 7.1 (局部极小点的一阶必要条件)　若 $\boldsymbol{x}^* \in \boldsymbol{R}^n$ 是问题 (7-1-1) 的局部极小点，且 $f(\boldsymbol{x})$ 有连续的一阶偏导数，则

$$\nabla f(\boldsymbol{x}^*) = 0 \tag{7-1-7}$$

证明　由已知条件，可以将 $f(\boldsymbol{x})$ 在 $\boldsymbol{x}^*$ 附近进行 Taylor 展开，即

$$f(\boldsymbol{x}) = f(\boldsymbol{x}^*) + \nabla \boldsymbol{f}(\eta)^{\mathrm{T}}(\boldsymbol{x} - \boldsymbol{x}^*) \tag{7-1-8}$$

式中：$\boldsymbol{\eta} = \boldsymbol{x}^* + \theta(\boldsymbol{x} - \boldsymbol{x}^*), \theta \in (0,1)$。

式 (7-1-8) 表明，在 $\boldsymbol{x}^*$ 附近总是有

$$f(\boldsymbol{x}) \geqslant f(\boldsymbol{x}^*) \Longrightarrow \nabla \boldsymbol{f}(\boldsymbol{\eta})^{\mathrm{T}}(\boldsymbol{x}-\boldsymbol{x}^*) \geqslant 0 \tag{7-1-9}$$

取 $\boldsymbol{x}=\boldsymbol{x}^*-\lambda\nabla \boldsymbol{f}(\boldsymbol{x}^*), \lambda>0$ 时，上面的不等式也总是成立。此时有

$$\nabla \boldsymbol{f}(\boldsymbol{\eta})^{\mathrm{T}}\nabla \boldsymbol{f}(\boldsymbol{x}^*) \leqslant 0$$

令 $\theta \to 0^+$ 时，一方面上面的不等式成立；另一方面由于连续可导且根据保号性定理，有

$$\|\nabla \boldsymbol{f}(\boldsymbol{x}^*)\|^2 \leqslant 0 \Longrightarrow \nabla \boldsymbol{f}(\boldsymbol{x}^*)=0$$

这个必要条件是高等数学中一元函数极值点必要条件的推广，也称满足式 (7-1-7) 的点为稳定点。

定理 7.2 (局部极小点的充分条件)　设 $f(x)$ 二阶连续可微，则 $\boldsymbol{x}^*$ 是问题 (7-1-1) 的一个严格局部极小点的充分条件是

$$\nabla \boldsymbol{f}(\boldsymbol{x}^*)=0,\ \ \boldsymbol{H}(\boldsymbol{x}^*)=\nabla^2 \boldsymbol{f}(\boldsymbol{x}^*) \tag{7-1-10}$$

正定。

证明　由 Taylor 展开，对任意向量 $\boldsymbol{d}$，

$$f(\boldsymbol{x}^*+\lambda\boldsymbol{d})=f(\boldsymbol{x}^*)+\lambda\nabla \boldsymbol{f}(\boldsymbol{x}^*)^{\mathrm{T}}\boldsymbol{d}+\frac{1}{2}\lambda^2\boldsymbol{d}^{\mathrm{T}}\boldsymbol{H}(\boldsymbol{x}^*+\theta\lambda\boldsymbol{d})\boldsymbol{d}, \qquad \lambda>0, \theta\in(0,1)$$

由于 $\boldsymbol{H}(\boldsymbol{x}^*)$ 正定，且 $f(\boldsymbol{x})$ 二阶连续可微，故可选择 λ，使得 $\boldsymbol{x}^*+\theta\lambda\boldsymbol{d}\in\{\boldsymbol{x}\,|\,\|\boldsymbol{x}-\boldsymbol{x}^*\|\leqslant\varepsilon,\varepsilon>0\}$，从而 $\boldsymbol{d}^{\mathrm{T}}\boldsymbol{H}(\boldsymbol{x}^*+\theta\lambda\boldsymbol{d})\boldsymbol{d}>0$，且 $\nabla \boldsymbol{f}(\boldsymbol{x}^*)=0$，所以

$$f(\boldsymbol{x}^*+\lambda\boldsymbol{d})>f(\boldsymbol{x}^*)$$

即 $\boldsymbol{x}^*$ 是 $f(\boldsymbol{x})$ 的一个严格局部极小点。

上述定理中，若函数 $f(\boldsymbol{x})$ 的 Hesse 矩阵半正定，则 $\boldsymbol{x}^*$ 为局部极小点；若 $\boldsymbol{H}(\boldsymbol{x}^*)$ 负定或半负定，则 $\boldsymbol{x}^*$ 为严格局部极大点或局部极大点。利用该定理可以求得简单的非线性函数的最优解。

例 7.1　利用极小点的充分条件求解

$$\min f(\boldsymbol{x})=(x_1-2)^2+2x_2^2$$

解　计算函数 $f(\boldsymbol{x})$ 的梯度并令其等于零，即

$$\nabla \boldsymbol{f}(\boldsymbol{x})=(2(x_1-2),4x_2)^{\mathrm{T}}=\boldsymbol{0}$$

显然，$\boldsymbol{x}^*=(2,0)^{\mathrm{T}}$ 是其解。该函数的 Hesse 矩阵为

$$\boldsymbol{H}(\boldsymbol{x})=\begin{pmatrix}2 & 0\\ 0 & 4\end{pmatrix}$$

可见 $\boldsymbol{H}(\boldsymbol{x}^*)$ 是正定矩阵，故 $\boldsymbol{x}^*=(2,0)^{\mathrm{T}}$ 即为极小点，极小值为 $f(\boldsymbol{x}^*)=0$。

7.1.3　最优化算法的一般结构

利用定理 7.2 求解问题 (7-1-1) 时，首先需要解非线性方程组 $\nabla f(\boldsymbol{x})=\boldsymbol{0}$，在一般情况下很难求解，甚至是在大多数情况下无法求解。若能求解该非线性方程组得到稳定点 $\boldsymbol{x}^*$，接下来需要判断其 Hesse 矩阵 $\boldsymbol{H}(\boldsymbol{x}^*)$ 是否正定，这时的计算量非常大，而且计算也很困难。因此，定理 7.1 及定理 7.2 的作用主要体现在理论上。

求解问题 (7-1-1) 的方法是通过所谓的算法进行的。算法是根据某种理论提出来解决问题的一系列步骤，具有一般性和有限终止性的特点。求解问题 (7-1-1) 的算法有很多，本书介绍几个可以统一称之为下降迭代算法的算法。下降迭代算法的一般格式为

$$\boldsymbol{x}^{(k+1)}=\boldsymbol{x}^{(k)}+\lambda_k\boldsymbol{d}^{(k)} \tag{7-1-11}$$

式中：$\boldsymbol{x}^{(k)}\in\boldsymbol{R}^n$ 表示为得到目标函数 $f(\boldsymbol{x})$ 的极小点 $\boldsymbol{x}^*$ 的第 k 次迭代 (当前迭代)，可以理解为极小点的第 k 次近似解；$\boldsymbol{d}^{(k)}\in\boldsymbol{R}^n$ 称为第 k 次迭代时的搜索方向 (下降方向)；$0<\lambda_k\in\boldsymbol{R}^1$ 称为步长。

式 (7-1-11) 的意思是，若 $\boldsymbol{x}^{(k)}$ 不是问题 (7-1-1) 的局部极小点，则通过下降方向 $\boldsymbol{d}^{(k)}$ 以步长 λ_k 得到下一个迭代点 $\boldsymbol{x}^{(k+1)}$。如此迭代直到某个点满足或近似满足定理 7.1，或产生的点列的极限点满足或近似满足定理 7.1。由于每次计算得到的函数值都是下降的，此时就有理由认为在满足或近似满足定理 7.1 的解为近似极小解。于是可以提出下降迭代算法的一般结构。

算法 7.1　最优化方法的基本迭代格式

(1) 给定最优解的一个初始估计 $\boldsymbol{x}^{(0)}$，置 $k=0$。

(2) 如果 $\boldsymbol{x}^{(k)}$ 满足对最优解估计的终止条件，停止迭代。

(3) 确定一个改善目标函数值 $f(\boldsymbol{x}^{(k)})$ 的搜索方向 $\boldsymbol{d}^{(k)}$ 和步长 λ_k。

(4) 得到最优解的一个更好的估计 $\boldsymbol{x}^{(k+1)}=\boldsymbol{x}^{(k)}+\lambda_k\boldsymbol{d}^{(k)}$，置 $k=k+1$ 并转步骤 (2)。

各种下降迭代算法的主要区别在于搜索方向 $\boldsymbol{d}^{(k)}$ 的选取。此外，步长以及初始点的选取、算法的终止条件等也都是必须考虑的问题。下面先给出下降方向及其存在的充分条件，然后讨论有关概念。

定义 7.4 (下降方向)　设 $f(\boldsymbol{x})$ 是 $\boldsymbol{R}^n$ 上的连续函数，点 $\bar{\boldsymbol{x}}\in\boldsymbol{R}^n$，若对于方向 $\boldsymbol{d}\in\boldsymbol{R}^n$ 存在数 $\delta>0$ 使

$$f(\bar{\boldsymbol{x}}+\lambda\boldsymbol{d})<f(\bar{\boldsymbol{x}}),\quad \forall\,\lambda\in(0,\delta) \tag{7-1-12}$$

成立，则称 $\boldsymbol{d}$ 是 $f(\boldsymbol{x})$ 在 $\bar{\boldsymbol{x}}$ 处的一个下降方向。在点 $\bar{\boldsymbol{x}}$ 处下降方向的全体记为 $\boldsymbol{D}(\bar{\boldsymbol{x}})$。

定理 7.3　设函数 $f(\boldsymbol{x})$ 在点 $\bar{\boldsymbol{x}}$ 处连续可微，如存在非零向量 $\boldsymbol{d}\in\boldsymbol{R}^n$ 使

$$\nabla f(\bar{\boldsymbol{x}})^{\mathrm{T}}\boldsymbol{d}<0 \tag{7-1-13}$$

成立，则 $\boldsymbol{d}$ 是 $f(\boldsymbol{x})$ 在点 $\bar{\boldsymbol{x}}$ 处的一个下降方向。

证明 对于充分小的 $\lambda>0$，将 $f(\bar{\boldsymbol{x}}+\lambda\boldsymbol{d})$ 在点 $\bar{\boldsymbol{x}}$ 处作 Taylor 展开，有

$$f(\bar{\boldsymbol{x}}+\lambda\boldsymbol{d})=f(\bar{\boldsymbol{x}})+\lambda\nabla f(\bar{\boldsymbol{x}})^{\mathrm{T}}\boldsymbol{d}+o(\|\lambda\boldsymbol{d}\|)$$

由 $\lambda>0$ 以及 $\nabla f(\bar{\boldsymbol{x}})^{\mathrm{T}}\boldsymbol{d}<0$ 知存在 $\delta>0$，使对任意 $\lambda\in(0,\delta)$ 有

$$\lambda\nabla f(\bar{\boldsymbol{x}})^{\mathrm{T}}\boldsymbol{d}+o(\|\lambda\boldsymbol{d}\|)<0$$

结合上两式有

$$f(\bar{\boldsymbol{x}}+\lambda\boldsymbol{d})<f(\bar{\boldsymbol{x}}),\quad \forall\lambda\in(0,\delta)$$

即 $\boldsymbol{d}$ 是 $f(\boldsymbol{x})$ 在 $\bar{\boldsymbol{x}}$ 处的下降方向。

关于初始点的选取：初始点的选取与算法的收敛性能有关。如果一个算法称为收敛的，那么该算法所产生的点列 $\{\boldsymbol{x}^{(k)}\}$ 应满足

$$\lim_{k\to\infty}\|\boldsymbol{x}^{(k)}-\boldsymbol{x}^*\|=0 \tag{7-1-14}$$

式中：$\boldsymbol{x}^*$ 是问题 (7-1-1) 的梯度等于零的点 (无约束优化问题) 或 KKT 点 (约束优化问题)。

若某算法对于任给的初始点都能够收敛，就说这个算法是全局收敛或总体收敛的；若算法只有在初始点接近或充分接近最优点时才收敛，则说这个算法是局部收敛的。然而，问题的最优点事前是未知的，而且选取一个好的初始点是困难的，但对于大量的实际问题而言，往往可以从问题的要求或经验获得。

关于算法的收敛速度：一个算法除了具有一般性和有限终止性并能收敛到问题的解以外，其收敛速度也是非常重要的。设向量序列 $\{\boldsymbol{x}^{(k)}\}\subset\boldsymbol{R}^n$ 收敛于问题的最优点 $\boldsymbol{x}^*$，定义误差序列

$$\boldsymbol{e}_k=\boldsymbol{x}^{(k)}-\boldsymbol{x}^* \tag{7-1-15}$$

如果存在正的常数 C 和 r 使得

$$\lim_{k\to\infty}\frac{\|\boldsymbol{e}_{k+1}\|}{\|\boldsymbol{e}_k\|^r}=C \tag{7-1-16}$$

成立，则称序列 $\{\boldsymbol{x}^{(k)}\}r$ 阶收敛于 $\boldsymbol{x}^*$(以 C 为因子)。常见的有：

(1) $r=1, 0<C<1$ 时，称为线性收敛。

(2) $r=1, C=0$ 时，称为超线性收敛。

(3) $r=2$ 时，称为二阶收敛。

这 3 种常用的收敛速度由慢到快排列为线性收敛 $\to$ 超线性收敛 $\to$ 二阶收敛。

关于算法的终止准则：迭代的终止条件在不同的算法中往往也是不同的。对于给定的（或者说要求的）精度 $\varepsilon > 0$，常用以下准则作为算法的终止条件。

(1) 对于无约束优化问题，适用于收敛速度较慢的算法准则为

$$\|\nabla \boldsymbol{f}(\boldsymbol{x}^{(k)})\| \leqslant \varepsilon \tag{7-1-17}$$

(2) 当算法具有超线性收敛性时，较为合适的准则为

$$\|\boldsymbol{x}^{(k+1)} - \boldsymbol{x}^{(k)}\| \leqslant \varepsilon \tag{7-1-18}$$

(3) 对于快速收敛的算法，相当有效的准则为

$$|f(\boldsymbol{x}^{(k+1)}) - f(\boldsymbol{x}^{(k)})| \leqslant \varepsilon \tag{7-1-19}$$

更为详细的讨论参见有关教材。

7.2　一维线搜索

所有下降迭代算法都具有式 (7-1-11) 的形式。它们之间的区别在于搜索方向 $\boldsymbol{d}^{(k)}$ 和步长 λ_k 的确定上。相对而言，步长的确定比较简单。本节首先讨论步长 λ_k 的问题，即假设在当前迭代点 $\boldsymbol{x}^{(k)}$ 的基础上有一个下降 (搜索) 方向 $\boldsymbol{d}^{(k)}$，需要确定 $0 < \lambda_k \in \boldsymbol{R}^1$ 使得

$$f(\boldsymbol{x}^{(k+1)}) = f(\boldsymbol{x}^{(k)} + \lambda_k \boldsymbol{d}^{(k)}) \leqslant f(\boldsymbol{x}^{(k)})$$

一个比较容易想到的方法是使目标函数沿下降方向 $\boldsymbol{d}^{(k)}$ 尽可能小，即求 λ_k 使得

$$f(\boldsymbol{x}^{(k)} + \lambda_k \boldsymbol{d}^{(k)}) = \min_{\lambda > 0} f(\boldsymbol{x}^{(k)} + \lambda \boldsymbol{d}^{(k)}) \tag{7-2-1}$$

这种确定步长的方法称为精确线搜索，所得到的 λ_k 称为精确步长因子。由于各种原因，有时求步长因子只需使得目标函数值下降即可，不一定达到式 (7-2-1) 的要求，此时称为不精确线搜索。

7.2.1　精确线搜索方法

记 $\varphi(\lambda) = f(\boldsymbol{x}^{(k)} + \lambda \boldsymbol{d}^{(k)})$，对于一元函数来说，满足式 (7-2-1) 的 λ_k 必有

$$\varphi'(\lambda_k) = 0$$

由于 $\varphi'(\lambda) = \nabla \boldsymbol{f}(\boldsymbol{x}^{(k)} + \lambda \boldsymbol{d}^{(k)})^{\mathrm{T}} \boldsymbol{d}^{(k)}$，所以精确步长因子 $\lambda_k > 0$ 满足

$$\lambda_k = \min\{\lambda > 0 | \nabla \boldsymbol{f}(\boldsymbol{x}^{(k)} + \lambda \boldsymbol{d}^{(k)})^{\mathrm{T}} \boldsymbol{d}^{(k)} = 0\} \tag{7-2-2}$$

这表明，采用精确线搜索得到的下一个迭代点 $\boldsymbol{x}^{(k+1)}=\boldsymbol{x}^{(k)}+\lambda_k\boldsymbol{d}^{(k)}$ 的梯度与当前搜索方向正交。但是，由于非线性函数的复杂性，并不能通过求解式 (7-2-2) 来得到精确步长因子。实际上，不论精确线搜索还是不精确线搜索，决定步长因子的方法都需要两个阶段：第一阶段确定包含理想的步长因子的初始搜索区间 $[a,b]$；第二阶段采用某种分割技术或插值方法缩小这个区间直到区间长度 $|b-a|<\varepsilon$。$\varepsilon>0$ 为给定的精度。这时，最终区间中的任一个点，比如中点就取作步长因子。

确定初始搜索区间 $[a,b]$ 的一种简单的方法称之为“进退法”或“成功失败法”。

算法 7.2 选取包含理想步长因子搜索区间的进退法

(1) 选取初始数据。$\lambda_0\in[0,+\infty),h_0>0$，加倍系数 $t>1$(一般取 $t=2$)，计算 $\varphi(\lambda_0)$，$k:=0$。

(2) 比较目标函数值，令 $\lambda_{k+1}=\lambda_k+h_k$，计算 $\varphi_{k+1}=\varphi(\lambda_{k+1})$，若 $\varphi_{k+1}<\varphi_k$，转步骤 (3)；否则，转步骤 (4)。

(3) 加大搜索步长。令 $h_{k+1}:=th_k,\lambda:=\lambda_k,\lambda_k:=\lambda_{k+1},\varphi_k:=\varphi_{k+1},k:=k+1$，转步骤 (2)。

(4) 反向搜索。若 $k=0$，转换搜索方向，令 $h_k:=-h_k,\lambda:=\lambda_{k+1}$，转步骤 (2)；否则，停止迭代，令

$$a=\min\{\lambda,\lambda_{k+1}\},b=\max\{\lambda,\lambda_{k+1}\}$$

输出 $[a,b]$，停止。

从算法描述中可以看出，该算法的目的是找到一个区间，使得该区间两个端点的函数值比区间里的某个点函数值大，即在此区间上函数图像呈现出“高－低－高”的形状。在函数连续的情况下，这个区间显然有一个极小点。当包含理想步长因子的初始搜索区间 $[a,b]$ 找到后，即可采用某种分割技术或插值方法缩小这个区间直到区间长度满足精度要求。本书介绍其中的几种方法。

1. 0.618 法 (黄金分割法)

这种方法属于不用导数求一元函数极小值的方法。其基本思想是通过取试探点和进行函数值的比较，使得包含极小值点的区间不断缩短，对于导数很难求或没有解析表达式的问题是比较合适的。设包含 $\varphi(\lambda)=f(\boldsymbol{x}^{(k)}+\lambda\boldsymbol{d}^{(k)})$ 的极小点 λ^* 的初始搜索区间为 $[a,b]$，记 $a_0=a,b_0=b$，区间 $[a_0,b_0]$ 经过 k 次缩短后变为 $[a_k,b_k]$。在这个小区间中选择两个试探点 $\alpha_k,\beta_k\in[a_k,b_k]$，这时有下面两种情况。

(1) 若 $\varphi(\alpha_k)\leqslant\varphi(\beta_k)$，则取 $a_{k+1}=a_k,b_{k+1}=\beta_k$；从而新区间 $[a_{k+1},b_{k+1}]=[a_k,\beta_k]$。

(2) 若 $\varphi(\alpha_k)>\varphi(\beta_k)$，则取 $a_{k+1}=\alpha_k,b_{k+1}=b_k$；从而新区间 $[a_{k+1},b_{k+1}]=[\alpha_k,b_k]$。

接下来选择试探点 α_k,β_k 要求满足：

$$b_k-\alpha_k=\beta_k-a_k,\quad b_{k+1}-a_{k+1}=\tau(b_k-a_k) \tag{7-2-3}$$

第一个式子表示 α_k 和 β_k 到区间端点的距离相等；第二个式子则表示每次缩短区间的比率一样。为确定缩短比率 τ 考虑：

情形 1：此时第二个式子成为 $\beta_k - a_k = \tau(b_k - a_k)$，结合第一个式子就有

$$\alpha_k = a_k + (1-\tau)(b_k - a_k), \qquad \beta_k = a_k + \tau(b_k - a_k) \tag{7-2-4}$$

这时，区间缩成 $[a_{k+1}, b_{k+1}] = [a_k, \beta_k]$，再次选择试探点时，利用其中一个旧的试探点 α_k，就只需一个新的试探点 α_{k+1}。实际上，对于 β_{k+1}，结合上面的式子，有

$$\begin{aligned}\beta_{k+1} &= a_{k+1} + \tau(b_{k+1} - a_{k+1}) \\ &= a_k + \tau(\beta_k - a_k) \\ &= a_k + \tau(a_k + \tau(b_k - a_k) - a_k) \\ &= a_k + \tau^2(b_k - a_k)\end{aligned}$$

注意到 $\alpha_k = a_k + (1-\tau)(b_k - a_k)$，若令 $\tau^2 = 1 - \tau$，则

$$\beta_{k+1} = a_k + (1-\tau)(b_k - a_k) = \alpha_k$$

这样，在新的区间 $[a_{k+1}, b_{k+1}]$ 中，只需计算新的试探点

$$\alpha_{k+1} = a_{k+1} + (1-\tau)(b_{k+1} - a_{k+1})$$

情形 2：与上面进行类似地讨论，在新的区间 $[a_{k+1}, b_{k+1}]$ 中，令

$$\alpha_{k+1} = \beta_k,\ \beta_{k+1} = a_{k+1} + \tau(b_{k+1} - a_{k+1})$$

不论出现哪种情况，在新的区间产生后，比较 $\varphi(\alpha_{k+1})$ 和 $\varphi(\beta_{k+1})$，并重复上述过程直至 $b_{k+1} - a_{k+1} \leqslant \varepsilon$。

上面的 τ 满足 $\tau^2 = 1 - \tau$，解之得到 $\tau = (\sqrt{5}-1)/2 \approx 0.618$。0.618 法的名称正是来源于此。由于 0.618 也称为黄金分割数，所以该方法也称为黄金分割法。

算法 7.3　0.618 法

(1) 选取初始数据。确定初始搜索区间 $[a_0, b_0]$ 和精度要求 $\delta > 0$，计算最初两个试探点 α_0, β_0，并计算 $\varphi(\alpha_0)$ 和 $\varphi(\beta_o)$。令 $k = 0$，则

$$\alpha_0 = a_0 + 0.382(b_0 - a_0), \qquad \beta_0 = a_0 + 0.618(b_0 - a_0)$$

(2) 比较目标函数值。若 $\varphi(\alpha_k) > \varphi(\beta_k)$，转步骤 (3)；否则，转步骤 (4)。

(3) 若 $b_k - \alpha_k \leqslant \delta$，则停止计算，输出 β_k；否则，令

$$a_{k+1} := \alpha_k,\ b_{k+1} := b_k,\ \ \alpha_{k+1} := \beta_k, \varphi(\alpha_{k+1}) := \varphi(\beta_k),\ \ \beta_{k+1} := a_{k+1} + 0.618(b_{k+1} - a_{k+1})$$

计算 $\varphi(\beta_{k+1})$，转步骤 (5)。

(4) 若 $\beta_k - a_k \leqslant \delta$，则停止计算，输出 α_k；否则，令

$$a_{k+1} := a_k,\ b_{k+1} = \beta_k,\ \mu_{k+1} := \alpha_k,\ \varphi(\beta_{k+1}) := \varphi(\alpha_k),\ \alpha_{k+1} := a_{k+1} + 0.382(b_{k+1} - a_{k+1})$$

计算 $\varphi(\alpha_{k+1})$，转步骤 (5)。

(5) $k := k + 1$，转步骤 (2)。

2. Fibonacci 法

该方法与 0.618 法相比较，两者最大的区别在于区间缩短率不同：0.618 法的缩短比率是常数；而 Fibonacci 法的缩短比率不是常数。同时，这两个方法之间有着非常紧密的联系。首先介绍所谓的 Fibonacci 数列 $\{F_k\}$：

$$F_0 = F_1 = 1, \quad F_{k+1} = F_k + F_{k-1}, k = 1, 2, \cdots \tag{7-2-5}$$

在区间 $[a_k, b_k]$ 中寻找试探点时，设 n 为计算函数值的次数，将黄金分割法中的缩短比率 τ 改为 F_{n-k}/F_{n-k+1}，即得到 Fibonacci 法计算公式：

$$\begin{aligned}
\alpha_k &= a_k + \left(1 - \frac{F_{n-k}}{F_{n-k+1}}\right)(b_k - a_k) = a_k + \frac{F_{n-k-1}}{F_{n-k+1}}(b_k - a_k), k = 1, \cdots, n-1 \\
\beta_k &= a_k + \frac{F_{n-k}}{F_{n-k+1}}(b_k - a_k), k = 1, \cdots, n-1
\end{aligned}$$

上述 n 为计算函数的次数 (试探点的个数)，使得最后区间的长度不超过 δ，即

$$b_n - a_n \leqslant \delta$$

由于

$$\begin{aligned}
b_n - a_n &= \frac{F_1}{F_2}(b_{n-1} - a_{n-1}) \\
&= \frac{F_1}{F_2} \cdot \frac{F_2}{F_3} \cdot \cdots \cdot \frac{F_{n-1}}{F_n}(b_1 - a_1) \\
&= \frac{1}{F_n}(b_1 - a_1)
\end{aligned}$$

故有

$$\frac{1}{F_n}(b_1 - a_1) \leqslant \delta \Longrightarrow F_n \geqslant \frac{b_1 - a_1}{\delta}$$

这就是说，通过上面的不等式，在精度 δ 提出后，可以据此事先计算出试探点的个数 n。Fibonacci 法的具体描述如下。

算法 7.4　Fibonacci 法

(1) 给定初始搜索区间 $[a_0, b_0]$ 和精度要求 $\delta > 0$，根据 $F_n \geqslant \dfrac{b_0 - a_0}{\delta}$ 计算出试探点的个数 n，并计算最初两个试探点 α_0, β_0 和 $\varphi(\alpha_0), \varphi(\beta_0)$ 相应的函数值。令 $k = 0$，则

$$\alpha_0 = a_0 + \frac{F_{n-1}}{F_{n+1}}(b_0 - a_0), \quad \beta_0 = a_0 + \frac{F_n}{F_{n+1}}(b_0 - a_0)$$

(2) 比较目标函数值。若 $\varphi(\alpha_k) > \varphi(\beta_k)$，转步骤 (3)；否则，转步骤 (4)；

(3) 若 $b_k - \alpha_k \leqslant \delta$，则停止计算，输出 β_k；否则，令

$$a_{k+1} := \alpha_k,\ b_{k+1} := b_k,\ \ \alpha_{k+1} := \beta_k, \varphi(\alpha_{k+1}) := \varphi(\beta_k),\ \ \beta_{k+1} := a_{k+1} + \frac{F_{n-k}}{F_{n-k+1}}(b_{k+1} - a_{k+1})$$

计算 $\varphi(\beta_{k+1})$，转步骤 (5)。

(4) 若 $\beta_k - a_k \leqslant \delta$，则停止计算，输出 α_k；否则，令

$$a_{k+1} := a_k,\ b_{k+1} = \beta_k,\ \ \beta_{k+1} := \alpha_k,\ \ \varphi(\beta_{k+1}) := \varphi(\alpha_k),\ \ \alpha_{k+1} := a_{k+1} + \frac{F_{n-k-1}}{F_{n-k+1}}(b_{k+1} - a_{k+1})$$

计算 $\varphi(\alpha_{k+1})$，转步骤 (5)。

(5) $k := k + 1$，转步骤 (2)。

以上两种方法是不用导数的精确线搜索法。在函数的导数很难求或没有明确表达式的情况下是合适的。但是，若函数可导，在算法中能充分利用导数信息的算法其计算效率将会更高。本书介绍其中的二分法。

3. 二分法

二分法的基本思想是通过计算函数的导数值来缩短搜索区间。设初始搜索区间为 $[a_1, b_1]$，第 k 步时的搜索区间为 $[a_k, b_k]$，满足

$$\varphi'(a_k) \leqslant 0, \quad \varphi'(b_k) \geqslant 0$$

取中点 $c_k = (a_k + b_k)/2$。若 $\varphi'(c_k) \geqslant 0$，则令 $a_{k+1} = a_k, b_{k+1} = c_k$；若 $\varphi'(c_k) \leqslant 0$，则令 $a_{k+1} = c_k, b_{k+1} = b_k$。这样，得到缩短后的新区间直至区间长度满足精度要求。

算法 7.5　二分法

(1) 给出初始区间 $[a_1, b_1]$，最后区间长度 δ，令 $k = 1$。取 $c_k = \dfrac{1}{2}(a_k + b_k)$，计算 $\varphi'(c_k)$，如果 $\varphi'(c_k) = 0$，停止，c_k 是最优解；否则，如果 $\varphi'(c_k) > 0$，转步骤 (2)；如果 $\varphi'(c_k) < 0$，转步骤 (3)。

(2) 令 $a_{k+1} = a_k$，$b_{k+1} = c_k$，转步骤 (4)。

(3) 令 $a_{k+1} = c_k$，$b_{k+1} = b_k$，转步骤 (4)。

(4) 如果 $b_{k+1} - a_{k+1} \leqslant \delta$，停止；否则，$k := k + 1$，转步骤 (1)。

此外，还有插值法，如三点二次插值法、两点二次插值法以及三次插值法等。这些内容请参见有关教材。可以证明，当搜索方向 $d^{(k)}$ 是下降方向，步长 λ_k 采用精确线搜索得到，则在较为宽泛的条件下，各种下降迭代算法或者在有限次迭代后得到局部极小点或者产生的点列的聚点是局部极小点。相关定理及其证明参见有关教材。

例 7.2 设 $f(\boldsymbol{x})=x_1^2+2x_2^2$，取 $\boldsymbol{x}^{(0)}=(1,1)^{\mathrm{T}},\boldsymbol{d}^{(0)}=(-2,-4)^{\mathrm{T}}$，利用 0.618 法求 λ 满足 $\min\limits_{\lambda>0} f(\boldsymbol{x}^{(0)}+\lambda\boldsymbol{d}^{(0)})$，取精度 $\delta=0.1$。

解 首先，$\boldsymbol{x}^{(0)}+\lambda\boldsymbol{d}^{(0)}=(1,1)^{\mathrm{T}}+\lambda(-2,-4)^{\mathrm{T}}=(1-2\lambda,1-4\lambda)^{\mathrm{T}}$，记

$$\varphi(\lambda)=f(\boldsymbol{x}^{(0)}+\lambda\boldsymbol{d}^{(0)})=(1-2\lambda)^2+2(1-4\lambda)^2=36\lambda^2-20\lambda+3$$

为求精确步长，先利用成功失败法决定包含其极小点的区间。取 $\lambda_0=0,h_0=1,t=2$，则

$$\varphi(\lambda_0)=3,\lambda_1=\lambda_0+h_0=1,\varphi(\lambda_1)=19>\varphi(\lambda_0)$$

所以，从 λ_0 开始反向搜索，现令 $h_0=-h_0=-1$，$\lambda_2=\lambda_0+h_0=0-1=-1$，由于 $\varphi(\lambda_2)=59>\varphi(\lambda_0)$，且 $\varphi(\lambda_0)<\varphi(\lambda_1)$，所以取 $a_0=\lambda_2=-1,b_0=\lambda_1=1$，即区间 $[a_0,b_0]=[-1,1]$ 为包含 $\varphi(\lambda)$ 极小点的初始区间。

现在，在区间 $[a_0,b_0]$ 的基础上利用 0.618 法求 $\varphi(\lambda)$ 的极小点。取

$$\alpha_0=a_0+0.382(b_0-a_0)=-1+0.383\times 2=-0.236,\beta_0=a_0+0.618(b_0-a_0)=0.236$$

由于 $\varphi(\alpha_0)=9.7251>\varphi(\beta_0)=0.2581$，故取 $a_1=\alpha_0=-0.2361,b_1=b_0=1$，即新的包含 $\varphi(\lambda)$ 极小点的区间缩短为 $[-0.2361,1]$，且 $\alpha_1=\beta_0=0.2381,\beta_1=a_1+0.618(b_1-a_1)=0.5278$。由于

$$\varphi(\beta_1)=2.4735>\varphi(\alpha_1)=0.2851$$

故包含极小点的区间进一步缩短为 $[-0.2361,0.5278]$。为节省篇幅，余下过程略去。经过 7 次迭代最后得到 $\lambda^*=0.2705$ 是满足精度要求的 $\varphi(\lambda)$ 的极小点 (不难看出，$\varphi(\lambda)$ 的极小点为 $20/72=0.2778$)。

7.2.2 不精确线搜索方法

根据算法 7.1，只要是下降迭代算法，在每次迭代时都需要像例 7.2 一样去寻找步长因子。每次求精确步长因子不仅费时而且对某些问题其效果不一定好。因此，产生了一类称之为不精确线搜索的方法求步长因子，其意思是指，按照某种规则，只要使得

$$f(\boldsymbol{x}^{(k)}+\lambda_k\boldsymbol{d}^{(k)})\leqslant f(\boldsymbol{x}^{(k)})$$

的 λ_k 就可以作为步长因子，不需要 λ_k 满足 $\min\limits_{\lambda>0} f(\boldsymbol{x}^{(k)}+\lambda\boldsymbol{d}^{(k)})$。

这里介绍 3 种不精确线搜索方法，分别是 Goldstein 准则、Wolfe 准则和 Armijo 准则。

1. Goldstein 准则

寻找步长 λ_k 使得函数值 $f(\boldsymbol{x}^{(k)}+\lambda_k\boldsymbol{d}^{(k)})$ 小于 $f(\boldsymbol{x}^{(k)})$ 的 Goldstein 准则为

$$f(\boldsymbol{x}^{(k)}+\lambda_k\boldsymbol{d}^{(k)}) \leqslant f(\boldsymbol{x}^{(k)})+\rho\lambda_k\boldsymbol{g}_k^{\mathrm{T}}\boldsymbol{d}^{(k)} \quad \left(0<\rho<\frac{1}{2}\right) \tag{7-2-6}$$

式中：$\boldsymbol{g}_k=\nabla \boldsymbol{f}(\boldsymbol{x}^{(k)})$，以及

$$f(\boldsymbol{x}^{(k)}+\lambda_k\boldsymbol{d}^{(k)}) \geqslant f(\boldsymbol{x}^{(k)})+(1-\rho)\lambda_k\boldsymbol{g}_k^{\mathrm{T}}\boldsymbol{d}^{(k)} \tag{7-2-7}$$

式 (7-2-6) 保证函数值充分下降，式 (7-2-7) 则保证 λ_k 不会取得太小。设 $\varphi(\lambda)=f(\boldsymbol{x}^{(k)}+\lambda\boldsymbol{d}^{(k)})$，则上述两个式子可以写为

$$\varphi(\lambda_k) \leqslant \varphi(0)+\rho\lambda_k\varphi'(0) \quad \left(0<\rho<\frac{1}{2}\right) \tag{7-2-8}$$

以及

$$\varphi(\lambda_k) \geqslant \varphi(0)+(1-\rho)\lambda_k\varphi'(0) \tag{7-2-9}$$

据此，提出如下算法。

算法 7.6　Goldstein 不精确线搜索

(1) 选取初始数据。给出初始搜索区间 $[a_0,b_0]$(如 $[0,+\infty)$ 或 $[0,\lambda_{\max})$)，初始点 $\lambda_0\in[a_0,b_0]$。计算 $\varphi(0),\varphi'(0)$，给出 $\rho\in\left(0,\dfrac{1}{2}\right),t>1,k:=0$。

(2) 检验准则 (7-2-8)，计算 $\varphi(\lambda_k)$，若

$$\varphi(\lambda_k) \leqslant \varphi(0)+\rho\lambda_k\varphi'(0)$$

转步骤 (3)；否则，令 $a_{k+1}:=a_k,b_{k+1}:=\lambda_k$，转步骤 (4)。

(3) 检验准则 (7-2-9)，若

$$\varphi(\lambda_k) \geqslant \varphi(0)+(1-\rho)\lambda_k\varphi'(0)$$

停止迭代，输出 λ_k；否则，令 $a_{k+1}:=\lambda_k,b_{k+1}:=b_k$，若 $b_{k+1}<+\infty$(或$\lambda_{\max}$)，转步骤 (4)；否则，令 $\lambda_{k+1}:=t\lambda_k,k:=k+1$，转步骤 (2)。

(4) $\lambda_{k+1}:=\dfrac{a_{k+1}+b_{k+1}}{2},k:=k+1$，转步骤 (2)。

2. Wolfe 准则

在 Goldstein 准则中，式 (7-2-7) 的一个缺点是可能把 $\varphi(\lambda)=f(\boldsymbol{x}^{(k)}+\lambda\boldsymbol{d}^{(k)})$ 的极小点排除在可接受区间之外，为克服这个缺点，同时保证 λ_k 不是太小，Wolfe 提出如下准则：

$$\varphi(\lambda_k) \leqslant \varphi(0)+\rho\lambda_k\varphi'(0) \tag{7-2-10}$$

$$\varphi'(\lambda_k) \geqslant \sigma\varphi'(0),\ 0<\rho<\sigma<1 \tag{7-2-11}$$

下面则是所谓的强 Wolfe 准则:

$$\varphi(\lambda_k) \leqslant \varphi(0)+\rho\lambda_k\varphi'(0) \tag{7-2-12}$$

$$|\varphi'(\lambda_k)| \leqslant \sigma|\varphi'(0)|,\ 0<\rho<\sigma<1 \tag{7-2-13}$$

一般来说，σ 越小，线性搜索精度越高，但工作量也愈大。而不精确线搜索不要求过小的 σ，通常取 $\rho=0.1, \sigma\in[0.6,0.8]$。

下面是采用 Wolfe 不精确线性搜索的算法。

算法 7.7 Wolfe 不精确线性搜索

(1) 选取初始数据。给定初始搜索区间 $[0,\lambda_{\max}], \rho\in\left(0,\dfrac{1}{2}\right), \sigma\in(\rho,1)$，令 $\lambda_1=0, \lambda_2=\lambda_{\max}$，计算 $\varphi_1=f(\boldsymbol{x}^{(k)}), \varphi_1'=\boldsymbol{g}_k^{\mathrm{T}}\boldsymbol{d}^{(k)}$，取 $\lambda\in(0,\lambda_2)$。

(2) 计算 $\varphi=\varphi(\lambda)=f(\boldsymbol{x}_k+\lambda\boldsymbol{d}^{(k)})$。若 $\varphi(\lambda)-\varphi_1\leqslant\rho\lambda\varphi_1'$，转步骤 (3)；否则，由二次插值公式计算 $\bar{\lambda}$:

$$\bar{\lambda}=\lambda_1+\frac{\lambda-\lambda_1}{2\left(1+\dfrac{\varphi_1-\varphi}{(\varphi-\varphi_1)\varphi_1'}\right)}$$

令 $\lambda_2:=\lambda, \lambda:=\bar{\lambda}$ 转步骤 (2)。

(3) 计算 $\varphi'=\varphi'(\lambda)=\boldsymbol{g}(\boldsymbol{x}^{(k)}+\lambda\boldsymbol{d}^{(k)})^{\mathrm{T}}\boldsymbol{d}^{(k)}$，若 $\varphi'\geqslant\sigma\varphi_1'$，则令 $\lambda_k=\lambda$，输出 λ_k，停止；否则，计算

$$\bar{\lambda}=\lambda+\frac{(\lambda-\lambda_1)\varphi'}{\varphi_1'-\varphi'}$$

令 $\lambda_1:=\lambda, \varphi_1:=\varphi, \varphi_1'=\varphi', \lambda:=\bar{\lambda}$，转步骤 (2)。

3. Armijo 准则

设 $\boldsymbol{d}^{(k)}$ 是 $f(\boldsymbol{x})$ 在 $\boldsymbol{x}^{(k)}$ 处的下降方向，给定 $\beta\in(0,1), \rho\in\left(0,\dfrac{1}{2}\right), \tau>0$。设 m_k 是使得不等式

$$f(\boldsymbol{x}^{(k)}+\beta^m\tau\boldsymbol{d}^{(k)}) \leqslant f(\boldsymbol{x}^{(k)})+\rho\beta^m\tau\boldsymbol{g}_k^{\mathrm{T}}\boldsymbol{d}^{(k)} \tag{7-2-14}$$

成立的最小非负整数，则令

$$\lambda_k=\beta^{m_k}\tau \tag{7-2-15}$$

由于 $\boldsymbol{d}^{(k)}$ 是下降方向，当 m 充分小时，不等式 (7-2-14) 总是成立的，因此上述 m_k 总是存在的。由于 m_k 是使得不等式 (7-2-14) 成立的最小非负整数，因而 λ_k 不会太小，从而保证了目标函数 $f(\boldsymbol{x})$ 的充分下降。实际上，式 (7-2-14) 就是充分下降条件

$$\varphi(\lambda_k) \leqslant \varphi(0)+\rho\lambda_k\varphi'(0) \tag{7-2-16}$$

如果式 (7.2.16) 满足，则终止搜索；否则，可以缩小 λ_k 或者在区间 $[0,\lambda_k]$ 上用如下二次插值公式求得近似极小点 $\bar{\lambda}$：

$$\bar{\lambda}=-\frac{\varphi'(0)\lambda_k^2}{2[\varphi(\lambda_k-\varphi(0)-\varphi'(0)\lambda_k)]}$$

将其作为新的 λ_k，这是一个插值法与充分下降条件组合起来的线性搜索方法。这种方法开始时，令 $\lambda=1$，如果 $\boldsymbol{x}^{(k)}+\lambda\boldsymbol{d}^{(k)}$ 不可接受，则减少 λ(即后退)，一直到 $\boldsymbol{x}^{(k)}+\lambda\boldsymbol{d}^{(k)}$ 可接受为止。该方法也叫后退方法 (Backward)。

算法 7.8　Armijo 不精确线搜索

(1) 给出 $\rho\in\left(0,\dfrac{1}{2}\right),0<l<u<1$。

(2) 取 $\lambda=1$。

(3) 检验 $f(\boldsymbol{x}^{(k)}+\lambda\boldsymbol{d}^{(k)})\leqslant f(\boldsymbol{x}^{(k)})+\rho\lambda\boldsymbol{g}_k^{\mathrm{T}}\boldsymbol{d}^{(k)}$ 是否满足。

(4) 如果上式不满足，取 $\lambda:=\omega\lambda$，其中 $\omega\in[l,u]$，转步骤 (3)；否则，取 $\lambda_k=\lambda,\boldsymbol{x}^{(k+1)}=\boldsymbol{x}^{(k)}+\lambda_k\boldsymbol{d}^{(k)}$。

例 7.3　设 $f(\boldsymbol{x})=x_1^2+2x_2^2$，取 $\boldsymbol{x}^{(0)}=(1,1)^{\mathrm{T}},\boldsymbol{d}^{(0)}=(-2,-4)^{\mathrm{T}}$，利用 Goldstein 不精确线搜索求步长 λ 满足 $f(\boldsymbol{x}^{(0)}+\lambda\boldsymbol{d}^{(0)})\leqslant f(\boldsymbol{x}^{(0)})$，取精度 $\delta=0.1$。

解　首先给出初始区间 $[0,10]$，并取初始点 (初始步长)$\lambda_0=5$，相关参数 $\rho=0.25,t=2$。由于

$$\varphi(\lambda_0)=f(\boldsymbol{x}^{(0)}+\lambda_0\boldsymbol{d}^{(0)})=803$$

$$\varphi(0)=f(\boldsymbol{x}^{(0)})=3$$

$$\varphi'(0)=\nabla\boldsymbol{f}(\boldsymbol{x}^{(0)})^{\mathrm{T}}\boldsymbol{d}^{(0)}=(2,4)\begin{pmatrix}-2\\-4\end{pmatrix}=-20$$

显然有

$$\varphi(\lambda_0)>\varphi(0)+\rho\lambda_0\varphi'(0)$$

故令

$$a_1=a_0=0,b_1=\lambda_0=5,\lambda_1=2.5$$

此时

$$\varphi(\lambda_1)=f(\boldsymbol{x}^{(0)}+\lambda_1\boldsymbol{d}^{(0)})=178$$

$$\varphi(0)+\rho\lambda_1\varphi'(0)=3+0.25\times2.5\times(-20)=-9.5$$

仍然有

$$\varphi(\lambda_1)>\varphi(0)+\rho\lambda_1\varphi'(0)$$

故令

$$a_2=a_1=0,b_2=\lambda_1=2.5,\lambda_2=1.25$$

继续上面一样的计算，有

$$\varphi(\lambda_2) = f(\boldsymbol{x}^{(0)} + \lambda_2 \boldsymbol{d}^{(0)}) = 34.25$$

$$\varphi(0) + \rho\lambda_2\varphi'(0) = 3 + 0.25 \times 1.25 \times (-20) = -3.25$$

所以取

$$a_3 = a_2 = 0, b_3 = \lambda_2 = 1.25, \lambda_3 = 0.625$$

此时

$$\varphi(\lambda_3) = f(\boldsymbol{x}^{(0)} + \lambda_3 \boldsymbol{d}^{(0)}) = 4.5625$$

$$\varphi(0) + \rho\lambda_3\varphi'(0) = 3 + 0.25 \times 0.625 \times (-20) = -0.125$$

再令

$$a_4 = a_3 = 0, b_4 = \lambda_3 = 0.625, \lambda_4 = 0.3125$$

$$\varphi(\lambda_4) = f(\boldsymbol{x}^{(0)} + \lambda_4 \boldsymbol{d}^{(0)}) = 0.2656$$

$$\varphi(0) + \rho\lambda_4\varphi'(0) = 3 + 0.25 \times 0.3125 \times (-20) = 1.4375$$

此时已满足条件 (7-2-8)，并且

$$\varphi(0) + (1-\rho)\lambda_4\varphi'(0) = 3 + 0.75 \times 0.3125 \times (-20) = -1.6875 < 0.2656 = \varphi(\lambda_4)$$

即也满足条件 (7-2-9)。所以此时的 $\lambda_4 = 0.3125$ 为满足 Goldstein 准则的步长。实际上，

$$f(\boldsymbol{x}^{(0)} + \lambda_4 \boldsymbol{d}^{(0)}) = 0.2656 < 3 = f(\boldsymbol{x}^{(0)})$$

7.2.3 一维线搜索的 MATLAB 实现

针对上节介绍的一维线搜索，编者编写了相应的 MATLAB 程序，包括求包含理想因子区间的进退法、精确线搜索的 0.618 法和 Fibonacci 法以及不精确线搜索的三种方法。需要说明的是，在不精确线搜索方法中求多元函数的梯度时，是通过编者根据 5 点法编写的程序 MyGradient.m 来计算的。

☞ **MATLAB 程序 7.1** 选取包含理想步长因子搜索区间的进退法

```
% 试探法求解包含函数f的极小值点的区间[a,b]及中间某个点c,要求a<c<b,且
% f(a)>f(c),f(c)<f(b), 即让函数出现所谓“高\!---\!低\!---\!高”的情况。
  函数f不能是单调函数
% 使用格式为[a,b,c]=Trial(f_name,xk,dk,a0,h0,t,e)
% f_name为函数名(函数句柄)
% xk是n元函数在第k次迭代时的点; dk是从第k次迭代到第k+1次迭代时的搜索方向
% 若函数已经是一元函数, 则xk=0,dk=1。a0是寻找包含极小点区间时的初始点
% h0是步长; t是加倍系数 (一般可取作2) ; e是精度(用于控制函数值相等的情况)
```

```
% By Gongnong Li 2012.10
function [a,b,c]=Trial(f_name,xk,dk,a0,h0,t,e)
MaxIterations=500;
%若所给函数迭代次数达到500次还没有找到包含极小值的区间，则认为该函数是单调
 函数
Iterations=0;
f0=feval(f_name,xk+a0*dk); %首先计算初始点函数值
a1=a0+h0; f1=feval(f_name,xk+a1*dk);  %让初始点向右边改变并计算其函数值
while abs(f1-f0)<e
      a1=a1+t*h0; f1=feval(f_name,xk+a1*dk);
end
    if f1>f0
       a2=a0-h0;
       f2=feval(f_name,xk+a2*dk);
       while f2<=f0
             a2=a2-t*h0;
            f2=feval(f_name,xk+a2*dk) ;
            Iterations=Iterations+1;
            if Iterations>MaxIterations
                break
            end
       end
       a=a2;b=a1;c=a0;
   elseif f1<f0
         a2=a1+t*h0;
         f2=feval(f_name,xk+a2*dk);
        while f2<=f1
              a2=a2+t*h0;
              f2=feval(f_name,xk+a2*dk);
              Iterations=Iterations+1;
              if Iterations>MaxIterations
                 break
            end
        end
        a=a0;b=a2;c=a1;
```

```
    end
 fa=feval(f_name,xk+a*dk);fb=feval(f_name,xk+b*dk);fc=feval(f_name,xk+
    c*dk);
    if (fa<fc)&(fc<fb)
      fprintf('到达最大迭代次数，这是单调增函数，没有包含极小点的区间')
    elseif (fa>fc)&(fc>fb)
      fprintf('到达最大迭代次数，这是单调减函数，没有包含极小点的区间')
    end
```

☞ **MATLAB 程序 7.2** 0.618 法

```
% 求一元函数极小值(精确线搜索)的0.618法
% 使用格式为[xstar,fxstar]=p618(f_name,xk,dk,a0,h0,t,e)
% 输入:f_name为函数名(函数句柄); xk是n元函数在第k次迭代时的点
% dk是从第k次迭代到第k+1次迭代时的搜索方向; 若函数已经是一元函数，则xk=0,
  dk=1
% a0,h0,t,e用于程序中的初始区间[a,b]的确定，该区间通过调用试探法程序
  Trial.m得到
% 关于Trial.m的说明，参照该程序
% 若不用试探法程序Trial.m得到初始区间[a,b]，则将输入项中的a0,h0,k去掉并换
% 上初始区间[a,b]，同时，将第一条命令[a,b]=Trial(f_name,a0,h0,t,e)用%注
  释掉
% 输出: xstar为最优解;fxstar为最优目标函数值。iter为迭代计算次数
% By Gongnong Li 2012。
function [xstar,fxstar,iter]=p618(f_name,xk,dk,a0,h0,t,e)
tic;
[a,b]=Trial(f_name,xk,dk,a0,h0,t,e);
if a<0
   a=0;
else
   a=a;
end
k=1;
a(k)=a;b(k)=b;
lambda(k)=a(k)+0.382*(b(k)-a(k)); mu(k)=a(k)+0.618*(b(k)-a(k));
m(k)=feval(f_name,xk+lambda(k)*dk); n(k)=feval(f_name,xk+mu(k)*dk);
```

```
flag=0;
while flag==0
    if m(k)>n(k)
        if (b(k)-lambda(k))<e
           xstar=mu(k);fxstar=feval(f_name,xk+xstar*dk);iter=k-1;flag=1;
        else
           a(k+1)=lambda(k); b(k+1)=b(k); lambda(k+1)=mu(k);m(k+1)=n(k);
      mu(k+1)=a(k+1)+0.618*(b(k+1)-a(k+1)); n(k+1)=feval(f_name,xk+mu
      (k+1)*dk);
      k=k+1;flag=0;
        end
    else
         if (mu(k)-a(k))<e
           xstar=lambda(k);fxstar=feval(f_name,xk+xstar*dk);iter=k-1;
           flag=1;
        else
           a(k+1)=a(k); b(k+1)=mu(k); mu(k+1)=lambda(k);n(k+1)=m(k);
lambda(k+1)=a(k+1)+0.382*(b(k+1)-a(k+1)); m(k+1)=feval(f_name,xk+lambda
(k+1)*dk);
      k=k+1;flag=0;
         end
    end
end
iter=k-1;
toc;
```

☞ **MATLAB 程序 7.3** Fibonacci 法

```
% 精确线搜索求步长的Fibonacci法
% 使用格式为[xstar,fxstar] = Fibonacci(f_name,xk,dk,a0,h0,t,e)
% 其中：f_name为函数名(函数句柄)；xk是n元函数在第k次迭代时的点
% dk是从第k次迭代到第k+1次迭代时的搜索方向；若函数已经是一元函数，则xk=0，
  dk=1
% a0是寻找包含极小点区间时的初始点；h0是步长；t是加倍系数(一般可取作2)；
  e是精度
% 输出：xstar为最优解；fxstar为最优目标函数值
```

```
% iter为迭代计算步数。程序中的初始区间a,b通过调用试探法程序Trial.m得到的区
  间计算
% 试探法程序Trial.m的说明参照该程序
% 若不用试探法程序Trial.m得到初始区间[a,b]，则将输入项中的xk,dk,a0,h0,k去
% 掉并换上初始区间[a,b]，同时，将第一条命令[a,b]=Trial(f_name,a0,h0,k)用
% 注释掉
% By Gongnong Li 2011.10。
function [xstar,fxstar,iter] = Fibonacci(f_name,xk,dk,a0,h0,t,e)
tic;
[a,b]=Trial(f_name,xk,dk,a0,h0,t,e);
if a<0
   a=0;
else
   a=a;
end
a(1)=a;b(1)=b;
F(1)=1;F(2)=1;k=1;
while F(k+1)<(b(1)-a(1))/e
       k=k+1;
       F(k+1)=F(k)+F(k-1);
end
n=k+1;
lambda(1)=a(1)+(F(n-2)/F(n))*(b(1)-a(1));
mu(1)=a(1)+(F(n-1)/F(n))*(b(1)-a(1));
flambda(1)=feval(f_name,xk+lambda(1)*dk);
fmu(1)=feval(f_name,xk+mu(1)*dk);
for i=1:n-2
     if(flambda(i)>fmu(i))
     a(i+1)=lambda(i);
     b(i+1)=b(i);
     lambda(i+1)=mu(i);
     mu(i+1)=a(i+1)+(F(n-i)/F(n-i+1))*(b(i+1)-a(i+1));
     else
     a(i+1)=a(i);
     b(i+1)=mu(i);
```

```
        mu(i+1)=lambda(i);
        lambda(i+1)=a(i+1)+(F(n-i-1)/F(n-i+1))*(b(i+1)-a(i+1));
        end
    flambda(i+1)=feval(f_name,xk+lambda(i+1)*dk);
    fmu(i+1)=feval(f_name,xk+mu(i+1)*dk);
    end
    xstar=(a(n-2)+b(n-2))/2;
    fxstar=feval(f_name,xk+xstar*dk);
    iter=n;
    toc;
```

☞ **MATLAB 程序 7.4**　5 点法求梯度

```
% 采用5点数值求导方法求函数梯度，共有5个公式求导，取其算术平均
% 输入函数：f_name(函数句柄)，点x。间距h可变，一般取h0=1e-3即可
% By Gongnong Li 2012.
function g=MyGradient(f_name,x)
n=length(x); h0=1e-3;E=eye(n);g=zeros(n,1);y0=feval(f_name,x);
for j=1:n
h=h0.*E(:,j);
for i=1:4
    y(i)=feval(f_name,x+i*h);z(i)=feval(f_name,x-i*h);
end
d(1)=(-25*y0+48*y(1)-36*y(2)+16*y(3)-3*y(4))/(12*h0);%用第1个公式求导数
d(2)=(-3*z(1)-10*y0+18*y(1)-6*y(2)+y(3))/(12*h0); %用第2个公式求导数
d(3)=(z(2)-8*z(1)+8*y(1)-y(2))/(12*h0); %用第3个公式求导数
d(4)=(3*y(1)+10*y0-18*z(1)+6*z(2)-z(3))/(12*h0); %用第4个公式求导数
d(5)=(25*y0-48*z(1)+36*z(2)-16*z(3)+3*z(4))/(12*h0); %用第5个公式求导数
g(j)=mean(d);
end
```

☞ **MATLAB 程序 7.5**　不精确线搜索的 Goldstein 准则

```
% Goldstein不精确线搜索求步长
% 调用格式为LambdaK=Goldstein(f_name,xk,dk)
% LambdaK为要求的步长; xk为第k次迭代点;dk为从第k次迭代到第k+1次迭代时的搜
  索方向
% f_name是函数(函数句柄)。一般地，rho属于 (0,1/2) ,t>1
```

```
% xk是n元函数在第k次迭代时的点；dk是从第k次迭代到第k+1次迭代时的搜索方向
% 若函数已经是一元函数,则xk=0,dk=1。输出为满足Goldstein准则的步长\lambda_k
% By Gongnong Li 2012.10
function LambdaK=Goldstein(f_name,xk,dk)
a=0;b=10^3;b0=b;
% 初始搜索区间[0,M]，M为一个很大的实数，这里是求步长，一般取10^3即可。
lambda=(a+b)/2;% \lambda 初始值
rho=0.25;t=2; % rho和t分别在(0,1/2)和(1,+\infty)之间，可以变动
varphi0=feval(f_name,xk);% 计算f(x_k)(即\varphi(0))
g=MyGradient(f_name,xk);% 调用MyGradient.m计算在x_k处的梯度
varphiPrime0=g'*dk; %(即\varphi^\prime(0))
k=0;flag=1;
while flag==1
     varphi=feval(f_name,xk+lambda*dk);
    if varphi>varphi0+rho*lambda*varphiPrime0
       a=a; b=lambda; lambda=(a+b)/2; k=k+1;flag=1;
    else
        flag=0;
    end
end
if  varphi<varphi0+(1-rho)*lambda*varphiPrime0
    a=lambda;  b=b;
     if b<b0
     lambda=(a+b)/2;k=k+1;flag=1;
     else
     lambda=t*lambda;k=k+1;flag=1;
     end
else
    flag=0;
end
LambdaK=lambda;k;
```

☞ **MATLAB 程序 7.6** 不精确线搜索的 Wolfe 准则

```
% Wolfe不精确一维搜索
```

```
% 输入: f_name 为函数名(函数句柄)
% xk为第k次迭代点; dk为从第k次迭代时的搜索方向
% 程序中参数:
% rho属于 (0,1/2) ; sigma 属于(rho,1), 如取rho=0.1,sigma属于[0.6,0.8]
% By Gongnong Li 2012.10
function LambdaK=Wolfe(f_name,xk,dk)
rho=0.1;sigma=0.7;%0<rho<sigma<1, 也可取其他数值
a=0;b=10^3;
% 初始搜索区间[0,M], M为一个很大的实数, 这里是求步长, 一般取10^3即可
lambda1=0;lambda2=b;k=0; %k用来标记迭代次数
gk1=MyGradient(f_name,xk);% 调用MyGradient.m计算在x_k处的梯度
varphi1=feval(f_name,xk);varphi1P=gk1'*dk;lambda=(lambda1+lambda2)/2;
varphi=feval(f_name,xk+lambda*dk);
while varphi-varphi1>rho*lambda*varphi1P
LambdaBar=lambda1+0.5*(lambda-lambda1)/(1+((varphi1-varphi)...
/((lambda-lambda1)*varphi1P)));
lambda2=lambda;lambda=LambdaBar; varphi=feval(f_name,xk+lambda*dk);
end
gk2=MyGradient(f_name,xk+lambda*dk);
%再次调用MyGradient.m计算f_name在xk+lambda*dk处的梯度
varphiP=gk2'*dk;
while varphiP<sigma*varphi1P
   LambdaBar=lambda+((lambda-lambda1)/(varphi1P-varphiP));
   lambda1=lambda;varphi1=varphi;varphi1P=varphiP;
   lambda=LambdaBar;varphi=feval(f_name,xk+lambda*dk);
 while  varphi-varphi1>rho*lambda*varphi1P
LambdaBar=lambda1+0.5*(lambda-lambda1)/(1+((varphi1-varphi)...
/((lambda-lambda1)*varphi1P)));
lambda2=lambda;lambda=LambdaBar; varphi=feval(f_name,xk+lambda*dk);
 end
end
LambdaK=lambda;
varphi1=feval(f_name,xk);%函数f_name在xk处函数值
varphi2=feval(f_name,xk+LambdaK*dk) ;
% 函数f_name在xk+LambdaK*dk处函数值, 应有varphi2>varphi1
```

☞ **MATLAB 程序 7.7** 不精确线搜索的 Armijo 准则

```
% 不精确线搜索的Armijo准则
% 调用方法: Lambdak=Armijo(f_name,xk,dk)
% 其中, f_name为函数名(函数句柄), 参数rho属于(0,1/2), tau>0, beta属于
  (0,1)
% xk是(按列向量输入)第k次的迭代点, 若函数f是一元函数, 则输入0
% dk则是(按列向量输入)第k次的搜索方向, 若函数是一元函数, 则输入1
% 输出满足Armijo准则的步长\lambda_k。
% By Gongnong Li 2012.10
function Lambdak=Armijo(f_name,xk,dk)
m=0;rho=0.25;tau=2;beta=0.5;
fxk=feval(f_name,xk);fxk1=feval(f_name,xk+(beta^m)*tau*dk);f0=fxk;
gk=MyGradient(f_name,xk);% 调用MyGradient.m计算在x_k处的梯度
while fxk1>fxk+rho*(beta^m)*tau*gk'*dk
    m=m+1;
    fxk1=feval(f_name,xk+(beta^m)*tau*dk);
end
mk=m;
Lambdak=(beta^mk)*tau;f=feval(f_name,xk+(beta^m)*tau*dk);
```

例 7.4 设 $f(\boldsymbol{x})=x_1^2+2x_2^2$，取 $\boldsymbol{x}^{(0)}=(1,1)^{\mathrm{T}},\boldsymbol{d}^{(0)}=(-2,-4)^{\mathrm{T}}$。(1) 分别利用程序 p618.m 以及 Fibonacci.m 求 λ 满足 $\min\limits_{\lambda>0} f(x^{(0)}+\lambda d^{(0)})$；(2) 利用 Goldstein.m 以及 Wolfe.m 和 Armijo.m 求 λ，使得 $f(\boldsymbol{x}^{(0)}+\lambda\boldsymbol{d}^{(0)})<f(\boldsymbol{x}^{(0)})$。取精度 $e=10^{-3}$。

解 首先建立函数 $f(\boldsymbol{x})=x_1^2+2x_2^2$ 的 M 文件，命名为 MyExam.m 并存盘。内容为:

```
function y=MyExam(x)
y=x(1)^2+2*x(2)^2;
```

(1) 在 MATLAB 提示符下进行如下操作:

```
>> [xstar,fxstar,iter]=p618(@MyExam,[1,1]',[-2,-4]',1,1,2,1e-3)
Elapsed time is 0.000632 seconds.
xstar =  0.2779
fxstar = 0.2222
iter =   15
>> [xstar,fxstar,iter]=Fibonacci(@MyExam,[1,1]',[-2,-4]',1,1,2,1e-3)
Elapsed time is 0.000736 seconds.
```

```
xstar =   0.2779
fxstar = 0.2222
iter =    19
```

根据程序，上述计算结果中的 xstar 即为所求的精确步长，而 fxtar 则是相应的函数值。

(2) 在 MATLAB 提示符下进行如下操作：

```
>> Lambdak=Goldstein(@FibonacciExam,[1,1]',[-2,-4]')
Lambdak =     0.2441
>> Lambdak=Wolfe(@FibonacciExam,[1,1]',[-2,-4]')
Lambdak =     0.2778
>> Lambdak=Armijo(@FibonacciExam,[1,1]',[-2,-4]')
Lambdak =     0.2500
```

上述计算结果中的 Lambdak 即为满足 $f(x^{(0)}+\lambda d^{(0)})<f(x^{(0)})$ 的步长 λ。

7.3　几个算法及其 MATLAB 实现

7.3.1　最速下降法

首先，以二元函数为例回忆一下方向导数的概念：设 $\boldsymbol{D}\subset\boldsymbol{R}^2$ 为开集，$f(x,y)$ 为定义在 D 上的二元函数，$(x,y)^{\mathrm{T}}\in\boldsymbol{D}$，$\boldsymbol{d}=(\cos\alpha,\sin\alpha)^{\mathrm{T}}$ 是一个方向，若

$$\lim_{t\to0^+}\frac{f(x+t\cos\alpha,y+t\sin\alpha)-f(x,y)}{t}$$

存在，则称函数 f 为在 (x,y) 的沿方向 $\boldsymbol{d}$ 的方向导数，记为 $\dfrac{\partial f}{\partial\boldsymbol{d}}(x,y)$。

方向导数反映了函数 f 在点 $(x,y)^{\mathrm{T}}$ 处沿方向 $\boldsymbol{d}$ 的变化率。显然，偏导 $\dfrac{\partial f}{\partial x}$ 与 $\dfrac{\partial f}{\partial y}$ 分别是沿方向 $(1,0)^{\mathrm{T}}$ 和 $(0,1)^{\mathrm{T}}$ 的方向导数。由于梯度定义为

$$\nabla\boldsymbol{f}(\boldsymbol{x})=\frac{\partial f}{\partial x}i+\frac{\partial f}{\partial y}j=\left(\frac{\partial f}{\partial x},\frac{\partial f}{\partial y}\right)^{\mathrm{T}}$$

从而有

$$\begin{aligned}\frac{\partial f}{\partial\boldsymbol{d}}&=\lim_{t\to0^+}\frac{f(x+t\cos\alpha,y+t\sin\alpha)-f(x,y)}{t}\\&=\lim_{t\to0^+}\left(\frac{f(x+t\cos\alpha,y+t\sin\alpha)-f(x,y+t\sin\alpha)}{t}+\frac{f(x,y+t\sin\alpha)-f(x,y)}{t}\right)\\&=\frac{\partial f}{\partial x}\cos\alpha+\frac{\partial f}{\partial y}\sin\alpha\\&=\nabla\boldsymbol{f}(\boldsymbol{x})^{\mathrm{T}}\boldsymbol{d}\\&=\|\nabla\boldsymbol{f}(\boldsymbol{x})\|\cos(\nabla f,\boldsymbol{d})\end{aligned}$$

所以，当 $\cos(\nabla f, \boldsymbol{d}) = \pi$ 时，上式取极小值，即 $\boldsymbol{d} = -\nabla f(x)$ 是方向导数最小的情况，这说明，负梯度方向是函数值下降最快的方向。这个结论是以二元函数为例加以说明的，但不难根据方向导数和梯度的定义知，这个结论对 n 元函数都是成立的。于是，在迭代算法中，若取某迭代点 $\boldsymbol{x}^{(k)}$ 的负梯度方向作为搜索方向，将会使得目标函数 $f(\boldsymbol{x})$ 在 $\boldsymbol{x}^{(k)}$ 处的值得到下降。从而得到最速下降法的迭代公式为

$$\boldsymbol{x}^{(k+1)} = \boldsymbol{x}^{(k)} - \lambda_k \nabla \boldsymbol{f}(\boldsymbol{x}^{(k)}) = \boldsymbol{x}^{(k)} - \lambda_k \boldsymbol{g}_k \tag{7-3-1}$$

式中，λ_k 为搜索步长；$\boldsymbol{g}_k \triangleq \nabla \boldsymbol{f}(\boldsymbol{x}^{(k)})$

结合前面所讲的线搜索以及一般迭代算法，可以有如下最速下降法算法描述：

算法 7.9 最速下降算法

(1) 给出 $\boldsymbol{x}^{(0)} \in \boldsymbol{R}^n$，容许度 $0 \leqslant \varepsilon \ll 1$，置 $k := 1$。

(2) 计算 $\boldsymbol{d}^{(k)} = -\boldsymbol{g}_k$；如果 $\|\boldsymbol{g}_k\| \leqslant \varepsilon$，停止。

(3) 由线性搜索求步长因子 λ_k。

(4) 计算 $\boldsymbol{x}^{(k+1)} = \boldsymbol{x}^{(k)} + \lambda_k \boldsymbol{d}^{(k)}$。

(5) $k := k+1$，转步骤 (2)。

关于最速下降法的收敛性，不加证明地介绍如下两个定理。

定理 7.4 设 $\nabla f(\boldsymbol{x})$ 在水平集 $L = \{\boldsymbol{x} \in \boldsymbol{R}^n | f(\boldsymbol{x}) \leqslant f(\boldsymbol{x}_0)\}$ 上存在且一致连续，则最速下降法产生的序列满足对某个 k 有 $\boldsymbol{g}_k = \boldsymbol{0}$，或者 $f(\boldsymbol{x}^{(k)}) \to -\infty$，或者 $\boldsymbol{g}_k \to \boldsymbol{0}$。

定理 7.5 设函数 $f(\boldsymbol{x})$ 二次连续可微，且 $\|\nabla^2 \boldsymbol{f}(\boldsymbol{x})\| \leqslant M$，其中 M 是某个正数，则对任何给定的初始点 $\boldsymbol{x}^{(0)}$，最速下降算法或有限终止，或 $\lim\limits_{k\to\infty} f(\boldsymbol{x}^{(k)}) = -\infty$，或 $\lim\limits_{k\to\infty} \boldsymbol{g}_k = \boldsymbol{0}$。

最速下降法的优点是程序设计简单，计算工作量小，存储量小，对初始点没有特别要求等。缺点是：最速下降方向是函数的局部性质，对整体求解过程而言，该方法下降非常缓慢，特别是目标函数的等值线是一个扁长的椭球时，最速下降法开始几步下降较快，后来将会出现锯齿 (Zig-zag) 现象，下降十分缓慢。编者根据最速下降法编写了名为 SteepDescent.m 的程序。

☞ **MATLAB 程序 7.8** 最速下降法

```
% 求解无约束极小化问题的最速下降法
% 调用格式: [xstar,fxstar,iter]=SteepDescent(f_name,x0,flag,varepsilon)
% 其中，f_name为目标(多元)函数f(x)(函数句柄);x0为初始迭代点
% varepsilon为容许度（精度）
% 若输入flag=0，表示不需给出目标函数的梯度，采用MyGradient.m计算梯度
% 若输入flag=1，则表示需给出目标函数的梯度表达式
% 程序中，a0为在求步长时确定初始搜索区间时的初始点；h0为确定步长初始搜索
```

```
  区间时的步长
% t为确定步长初始搜索区间时的加速因子。这些参数用于调用一维线搜索程序，
  可更改
% 输出为最优解xstar以及最优值fxstar、迭代次数iter
% By Gongnong Li 2012.10
function [xstar,fxstar,iter]=SteepDescent(f_name,x0,flag,varepsilon)
tic;
k=0;xk=x0;e=1e-3;a0=1;h0=1;t=2;
if flag==0
   g=MyGradient(f_name,xk); % 调用MyGradient.m计算该函数在xk处的梯度
elseif flag==1
   [f,g]=feval(f_name,xk); % 根据梯度表达式直接计算目标函数的梯度值
end
while norm(g)>varepsilon
     dk=-g;
    lambda=p618(f_name,xk,dk,a0,h0,t,e);
    %调用0.618法求最优步长lambda (也可用其他方法)
    xk=xk+lambda*dk;
    if flag==0
       g=MyGradient(f_name,xk);
    elseif flag==1
       [f,g]=feval(f_name,xk);
    end
    k=k+1;
end
xstar=xk;fxstar=feval(f_name,xstar);iter=k;
toc;
```

另外，MATLAB 本身自带函数 fminunc.m。该函数可以实现最速下降法求无约束极小化问题，也是 MTLAB 求解无约束优化问题的主要函数，最速下降法仅仅是 fminunc 函数所使用的算法之一。其使用规则为:

```
 X = FMINUNC(FUN,X0)
 X = FMINUNC(FUN,X0,OPTIONS)
[X,FVAL] = FMINUNC(FUN,X0,...)
[X,FVAL,EXITFLAG] = FMINUNC(FUN,X0,...)
[X,FVAL,EXITFLAG,OUTPUT] = FMINUNC(FUN,X0,...)
```

```
[X,FVAL,EXITFLAG,OUTPUT,GRAD] = FMINUNC(FUN,X0,...)
[X,FVAL,EXITFLAG,OUTPUT,GRAD,HESSIAN] = FMINUNC(...)
```

其中，fun 为目标函数，需用 M 文件给出；x0 为初始迭代点，需用户（使用者）给出；options 表示参数设置，详细设置参见 OPTIMSET。输出项说明：x 为最优点（或最后迭代点）；fval 为最优点（或最后迭代点）对应的函数值；exitflag 表示函数结束信息（可参考 MATLAB 的 help 信息）；output 中则有计算的一些基本信息，包括迭代次数、目标函数最大计算次数、使用的算法名称、计算规模；grad 则是最优点（或最后迭代点）的导数（梯度）值；hessian 为最优点（或最后迭代点）的二阶导数（Hessian 矩阵）。

例 7.5 分别利用 MATLAB 程序 SteepDescent.m 和 fminunc.m 求解 $\min\limits_{\boldsymbol{x}\in\boldsymbol{R}^2} f(\boldsymbol{x}) = x_1^2 + 2x_2^2$。

解 (1) 利用 SteepDecent.m 求解该问题。

① 若不用梯度表达式，则目标函数的 M 文件已经在前面的例 7.4 中建立了的 MyExam. m，选择初始迭代点为 $\boldsymbol{x}^{(0)} = (1,1)^{\mathrm{T}}$，在 MATLAB 提示符下进行如下操作：

```
>> [xstar,fxstar,iter]=SteepDescent(@MyExam,[1,1]',0,1e-3)
Elapsed time is 0.015209 seconds. xstar =1.0e-03 *
      0.1800
     -0.0450
fxstar =   3.6442e-08
iter =   7
```

② 若利用梯度表达式，则应建立的目标函数 M 文件如下：

```
function [f,g]=MyExam1(x) %filename:MyExam1.m
 f=x(1)^2+2*x(2)^2; g=[2*x(1);4*x(2)]';
```

于是

```
>> [xstar,fxstar,iter]=SteepDescent(@MyExam1,[1,1]',1,1e-3)
Elapsed time is 0.004185 seconds.
xstar = 1.0e-03 *
      0.1800
     -0.0450
fxstar =  3.6442e-08
iter =    7
```

结果表明，选择 $x^{(0)} = (1,1)^{\mathrm{T}}$ 为初始迭代点时，经过 0.01529s，7 次迭代得到近似极小点为 $x_1^* = 0.00018, x_2^* = -0.000045$。容易看出，该问题的精确极小点为 $x_1^* = x_2^* = 0$。

(2) 若用 fminunc.m 求解，则目标函数 M 文件中同样可以有导数，也可以没有导数。

①若不带导数，则目标函数 M 文件已经建立，即例 7.4 中建立的 MyExam.m。此时

进行如下操作

```
>> options=optimset('LargeScale','off','HessUpdate',...
'steepdesc','gradobj','off','MaxFunEvals',250,'display','iter');
>> [X,FVAL,EXITFLAG] = fminunc(@FibonacciExam,[1,1]',options)
X =1.0e-07 *
     0.0000
    -0.1490
FVAL = 4.4409e-16
EXITFLAG =     1
```

②若利用梯度，则建立上面所说的目标函数的 MyExam1.m 文件，并在 optimset 中将 'gradobj','off' 改为 'gradobj','on' 则有

```
>> [X,FVAL,EXITFLAG] = fminunc(@MyExam1,[1,1]',options)
X = 0
    0
FVAL = 0
EXITFLAG = 1
```

7.3.2　共轭梯度法

共轭梯度法最早是由 Hestenes 和 Stiefel 于 1952 年提出来用于求解线性方程组的一个方法。在此基础上，Fletcher 和 Reeves 于 1964 年首先提出了解非线性规划问题的共轭梯度法。由于该方法不需要矩阵存储，且有较快的收敛速度和二次终结性等优点，现已成为解大型非线性最优化问题的最有效的算法之一。下面首先介绍共轭方向的有关概念及共轭方向法的一般结构，然后介绍求解正定二次函数的共轭梯度法及非二次函数的共轭梯度法。

定义 7.5 (共轭)　设 $\boldsymbol{G}$ 是 $n\times n$ 对称正定矩阵，$\boldsymbol{d}_1,\boldsymbol{d}_2$ 是 n 维非零向量。如果

$$\boldsymbol{d}_1^{\mathrm{T}}\boldsymbol{G}\boldsymbol{d}_2=0 \tag{7-3-2}$$

则称向量 $\boldsymbol{d}_1$ 和 $\boldsymbol{d}_2$ 是 $\boldsymbol{G}$ 共轭的 (或 $\boldsymbol{G}$ 直交的)，简称共轭的。设 $\boldsymbol{d}_1,\boldsymbol{d}_2,\cdots,\boldsymbol{d}_m$ 是 $\boldsymbol{R}^n$ 中任一组非零向量，如果

$$\boldsymbol{d}_i^{\mathrm{T}}\boldsymbol{G}\boldsymbol{d}_j=0\ \ (i\neq j) \tag{7-3-3}$$

则称向量组 $\boldsymbol{d}_1,\boldsymbol{d}_2,\cdots,\boldsymbol{d}_m$ 是 $\boldsymbol{G}$ 共轭的，简称共轭的。

由共轭的概念，立刻可以得到结论：如果 $\boldsymbol{d}_1,\boldsymbol{d}_2,\cdots,\boldsymbol{d}_m$ 是一组 $\boldsymbol{G}$ 共轭的非零向量，则它们是线性无关的。实际上，考虑 $k_1\boldsymbol{d}_1+k_2\boldsymbol{d}_2+\cdots+k_m\boldsymbol{d}_m=0$，由 $\boldsymbol{G}$ 共轭的定义，有 $\boldsymbol{d}_i^{\mathrm{T}}\boldsymbol{G}\boldsymbol{d}_j=0(i\neq j)$，于是

$$\begin{aligned}&k_1\boldsymbol{d}_i^{\mathrm{T}}\boldsymbol{G}\boldsymbol{d}_1+\cdots+k_i\boldsymbol{d}_i^{\mathrm{T}}\boldsymbol{G}\boldsymbol{d}_i+k_{i+1}\boldsymbol{d}_i^{\mathrm{T}}\boldsymbol{G}\boldsymbol{d}_{i+1}+\cdots+k_m\boldsymbol{d}_i^{\mathrm{T}}\boldsymbol{G}\boldsymbol{d}_m\\=&0\Longrightarrow k_i\boldsymbol{d}_i^{\mathrm{T}}\boldsymbol{G}\boldsymbol{d}_i=0(i=1,2,\cdots,m)\end{aligned}$$

考虑到 $\boldsymbol{G}$ 是正定矩阵，且 $\boldsymbol{d}_i\neq\mathbf{0}$，故 $k_i=0(i=1,2,\cdots,m)$，即向量组 $\boldsymbol{d}_1,\boldsymbol{d}_2,\cdots,\boldsymbol{d}_m$ 线性无关。

在上述定义中，如果 $\boldsymbol{G}=\boldsymbol{I}$（单位阵），则共轭的概念回到了通常正交的概念上面，所以，$\boldsymbol{G}$ 共轭就是正交概念的推广。共轭方向法是指在求解无约束最优化问题时，所取搜索方向是共轭的。一般共轭方向法的步骤如下：

算法 7.10 一般共轭方向法

(1) 给出初始点 $\boldsymbol{x}^{(0)},\varepsilon>0,k:=0$。计算 $\boldsymbol{g}_0=\boldsymbol{g}(\boldsymbol{x}^{(0)})$ 和初始下降方向 $\boldsymbol{d}^{(0)}$，使 $\boldsymbol{g}_0^{\mathrm{T}}\boldsymbol{d}^{(0)}<0$。

(2) 如果 $\|\boldsymbol{g}_k\|\leqslant\varepsilon$，停止迭代。

(3) 求步长 λ_k，令 $\boldsymbol{x}^{(k+1)}=\boldsymbol{x}^{(k)}+\lambda_k\boldsymbol{d}^{(k)}$。

(4) 采用某种共轭方向计算搜索方向 $\boldsymbol{d}^{(k+1)}$，使得 ${\boldsymbol{d}^{(k+1)}}^{\mathrm{T}}\boldsymbol{G}\boldsymbol{d}^{(j)}=0,j=1,2,\cdots,k$。

(5) 令 $k:=k+1$，转步骤 (2)。

在上面介绍的算法中，步骤 (4) 中的共轭方向的选取有很多种。不论哪种共轭方向，对于正定二次函数而言都具有二次终结性。考虑如下正定二次函数的极小化问题：

$$\min_{\boldsymbol{x}} f(\boldsymbol{x})=\frac{1}{2}\boldsymbol{x}^{\mathrm{T}}\boldsymbol{G}\boldsymbol{x}-\boldsymbol{b}^{\mathrm{T}}\boldsymbol{x} \tag{7-3-4}$$

有如下结论。

定理 7.6 (二次终结性) 设 $\boldsymbol{x}_0\in\boldsymbol{R}^n$ 是任意初始点。对于极小化正定二次函数 (7-3-4)，共轭方向法至多经 n 步精确线性搜索终止，即求得其极小点。

证明 对于问题 (7-3-4)，根据极值必要条件，其稳定点 $\boldsymbol{x}^*$ 满足 $\boldsymbol{g}(\boldsymbol{x}^*)=\boldsymbol{\nabla f}(\boldsymbol{x}^*)=\boldsymbol{G}\boldsymbol{x}^*-\boldsymbol{b}=\mathbf{0}$，因为 $\boldsymbol{G}$ 正定，所以此时的稳定点 x^* 即为其极小点。下面只需证明，根据共轭方向法得到的迭代点列 $\boldsymbol{x}^{(1)},\cdots,\boldsymbol{x}^{(n)}$，有 $\boldsymbol{g}_n=\boldsymbol{g}(\boldsymbol{x}^{(n)})=\mathbf{0}$ 即可证明定理的结论。

实际上，由迭代格式 $\boldsymbol{x}^{(k+1)}=\boldsymbol{x}^{(k)}+\lambda_k\boldsymbol{d}^{(k)}$，有 $\boldsymbol{g}_{k+1}-\boldsymbol{g}_k=\boldsymbol{G}(\boldsymbol{x}^{(k+1)}-\boldsymbol{x}^{(k)})=\lambda_k\boldsymbol{G}\boldsymbol{d}^{(k)}$，且在精确线搜索下有 $\boldsymbol{g}_{k+1}^{\mathrm{T}}\boldsymbol{d}^{(k)}=0$，共轭方向 $\boldsymbol{d}_0,\boldsymbol{d}_1,\cdots$，是线性无关的，所以，当 $j<i$ 时，

$$\begin{aligned}\boldsymbol{g}_{i+1}^{\mathrm{T}}\boldsymbol{d}^{(j)}&=\boldsymbol{g}_{i+1}^{\mathrm{T}}\boldsymbol{d}^{(j)}-\boldsymbol{g}_i^{\mathrm{T}}\boldsymbol{d}^{(j)}+\boldsymbol{g}_i^{\mathrm{T}}\boldsymbol{d}^{(j)}-\cdots-\boldsymbol{g}_{j+1}^{\mathrm{T}}\boldsymbol{d}^{(j)}+\boldsymbol{g}_{j+1}^{\mathrm{T}}\boldsymbol{d}^{(j)}\\&=\sum_{k=j+1}^{i}(\boldsymbol{g}_{k+1}-\boldsymbol{g}_k)^{\mathrm{T}}\boldsymbol{d}^{(j)}+\boldsymbol{g}_{j+1}^{\mathrm{T}}\boldsymbol{d}^{(j)}\\&=\sum_{k=j+1}^{i}\lambda_k{\boldsymbol{d}^{(k)}}^{\mathrm{T}}\boldsymbol{G}\boldsymbol{d}^{(j)}+\boldsymbol{g}_{j+1}^{\mathrm{T}}\boldsymbol{d}^{(j)}\\&=\mathbf{0}\end{aligned}$$

上述等式中两项分别由精确线性搜索和共轭性得到（等于零）。当 $j=i$ 时，直接由精确线性搜索可知 $\boldsymbol{g}_{i+1}^{\mathrm{T}}\boldsymbol{d}_i=0$，从而当 $i=n-1$ 时，有

$$\boldsymbol{g}_n^{\mathrm{T}}\boldsymbol{d}^{(0)}=0,\boldsymbol{g}_n^{\mathrm{T}}\boldsymbol{d}^{(1)}=0,\cdots,\boldsymbol{g}_n^{\mathrm{T}}\boldsymbol{d}^{(n-1)}=0\Longrightarrow\boldsymbol{g}_n=\boldsymbol{0}.$$

上面提到，在共轭方向法中，共轭方向的选取有很多种，共轭梯度法只是共轭方向法的一种。共轭梯度法是指每一次迭代的搜索方向互相共轭，且是负梯度方向 $-\boldsymbol{g}_k$ 与上一次迭代的搜索方向 $\boldsymbol{d}^{(k-1)}$ 的组合，即

$$\boldsymbol{d}^{(k)}=-\boldsymbol{g}_k+\beta_{k-1}\boldsymbol{d}^{(k-1)} \tag{7-3-5}$$

系数 β_{k-1} 的选择有多种公式：

$$\beta_{k-1}=\frac{\boldsymbol{g}_k^{\mathrm{T}}\boldsymbol{G}\boldsymbol{d}^{(k-1)}}{\boldsymbol{d}^{(k-1)^{\mathrm{T}}}\boldsymbol{G}\boldsymbol{d}^{(k-1)}}\qquad\text{(Hestenes-Stiefel 公式)} \tag{7-3-6}$$

$$\beta_{k-1}=\frac{\boldsymbol{g}_k^{\mathrm{T}}(\boldsymbol{g}_k-\boldsymbol{g}_{k-1})}{\boldsymbol{d}^{(k-1)^{\mathrm{T}}}(\boldsymbol{g}_k-\boldsymbol{g}_{k-1})}\qquad\text{(Crowder-Wolfe 公式)} \tag{7-3-7}$$

$$\beta_{k-1}=\frac{\boldsymbol{g}_k^{\mathrm{T}}\boldsymbol{g}_k}{\boldsymbol{g}_{k-1}^{\mathrm{T}}\boldsymbol{g}_{k-1}}\qquad\text{(Fletcher-Reeves 公式)} \tag{7-3-8}$$

$$\beta_{k-1}=\frac{\boldsymbol{g}_k^{\mathrm{T}}(\boldsymbol{g}_k-\boldsymbol{g}_{k-1})}{\boldsymbol{g}_{k-1}^{\mathrm{T}}\boldsymbol{g}_{k-1}}\qquad\text{(Polak-Ribiere-Polyak 公式)} \tag{7-3-9}$$

$$\beta_{k-1}=-\frac{\boldsymbol{g}_k^{\mathrm{T}}\boldsymbol{g}_k}{\boldsymbol{d}^{(k-1)^{\mathrm{T}}}\boldsymbol{g}_{k-1}}\qquad\text{(Dixon 公式)} \tag{7-3-10}$$

$$\beta_{k-1}=\frac{\boldsymbol{g}_k^{\mathrm{T}}\boldsymbol{g}_k}{\boldsymbol{d}^{(k-1)^{\mathrm{T}}}(\boldsymbol{g}_k-\boldsymbol{g}_{k-1})}.\qquad\text{(Dai-Yuan 公式)} \tag{7-3-11}$$

下面提出求正定二次函数极小值，即问题 (7-3-4) 的共轭梯度法。

算法 7.11 正定二次函数的共轭梯度法

(1) 给出初始迭代点 $\boldsymbol{x}^{(0)}$，精度 $\varepsilon>0$，计算 $\boldsymbol{r}_0=\boldsymbol{G}\boldsymbol{x}^{(0)}-\boldsymbol{b}$，令 $\boldsymbol{d}^{(0)}=-\boldsymbol{r}_0,k:=0$。

(2) 如果 $\|\boldsymbol{r}_k\|\leqslant\varepsilon$，停止。

(3) 计算

$$\lambda_k=\frac{\boldsymbol{r}_k^{\mathrm{T}}\boldsymbol{r}_k}{\boldsymbol{d}^{(k)^{\mathrm{T}}}\boldsymbol{G}\boldsymbol{d}^{(k)}} \tag{7-3-12}$$

$$\boldsymbol{x}^{(k+1)}=\boldsymbol{x}^{(k)}+\lambda_k\boldsymbol{d}^{(k)},\qquad\boldsymbol{r}_{k+1}=\boldsymbol{r}_k+\lambda_k\boldsymbol{G}\boldsymbol{d}^{(k)} \tag{7-3-13}$$

$$\beta_k=\frac{\boldsymbol{r}_{k+1}^{\mathrm{T}}\boldsymbol{r}_{k+1}}{\boldsymbol{r}_k^{\mathrm{T}}\boldsymbol{r}_k} \tag{7-3-14}$$

$$\boldsymbol{d}^{(k+1)}=-\boldsymbol{r}_{k+1}+\beta_k\boldsymbol{d}^{(k)} \tag{7-3-15}$$

(4) 令 $k:=k+1$，转步骤 (2)。

Fletcher 和 Reeves 于 1964 年提出将极小化正定二次函数的共轭梯度法推广到处理一般非二次函数，即有如下算法。

算法 7.12 FR-CG 算法，极小化一般非二次函数

(1) 给出初始点 $\boldsymbol{x}^{(0)}$ 以及精度 $\varepsilon > 0$，并计算 $f_0 = f(\boldsymbol{x}^{(0)}), \boldsymbol{g}_0 = \nabla f(\boldsymbol{x}^{(0)})$，令 $\boldsymbol{d}^{(0)} = -\boldsymbol{g}_0, k := 0$。

(2) 如果 $\|\boldsymbol{g}_k\| \leqslant \varepsilon$，停止；否则，转下一步。

(3) 由线性搜索求步长因子 λ_k，并令 $\boldsymbol{x}^{(k+1)} = \boldsymbol{x}^{(k)} + \lambda_k \boldsymbol{d}^{(k)}$。

(4)

$$\beta_k = \frac{\boldsymbol{g}_{k+1}^{\mathrm{T}} \boldsymbol{g}_{k+1}}{\boldsymbol{g}_k^{\mathrm{T}} \boldsymbol{g}_k}$$
$$\boldsymbol{d}^{(k+1)} = -\boldsymbol{g}_{k+1} + \beta_k \boldsymbol{d}^{(k)}$$

(5) 令 $k := k+1$, 转步骤 (2)。

由于该算法计算量小，没有矩阵存储和计算，是求解大型非线性规划的首选方法。下面不加证明地介绍 FR 共轭梯度法的总体收敛性定理。

定理 7.7 (FR 共轭梯度法总体收敛性定理) 假定 $f: \boldsymbol{R}^n \to \boldsymbol{R}$ 在有界水平集 $L = \{\boldsymbol{x} \in \boldsymbol{R}^n | f(\boldsymbol{x} \leqslant f(\boldsymbol{x}^{(0)}))\}$ 上连续可微，且有下界，那么采用精确线性搜索的 FR 共轭梯度法产生的序列 $\{\boldsymbol{x}^{(k)}\}$ 至少有一个聚点是驻点，即

(1) 当 $\{\boldsymbol{x}^{(k)}\}$ 是有穷点列时，其最后一个点是 $f(\boldsymbol{x})$ 的驻点。

(2) 当 $\{\boldsymbol{x}^{(k)}\}$ 是无穷点列时，它必有聚点，且任一聚点都是 $f(\boldsymbol{x})$ 的驻点。

对于一般的非二次函数，共轭梯度法常常采用再开始技术来提高计算效率。所谓再开始共轭梯度法，是指每 n 步迭代后重新采用最速下降方向 (负梯度方向) 作为新的搜索方向，此外，当搜索方向 $\boldsymbol{d}_k$ 是上升方向时，及满足 $\boldsymbol{g}_k^{\mathrm{T}} \boldsymbol{d}_k > 0$ 时，再从负梯度方向开始。限于篇幅，本书不作介绍，请参看有关文献。

☞ **MATLAB 程序 7.9** 求解无约束非二次函数极小值的共轭梯度法

```
% 求解无约束非二次函数极小化的共轭梯度法 (FR-CG算法)
% 调用格式: [xstar,fxstar,iter]=FR_CG(f_name,x0,flag,varepsilon)
% 输入目标(多元)函数f(x)f_name(函数句柄), 初始迭代点x0
% varepsilon是共轭梯度法(FR－CG算法)的容许度(精度)
% flag=0表示调用MyGradient.m计算目标函数的梯度, 若flag=1, 则表示需要提供
  目标函数
% 的梯度表达式。程序中的a0为在求步长时确定区间的初始点; h0为在求步长时的
  步长
% t为求步长的加速因子; e为精度(用于求步长时控制避免相邻两点相等)。这些是
  可变的
% 输出极小点xstar及其函数值fxstar和迭代次数iter
```

```
% By Gongnong Li 2012.10
function [xstar,fxstar,iter]=FR_CG(f_name,x0,flag,varepsilon)
tic;
k=0;xk=x0;a0=1;h0=1;t=2;e=1e-3;
if flag==0
   g=MyGradient(f_name,xk); % 调用MyGradient.m计算该函数在xk处的梯度
elseif flag==1
   [f,g]=feval(f_name,xk); % 根据梯度表达式直接计算目标函数的梯度值
end
dk=-g;
while norm(g)>varepsilon
   if g'*dk<0
      dk=dk;
   else
      dk=-g;
   end
% 若方向dk不是下降方向, 则调用负梯度方向
   lambda=p618(f_name,xk,dk,a0,h0,t,e);
   %调用0.618法求最优步长lambda (也可用其他方法)
   xk=xk+lambda*dk;
   if flag==0
      gk=MyGradient(f_name,xk);
   elseif flag==1
      [fk,gk]=feval(f_name,xk);
   end
   betak=(gk'*gk)/(g'*g);g=gk; dk=-gk+betak*dk;
   k=k+1;
end
xstar=xk;fxstar=feval(f_name,xk);iter=k;
toc;
```

例 7.6 利用程序 FR_CG.m 求 Powell 奇异函数

$$f(\boldsymbol{x}) = (x_1 + 10x_2)^2 + 5(x_3 - x_4)^2 + (x_2 - 2x_3)^4 + 10(x_1 - x_4)^4$$

的极小点，取初始迭代 $x^{(0)} = (3, -1, 0, -1)^{\mathrm{T}}$，精度 $\varepsilon = 10^{-6}$。

解 首先建立 Powell 奇异函数的 M 文件 Powell.m 并存盘，其内容为:

```
function [y,g]=Powell(x)
y=(x(1)+10*x(2))^2+5*(x(3)-x(4))^2+(x(2)-2*x(3))^4+10*(x(1)-x(4))^2;
g=[2*(x(1)+10*x(2))+40*(x(1)-x(4)),20*(x(1)+10*x(2))+4*(x(2)-2*x(3))^3,
...
    10*(x(3)-x(4))-8*(x(2)-2*x(3)),-10*(x(3)-x(4))-40*(x(1)-x(4))^3]';
```

然后，在 MATLAB 提示符下进行如下操作:

```
>> [xstar,fxstar,iter]=FR_CG(@Powell,[3,-1,0,1]',0,1e-6)
Elapsed time is 4.957254 seconds.
xstar =
     0.0011
    -0.0001
     0.0011
     0.0011
fxstar =    3.1275e-11
iter =      1403
```

计算结果表明，经过 4.957254s，1403 次迭代得到的极小点为 $x_1^*=0.0011, x_2^*=-0.0001, x_3^*=0.0011, x_4^*=0.0011$。

7.3.3 牛顿法及拟牛顿法

在最速下降法中，每次迭代的搜索方向取作当前迭代点的负梯度方向，可以被看作将目标函数进行一次泰勒展开后得到的近似极小点。牛顿法则是利用目标函数的二次泰勒展开，将二次泰勒展开函数的极小点作为新的迭代点，与最速下降法的一次函数相比更进了一步。

在求解问题 (7-1-1)，即 $\min\limits_{\boldsymbol{x}\in\boldsymbol{R}^n} f(\boldsymbol{x})$ 时，设 $f(\boldsymbol{x})$ 二次连续可微，若已求得最优解 $\boldsymbol{x}^*$ 的一个近似点 $\boldsymbol{x}^{(k)}$，对 $f(\boldsymbol{x})$ 在 $\boldsymbol{x}^{(k)}$ 附近展开有

$$f(\boldsymbol{x}^{(k)}+\boldsymbol{s})\approx q^{(k)}(\boldsymbol{s})=f(\boldsymbol{x}^{(k)})+\boldsymbol{\nabla} f(\boldsymbol{x}^{(k)})^{\mathrm{T}}\boldsymbol{s}+\frac{1}{2}\boldsymbol{s}^{\mathrm{T}}\boldsymbol{\nabla}^2\boldsymbol{f}(\boldsymbol{x}^{(k)})\boldsymbol{s},\quad \boldsymbol{s}=\boldsymbol{x}-\boldsymbol{x}^{(k)} \tag{7-3-16}$$

根据前面介绍的无约束优化问题的极值必要条件和充分条件，当 $\boldsymbol{\nabla}^2\boldsymbol{f}(\boldsymbol{x}^{(k)})$ 正定时，式 (7-3-16) 右边有唯一极小点 $\tilde{\boldsymbol{s}}=\bar{\boldsymbol{x}}-\boldsymbol{x}^{(k)}$ 满足

$$\boldsymbol{\nabla}\boldsymbol{f}(\boldsymbol{x}^{(k)})+\boldsymbol{\nabla}^2\boldsymbol{f}(\boldsymbol{x}^{(k)})\tilde{\boldsymbol{s}}=0$$

故

$$\bar{\boldsymbol{x}}=\boldsymbol{x}^{(k)}-[\boldsymbol{\nabla}^2\boldsymbol{f}(\boldsymbol{x}^{(k)})]^{-1}\boldsymbol{\nabla}\boldsymbol{f}(\boldsymbol{x}^{(k)})$$

于是有原问题 (7-1-1) 在当前迭代点到下一个迭代点的迭代公式为

$$\boldsymbol{x}^{(k+1)}=\boldsymbol{x}^{(k)}+\tilde{\boldsymbol{s}}=\boldsymbol{x}^{(k)}-[\boldsymbol{\nabla}^2\boldsymbol{f}(\boldsymbol{x}^{(k)})]^{-1}\boldsymbol{\nabla}\boldsymbol{f}(\boldsymbol{x}^{(k)}) \tag{7-3-17}$$

式 (7-3-17) 称为牛顿迭代公式。用该公式取代算法 7.1 中的步骤 (4) 得到的算法即称之为牛顿法。为叙述方便起见，令 $\boldsymbol{G}_k \triangleq \nabla^2 \boldsymbol{f}(\boldsymbol{x}^{(k)}), \boldsymbol{g}_k \triangleq \nabla \boldsymbol{f}(\boldsymbol{x}^{(k)})$，则式 (7-3-17) 可以写成

$$\boldsymbol{x}^{(k+1)} = \boldsymbol{x}^{(k)} - \boldsymbol{G}_k^{-1}\boldsymbol{g}_k \tag{7-3-18}$$

可以证明，当迭代点在目标函数极小点 $\boldsymbol{x}^*$ 附近，且其 Hesse 矩阵 $\nabla^2 \boldsymbol{f}(\boldsymbol{x}^*)$ 正定时，牛顿法的收敛速度很快，具有所谓的二阶收敛性。但若初始点选择不好，则可能不收敛。不过，对于正定二次函数，牛顿法能够一步迭代即达最优解，即具有二次终结性。显然，对于一般的非线性函数而言，其极小点是未知的，所以牛顿法具有很大的局限性。由于牛顿法可能具有二次收敛速度，且具有二次终结性，所以人们并没有就此放弃牛顿法，而是对其进行了不同的修正以期获得较好的算法。这是因为，正定二次函数可以被看作最简单的非线性函数。一般来说，一个算法若对最简单的非线性函数都没有好的效果，则对于一般的非线性函数也难有好的效果；反之，若一个算法具有二次终结性，则有可能对一般的非线性函数也有较好的效果。这里介绍一种带步长因子的牛顿法。在牛顿法中引进步长因子，得到

$$\boldsymbol{x}^{(k+1)} = \boldsymbol{x}^{(k)} + \lambda_k \boldsymbol{d}^{(k)}, \quad \boldsymbol{d}^{(k)} = -\boldsymbol{G}_k^{-1}\boldsymbol{g}_k \tag{7-3-19}$$

于是，有带步长因子的牛顿法。

算法 7.13　带步长因子的牛顿法

(1) 选取初始点 $\boldsymbol{x}^{(0)}$，精度 $\varepsilon > 0$，令 $k := 0$。

(2) 计算 $\boldsymbol{g}_k$. 如果 $\|\boldsymbol{g}_k\| \leqslant \varepsilon$，停止；否则，转下一步。

(3) 计算牛顿方向 $\boldsymbol{d}^{(k)} = -\boldsymbol{G}_k^{-1}\boldsymbol{g}_k$。

(4) 通过一维搜索求步长 λ_k，使得

$$f(\boldsymbol{x}^{(k)} + \lambda_k \boldsymbol{d}^{(k)}) = \min_{\lambda \geqslant 0} f(\boldsymbol{x}^{(k)} + \lambda \boldsymbol{d}^{(k)}) \tag{7-3-20}$$

(5) 令 $\boldsymbol{x}^{(k+1)} = \boldsymbol{x}^{(k)} + \lambda_k \boldsymbol{d}^{(k)}, k := k+1$，转步骤 (2)。

上述算法中的步骤 (3) 需要计算牛顿方向 $\boldsymbol{d}^{(k)} = -\boldsymbol{G}_k^{-1}\boldsymbol{g}_k$，当矩阵较大时，逆矩阵的计算是很困难的，且数值不稳定。因此，在步骤 (3) 中的牛顿方向往往通过求解线性方程组的方式得到，即求解 $\boldsymbol{G}_k \boldsymbol{d}^{(k)} = -\boldsymbol{g}_k$。下面不加证明地给出一个定理，说明在一定条件下，上述带步长因子的牛顿法是总体收敛的。

定理 7.8 (带步长因子的牛顿法的总体收敛性)　设 $f(\boldsymbol{x})$ 二阶连续可微，又设对任意 $\boldsymbol{x}^{(0)} \in \boldsymbol{R}^n$，存在常数 $m > 0$，使得 $f(\boldsymbol{x})$ 在水平集 $L(\boldsymbol{x}^{(0)}) = \{\boldsymbol{x} | f(\boldsymbol{x}) \leqslant f(\boldsymbol{x}^{(0)})\}$ 上满足

$$\boldsymbol{u}^{\mathrm{T}} \nabla^2 f(\boldsymbol{x}) \boldsymbol{u} \geqslant m\|\boldsymbol{u}\|^2, \quad \forall \boldsymbol{u} \in \boldsymbol{R}^n, \ \ \boldsymbol{x} \in L(\boldsymbol{x}^{(0)}) \tag{7-3-21}$$

则在精确线搜索条件下，带步长因子的牛顿法产生的迭代点列 $\{\boldsymbol{x}^{(k)}\}$ 满足：

(1) 当 $\{\boldsymbol{x}^{(k)}\}$ 是有限点列时，其最后一个点为 $f(\boldsymbol{x})$ 的唯一极小点；

(2) 当 $\{\boldsymbol{x}^{(k)}\}$ 是无穷点列时，它收敛到 $f(\boldsymbol{x})$ 的唯一极小点 $\bar{\boldsymbol{x}}$。

从该定理的条件中不难看出，仅当目标函数的 Hesse 矩阵 $\boldsymbol{G}(\boldsymbol{x})$ 正定时，方法才是总体收敛的。但是，当初始点远离局部极小点时，$\boldsymbol{G}(\boldsymbol{x}_k)$ 可能不正定，也可能奇异，这样所产生的搜索方向 $\boldsymbol{d}^{(k)}$ 可能不是下降方向。为此，Gill 和 Murray 于 1974 年进一步修正了牛顿法，产生了所谓的 Gill-Murray 稳定牛顿法。限于篇幅，本书不再予以介绍。请参考有关文献。

拟牛顿法（也称为变尺度法）是牛顿法的另一种修正，是目前为止求解无约束非线性规划的最有效的算法之一。拟牛顿法实际上是一族算法。也就是说，有很多算法都属于所谓的拟牛顿法。其中最常用的是由 Davidon 于 1959 年提出，后经 Fletcher 和 Powell 于 1963 年改进形成的 DFP 算法。

上面提到过带步长因子的牛顿法的迭代公式为

$$\boldsymbol{x}^{(k+1)}=\boldsymbol{x}^{(k)}-\lambda_k[\nabla^2\boldsymbol{f}(\boldsymbol{x}^{(k)})]^{-1}\nabla\boldsymbol{f}(\boldsymbol{x}^{(k)})=\boldsymbol{x}^{(k)}-\lambda_k\boldsymbol{G}_k^{-1}\boldsymbol{g}_k$$

拟牛顿法的迭代公式则为

$$\boldsymbol{x}^{(k+1)}=\boldsymbol{x}^{(k)}+\lambda_k\boldsymbol{d}^{(k)}=\boldsymbol{x}^{(k)}-\lambda_k\boldsymbol{B}_k^{-1}\boldsymbol{g}_k \tag{7-3-22}$$

迭代公式 (7-3-22) 中的 $\boldsymbol{B}_k$ 是对称正定矩阵，是原函数的 Hesse 矩阵 $\boldsymbol{G}_k$ 的近似。比较上面两个迭代公式，看到所谓拟牛顿法就是用 $\boldsymbol{B}_k$ 代替了牛顿法中的 Hesse 矩阵 $\boldsymbol{G}_k$。记

$$\boldsymbol{s}_k=\boldsymbol{x}^{(k+1)}-\boldsymbol{x}^{(k)},\quad \boldsymbol{y}_k=\boldsymbol{g}_{k+1}-\boldsymbol{g}_k\ \ [\boldsymbol{g}_k=\nabla\boldsymbol{f}(\boldsymbol{x}^{(k)})] \tag{7-3-23}$$

将目标函数 $f(\boldsymbol{x})$ 在迭代点 $\boldsymbol{x}^{(k+1)}$ 附近进行二次泰勒展开，即有近似等式

$$f(\boldsymbol{x})\approx f(\boldsymbol{x}^{(k+1)})+\boldsymbol{g}_{k+1}^{\mathrm{T}}(\boldsymbol{x}-\boldsymbol{x}^{(k+1)})+\frac{1}{2}(\boldsymbol{x}-\boldsymbol{x}^{(k+1)})^{\mathrm{T}}\boldsymbol{G}_{k+1}(\boldsymbol{x}-\boldsymbol{x}^{(k+1)})$$

对上式两端同时求梯度，则有近似等式

$$\boldsymbol{g}(\boldsymbol{x})\approx\boldsymbol{g}_{k+1}+\boldsymbol{G}_{k+1}(\boldsymbol{x}-\boldsymbol{x}^{(k+1)})$$

令 $\boldsymbol{x}=\boldsymbol{x}^{(k)}$，则上式变为 $\boldsymbol{g}_{k+1}-\boldsymbol{g}_k\approx\boldsymbol{G}_{k+1}(\boldsymbol{x}^{(k+1)}-\boldsymbol{x}^{(k)})$，采用式 (7-3-23) 的记号，即为

$$\boldsymbol{G}_{k+1}\boldsymbol{s}_k\approx\boldsymbol{y}_k$$

这些近似等式当目标函数是二次函数时刚好是等式。既然拟牛顿法是用某个正定矩阵 $\boldsymbol{B}_k$ 代替目标函数的 Hesse 矩阵 $\boldsymbol{G}_k$，因此要求拟牛顿法中的 $\boldsymbol{B}_k$ 必须满足下列条件

$$\boldsymbol{B}_{k+1}\boldsymbol{s}_k=\boldsymbol{y}_k \tag{7-3-24}$$

式 (7-3-24) 称为拟牛顿条件或拟牛顿方程。令 $\boldsymbol{H}_k=\boldsymbol{B}_k^{-1}$，则拟牛顿条件又可写为

$$\boldsymbol{H}_{k+1}\boldsymbol{y}_k=\boldsymbol{s}_k \tag{7-3-25}$$

这样，拟牛顿法的迭代公式 (7-3-22) 又可写为

$$\boldsymbol{x}^{(k+1)} = \boldsymbol{x}^{(k)} + \lambda_k \boldsymbol{d}^{(k)} = \boldsymbol{x}^{(k)} - \lambda_k \boldsymbol{H}_k \boldsymbol{g}_k \tag{7-3-26}$$

据此，提出一般的拟牛顿算法如下。

算法 7.14 拟牛顿法的一般结构

(1) 给出初始点 $\boldsymbol{x}_0 \in \boldsymbol{R}^n$，初始正定矩阵 $\boldsymbol{B}_0 \in \boldsymbol{R}^{n\times n}$ 或 $\boldsymbol{H}_0 \in \boldsymbol{R}^{n\times n}$ 以及精度 $\varepsilon > 0, k := 0$。

(2) 如果 $\|\boldsymbol{g}_k\| \leqslant \varepsilon$, 停止；否则，转下一步。

(3) 解方程组 $\boldsymbol{B}_k\boldsymbol{d}^{(k)} = -\boldsymbol{g}_k$，得搜索方向 $\boldsymbol{d}^{(k)}$;(或计算 $\boldsymbol{d}^{(k)} = -\boldsymbol{H}_k\boldsymbol{g}_k$)。

(4) 由一维搜索求步长因子 λ_k，并令 $\boldsymbol{x}^{(k+1)} = \boldsymbol{x}^{(k)} + \lambda_k\boldsymbol{d}^{(k)}$。

(5) 通过某种校正公式由 $\boldsymbol{B}_k$ 产生 $\boldsymbol{B}_{k+1}$(或校正 $\boldsymbol{H}_k$ 产生 $\boldsymbol{H}_{k+1}$)，使得拟牛顿条件 (7-3-24) 或式 (7-3-25) 成立。

(6) 令 $k := k + 1$, 转步骤 (2)。

与带步长因子的牛顿法相比，这个算法最关键的地方在于 Hesse 矩阵 $\boldsymbol{G}_k$ 的近似 $\boldsymbol{B}_k$(或 $\boldsymbol{G}_k$ 逆的近似 $\boldsymbol{H}_k$) 是由算法设计者人为控制的。在初始的 $\boldsymbol{B}_0$(或 $\boldsymbol{H}_0$) 取为正定矩阵 (常常取为单位矩阵) 的情况下，只要校正公式取得合适，将会保持 $\boldsymbol{B}_k$(或 $\boldsymbol{H}_k$) 的正定性。这样就会克服牛顿法要求 Hesse 矩阵正定的缺陷而同时保持好的收敛速度。下面介绍两个这样的校正公式，它们分别是 DFP 校正公式和 BFGS 校正公式。

1. DFP 校正公式

这个校正公式是 1959 年由 Davidon 提出，后来由 Flecher 和 Powell(1963) 解释和发展的。关于 $\boldsymbol{H}_k$ 的 DFP 校正公式为

$$\boldsymbol{H}_{k+1} = \boldsymbol{H}_k + \frac{\boldsymbol{s}_k\boldsymbol{s}_k^{\mathrm{T}}}{\boldsymbol{s}_k^{\mathrm{T}}\boldsymbol{y}_k} - \frac{\boldsymbol{H}_k\boldsymbol{y}_k\boldsymbol{y}_k^{\mathrm{T}}\boldsymbol{H}_k}{\boldsymbol{y}_k^{\mathrm{T}}\boldsymbol{H}_k\boldsymbol{y}_k} \tag{7-3-27}$$

其中：$\boldsymbol{s}_k = \boldsymbol{x}^{(k+1)} - \boldsymbol{x}^{(k)}$；$\boldsymbol{y}_k = \boldsymbol{g}_{k+1} - \boldsymbol{g}_k(\boldsymbol{g}_k = \boldsymbol{\nabla} \boldsymbol{f}(\boldsymbol{x}^{(k)}))$。

关于 $\boldsymbol{B}_k$ 的 DFP 校正公式为

$$\boldsymbol{B}_{k+1} = \left(\boldsymbol{I} - \frac{\boldsymbol{y}_k\boldsymbol{s}_k^{\mathrm{T}}}{\boldsymbol{y}_k^{\mathrm{T}}\boldsymbol{s}_k}\right)\boldsymbol{B}_k\left(\boldsymbol{I} - \frac{\boldsymbol{s}_k\boldsymbol{y}_k^{\mathrm{T}}}{\boldsymbol{y}_k^{\mathrm{T}}\boldsymbol{s}_k}\right) + \frac{\boldsymbol{y}_k\boldsymbol{y}_k^{\mathrm{T}}}{\boldsymbol{y}_k^{\mathrm{T}}\boldsymbol{s}_k} \tag{7-3-28}$$

下面的定理证明，关于 $\boldsymbol{H}_k$ 或 $\boldsymbol{G}_k$ 的 DFP 校正满足保持正定性的要求。

定理 7.9 (DFP 校正的正定性性质) 当且仅当 $\boldsymbol{s}_k^{\mathrm{T}}\boldsymbol{y}_k > 0$ 时，DFP 校正 (7-3-27) 保持 $\boldsymbol{H}_k$ 的正定性。

证明 充分性。若能利用数学归纳法证明

$$\boldsymbol{z}^{\mathrm{T}}\boldsymbol{H}_k\boldsymbol{z} > 0, \quad \forall \boldsymbol{z} \neq \boldsymbol{0}, \text{ 及一切正整数} k \tag{7-3-29}$$

成立，即证明了定理的结论成立。首先，由于初始选择矩阵 $\boldsymbol{H}_0$ 是正定矩阵 (比如，总是可以选 $\boldsymbol{H}_0$ 为单位阵)，故假设对某个 k，结论成立，此时 $\boldsymbol{H}_k$ 为正定矩阵，考虑其 Cholesky 分解，并记 $\boldsymbol{H}_k=\boldsymbol{L}\boldsymbol{L}^{\mathrm{T}}$ 为 $\boldsymbol{H}_k$ 的 Cholesky 分解。设

$$\boldsymbol{a}=\boldsymbol{L}^{\mathrm{T}}\boldsymbol{z}, \qquad \boldsymbol{b}=\boldsymbol{L}^{\mathrm{T}}\boldsymbol{y}_k \tag{7-3-30}$$

则

$$\boldsymbol{z}^{\mathrm{T}}\boldsymbol{H}_{k+1}\boldsymbol{z}=\boldsymbol{z}^{\mathrm{T}}\left(\boldsymbol{H}_k-\frac{\boldsymbol{H}_k\boldsymbol{y}_k\boldsymbol{y}_k^{\mathrm{T}}\boldsymbol{H}_k}{\boldsymbol{y}_k^{\mathrm{T}}\boldsymbol{H}_k\boldsymbol{y}_k}\right)\boldsymbol{z}+\boldsymbol{z}^{\mathrm{T}}\frac{\boldsymbol{s}_k\boldsymbol{s}_k^{\mathrm{T}}}{\boldsymbol{s}_k^{\mathrm{T}}\boldsymbol{y}_k}\boldsymbol{z} \tag{7-3-31}$$

$$=\left[\boldsymbol{a}^{\mathrm{T}}\boldsymbol{a}-\frac{(\boldsymbol{a}^{\mathrm{T}}\boldsymbol{b})^2}{\boldsymbol{b}^{\mathrm{T}}\boldsymbol{b}}\right]+\frac{(\boldsymbol{z}^{\mathrm{T}}\boldsymbol{s}_k)^2}{\boldsymbol{s}_k^{\mathrm{T}}\boldsymbol{y}_k} \tag{7-3-32}$$

由 Cauchy 不等式知

$$\boldsymbol{a}^{\mathrm{T}}\boldsymbol{a}-\frac{(\boldsymbol{a}^{\mathrm{T}}\boldsymbol{b})^2}{\boldsymbol{b}^{\mathrm{T}}\boldsymbol{b}}\geqslant 0 \tag{7-3-33}$$

又由假设 $\boldsymbol{s}_k^{\mathrm{T}}\boldsymbol{y}_k>0$，故有

$$\boldsymbol{z}^{\mathrm{T}}\boldsymbol{H}_{k+1}\boldsymbol{z}\geqslant 0 \tag{7-3-34}$$

若 $\boldsymbol{a}^{\mathrm{T}}\boldsymbol{a}-(\boldsymbol{a}^{\mathrm{T}}\boldsymbol{b})^2/\boldsymbol{b}^{\mathrm{T}}\boldsymbol{b}=0$，即表示 $\boldsymbol{a}$ 与 $\boldsymbol{b}$ 平行，也就是 $\boldsymbol{z}$ 与 $\boldsymbol{y}_k$ 平行。这样，不妨设 $\boldsymbol{z}=\beta\boldsymbol{y}_k,\beta\neq 0$，这时

$$\frac{(\boldsymbol{z}^{\mathrm{T}}\boldsymbol{s}_k)^2}{\boldsymbol{s}_k^{\mathrm{T}}\boldsymbol{y}_k}=\beta^2\boldsymbol{s}_k^{\mathrm{T}}\boldsymbol{y}_k>0$$

若 $(\boldsymbol{z}^{\mathrm{T}}\boldsymbol{s}_k)^2/\boldsymbol{s}_k^{\mathrm{T}}\boldsymbol{y}_k=0$，则由于假设 $\boldsymbol{s}_k^{\mathrm{T}}\boldsymbol{y}_k>0$，故有 $\boldsymbol{z}^{\mathrm{T}}\boldsymbol{s}_k=0$，但在这种情况下，$\boldsymbol{z}_k$ 与 $\boldsymbol{y}_k$ 必不平行，从而

$$\boldsymbol{a}^{\mathrm{T}}\boldsymbol{a}-\frac{(\boldsymbol{a}^{\mathrm{T}}\boldsymbol{b})^2}{\boldsymbol{b}^{\mathrm{T}}\boldsymbol{b}}>0$$

综上，对任何 $\boldsymbol{z}\neq\boldsymbol{0}$ 以及一切正整数 k，总是有 $\boldsymbol{z}^{\mathrm{T}}\boldsymbol{H}_{k+1}\boldsymbol{z}>0$ 成立。根据数学归纳法可知充分性是成立的。

必要性。从充分性的证明中不难看出，当 $\boldsymbol{H}_{k+1}$ 保持正定性时，必要求 $\boldsymbol{s}_k^{\mathrm{T}}\boldsymbol{y}_k>0$ 成立。

可见，条件 $\boldsymbol{s}_k^{\mathrm{T}}\boldsymbol{y}_k>0$ 是 DFP 校正保持正定性的关键。实际上，这个条件一般来说总是可以得到满足的。由于 $\boldsymbol{s}_k^{\mathrm{T}}\boldsymbol{y}_k=\boldsymbol{g}_{k+1}^{\mathrm{T}}\boldsymbol{s}_k-\boldsymbol{g}_k^{\mathrm{T}}\boldsymbol{s}_k$，且 $\boldsymbol{s}_k$ 是下降方向步，根据定理 7.3，有 $\boldsymbol{g}_k^{\mathrm{T}}\boldsymbol{s}_k<0$，当采用精确线搜索时，$\boldsymbol{g}_{k+1}^{\mathrm{T}}\boldsymbol{s}_k=0$，从而 $\boldsymbol{s}_k^{\mathrm{T}}\boldsymbol{y}_k>0$。当采用不精确线搜索 Wolfe 准则时，有

$$\boldsymbol{g}_{k+1}^{\mathrm{T}}\boldsymbol{s}_k\geqslant\sigma\boldsymbol{g}_k^{\mathrm{T}}\boldsymbol{s}_k \quad (\sigma<1)$$

因此

$$\boldsymbol{s}_k^{\mathrm{T}}\boldsymbol{y}_k\geqslant(\sigma-1)\boldsymbol{g}_k^{\mathrm{T}}\boldsymbol{s}_k$$

由于 $\boldsymbol{g}_k^{\mathrm{T}}\boldsymbol{s}_k < 0$，故在 $\sigma < 1$ 时，总是有 $\boldsymbol{s}_k^{\mathrm{T}}\boldsymbol{y}_k > 0$。而这在提高线搜索的精度时总是能达到的。

定理中证明的是关于 $\boldsymbol{H}_k$ 校正保持正定性的性质，关于 $\boldsymbol{G}_k$ 的 DFP 校正公式 (7-3-28) 也可以类似地证明其保持正定性的性质。

2. BFGS 校正公式

BFGS 校正也是满足保持正定性要求的校正公式。它是 Broden,Fletcher,Goldfarb 和 Shanno 在 1970 年各自独立提出的拟牛顿法。关于 $\boldsymbol{B}_k$ 的校正公式为

$$\boldsymbol{B}_{k+1} = \boldsymbol{B}_k + \frac{\boldsymbol{y}_k\boldsymbol{y}_k^{\mathrm{T}}}{\boldsymbol{y}_k^{\mathrm{T}}\boldsymbol{s}_k} - \frac{\boldsymbol{B}_k\boldsymbol{s}_k\boldsymbol{s}_k^{\mathrm{T}}\boldsymbol{B}_k}{\boldsymbol{s}_k^{\mathrm{T}}\boldsymbol{B}_k\boldsymbol{s}_k} \tag{7-3-35}$$

关于 $\boldsymbol{H}_k$ 的校正公式为

$$\boldsymbol{H}_{k+1} = \left(\boldsymbol{I} - \frac{\boldsymbol{s}_k\boldsymbol{y}_k^{\mathrm{T}}}{\boldsymbol{s}_k^{\mathrm{T}}\boldsymbol{y}_k}\right)\boldsymbol{H}_k\left(\boldsymbol{I} - \frac{\boldsymbol{y}_k\boldsymbol{s}_k^{\mathrm{T}}}{\boldsymbol{s}_k^{\mathrm{T}}\boldsymbol{y}_k}\right) + \frac{\boldsymbol{s}_k\boldsymbol{s}_k^{\mathrm{T}}}{\boldsymbol{s}_k^{\mathrm{T}}\boldsymbol{y}_k} \tag{7-3-36}$$

与 DFP 校正保持正定性的证明类似，可以证明这两个公式也是保持正定性的。

最后指出两点：

(1) 在关于 $\boldsymbol{H}_k$ 校正的 DFP 公式与关于 $\boldsymbol{B}_k$ 校正的 BFGS 公式中，将 $\boldsymbol{B}_k$ 与 $\boldsymbol{H}_k$ 相互替换，$\boldsymbol{s}_k$ 与 $\boldsymbol{y}_k$ 相互替换即可得到彼此。关于 $\boldsymbol{G}_k$ 校正的 DFP 公式与关于 $\boldsymbol{H}_k$ 校正的 BFGS 公式也是如此。因此，也称 BFGS 公式为互补 DFP 公式。

(2)DFP 方法和 BFGS 方法具有二次终止性。即对于 n 元正定二次函数，DFP 和 BFGS 方法产生的方向是共轭的，且算法至多 n 步终止即可得到 n 元正定二次函数的极小点。

据此，给出 BFGS 算法的具体描述 (DFP 算法只需将其中的校正公式换成 DFP 公式，并将 $\boldsymbol{d}^{(k)} = -\boldsymbol{B}_{k+1}^{-1}\nabla\boldsymbol{f}(\boldsymbol{x}^{(k+1)})$ 换成 $\boldsymbol{d}^{(k)} = -\boldsymbol{H}_{k+1}\nabla\boldsymbol{f}(\boldsymbol{x}^{(k+1)})$ 即可)。

算法 7.15　BFGS 算法

(1) 给定初始点 $\boldsymbol{x}^{(0)} \in \boldsymbol{R}^n$ 和 $\boldsymbol{H}_0$ (一般取 $\boldsymbol{H}_0 = \boldsymbol{I}$)，$\boldsymbol{d}^{(0)} = -\nabla\boldsymbol{f}(\boldsymbol{x}^{(0)}), k := 0$ 以及容许度 $\varepsilon > 0$。

(2) 若 $\|\nabla\boldsymbol{f}(\boldsymbol{x}^{(k)})\| < \varepsilon$ 停止；否则，令 $\boldsymbol{x}^{(k+1)} = \boldsymbol{x}^{(k)} + \lambda_k\boldsymbol{d}^{(k)}$，其中步长 λ_k 由线搜索得到。

(3) 计算 $\boldsymbol{s}_k = \boldsymbol{x}^{(k+1)} - \boldsymbol{x}^{(k)}, \boldsymbol{y}_k = \nabla\boldsymbol{f}(\boldsymbol{x}^{(k+1)}) - \nabla\boldsymbol{f}(\boldsymbol{x}^{(k)})$，以及

$$\boldsymbol{B}_{k+1} = \boldsymbol{B}_k + \frac{\boldsymbol{y}_k\boldsymbol{y}_k^{\mathrm{T}}}{\boldsymbol{y}_k^{\mathrm{T}}\boldsymbol{s}_k} - \frac{\boldsymbol{B}_k\boldsymbol{s}_k\boldsymbol{s}_k^{\mathrm{T}}\boldsymbol{B}_k}{\boldsymbol{s}_k^{\mathrm{T}}\boldsymbol{B}_k\boldsymbol{s}_k}, \quad \boldsymbol{d}^{(k)} = -\boldsymbol{B}_{k+1}^{-1}\nabla\boldsymbol{f}(\boldsymbol{x}^{(k+1)})$$

(4) $k = k+1$，返回步骤 (2)。

编者根据如上算法编写了 MATLAB 程序 BFGS.m。

☞ **MATLAB 程序 7.10** BFGS 算法

```
% 求解无约束优化问题的拟牛顿法(采用BFGS校正公式)
% 调用格式为[xstar,fxstar,iter]=BFGS(f_name,x0,flag,varepsilon)
% 输入函数为f_name(另外编写函数文件), 初始迭代点为x0,精度要求为varepsilon
% 程序中参数: a0为在求步长时确定区间时的初始点; h0为在求步长时的步长
% t为求步长的加速因子; e为精度(用于求步长时控制避免相邻两点相等)。这些参
  数可变
% varepsilon是拟牛顿法(采用BFGS校正公式)的容许度 (精度)
% 若输入flag=0, 表示不需给出目标函数的梯度, 采用MyGradient.m计算梯度
% 若输入flag=1, 则表示需给出目标函数的梯度表达式
% 输出极小点xstar及其函数值fxstar和迭代次数iter
% By Gongnong Li 2012.10.
function [xstar,fxstar,iter]=BFGS(f_name,x0,flag,varepsilon)
tic;
k=0;
n=length(x0);B=eye(n,n);xk=x0;a0=1;h0=1;t=2;e=1e-3;
if flag==0
   g=MyGradient(f_name,xk); % 调用MyGradient.m计算该函数在xk处的梯度
elseif flag==1
   [f,g]=feval(f_name,xk); % 根据梯度表达式直接计算目标函数的梯度值
end
while norm(g)>varepsilon
     dk=Gauss2(B,-g,1);%调用高斯消元法求解B_kd_k=-g的搜索方向d_k
     lambda=p618(f_name,xk,dk,a0,h0,t,e);
     %调用0.618法求最优步长lambda (也可用其他方法)
     xkplus1=xk+lambda*dk;
     if flag==0
        gkplus1=MyGradient(f_name,xkplus1);
     elseif flag==1
        [f,gkplus1]=feval(f_name,xkplus1);
    end
     yk=gkplus1-g;sk=xkplus1-xk;
     B=B+(yk*yk')/(yk'*sk)-(B*sk*sk'*B)/(sk'*B*sk);
     xk=xkplus1;g=gkplus1;
     k=k+1;
```

```
end
xstar=xk;fxstar=feval(f_name,xk);iter=k;
toc;
```

在 BFGS 算法中需要求搜索方向 $\boldsymbol{d}^{(k)}=-\boldsymbol{B}_{k+1}^{-1}\nabla \boldsymbol{f}(\boldsymbol{x}^{(k+1)})$，而这是通过解方程组 $\boldsymbol{B}_{k+1}\boldsymbol{d}^{(k)}=-\nabla \boldsymbol{f}(\boldsymbol{x}^{(k+1)})$ 来完成的。为此调用的高斯消元法程序 Gauss2.m 如下。

☞ **MATLAB 程序 7.11**　高斯消元法

```
%选列主元Gauss消元法解线性方程组 Ax=b。其中，A为系数矩阵；b为右端列向量
%flag设为0,则表示需显示中间过程；否则，不显示，其默认值为0。输出x为解向量
% By Gongnong Li 2012.10
function x=Gauss2(A,b,flag)
if nargin<3
    flag=0;
end
n=length(b);
A=[A,b];
for k=1:n-1 %选主元
    [Ap,p]=max(abs(A(k:n,k)));
    p=p+k-1;
    if p>k
        t=A(k,:);A(k,:)=A(p,:);A(p,:)=t;
    end
%以下为消元
A((k+1):n,(k+1):(n+1))=A((k+1):n,(k+1):(n+1))-A((k+1):n,k)/A(k,k)*
A(k,(k+1):(n+1));
A((k+1):n,k)=zeros(n-k,1);
if flag==0
    A
end
end
%以下为回代
x=zeros(n,1);
x(n)=A(n,n+1)/A(n,n);
for k=n-1:-1:1
```

```
    x(k,:)=(A(k,n+1)-A(k,(k+1):n)*x((k+1):n))/A(k,k);
end
```

例 7.7 考虑立方体函数 $f(\boldsymbol{x}) = 100(x_2 - x_1^3)^2 + (1 - x_1)^2$，取初始迭代点 $\boldsymbol{x}^{(0)} = (-1.2, -1)^{\mathrm{T}}$，利用 BFGS.m 程序，求其极小值点。

解 首先建立其函数文件 Cubic.m，其内容为：

```
function [y,g]=Cubic(x)
y=100*(x(2)-x(1)^3)^2+(1-x(1))^2;
g=[200*(x(2)-x(1)^3)*(-3*x(1)^2)-2*(1-x(1)),200*(x(2)-x(1)^3)]';
```

存盘并调用程序 BFGS.m 计算如下：

```
>> [xstar,fxstar,iter]=BFGS(@Cubic,[-1.2,-1]',0,1e-3)
Elapsed time is 0.032498 seconds.
xstar =
    1.0000
    1.0000
fxstar =   4.7433e-12
iter =    26
```

这是在通过程序 MyGradient.m 计算梯度的情况下得到的解，即 $x_1^* = 1, x_2^* = 1$。若利用函数的梯度表达式计算相关梯度，则求解如下：

```
>> [xstar,fxstar,iter]=BFGS(@Cubic,[-1.2,-1]',1,1e-3)
Elapsed time is 0.033400 seconds.
xstar =
    1.0000
    1.0000
fxstar =   5.6941e-12
iter =    26
```

7.4 应用举例

在本章的模型引入例题中提到了最小二乘问题。现在将其作为无约束非线性规划的一个例子进行进一步的讨论。在科学实验以及工程和各种经济问题中常常出现需要根据某种实验或观察到的数据寻找其中的某种关系的问题。比如，观察到某个因素 y 与另外的某 n 个因素 $x_1, x_2, \cdots, x_n$ 之间有关系 $y = f(\boldsymbol{x}), \boldsymbol{x} = (x_1, x_2, \cdots, x_n)^{\mathrm{T}} \in \boldsymbol{R}^n$。这种关系可能来自某种理论，也可能是经验的或猜测的结果。一般来说，在这种关系中存在若干未知的参数。当这些参数已知时，这种关系就变成了一种确定的函数，从而就可以针对研究的问题进行专业的讨论。如何确定这些参数呢？现假设有 m 个参数 $a_1, a_2, \cdots, a_m$，即

上述关系可以写成

$$y = f(x_1, x_2, \cdots, x_n, a_1, a_2, \cdots, a_m) \tag{7-4-1}$$

并假设经过实验或观察到 s 对数据：

$$(y^{(t)}; x_1^{(t)}, x_2^{(t)}, \cdots, x_n^{(t)}), \quad t = 1, 2, \cdots, s$$

一种自然的想法就是，这些参数应满足：将实验或观察到的数据 $(x_1^{(t)}, x_2^{(t)}, \cdots, x_n^{(t)})$)，$t = 1, 2, \cdots, s$ 带入式 (7-4-1) 中计算得到的 y 值与真实的 $y^{(t)}$ 之间的误差尽可能小，即求 $a = (a_1, a_2, \cdots, a_m)^{\mathrm{T}} \in R^m$ 使得

$$\min_{a \in R^m} \sum_{t=1}^{s} (f(x_1^{(t)}, x_2^{(t)}, \cdots, x_n^{(t)}, a_1, a_2, \cdots, a_m) - y^{(t)})^2 \tag{7-4-2}$$

问题 (7-4-2) 是关于未知参数 $a \in R^m$ 的无约束最优化问题，称为最小二乘问题。如果关于未知参数 $a_1, a_2, \cdots, a_m$ 的关系是线性函数，则称为线性最小二乘问题；如果关于未知参数 $a_1, a_2, \cdots, a_m$ 的关系是非线性函数，则称为非线性最小二乘问题。不论哪种情况，式 (7-4-2) 都是非线性的极小化问题。显然，最小二乘问题可以利用前面介绍的方法求解，但利用最小二乘问题的特点设计出的算法效率将会更高。不过，限于篇幅，本书仅举 2 个例子利用前面介绍的有关算法进行求解。更详细的讨论请参考有关文献。

例 7.8 (Logistic 预测模型)　某农产品亩产量（kg/亩）的历史数据如表 7-1 所示。试预测 1985 年、1990 年、1995 年、2000 年的亩产量。

表 7-1　历史数据表　　**kg/亩**

年份	1958	1959	1960	1961	1962	1963	1964	1965	1966	1967	1968
数据	185	350	263	335	560	570	263	214	276	435	476
年份	1969	1970	1971	1972	1973	1974	1975	1976	1977	1978	1979
数据	452	442	404	458	427	409	430	421	444	539	632
年份	1980	1981	1982								
数据	749	690	679								

解　生物的生长过程一般都经历发生、发展、成熟和衰亡 4 个阶段。每个阶段的速度各不相同：发生初期成长速度较慢，由慢渐快；发展时期成长速度则较快；成熟时期，成长速度则由达到最快而后渐渐变慢。其图像呈现出一种 S 形。Logistic 曲线模型就是描述这种变化的一种数学模型。Logistic 曲线方程为

$$y = \frac{k}{1 + me^{-at}} \tag{7-4-3}$$

式中：a, m 是待定系数；k 为预测者视问题的实际情况与 y 的增长趋势，给定的饱和值，具体预测时，可以给定大小不同的多个饱和值分别预测，最后分析判断不同的预测结果。

对于此问题，1958—1982 各年时点依次为 $1,2,\cdots,25$，作出历史数据的散点图，见图 7-1。发现近似于 S 形，同时考虑到其具体含义，故可以考虑采用 Logistic 曲线方程。

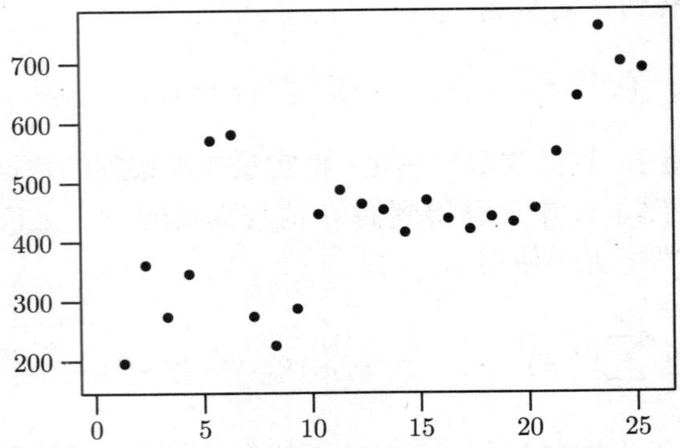

图 7-1　例 7.8 的历史数据散点图

即求参数 a,m 满足：

$$\min_{a,m}\sum_{i=1}^{25}\left(\hat{y}-\frac{k}{1+me^{-ai}}\right)^2$$

其中：i 就是 1958—1982 各年的时点编号，即 $1,2,\cdots,25$；$\hat{y}$ 即为每年对应的某产量的历史数据。考虑到亩产最高产量不会超过 1000(kg)，故令 $k=1000$(kg/亩)，并用 x_1,x_2 表示参数 a,m，于是建立目标函数文件 ExamLogistic.m，内容为 (为避免计算时出现溢出，对数据进行了缩放)：

```
function y=ExamLogistic(x)
yhat=1e-3*[185,350,263,335,560,570,263,214,276,435,476,452,442,404,458,
...
    427,409,430,421,444,539,632,749,690,679]';
for i=1:25
    z(i)=(yhat(i)-1/(1+x(2)*exp(-i*x(1))))^2;
end
y=sum(z);
```

选取参数初始值 $(1,1)^{\mathrm{T}}$ 并调用 BFGS.m 计算如下：

```
>> [xstar,fxstar,iter]=BFGS(@ExamLogistic,[1,1]',0,1e-3)
Elapsed time is 0.042441 seconds.
xstar =
    0.0596
    2.7571
```

```
fxstar =    0.2548
iter =     8
```

计算结果表明，参数 $a = 0.0596, m = 2.7571$，即本问题中农产品 y 与时间的关系为

$$y = \frac{1000}{1 + 2.7571\mathrm{e}^{-0.0596t}}$$

这个模型是否能较好地描述产量与时间的关系，应该做一个检验。考虑到篇幅及本书的范围，这里从略。接下来预测 1985 年、1990 年、1995 年、2000 年的亩产量，这时，分别令 $t = 28, 33, 38, 43$ 得到 $y = 658.0509, 721.6419, 777.4073, 824.7144$。

关于本例题需要说明两点：①可以针对 Logistic 模型单独编写 MATLAB 程序，并可讨论多个饱和值时的情况；②在经济、社会、科技等领域中有许多事物的成长也有着类似于生物生长的过程。例如，新产品的市场销售，一定条件下的产品产量（产值）等。所以，对这些问题，利用描述生物生长过程的曲线模型，Logistic 模型可以作出较好的预测。

例 7.9 (曲线拟合问题) 在某工业产品的制造中，其单位产品必须含有 0.5% 的有效氯气。已知产品中的氯气随着时间增加而减少，在产品到达用户之前的最初 8 周内，氯气含量衰减到 0.49%。表 7-2 中是产品生产一段时间后观察到的若干产品中有效氯气的含量。

表 7-2 单位产品中有效氯气含量的百分数

产品生产后的时间/周	8	8	10	10	10	10	12	12	12	12	14
有效氯气的百分数/%	0.49	0.49	0.48	0.47	0.48	0.47	0.46	0.46	0.45	0.45	0.43
产品生产后的时间/周	14	14	16	16	16	18	18	20	20	20	22
有效氯气的百分数/%	0.43	0.43	0.44	0.43	0.43	0.46	0.45	0.42	0.42	0.43	0.41
产品生产后的时间/周	22	22	24	24	24	26	26	26	28	28	30
有效氯气的百分数/%	0.41	0.40	0.42	0.40	0.40	0.41	0.41	0.41	0.41	0.40	0.40
产品生产后的时间/周	30	30	32	32	34	36	36	38	38	40	42
有效氯气的百分数/%	0.40	0.38	0.41	0.40	0.40	0.38	0.38	0.40	0.40	0.39	0.39

假定 8 周后非线性模型 (7-4-4) 可以解释产品生产 8 周后时间 $(x \geqslant 8)$ 与有效氯气含量 (y) 的关系，

$$y = a + (0.49 - a)\mathrm{e}^{-b(x-8)} \tag{7-4-4}$$

试用最小二乘法求参数 a, b。

解 根据最小二乘法求参数 a, b，即解如下无约束优化问题：

$$\min_{a,b} \sum_{i=1}^{44} \left(a + (0.49 - a)\mathrm{e}^{-b(\hat{x}-8)} - \hat{y}\right)^2$$

其中：$\hat{x}$ 和 $\hat{y}$ 就是表 7-2 中产品生产后的时间以及有效氯气的百分数。于是建立目标函

数的 MATLAB 文件 ExamChem.m，为了与习惯上用 x 表示变量一致，令 x_1, x_2 分别表示参数 a 和 b。其内容为：

```
function y=ExamChem(x)
yhat=[0.49 0.49 0.48 0.47 0.48 0.47 0.46 0.46 0.45 0.45 0.43 0.43 0.43
...
    0.44 0.43 0.43 0.46 0.45 0.42 0.42 0.43 0.41 0.41 0.40 0.42 0.40 ...
    0.40 0.41 0.41 0.41 0.41 0.40 0.40 0.40 0.38 0.41 0.40 0.40 0.38
    0.38 ...
    0.40 0.40 0.39 0.39]';
xhat=[8 8 10 10 10 10 12 12 12 12 14 14 14 16 16 16 18 18 20 20 20 22 22
...
    22 24 24 24 26 26 26 28 28 30 30 30 32 32 34 36 36 38 38 40 42]';
for i=1:length(xhat)
    z(i)=(yhat(i)-x(1)-(0.49-x(1))*exp(-x(2)*(xhat(i)-8)))^2;
end
y=sum(z);
```

选择参数初值为 $(1,1)^{\mathrm{T}}$，调用 BFGS.m 计算如下：

```
>> [xstar,fxstar,iter]=BFGS(@ExamChem,[1,1]',0,1e-3)
Elapsed time is 0.061606 seconds.
xstar =
    0.3868
    0.0953
fxstar =  0.0045
iter = 8
```

计算结果表明，参数 $a = 0.3868, b = 0.0953$，于是得到有效氯气含量与产品生产 8 周后时间的经验公式为

$$y = 0.3868 + 0.1032\mathrm{e}^{-0.0953(x-8)}$$

将表 7-2 中的历史数据和得到的经验公式画在同一个图 7-2 中 (图中“•”为历史数据，曲线为经验公式)，可以看到拟合的效果还是不错的。

例 7.10 (Sylvester 问题)　设 R^2 平面上有 6 个点，试找出覆盖这 6 个点的最小圆盘。其坐标分别为 $(-1,-5)$，$(4,1)$，$(7,-4)$，$(10,9)$，$(3,4)$，$(8,2)$。

解　这个问题称为 Sylvester 问题。更一般地，设 R^2 平面上有 n 个点，找出覆盖这 n 个点的最小圆盘。设这 n 个点为 $p_i(i=1,2,\cdots,n)$，其坐标分别为 $(a_i,b_i)(i=1,2,\cdots,n)$，

平面上任意一点 $p(x_1, x_2)$ 到 p_i 的距离为

$$d_i = \sqrt{(x_1 - a_i)^2 + (x_2 - b_i)^2}, \quad i = 1, 2, \cdots, n$$

于是，让 p 点到各点距离中最大者最小即为所求最小圆盘，即 p 点坐标满足：

$$\min_{x_1,x_2} \max_{1\leqslant i\leqslant n} d_i = \min_{x_1,x_2} \max_{1\leqslant i\leqslant n} \sqrt{(x_1 - a_i)^2 + (x_2 - b_i)^2}$$

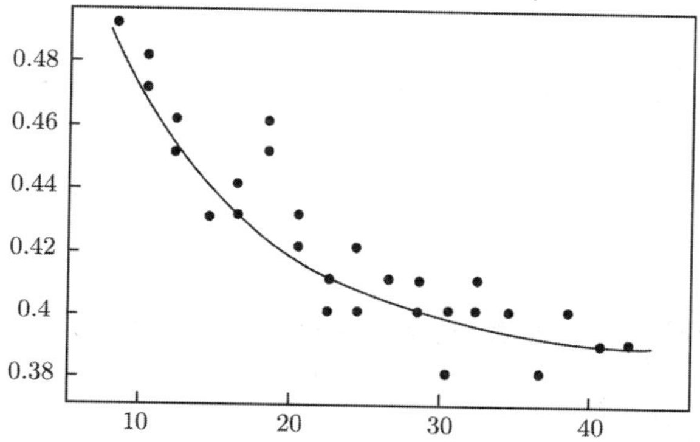

图 7-2　例 7.9 的历史数据散点图及其拟合曲线

这是一个极大极小问题。但可以将其转化为无约束极小化问题求解。实际上，任意两个距离 d_i, d_j 中的最大值可以表示为

$$\max\{d_i, d_j\} = \frac{(d_i + d_j) + |d_i - d_j|}{2} \tag{7-4-5}$$

所以，根据式 (7-4-5)，将 $d_1, d_2, \cdots, d_n$ 两两比较可得到其最大者，从而由前面无约束最优化的有关算法可以求出 p 点坐标，这个相应的距离即为圆盘的半径。因此，编写目标函数文件如下：

```
function y=Sylvester(x)
A=[-1 -5;4 1;7 -4;10 9;3 4;8 2];[m,n]=size(A);
%将各点坐标按行输入到矩阵A中
for i=1:m
   d(i)=sqrt((x(1)-A(i,1))^2+(x(2)-A(i,2))^2);
end
y=d(1);
for i=2:m
   y=((y+d(i))+abs(y-d(i)))/2;
end
```

然后，选取 $(1,1)^{\mathrm{T}}$ 为迭代初始点并调用最速下降法计算如下：

```
>> [xstar,fxstar,iter]=SteepDescent(@Sylvester,[1,1]',0,1e-3)
Elapsed time is 0.043219 seconds.
xstar =
    4.4997
    2.0002
fxstar =    8.9022
iter =    16
```

结果表明，所求圆的方程为 $(x_1-4.4997)^2+(x_2-2.002)^2=8.9022^2$。题中所给 6 个点全部位于这个圆上或其内部。

习题 7

1. 根据无约束非线性规划问题局部最优解的必要条件和充分条件，求解下列无约束优化问题：

(1) $\min f(\boldsymbol{x})=\dfrac{1}{3}x_1^2+\dfrac{1}{2}x_2^2$

(2) $\min f(\boldsymbol{x})=2x_1^2-2x_1x_2+x_2^2+2x_1-2x_2$

2. 利用 Fibonacci 法手工计算求函数 $f(x)=x^2-6x+2$ 在区间 $[0,10]$ 上的极小点，要求缩短后的区间长度不大于原区间长度的 8%。

3. 利用 0.618 法手工计算求函数 $f(x)=(x^2-1)^2$ 在区间 $[0,2]$ 上的极小点，取精度为 10^{-1}。

4. 设函数 $f(\boldsymbol{x})=\dfrac{1}{3}x_1^2+\dfrac{1}{2}x_2^2$，取 $\boldsymbol{x}^{(0)}=(1,1)^{\mathrm{T}}, d^{(0)}=(-2/3,-1)^{\mathrm{T}}$，利用 0.618 法手工计算求步长 λ_0 满足：

$$\min_{\lambda} f(x^{(0)}+\lambda d^{(0)})$$

取精度为 10^{-1}。

5. 对于第 4 题，利用 Goldstein 准则，手工计算求步长 λ，使得 $f(\boldsymbol{x}^{(0)}+\lambda\boldsymbol{d}^{(0)})<f(\boldsymbol{x}^{(0)})$，取精度为 10^{-1}。

6. 对于第 4 题，分别利用最速下降法和 BFGS 算法手工计算求其近似极小点，取初始迭代点为 $\boldsymbol{x}^{(0)}=(1,1)^{\mathrm{T}}$，要求迭代 5 次。

7. 试用共轭梯度法手工计算求二次函数

$$f(\boldsymbol{x})=\frac{1}{2}\boldsymbol{x}^{\mathrm{T}}\boldsymbol{A}\boldsymbol{x}$$

的极小点。其中，$\boldsymbol{A}=\begin{pmatrix}1&1\\1&2\end{pmatrix}$。

8. 令 $\boldsymbol{x}^{(i)}(i=1,2,\cdots,n)$ 为一组 $\boldsymbol{A}$ 共轭的列向量，$\boldsymbol{A}\in\boldsymbol{R}^{n\times n}$ 为正定矩阵，试证

$$\boldsymbol{A}^{-1}=\sum_{i=1}^{n}\frac{\boldsymbol{x}^{(i)}\boldsymbol{x}^{(i)\mathrm{T}}}{\boldsymbol{x}^{(i)\mathrm{T}}\boldsymbol{A}\boldsymbol{x}^{(i)}}$$

9. 考虑如下线性方程组：

$$\begin{cases}x_1-2x_2+3x_3=2\\3x_1-2x_2+x_3=7\\x_1+x_2-x_3=1\end{cases}$$

试将其转化为无约束最优化问题，并分别利用最速下降法程序 SteepDescent.m、共轭梯度法程序 FR_CG.m 以及 BFGS 程序 BFGS.m 求解，初始点及精度自行决定。

10. 在某科学实验中，为了寻找指标 y 与某因素 x 之间的关系，做了一系列实验。实验数据见表 7-3。

表 7-3 指标 y 与因素 x 的实验数据

x	2	5	7	10	14	19	26	31	34	38	45	52	53	60	65
y	5.4	5.0	4.5	3.7	3.5	2.5	2.0	1.6	1.8	1.3	0.8	1.1	0.8	0.4	0.6

指标 y 与某因素 x 之间可能具有关系 $y=a+b\mathrm{e}^{cx}$ (a,b,c 为未知参数)。试根据最小二乘法利用 MATLAB 程序 BFGS.m 求参数 a,b,c，参数 a,b,c 的初始迭代点取为 $(0,0,0)^{\mathrm{T}}$。

CHAPTER 8

第 8 章 约束非线性规划

学习目标与要求

1. 掌握约束非线性规划的有关概念。
2. 掌握约束非线性规划的几个算法并会用 MATLAB 求解。

8.1 数学模型及基本概念

8.1.1 数学模型

✍ **模型引入 8.1** (容器设计问题) 某公司生产贮藏用容器，订货合同要求该公司制造一种敞口的长方体容器，容积至少为 12m^3。该容器的底为正方形，容器总重量不超过 80kg。已知用作容器四壁材料的价格为 10 元/m^2，重 3kg；用作容器底材料的价格为 20 元/m^2，重 2kg。试问：制造该容器所需的最小费用是多少？

解 由于该容器的底为正方形，而该容器是长方体，故设该容器的底长为 x_1，高为 x_2。于是其容积为 $x_1^2x_2$。用作制造四壁的材料和底的材料不同，这时，四壁的面积为 $4x_1x_2$，重量为 $12x_1x_2$。底面积为 x_1^2，重量为 $2x_1^2$。这样，制造总的造价为 $40x_1x_2+20x_1^2$。所以，根据题意得到如下优化问题：

$$\begin{aligned}
\min \quad & f(\boldsymbol{x}) = 40x_1x_2 + 20x_1^2 \\
\text{s.t.} \quad & x_1^2x_2 \geqslant 12 \\
& 12x_1x_2 + 2x_1^2 \leqslant 80 \\
& x_1, x_2 \geqslant 0
\end{aligned}$$

称这种决策变量满足一定的约束条件，且目标函数和约束条件中至少有一个非线性函数的优化问题为约束非线性规划。与无约束非线性规划类似，由于总是有 $\max z = -\min z$，故只需考虑极小化情况。同时，约束条件不是等式就是不等式，对于不等式，小于或等于的情况容易写成大于或等于的不等式。故约束非线性规划问题的一般形式可以写为

$$\min \ f(\boldsymbol{x}) \tag{8-1-1}$$

$$\text{s.t.} \ c_i(\boldsymbol{x}) = 0, \quad i = 1, 2, \cdots, m' \tag{8-1-2}$$

$$c_i(\boldsymbol{x}) \geqslant 0, \quad i = m'+1, m'+2, \cdots, m \tag{8-1-3}$$

式中：$\boldsymbol{x} \in \boldsymbol{R}^n$；$m' \leqslant m$，这表示问题共有 m 个约束条件，其中有 m' 个等式约束，$m-m'$ 个不等式约束。

由于所有等式都等价于两个符号相反的不等式，所以有时为方便起见，只考虑含有不等式约束的问题，即考虑 $m'=0$ 的情况：

$$\min \ f(\boldsymbol{x}) \tag{8-1-4}$$

$$\text{s.t.} \ c_i(\boldsymbol{x}) \geqslant 0, \quad i = 1, 2, \cdots, m \tag{8-1-5}$$

等式约束比较特殊，有时也只考虑等式约束情况，即考虑 $m'=m$ 的情况：

$$\min \ f(\boldsymbol{x}) \tag{8-1-6}$$

$$\text{s.t.} \ c_i(\boldsymbol{x}) = 0, \quad i = 1, 2, \cdots, m \tag{8-1-7}$$

8.1.2　基本概念

满足所有约束条件的点称为可行点 (解)，所有可行点的集合为可行域。于是可以记问题 (8-1-1)~ 问题 (8-1-3) 的可行域为

$$\boldsymbol{X} = \{\boldsymbol{x} | c_i(\boldsymbol{x}) = 0, i = 1, 2, \cdots, m', c_i(\boldsymbol{x}) \geqslant 0, i = m'+1, m'+2, \cdots, m\} \tag{8-1-8}$$

为方便讨论起见，引入指标集

$$\mathcal{E} = \{1, 2, \cdots, m'\}, \quad \mathcal{I} = \{m'+1, m'+2, \cdots, m\}$$

分别表示等式约束和不等式约束的指标集，则可行域可表示为

$$\boldsymbol{X}=\{\boldsymbol{x}|c_i(\boldsymbol{x})=0,i\in\mathcal{E},c_i(\boldsymbol{x})\geqslant 0,i\in\mathcal{I}\} \tag{8-1-9}$$

由约束非线性规划的含义不难理解，求解问题 (8-1-1)~ 问题 (8-1-3) 就是在可行域 $\boldsymbol{X}$ 上寻求一点 $\boldsymbol{x}$ 使得目标函数值 $f(\boldsymbol{x})$ 达到该区域内 (往往是其可行域的某一个局部) 的最小值。

定义 8.1 (局部极小点和全局极小点) 设 $\boldsymbol{x}^*\in\boldsymbol{X}$，如果对于某一 $\delta>0$ 有

$$f(\boldsymbol{x}^*)\leqslant f(\boldsymbol{x}),\quad \forall\boldsymbol{x}\in\mathcal{N}(\boldsymbol{x}^*,\delta)\cap\boldsymbol{X} \tag{8-1-10}$$

成立，则称 $\boldsymbol{x}^*$ 是问题 (8-1-1)~ 问题 (8-1-3) 的局部极小点。其中，$\mathcal{N}(\boldsymbol{x}^*,\delta)$ 是以 $\boldsymbol{x}^*$ 为中心，以 δ 为半径的邻域：

$$\mathcal{N}(\boldsymbol{x}^*,\delta)=\{\boldsymbol{x}|\|\boldsymbol{x}-\boldsymbol{x}^*\|_2\leqslant\delta\} \tag{8-1-11}$$

进一步，如果

$$f(\boldsymbol{x}^*)<f(\boldsymbol{x}),\quad \forall\boldsymbol{x}\in\mathcal{N}(\boldsymbol{x}^*,\delta)\cap\boldsymbol{X},\boldsymbol{x}\neq\boldsymbol{x}^* \tag{8-1-12}$$

则称 $\boldsymbol{x}^*$ 是问题 (8-1-1)~ 问题 (8-1-3) 的严格局部极小点。

如果

$$f(\boldsymbol{x}^*)\leqslant f(\boldsymbol{x}),\quad \forall\boldsymbol{x}\in\boldsymbol{X} \tag{8-1-13}$$

成立，则称 $\boldsymbol{x}^*$ 是问题 (8-1-1)~ 问题 (8-1-3) 的全局极小点；进一步，如果

$$f(\boldsymbol{x}^*)<f(\boldsymbol{x}),\quad \forall\boldsymbol{x}\in\boldsymbol{X},\ \boldsymbol{x}\neq\boldsymbol{x}^* \tag{8-1-14}$$

则称 $\boldsymbol{x}^*$ 是问题 (8-1-1)~ 问题 (8-1-3) 的严格全局极小点。

对于问题 (8-1-1)~ 问题 (8-1-3) 的可行点 $\boldsymbol{x}$，必有 $c_i(\boldsymbol{x})=0,i\in\mathcal{E}$，但对于 $i\in\mathcal{I}$ 来说，可能有部分 $i\in\mathcal{I},c_i(\boldsymbol{x})=0$，也可能有部分 $i\in\mathcal{I},c_i(\boldsymbol{x})>0$，对于后面的情况，那些不等式实际上对当前的可行点没有起作用。记 $\mathcal{I}(\boldsymbol{x})=\{i|c_i(\boldsymbol{x})=0,i\in\mathcal{I}\}$，则有定义 8.2。

定义 8.2 (积极约束与非积极约束) 对任何 $\boldsymbol{x}\in\boldsymbol{R}^n$，称集合

$$\mathcal{A}(\boldsymbol{x})=\mathcal{E}\cup\mathcal{I}(\boldsymbol{x}) \tag{8-1-15}$$

是在 $\boldsymbol{x}$ 点处的有效约束指标集 (或称为积极约束指标集)，简称有效约束集或有效集。$c_i(\boldsymbol{x})(i\in\mathcal{A}(\boldsymbol{x}))$ 是在 $\boldsymbol{x}$ 点处的有效约束 (或积极约束)，$c_i(\boldsymbol{x})(i\notin\mathcal{A}(\boldsymbol{x}))$ 是在 $\boldsymbol{x}$ 点处的非有效约束 (或非积极约束)。

这个概念表明，如果已知问题 (8-1-1)~ 问题 (8-1-3) 在最优点处的有效约束集 $\mathcal{A}(\boldsymbol{x}^*)$，那么，只需求解约束优化问题 (8-1-6)~ 问题 (8-1-7) 即可。因此，求解等式约束优化问题是非常重要的。

与无约束优化问题一样，几乎所有算法都只能求解局部最优解，而且也是通过迭代的方式实现的。迭代格式也一样，即若 $\boldsymbol{x}^{(k)}$ 是问题 (8-1-1)∼ 问题 (8-1-3) 的当前迭代点，且不满足停机准则，则通过方向 $\boldsymbol{d}^{(k)}$ 以一定的步长 λ_k 得到下一个迭代点：

$$\boldsymbol{x}^{(k+1)} = \boldsymbol{x}^{(k)} + \lambda_k \boldsymbol{d}^{(k)}$$

与无约束优化问题不一样的地方在于搜索方向 $\boldsymbol{d}^{(k)}$ 不仅要使得函数值 $f(\boldsymbol{x}^{(k+1)}) \leqslant f(\boldsymbol{x}^{(k)})$，而且要使得 $\boldsymbol{x}^{(k+1)}$ 继续在可行域 $\boldsymbol{X}$ 里面。这时称 $\boldsymbol{d}^{(k)}$ 为可行下降方向，它是下降方向和可行方向的结合。

为此，在讨论局部最优解满足的条件之前，首先给出约束优化问题可行方向的几个定义。

定义 8.3 (可行方向)　设 $\boldsymbol{x}^* \in \boldsymbol{X}, \boldsymbol{0} \neq \boldsymbol{d} \in \boldsymbol{R}^n$，如果存在 $\delta > 0$ 使得

$$\boldsymbol{x}^* + t\boldsymbol{d} \in \boldsymbol{X}, \forall t \in [0, \delta] \tag{8-1-16}$$

则称 $\boldsymbol{d}$ 是 $\boldsymbol{X}$ 在 $\boldsymbol{x}^*$ 处的可行方向。$\boldsymbol{X}$ 在 $\boldsymbol{x}^*$ 处的所有可行方向组成的集合记为 $\mathcal{FD}(\boldsymbol{x}^*, \boldsymbol{X})$。

这个可行方向的定义只是一般描述，具体的可行方向有如下几种定义。

定义 8.4 (线性化可行方向)　设 $\boldsymbol{x}^* \in \boldsymbol{X}, \boldsymbol{0} \neq \boldsymbol{d} \in \boldsymbol{R}^n$，如果

$$\boldsymbol{d}^{\mathrm{T}} \nabla \boldsymbol{c}_i(\boldsymbol{x}^*) = 0, i \in \mathcal{E} \tag{8-1-17}$$

$$\boldsymbol{d}^{\mathrm{T}} \nabla \boldsymbol{c}_i(\boldsymbol{x}^*) \geqslant 0, i \in \mathcal{I}(\S^*) \tag{8-1-18}$$

则称 $\boldsymbol{d}$ 是 $\boldsymbol{X}$ 在 $\boldsymbol{x}^*$ 处的线性化可行方向。$\boldsymbol{X}$ 在 $\boldsymbol{x}^*$ 处的所有线性化可行方向的集合记为 $\mathcal{LFD}(\boldsymbol{x}^*, \boldsymbol{X})$。

定义 8.5 (序列可行方向)　设 $\boldsymbol{x}^* \in \boldsymbol{X}, \boldsymbol{0} \neq \boldsymbol{d} \in \boldsymbol{R}^n$，如果存在序列 $\{\boldsymbol{d}_k\}(k = 1, 2, \cdots)$ 和 $\{\delta_k\}(k = 1, 2, \cdots)$ 使得对任意的 k 有

$$\boldsymbol{x}^* + \delta_k \boldsymbol{d}_k \in \boldsymbol{X}$$

具有 $\boldsymbol{d}_k \to \boldsymbol{d}, \delta_k > 0$ 和 $\delta_k \to 0$，则称 $\boldsymbol{d}$ 是 $\boldsymbol{X}$ 在 $\boldsymbol{x}^*$ 处的序列可行方向。$\boldsymbol{X}$ 在 $\boldsymbol{x}^*$ 处的所有序列可行方向的集合记为 $\mathcal{SFD}(\boldsymbol{x}^*, \boldsymbol{X})$。

根据定义，可以证明：如果所有的约束函数都在 $\boldsymbol{x}^* \in \boldsymbol{X}$ 处可微，则有

$$\mathcal{FD}(\boldsymbol{x}^*, \boldsymbol{X}) \subseteq \mathcal{SFD}(\boldsymbol{x}^*, \boldsymbol{X}) \subseteq \mathcal{LFD}(\boldsymbol{x}^*, \boldsymbol{X}) \tag{8-1-19}$$

8.1.3　最优性条件

上面已经说过，在约束优化问题的迭代过程中的搜索方向称为可行下降方向，它是可行方向 (保证迭代点保留在可行域里) 和下降方向 (保证目标函数值下降) 的结合。所

以，约束优化问题 (8-1-1)∼ 问题 (8-1-3) 的一个非常容易理解的最优性条件是：在局部极小点处没有可行下降方向。即在最优点处不存在使得目标函数值下降的同时仍保留在可行域里的搜索方向。这个条件称为约束优化问题的几何一阶最优性条件。可行方向已在上面介绍了，下降方向 $\boldsymbol{d}$ 的定义与无约束优化问题的下降的方向定义一样，且满足 $\boldsymbol{d}^{\mathrm{T}}\nabla\boldsymbol{f}(\boldsymbol{x})<0$，其中 $\nabla\boldsymbol{f}(\boldsymbol{x})$ 为目标函数的梯度。记下降方向的集合为

$$\mathcal{D}(\boldsymbol{x})=\{\boldsymbol{d}|\boldsymbol{d}^{\mathrm{T}}\nabla\boldsymbol{f}(\boldsymbol{x})<0\} \tag{8-1-20}$$

则有定理 8.1。

定理 8.1 设 $\boldsymbol{x}^*\in\boldsymbol{X}$ 是问题 (8-1-1)∼ 问题 (8-1-3) 的局部极小点，如果 $f(\boldsymbol{x})$ 和 $c_i(\boldsymbol{x})(i=1,2,\cdots,m)$ 都在 $\boldsymbol{x}^*$ 处可微，则所有可行序列 $\{\boldsymbol{x}_k\}$ 的序列可行方向 $\boldsymbol{d}$ 满足

$$\boldsymbol{d}^{\mathrm{T}}\nabla\boldsymbol{f}(\boldsymbol{x}^*)\geqslant 0,\quad \forall\boldsymbol{d}\in\mathcal{SFD}(\boldsymbol{x}^*,\boldsymbol{X}) \tag{8-1-21}$$

证明 假设存在可行序列 $\{\boldsymbol{x}_k\}$ 的序列可行方向 $\boldsymbol{d}$，使得 $\boldsymbol{d}^{\mathrm{T}}\nabla\boldsymbol{f}(\boldsymbol{x}^*)<0,\forall\boldsymbol{d}\in\mathcal{SFD}(\boldsymbol{x}^*,\boldsymbol{X})$，并且序列 $\lim\limits_{k\to+\infty}\boldsymbol{x}_k=\boldsymbol{x}^*$。由 Taylor 展开式，对充分大的 k，根据序列可行方向的定义，有

$$\begin{aligned}f(\boldsymbol{x}_k)&=f(\boldsymbol{x}^*)+(\boldsymbol{x}_k-\boldsymbol{x}^*)^{\mathrm{T}}\nabla\boldsymbol{f}(\boldsymbol{x}^*)+o(\|\boldsymbol{x}_k-\boldsymbol{x}^*\|)\\&=f(\boldsymbol{x}^*)+\delta_k\boldsymbol{d}^{\mathrm{T}}\nabla\boldsymbol{f}(\boldsymbol{x}^*)+o(\|\boldsymbol{x}_k-\boldsymbol{x}^*\|)\end{aligned}$$

因为 $\boldsymbol{d}^{\mathrm{T}}\nabla\boldsymbol{f}(\boldsymbol{x}^*)<0,\delta_k>0$，而上式第三项是 $\|\boldsymbol{x}_k-\boldsymbol{x}^*\|$ 的高阶无穷小，所以，给定任意以 $\boldsymbol{x}^*$ 为中心、以 δ 为半径的邻域，不仅可选取充分大的 k，使得 $\boldsymbol{x}_k$ 在此邻域内，并且有

$$f(\boldsymbol{x}_k)<f(\boldsymbol{x}^*)$$

这与 $\boldsymbol{x}^*\in\boldsymbol{X}$ 是问题 (8-1-1)∼ 问题 (8-1-3) 的局部极小点相矛盾。□

这个定理表明：如果 $\boldsymbol{x}^*$ 是局部极小点，则

$$\mathcal{SFD}(\boldsymbol{x}^*,\boldsymbol{X})\cap\mathcal{D}(\boldsymbol{x}^*)=\varnothing. \tag{8-1-22}$$

完全类似地，可以证明定理 8.2。

定理 8.2 设 $\boldsymbol{x}^*\in\boldsymbol{X}$ 是问题 (8-1-1)∼ 问题 (8-1-3) 的局部极小点，如果 $f(\boldsymbol{x})$ 和 $c_i(\boldsymbol{x})(i=1,2,\cdots,m)$ 都在 $\boldsymbol{x}^*$ 处可微，则必有

$$\boldsymbol{d}^{\mathrm{T}}\nabla\boldsymbol{f}(\boldsymbol{x}^*)\geqslant 0,\quad \forall\boldsymbol{d}\in\mathcal{FD}(\boldsymbol{x}^*,\boldsymbol{X}) \tag{8-1-23}$$

证明 假设定理不真，则在 $\boldsymbol{x}^*$ 处存在可行下降方向 $\boldsymbol{d}$，使得

$$f(\boldsymbol{x}^*+t\boldsymbol{d})<f(\boldsymbol{x}^*),\forall t\in(0,\delta_1) \tag{8-1-24}$$

其中：$\delta_1 > 0$。

由可行性可知，存在 $\delta_2 > 0$ 使得

$$\boldsymbol{x}^* + t\boldsymbol{d} \in \boldsymbol{X}, \forall t \in (0, \delta_2) \tag{8-1-25}$$

因为 $\boldsymbol{x}^*$ 是局部极小点，它与式 (8-1-24)~ 式 (8-1-25) 矛盾。从而结论成立。□

这个定理表明：如果 $\boldsymbol{x}^*$ 是局部极小点，则

$$\mathcal{FD}(\boldsymbol{x}^*, \boldsymbol{X}) \cap \mathcal{D}(\boldsymbol{x}^*) = \varnothing. \tag{8-1-26}$$

上面两个必要条件在实际使用中不太方便，下面不加证明地介绍著名的约束优化问题的一阶必要条件——KKT 定理。

定理 8.3 (KKT 定理)　设 $\boldsymbol{x}^*$ 是问题 (8-1-1)~ 问题 (8-1-3) 的局部极小点，且 $f(\boldsymbol{x}), c_i(\boldsymbol{x})$ $(i = 1, 2, \cdots, m)$ 在 $\boldsymbol{x}^*$ 的邻域内一阶连续可微。如果约束规范条件 (CQ)

$$\mathcal{SFD}(\boldsymbol{x}^*, \boldsymbol{X}) = \mathcal{LFD}(\boldsymbol{x}^*, \boldsymbol{X}) \tag{8-1-27}$$

成立，则存在 $\lambda_i^*(i = 1, 2, \cdots, m)$ 使得

$$\boldsymbol{\nabla f}(\boldsymbol{x}^*) = \sum_{i=1}^{m} \lambda_i^* \boldsymbol{\nabla c}_i(\boldsymbol{x}^*) \tag{8-1-28}$$

$$c_i(\boldsymbol{x}^*) = 0, \quad i \in \mathcal{E} \tag{8-1-29}$$

$$c_i(\boldsymbol{x}^*) \geqslant 0, \quad i \in \mathcal{I} \tag{8-1-30}$$

$$\lambda_i^* \geqslant 0, \quad i \in \mathcal{I} \tag{8-1-31}$$

$$\lambda_i^* c_i(\boldsymbol{x}^*) = 0, \quad i \in \mathcal{I} \tag{8-1-32}$$

上述定理中条件 (8-1-28)~ 条件 (8-1-32) 称为 KKT 条件。满足 KKT 条件的向量 $\boldsymbol{x}^*$ 称为 KKT 点。与 KKT 条件有着密切联系的一个函数是 Lagrange 函数：

$$L(\boldsymbol{x}, \lambda) = f(\boldsymbol{x}) - \boldsymbol{\lambda}^{\mathrm{T}} \boldsymbol{c}(\boldsymbol{x}) = f(\boldsymbol{x}) - \sum_{i=1}^{m} \lambda_i c_i(\boldsymbol{x}) \tag{8-1-33}$$

式中：$\boldsymbol{\lambda} = (\lambda_1, \lambda_2, \cdots, \lambda_m)^{\mathrm{T}} \in \boldsymbol{R}^m$；$\boldsymbol{c}(\boldsymbol{x}) = (c_1(x), c_2(x), \cdots, c_m(x))^{\mathrm{T}}$；并称 $\lambda_i(i = 1, 2, \cdots, m)$ 为 Lagrange 乘子。

在 KKT 条件中，条件 (8-1-28) 称为驻点条件，它等价于 $\boldsymbol{\nabla}_x \boldsymbol{L}(\boldsymbol{x}^*, \boldsymbol{\lambda}^*) = 0$；条件 (8-1-29)~ 条件 (8-1-30) 称为可行性条件；条件 (8-1-31) 称为乘子非负条件；条件 (8-1-32) 称为互补松弛条件。若约束规范条件 (8-1-27) 成立，则局部极小点必是 KKT 点；若约束规范条件不成立，则局部极小点不一定是 KKT 点。但上面定理中的约束规范条件不容易验证，下面给出的约束规范条件则比较容易验证。

线性函数约束规范条件 (LFCQ)：所有的约束函数 $c_i(\boldsymbol{x})(i \in \mathcal{E} \cup \mathcal{I}(\boldsymbol{x}^*))$ 都是线性函数。

线性无关约束规范条件 (LICQ)：约束函数的梯度 $\boldsymbol{\nabla c}_i(\boldsymbol{x})(i \in \mathcal{E} \cup \mathcal{I}(\boldsymbol{x}^*))$ 线性无关。

可以证明：

(1) 如果线性函数约束规范条件成立，则约束规范条件 (8-1-27) 成立。

(2) 如果线性无关约束规范条件成立，则约束规范条件 (8-1-27) 成立。

据此，如下定理是成立的。

定理 8.4 设 $\boldsymbol{x}^*$ 是问题 (8-1-1)~ 问题 (8-1-3) 的局部极小点，如果线性函数约束规范条件成立或线性无关约束规范条件成立，则 KKT 条件 (8-1-28)~ 条件 (8-1-32) 成立。

对于只有等式约束的优化问题 (8-1-6) 和问题 (8-1-7)，可有定理 8.5。

定理 8.5 设 $\boldsymbol{x}^*$ 是问题 (8-1-6) 和问题 (8-1-7) 的局部极小点，如果向量组 $\{\boldsymbol{\nabla c}_i(\boldsymbol{x}^*), i = 1, 2, \cdots, m\}$ 线性无关，则存在实数 $\lambda_i^*(i = 1, 2, \cdots, m)$ 使得

$$\nabla f(\boldsymbol{x}^*) = \sum_{i=1}^{m} \lambda_i^* \boldsymbol{\nabla c}_i(\boldsymbol{x}^*) \tag{8-1-34}$$

最后不加证明地给出利用目标函数和约束函数的二阶导数 (Hesse 矩阵) 判断约束优化问题最优解的充分条件。

定理 8.6 (二阶充分性条件) 设 $\boldsymbol{x}^*$ 是一个 KKT 点，λ^* 是相应的 Lagrange 乘子，如果

$$\boldsymbol{d}^{\mathrm{T}} \boldsymbol{\nabla}_{xx}^2 \boldsymbol{L}(\boldsymbol{x}^*, \lambda^*) \boldsymbol{d} > 0, \forall \boldsymbol{d} \in \mathcal{F}_2(\lambda^*), \boldsymbol{d} \neq \boldsymbol{0} \tag{8-1-35}$$

则 $\boldsymbol{x}^*$ 是问题 (8-1-1)~ 问题 (8-1-3) 的严格局部极小点。其中：

$$\mathcal{F}_2(\lambda^*) = \{\boldsymbol{d} \in \mathcal{LFD} | \boldsymbol{\nabla c}_i(\boldsymbol{x}^*)^{\mathrm{T}} \boldsymbol{d} = 0, \forall i \in \mathcal{I}(\boldsymbol{x}^*), 且\lambda_i^* > 0\} \tag{8-1-36}$$

$$\boldsymbol{\nabla}_{xx}^2 \boldsymbol{L}(\boldsymbol{x}^*, \lambda^*) = \boldsymbol{\nabla}^2 \boldsymbol{f}(\boldsymbol{x}^*) + \sum_{i=1}^{m} \lambda^* \boldsymbol{\nabla}^2 \boldsymbol{c}_i(\boldsymbol{x}^*) \tag{8-1-37}$$

例 8.1 根据 KKT 条件求解如下约束非线性规划问题：

$$\begin{aligned} \min \quad & f(\boldsymbol{x}) = x_1^2 + x_2^2 + x_3^2 \\ \text{s.t.} \quad & \\ & \begin{cases} 5 - 2x_1 - x_2 \geqslant 0 \\ 2 - x_1 - x_3 \geqslant 0 \\ x_1 - 1 \geqslant 0 \\ x_2 - 2 \geqslant 0 \\ x_3 \geqslant 0 \end{cases} \end{aligned}$$

解　首先，目标函数和约束函数的梯度分别为：

$$\nabla f(x)=\begin{pmatrix}2x_1\\2x_2\\2x_3\end{pmatrix},\quad \nabla c_1(x)=\begin{pmatrix}-2\\-1\\0\end{pmatrix},\quad \nabla c_2(x)=\begin{pmatrix}-1\\0\\-1\end{pmatrix}$$

$$\nabla c_3(x)=\begin{pmatrix}1\\0\\0\end{pmatrix},\quad \nabla c_4(x)=\begin{pmatrix}0\\1\\0\end{pmatrix},\quad \nabla c_5(x)=\begin{pmatrix}0\\0\\1\end{pmatrix},$$

于是，根据 KKT 条件 (8-1-28)～ 条件 (8-1-32)，不难得到如下方程组：

$$\begin{cases}2x_1+2\lambda_1+\lambda_2-\lambda_3=0, & \lambda_2(2-x_1-x_3)=0\\ 2x_2+\lambda_1-\lambda_4=0, & \lambda_3(x_1-1)=0\\ 2x_3+\lambda_2-\lambda_5=0, & \lambda_4(x_2-2)=0\\ \lambda_1(5-2x_1-x_2)=0, & \lambda_5x_3=0\\ \lambda_i\geqslant 0(i=1,2,3,4,5)\end{cases}$$

这个方程组的求解既简单又非常麻烦。因为需要对上述 KKT 条件中的后 5 个互补松弛条件分别讨论 λ_i 是否等于零。比如，假设所有 $\lambda_i=0(i=1,2,\cdots,5)$，则容易得到 $x_1=x_2=x_3=0$，但这些取值显然不满足约束条件，故舍去。又如，假设 $\lambda_1=0,\lambda_i\neq 0(i=2,3,4,5)$，则一方面得到 $x_3=0$，另一方面又有 $x_3=1$，矛盾。如此讨论，共有 $2^5=32$ 种情况。具体求解过程略去，最后得到本问题的 KKT 点为 $x_1^*=1,x_2^*=2,x_3^*=0$，Lagrange 乘子为 $\lambda_1^*=\lambda_2^*=0,\lambda_3^*=2,\lambda_4^*=4,\lambda_5^*=0$，此时，有

$$\nabla_{xx}^2L(x^*,\lambda^*)=\nabla^2f(x^*)+\sum_{i=1}^{m}\lambda^*\nabla^2c_i(x^*)=\begin{pmatrix}2&0&0\\0&2&0\\0&0&2\end{pmatrix}$$

根据二阶充分条件可知，$x_1^*=1,x_2^*=2,x_3^*=0$ 是所求极小值点，极小值为 $f(x^*)=5$。

从上述例题中可以看出，约束优化问题的一阶必要条件需要求解一系列的非线性方程组，二阶充分条件还要在此基础上判断式 (8-1-35) 是否成立，所以对于一般的约束非线性规划问题而言，这些定理不能用于求解其极小点。这些定理主要用于算法的设计与分析。

8.2　几个算法及其 MATLAB 实现

与无约束优化问题一样，求解约束优化问题也有很多算法，每一种算法都有自己合适的范围。限于本书的任务和篇幅，这里只介绍几种常用的、经典的方法。

8.2.1 罚函数法

罚函数法是一类求解约束优化问题的重要方法。其思想是：通过引入所谓的惩罚因子，将约束条件和目标函数组合成一个新的目标函数，通过求解新的、无约束的目标函数得到原问题的近似解。若近似程度不理想，则加大惩罚因子再次求解无约束优化问题直至趋于原问题的最优解。由于是求解一系列无约束优化问题来逼近原问题的最优解，所以这个方法也称为序列无约束优化方法。这个方法的优点是可以利用无约束优化问题的算法，且不涉及可行方向等问题，故而简单实用。缺点是收敛速度慢，且在迭代过程中有时要求惩罚因子趋于无穷大而使构造的无约束优化问题越来越趋于病态。本书介绍两种罚函数方法：外点罚函数和内点罚函数法。

1. 外点罚函数法

首先考虑等式约束优化问题 (8-1-6) 和问题 (8-1-7)，即

$$\begin{aligned} \min \quad & f(\boldsymbol{x}) \\ \text{s.t.} \quad & \\ & c_i(\boldsymbol{x}) = 0, \quad i = 1, 2, \cdots, m \end{aligned} \tag{8-2-1}$$

构造一个新的函数 $P(\boldsymbol{x}, \mu)$，称为罚函数：

$$P(\boldsymbol{x}, \mu) = f(\boldsymbol{x}) + \frac{1}{2\mu}\sum_{i=1}^{m} c_i^2(\boldsymbol{x}) = f(\boldsymbol{x}) + \frac{1}{2\mu}\phi_c(\boldsymbol{x}) \tag{8-2-2}$$

其式中：$\mu > 0$ 称为罚因子。

罚因子表示对某个违反约束条件迭代点的惩罚，其意是指，当某个迭代点不满足约束条件时，令其越来越趋于零，这样 $1/2\mu$ 将会越来越趋于无穷大，但各种求无约束极小值的算法会强迫目标函数值变小，这样在下一次迭代时将会让迭代点逐渐回到约束域里，只有所有约束条件得到满足时，罚函数中的第二项才会消失。由于迭代点是从约束条件外部逐渐回到约束域的内部，所以称为外点罚函数法。

对于既有等式约束也有不等式约束的一般问题 (8-1-1)~ 问题 (8-1-3)，构造的罚函数 $P(\boldsymbol{x}, \mu)$ 为

$$P(\boldsymbol{x}, \mu) = f(\boldsymbol{x}) + \frac{1}{2\mu}\sum_{i\in\mathcal{E}} c_i^2(\boldsymbol{x}) + \frac{1}{2\mu}\sum_{i\in\mathcal{I}}([c_i(\boldsymbol{x})]^-)^2 = f(\boldsymbol{x}) + \frac{1}{2\mu}\phi_c(\boldsymbol{x}) \tag{8-2-3}$$

其中：$\mathcal{E}$ 和 $\mathcal{I}$ 分别表示等式约束指标集和不等式约束指标集；$[c_i(\boldsymbol{x})]^- \triangleq \min(c_i(\boldsymbol{x}), 0)$。

外点罚函数法的算法描述如下。

算法 8.1 外点罚函数法

(1) 给定初始迭代点 $\boldsymbol{x}^{(0)}$ 以及罚因子 $\mu_0 > 0$，精度 $\varepsilon > 0$，$k := 0$。

(2) 求解无约束优化问题 (8-2-2) 或问题 (8-2-3)，得近似极小点 $\boldsymbol{x}^{(k)}$。

(3) 若 $\phi_c(\boldsymbol{x}^{(k)}) \leqslant \varepsilon$，算法停止，$\boldsymbol{x}^{(k)}$ 为近似极小解；否则，令 $\mu_{k+1} \in (0, \mu_k)$，并取 $\boldsymbol{x}^{(0)} := \boldsymbol{x}^{(k)}, k := k+1$ 返回步骤 (2)。

在这个算法中，罚因子序列 $\{\mu_k\}$ 的选择要合适，一般来说，当极小化罚函数的计算量很大时可以选择较慢缩小 μ_k，比如令 $\mu_{k+1} = 0.7\mu_k$，若极小化罚函数的计算量不太大时可以较快地缩小 μ_k，比如令 $\mu_{k+1} = 0.1\mu_k$。可以证明，当 $\mu_k \downarrow 0$ 时 (这个符号表示 μ_k 逐渐减少并趋于零)，罚函数的极小值点就是原约束优化问题的极小值点，限于篇幅，这里不叙述，请参考有关文献。根据如上算法，编者编写了相关的 MATLAB 程序。

☞ **MATLAB 程序 8.1**　外点罚函数法 MATLAB 程序

```
%求解约束非线性优化问题的二次罚函数法
%这里的问题是:
% min f(x)
% s.t.
% c_i(x)=0,i\in E
% c_i(x)>=0,i\in I
%程序使用: 首先编写约束函数文件c_name
%%%%%%%%%%%%%%%%%%%%%%%%%%%%%%%%%%%%%%%%%%%%%%%%%%%%%%%%%%%%%%%%%%%%%%
% function [ceq,c]=c_name(x)
% ceq(i)=c_i(x),i\in E(等式约束)
% c(j)=c_j(x),j\in I(不等式约束)
% 注意: 若问题没有等式约束, 则令ceq=[];若没有不等式约束, 则令c=[]
%%%%%%%%%%%%%%%%%%%%%%%%%%%%%%%%%%%%%%%%%%%%%%%%%%%%%%%%%%%%%%%%%%%%%%
% 然后编写罚函数penalty_name, 内容按照如下格式
%%%%%%%%%%%%%%%%%%%%%%%%%%%%%%%%%%%%%%%%%%%%%%%%%%%%%%%%%%%%%%%%%%%%%%
% function y=penalty_name(x)
% global mu0 mu; % 设立全局变量用于传递参数
% [ceq,c]=c_name(x);
% if length(ceq)~=0
%    u=sum(ceq.^2);
% else
%    u=0;
% end
% if length(c)~=0
%    v=sum((min(0,c)).^2);
```

```
% else
%     v=0;
% end
% y=mu0*f(x)+(1/(2*mu))*(u+v);
%%%%%%%%%%%%%%%%%%%%%%%%%%%%%%%%%%%%%%%%%%%%%%%%%%%%%%%%%%%%%%%%%%%%%%%%%%%%%%%%%%
% x0为初始迭代点; varrepsilon为精度
% 输出: xstar为约束优化问题近似极小解, fxstar为相应的极小值, iter为迭代
  次数
% By Gongnong Li 2012.10
function [xstar,fxstar,iter]=Penalty(penalty_name,c_name,x0,varepsilon)
global mu0 mu;% 设立全局变量mu0, mu, 用于传递参数
tic;
mu0=1;mu=1;mu1=1;iter=0;
flag=0;
xk=SteepDescent(penalty_name,x0,flag,varepsilon);
%调用最速下降算法计算无约束(罚函数)极小值, 也可调用其他算法
%[xk,fxk,iter]=BFGS(penalty_name,x0,flag,varepsilon)
%[xk,fxk,iter]=FR_CG(penalty_name,x0,flag,varepsilon)
mu0=0; phi=2*feval(penalty_name,xk);
while (abs(phi)>varepsilon)
    mu0=1; mu=0.1*mu1; mu1=0.1*mu1;
    xk=SteepDescent(penalty_name,xk,flag,varepsilon);
    %[xk,fxk,iter]=BFGS(penalty_name,xk,flag,varepsilon)
    %[xk,fxk,iter]=FR_CG(penalty_name,xk,flag,varepsilon)
    mu0=0;  mu=1;  phi=2*feval(penalty_name,xk);
    iter=iter+1;
end
xstar=xk;mu0=1;fxstar=feval(penalty_name,xk)-phi;
toc;
```

在使用上面的程序时，要求罚函数按照所给格式输入。

例 8.2 利用外点罚函数法求如下约束非线性规划的极小值点及极小值。

$$\min \quad f(\boldsymbol{x})=(x_1-2)^2+(x_2-1)^2$$
$$\text{s.t.}\quad \begin{cases} -0.25x_1^2-x_2^2+1\geqslant 0\\ x_1-2x_2+1=0\end{cases}$$

解 利用如上所给 MATLAB 程序求解。首先编写约束函数文件 Exam2.m，内容如下：

```
function [ceq,c]=Exam2(x)
ceq=x(1)-2*x(2)+1;
c=-0.25*x(1)^2-x(2)^2+1;
```

然后编写罚函数文件 Exam1.m，内容如下：

```
function y=Exam1(x)
global mu0 mu;% 设立全局变量mu0和mu, 用于传递参数
 [ceq,c]=Exam2(x);
 if length(ceq)~=0
    u=sum(ceq.^2);
 else
    u=0;
 end
 if length(c)~=0
    v=sum((min(0,c)).^2);
 else
     v=0;
 end
y=mu0*((x(1)-2)^2+(x(2)-1)^2)+(1/(2*mu))*(u+v);
```

选取初始迭代点 $\boldsymbol{x}_0=(2,2)^{\mathrm{T}}$ 以及精度 $\varepsilon=10^{-3}$，然后调用该程序计算如下：

```
>> [xstar,fxstar,iter]=Penalty(@Exam1,@Exam2,[2 2]',1e-3)
Elapsed time is 0.058012 seconds.
xstar =
    0.8469
    0.9157
fxstar = 1.3364
iter =   2
```

本问题的精确极小点是 $x_1^*=0.5(\sqrt{7}-1)=0.8229, x_2^*=0.25(\sqrt{7}+1)=0.9114$，极小值为 $f(\boldsymbol{x}^*)=9-2.875\sqrt{7}=1.3935$。与之相比，上面所求结果有一定的差距。这是因为罚函数的极小点收敛到原约束优化问题的极小点是在每个子问题 (罚函数) 都找到其精确总体极小点以及罚因子 $\mu\downarrow 0$ 时才成立。这在实际的数值计算中显然是非常困难的。尤其是要求罚因子 $\mu\downarrow 0$ 将会在实际数值计算中导致罚函数条件很坏，数值计算不稳定。虽然如此，但由于该方法简单直观，配合其他方法以及考虑实际问题的背景，该方法还是常常使用的。对于上面的问题，读者可以自行提高精度，缩小罚因子进行试验。

2. 内点罚函数法

外点罚函数是从原问题可行域的外部向可行域内部逼近，只能近似满足约束条件。而内点罚函数则是通过在可行域的内部迭代来逐渐得到极小值点。其思想是：由原问题的目标函数和约束条件构造一个无约束优化问题，从某一个内点开始迭代，当某迭代点到达可行域的边界时，让构造问题的函数值迅速增大，由于极小化无约束问题的算法会使得函数值下降，这样继续迭代将会迫使迭代点回到可行域的内部。一旦得到构造问题的极小点，由于总是在可行域的内部，所以就得到了原约束优化问题的极小点。从形象的角度来看，这个方法就像是在可行域的边界上竖起了一道障碍，使得迭代点不能跑出可行域，所以也称为障碍函数法。内点罚函数只能处理不等式约束的情况，主要的罚函数有对数罚函数 (Frisch,1955) 和倒数罚函数 (Carroll,1961) 两种。

考虑问题 (8-1-4)～ 问题 (8-1-5)，即

$$\begin{aligned} &\min \quad f(\boldsymbol{x}) \\ &\text{s.t.} \\ &\qquad c_i(\boldsymbol{x}) \geqslant 0, \quad i=1,2,\cdots,m \end{aligned} \tag{8-2-4}$$

对数罚函数为

$$P(\boldsymbol{x},\mu)=f(\boldsymbol{x})-\mu\sum_{i=1}^{m}\log(c_i(\boldsymbol{x}))=f(\boldsymbol{x})-B(\boldsymbol{x},\mu) \tag{8-2-5}$$

倒数罚函数为

$$P(\boldsymbol{x},\mu)=f(\boldsymbol{x})+\mu\sum_{i=1}^{m}\frac{1}{c_i(\boldsymbol{x})}=f(\boldsymbol{x})+B(\boldsymbol{x},\mu) \tag{8-2-6}$$

其中：$\mu\downarrow 0$ 为罚因子；$B(\boldsymbol{x})$ 为障碍项。其算法描述见算法 8.2。

算法 8.2 内点罚函数法

(1) 给定初始迭代点 $\boldsymbol{x}_0$ 以及罚因子 $\mu_0>0$，精度 $\varepsilon>0$，$k:=0$。

(2) 求解无约束优化问题 (8-2-5) 或问题 (8-2-6)，得近似极小点 $\boldsymbol{x}_k$。

(3) 若 $|B(\boldsymbol{x},\mu)|\leqslant\varepsilon$，算法停止，$\boldsymbol{x}_k$ 为近似极小解；否则，令 $\mu_{k+1}\in(0,\mu_k)$，并取 $\boldsymbol{x}_0:=\boldsymbol{x}_k, k:=k+1$ 返回步骤 (2)。

算法的收敛性以及罚因子的选择与外点罚函数类似，这里不再介绍，请参考有关文献。根据算法描述，读者可以自行写出其 MATLAB 程序。

3. 乘子罚函数法

上面介绍的外点和内点罚函数方法虽然想法直观，实施简单，但需要在罚因子 $\mu\to 0$ 时才能得到原问题的最优解。这样，不仅计算效率低，而且更重要的是，往往引起罚函数

的病态并带来计算上的困难 (比如出现溢出)。乘子罚函数方法则是通过将 Lagrange 函数与外点罚函数相结合以避免以上缺陷的一种方法。该方法首先由 Powell 和 Hestenes 于 1969 年针对等式约束优化问题同时独立提出，而后 Rockfellar 于 1973 年将其推广到求解不等式约束优化问题。

首先考虑只有等式约束的优化问题 (8-1-6) 和问题 (8-1-7)，重新写出来，即

$$\begin{aligned} &\min \quad f(\boldsymbol{x}) \\ &\text{s.t.} \\ &\qquad c_i(\boldsymbol{x}) = 0, \quad i = 1, 2, \cdots, m \end{aligned} \tag{8-2-7}$$

构造增广 Lagrange 函数 $P(\boldsymbol{x}, \lambda, \mu)$:

$$P(\boldsymbol{x}, \boldsymbol{\lambda}, \mu) = f(\boldsymbol{x}) - \sum_{i=1}^{m} \lambda_i c_i(\boldsymbol{x}) + \frac{1}{2\mu} \sum_{i=1}^{m} c_i^2(\boldsymbol{x}) \tag{8-2-8}$$

式中：$\lambda_i (i = 1, 2, \cdots, m)$ 为 Lagrange 乘子；$\mu \downarrow 0$ 为罚因子。

可以看出，问题 (8-2-8) 与外罚函数相比，这里只是多了一个 Lagrange 乘子项 $\left(-\sum\limits_{i=1}^{m} \lambda_i c_i(\boldsymbol{x})\right)$，而与问题 (8-2-7) 的 Lagrange 函数

$$L(\boldsymbol{x}, \boldsymbol{\lambda}) = f(\boldsymbol{x}) - \sum_{i=1}^{m} \lambda_i c_i(\boldsymbol{x}) \tag{8-2-9}$$

相比，多了一个惩罚项。但是，这样看上去很小的差别却使得增广 Lagrange 函数与 Lagrange 函数以及外罚函数的表现具有不同的性质。实际上，我们有如下结论 (证明从略)。

定理 8.7 若 $\boldsymbol{x}^*$ 是问题 (8-2-7) 的局部最优解，$\lambda_i^* (i = 1, 2, \cdots, m)$ 是相应的最优 Lagrange 乘子，且对每个满足 $\boldsymbol{d}^{\mathrm{T}} \nabla \boldsymbol{c}_i(\boldsymbol{x}^*) = 0 (i = 1, 2, \cdots, m)$ 的非零向量 $\boldsymbol{d}$，均有二阶充分条件成立，即

$$\boldsymbol{d}^{\mathrm{T}} \nabla_x^2 \boldsymbol{L}(\boldsymbol{x}^*, \boldsymbol{\lambda}^*) \boldsymbol{d} > 0$$

则存在 $\mu_0 \geqslant 0$，使得对所有 $\mu < \mu_0$，$\boldsymbol{x}^*$ 是 $P(\boldsymbol{x}, \boldsymbol{\lambda}^*, \mu)$ 的严格局部极小点；反之，若存在 $\bar{\boldsymbol{x}}$ 满足 $c_i(\bar{\boldsymbol{x}}) = 0 (i = 1, 2, \cdots, m)$ 且对某个 $\bar{\boldsymbol{\lambda}}$，$\bar{\boldsymbol{x}}$ 为 $P(\boldsymbol{x}, \bar{\boldsymbol{\lambda}}, \mu)$ 的无约束极小点，又满足极小点的二阶充分条件，则 $\bar{\boldsymbol{x}}$ 是问题 (8-2-7) 的严格局部最优解。

根据上述结论，如果知道最优乘子 $\boldsymbol{\lambda}^*$，那么只要取充分小的罚因子 μ，无须让其趋于 0 就能通过极小化增广 Lagrange 函数 $P(\boldsymbol{x}, \boldsymbol{\lambda}, \mu)$ 求出问题 (8-2-7) 的局部最优解。当然，最优 Lagrange 乘子事前是不知道的，但是可以通过对 Lagrange 乘子进行估计并在迭代过程中不断修正的方式来加以解决。设在第 k 次迭代中，增广 Lagrange 函数 $P(\boldsymbol{x}, \boldsymbol{\lambda}^{(k)}, \mu)$ 的极小点是 $\boldsymbol{x}^{(k)}$，其中，$\boldsymbol{\lambda}^{(k)}$ 为该次迭代时 Lagrange 乘子向量的估计，则有

$$\nabla_x P(\boldsymbol{x}^{(k)}, \boldsymbol{\lambda}^{(k)}, \mu) = \nabla \boldsymbol{f}(\boldsymbol{x}^{(k)}) - \sum_{i=1}^{m} \left(\lambda_i^{(k)} - \frac{1}{\mu} c_i(\boldsymbol{x}^{(k)}) \right) \nabla \boldsymbol{c}_i(\boldsymbol{x}^{(k)}) = 0 \tag{8-2-10}$$

在假设 $\nabla \boldsymbol{c}_i(\boldsymbol{x}^{(k)})(i=1,2,\cdots,m)$ 线性无关的条件下，若 $\boldsymbol{x}^{(k)}$ 为问题 (8-2-7) 的最优解，就应该有

$$\nabla \boldsymbol{f}(\boldsymbol{x}^{(k)})-\sum_{i=1}^{m}\lambda_i^*\nabla \boldsymbol{c}_i(\boldsymbol{x}^{(k)})=0 \tag{8-2-11}$$

成立。比较式 (8-2-10) 和式 (8-2-11)，得到

$$\lambda_i^*=\lambda_i^{(k)}-\frac{1}{\mu}c_i(\boldsymbol{x}^{(k)}),i=1,2,\cdots,m \tag{8-2-12}$$

式 (8-2-12) 是在 $\boldsymbol{x}^{(k)}$ 为式 (8-2-7) 的最优解的情况下成立的，在没有得到式 (8-2-7) 的最优解之前，式 (8-2-12) 一般并不成立，但可以启发我们得到关于 Lagrange 乘子的迭代修正公式

$$\lambda_i^{(k+1)}=\lambda_i^{(k)}-\frac{1}{\mu}c_i(\boldsymbol{x}^{(k)}),\ i=1,2,\cdots,m \tag{8-2-13}$$

于是，结合外罚函数法的算法描述，可以得到 Lagrange 乘子罚函数法的具体计算步骤如下。由于该算法是由 Powell 和 Hestense 首先独立提出来的，所以也称为 PH 算法。

算法 8.3 PH 算法

(1) 给定初始迭代点 $\boldsymbol{x}^{(0)}$ 以及 Lagrange 乘子向量的初始估计 $\boldsymbol{\lambda}^{(1)}$，初始罚因子 $\mu_1>0$，精度 $\varepsilon>0$，$k:=1$。

(2) 以 $\boldsymbol{x}^{(k-1)}$ 为初始点求解无约束优化问题 (8-2-8)，得 $P(\boldsymbol{x},\boldsymbol{\lambda}^{(k)},\mu_k)$ 的近似极小点 $\boldsymbol{x}^{(k)}$。

(3) 若 $\|c(\boldsymbol{x}^{(k)})\|\leqslant\varepsilon$，算法停止，$\boldsymbol{x}^{(k)}$ 为近似极小解；否则，转步骤 (4)。

(4) 若 $\|c(\boldsymbol{x}^{(k)})\|\geqslant\|c(\boldsymbol{x}^{(k-1)})\|$，令 $\mu_{k+1}\in(0,\mu_k)$；否则，$\mu_{k+1}:=\mu_k$ 并转步骤 (5)。

(5) 利用式 (8-2-13) 更新 Lagrange 乘子，并令 $k:=k+1$，返回步骤 (2)。

对于只含不等式约束的优化问题 (8-1-4)～问题 (8-1-5)，即

$$\begin{aligned}&\min\quad f(\boldsymbol{x})\\&\text{s.t.}\\&\qquad c_i(\boldsymbol{x})\geqslant 0,\quad i=1,2,\cdots,m\end{aligned} \tag{8-2-14}$$

利用等式约束的结果，引进变量 $y_i(i=1,2,\cdots,m)$，将式 (8-2-14) 化为等式约束问题：

$$\begin{aligned}&\min\quad f(\boldsymbol{x})\\&\text{s.t.}\\&\qquad c_i(\boldsymbol{x})-y_i^2=0,\quad i=1,2,\cdots,m\end{aligned} \tag{8-2-15}$$

于是可以定义其增广 Lagrange 函数为

$$P(\boldsymbol{x},\boldsymbol{y},\boldsymbol{\lambda},\mu)=f(\boldsymbol{x})-\sum_{i=1}^{m}\lambda_i(c_i(\boldsymbol{x})-y_i^2)+\frac{1}{2\mu}\sum_{i=1}^{m}(c_i(\boldsymbol{x})-y_i^2)^2 \tag{8-2-16}$$

从而将问题 (8-2-14) 转化为极小化无约束问题 (8-2-16)。显然，应让 $y_i^2(i=1,2,\cdots,m)$ 尽可能小，为此，考虑 $P(\boldsymbol{x},\boldsymbol{y},\boldsymbol{\lambda},\mu)$ 对辅助变量 $y_i(i=1,2,\cdots,m)$ 的极小化问题。根据无约束优化的一阶必要条件，有

$$\boldsymbol{\nabla}_y \boldsymbol{P}(\boldsymbol{x},\boldsymbol{y},\boldsymbol{\lambda},\mu)=2\begin{pmatrix}\lambda_1 y_1\\ \lambda_2 y_2\\ \vdots\\ \lambda_m y_m\end{pmatrix}-\frac{2}{\mu}\begin{pmatrix}(c_1(\boldsymbol{x})-y_1^2)y_1\\ (c_2(\boldsymbol{x})-y_2^2)y_2\\ \vdots\\ (c_m(\boldsymbol{x})-y_m^2)y_m\end{pmatrix}=0$$

即有

$$y_i\left[\frac{1}{\mu}y_i^2-\left(\frac{1}{\mu}c_i(\boldsymbol{x})-\lambda_i\right)\right], i=1,2,\cdots,m$$

于是

$$\frac{1}{\mu}c_i(\boldsymbol{x})-\lambda_i>0 \text{ 时，有 } y_i^2=\mu\left(\frac{1}{\mu}c_i(\boldsymbol{x})-\lambda_i\right)=c_i(\boldsymbol{x})-\mu\lambda_i$$

以及

$$\frac{1}{\mu}c_i(\boldsymbol{x})-\lambda_i\leqslant 0$$

时，由于罚因子 $\mu>0$, 故有

$$\frac{1}{\mu}y_i^2-\left(\frac{1}{\mu}c_i(\boldsymbol{x})-\lambda_i\right)\geqslant 0$$

从而有 $y_i=0$。所以必有

$$y_i^2=\mu\left[\max\left\{0,\frac{1}{\mu}c_i(\boldsymbol{x})-\lambda_i\right\}\right] \tag{8-2-17}$$

将其代入式 (8-2-16)，最后可以定义只含不等式约束优化问题的增广 Lagrange 函数为

$$P(\boldsymbol{x},\boldsymbol{\lambda},\mu)=f(\boldsymbol{x})+\frac{\mu}{2}\sum_{i=1}^{m}\left\{\left[\max\left(0,\lambda_i-\frac{1}{\mu}c_i(\boldsymbol{x})\right)\right]^2-\lambda_i^2\right\} \tag{8-2-18}$$

于是根据等式约束的情况，现在求解问题 (8-2-14) 就转化为求解问题 (8-2-18) 了。此时的终止准则为

$$\left[\sum_{i=1}^{m}\left(c_i(\boldsymbol{x}^{(k)})-{y_i^{(k)}}^2\right)^2\right]^{1/2}=\left[\sum_{i=1}^{m}(\min\{c_i(\boldsymbol{x}^{(k)}),\mu\lambda_i^{(k)}\})^2\right]^{1/2}\leqslant\varepsilon \tag{8-2-19}$$

最后讨论既有等式也有不等式约束的优化问题 (8-1-1)~ 问题 (8-1-3)。为叙述更加清晰起见，将其重新写出：

$$\begin{aligned} \min \quad & f(\boldsymbol{x}) \\ \text{s.t.} \quad & \\ & g_i(\boldsymbol{x}) = 0, \quad i = 1, 2, \cdots, l \\ & h_i(\boldsymbol{x}) \geqslant 0, \quad i = 1, 2, \cdots, m \end{aligned} \tag{8-2-20}$$

结合纯等式约束和纯不等式约束的增广 Lagrange 函数，为将等式约束与不等式约束的 Lagrange 乘子向量区别开，用 $\boldsymbol{\lambda}$ 表示对应等式约束的 Lagrange 乘子向量，用 $\boldsymbol{\sigma}$ 表示对应不等式约束的 Lagrange 乘子向量，则有增广 Lagrange 函数为

$$P(\boldsymbol{x}, \boldsymbol{\lambda}, \boldsymbol{\sigma}, \mu) = f(\boldsymbol{x}) - \sum_{i=1}^{l} \lambda_i g_i(\boldsymbol{x}) + \mu \sum_{i=1}^{l} g_i^2(\boldsymbol{x}) + \frac{\mu}{2} \sum_{i=1}^{m} \left\{ \left[\max\left(0, \sigma_i - \frac{1}{\mu} h_i(\boldsymbol{x})\right) \right]^2 - \sigma_i^2 \right\} \tag{8-2-21}$$

其中：μ 为罚因子。

在迭代中，与只有等式约束问题类似，也是以充分小的参数 μ 并通过修正第 k 次迭代中的乘子向量 $\boldsymbol{\lambda}^{(k)}$ 和 $\boldsymbol{\sigma}^{(k)}$ 得到第 $k+1$ 次迭代中的乘子向量 $\boldsymbol{\lambda}^{(k+1)}$ 和 $\boldsymbol{\sigma}^{(k+1)}$，具体修正公式为

$$\lambda_i^{(k+1)} = \lambda_i^{(k)} - \frac{1}{\mu} g_i(\boldsymbol{x}^{(k)}), \quad i = 1, 2, \cdots, l \tag{8-2-22}$$

$$\sigma_i^{(k+1)} = \max\left(0, \sigma_i^{(k)} - \frac{1}{\mu} h_i(\boldsymbol{x}^{(k)})\right), \quad i = 1, 2, \cdots, m \tag{8-2-23}$$

记

$$\beta_k = \left\{ \sum_{i=1}^{l} g_i^2(\boldsymbol{x}^{(k)}) + \sum_{i=1}^{m} \left[\min\left(h_i(\boldsymbol{x}^{(k)}), \mu\sigma_i^{(k)}\right) \right]^2 \right\}^{1/2} \tag{8-2-24}$$

则算法的终止准则为 $\beta_k \leqslant \varepsilon$。

下面提出求解一般约束优化问题 (8-2-20) 的增广 Lagrange 乘子罚函数法的具体步骤。该方法由 Rockfellar 在 PH 算法的基础上提出的，故也称为 PHR 算法。

算法 8.4 PHR 算法

(1) 给定初始迭代点 $\boldsymbol{x}^{(0)}$ 以及 Lagrange 乘子向量的初始估计 $\boldsymbol{\lambda}^{(1)}, \boldsymbol{\sigma}^{(1)}$，初始罚因子 $\mu_1 > 0$，精度 $\varepsilon > 0$，$k := 1$。

(2) 以 $\boldsymbol{x}^{(k-1)}$ 为初始点求解无约束优化问题 (8-2-21)，得 $P(\boldsymbol{x}, \boldsymbol{\lambda}^{(k)}, \boldsymbol{\sigma}^{(k)}, \mu_k)$ 的近似极小点 $\boldsymbol{x}^{(k)}$。

(3) 若 $\beta_k \leqslant \varepsilon$，算法停止，$\boldsymbol{x}^{(k)}$ 为近似极小解；否则，转步骤 (4)。

(4) 若 $\beta_k \geqslant \beta_{k-1}$，令 $\mu_{k+1} \in (0, \mu_k)$；否则，$\mu_{k+1} := \mu_k$ 并转步骤 (5)。

(5) 利用式 (8-2-22) 和式 (8-2-23) 更新 Lagrange 乘子，得到 $\boldsymbol{\lambda}^{(k+1)}$ 和 $\boldsymbol{\sigma}^{(k+1)}$ 并令 $k := k + 1$，返回步骤 (2)。

根据如上算法，编者编写了 PHR 算法的 MATLAB 程序 Multphr.m。

☞ **MATLAB 程序 8.2**　乘子罚函数法 MATLAB 程序

```
% 求解一般约束非线性优化问题的Lagrange乘子罚函数法
% 这里的问题是:
% min f(x)
% s.t.
% c_i(x)=0,i\in E(等式约束)
% c_i(x)>=0,i\in I(不等式约束)
% 程序使用: 首先编写约束函数文件c_name
%%%%%%%%%%%%%%%%%%%%%%%%%%%%%%%%%%%%%%%%%%%%%%%%%%%%%%%%%%%%%%%%%%%%%%%%%%%%
% function [ceq,c]=c_name(x)
% ceq(i)=c_i(x),i\in E(等式约束)
% c(j)=c_j(x),j\in I(不等式约束)
% 注意: 若问题没有等式约束, 则令ceq=[];若没有不等式约束, 则令c=[]
%%%%%%%%%%%%%%%%%%%%%%%%%%%%%%%%%%%%%%%%%%%%%%%%%%%%%%%%%%%%%%%%%%%%%%%%%%%%
% 然后编写增广Lagrange罚函数l_name, 内容按照如下格式
%%%%%%%%%%%%%%%%%%%%%%%%%%%%%%%%%%%%%%%%%%%%%%%%%%%%%%%%%%%%%%%%%%%%%%%%%%%%
% function y=l_name(x)
% global mu0 mu lambda sigma; % 设立全局变量用于传递参数
% [ceq,c]=c_name(x);
% if length(ceq)~=0
%    for i=1:length(ceq)
%        u(i)=lambda(i)*ceq(i);v(i)=ceq(i)^2;
%     end
% else
%      u=0;v=0;
% end
% if length(c)~=0
%    for i=1:length(c)
%          w(i)=(min(0,(1/mu)*c(i)-sigma(i)))^2-sigma(i)^2;
%      end
% else
```

```
%     w=0;
% end
% y=mu0*f(x)-sum(u)+(1/(2*mu))*sum(v)+(mu/2)*sum(w);
%%%%%%%%%%%%%%%%%%%%%%%%%%%%%%%%%%%%%%%%%%%%%%%%%%%%%%%%
% x0为初始迭代点; varrepsilon为精度
% 输出: xstar为约束优化问题近似极小解; fxstar为约束优化问题相应的极小值
% lambdastar,sigmastar为最优Lagrange乘子; iter为迭代次数
% By Gongnong Li 2012.10
function [xstar,fxstar,lambdastar,sigmastar,iter]=Multphr(l_name,c_name,
  x0,varepsilon)
global mu0 mu lambda sigma; % 设立全局变量用于传递参数
tic;
n=length(x0);mu0=1;mu=1;mu1=1;gamma=0.7;
[T1,T2]=feval(c_name,x0);
lambda=zeros(length(T1),1);sigma=zeros(length(T2),1);
% 初始化Lagrange乘子lambda 和 sigma
flag1=0;flag=0;iter=0;
xk(:,1)=x0;
while flag1==0
xk(:,2)=BFGS(lagrange_name,xk(:,1),flag,varepsilon);
% 求解增广Lagrange罚函数子问题
for j=1:2
    [T1,T2]=feval(c_name,xk(:,j));
    if length(T2)~=0
       for i=1:length(T2)
           u(i)=min(T2(i),mu*sigma(i));
       end
    else
        u=0;
    end
    if length(T1)~=0
       phi(j)=sqrt(sum(T1.^2)+sum(u.^2));
    else
        phi(j)=sqrt(sum(u.^2));
    end
```

```
end
if (phi(2)<varepsilon)|(phi(2)==varepsilon)
    xstar=xk(:,2); f1=feval(lagrange_name,xk(:,2));
    mu0=0;  f2=feval(lagrange_name,xk(:,2));
    fxstar=f1-f2;
    lambdastar=lambda; sigmastar=sigma;
    flag1=1;
else
   if (phi(2)>phi(1))|(phi(2)==phi(1))
    mu1=mu;  mu=gamma*mu;  lambda=lambda;
    xk(:,1)=xk(:,2);   iter=iter+1;  flag1=0;
   else
       if (mu<mu1)|(phi(2)<0.25*phi(1))
           mu=mu; [T1,T2]=feval(c_name,xk(:,2));
           if length(T1)~=0
              lambda=lambda-(1/mu)*T1';
           else
               lambda=0;
           end
           if length(T2)~=0
              sigma=max(zeros(length(T2),1),sigma-T2');
           else
               sigma=0
           end
           xk(:,1)=xk(:,2); iter=iter+1;flag1=0;
       else
           mu=gamma*mu; lambda=lambda; xk(:,1)=xk(:,2);
           iter=iter+1; flag1=0;
       end
   end
end
end
toc;
```

例 8.3 利用乘子罚函数法求如下约束非线性规划的极小值点及极小值。

$$\min \quad f(\boldsymbol{x})=(x_1-2)^2+(x_2-1)^2$$

$$\text{s.t.} \quad \begin{cases} -0.25x_1^2-x_2^2+1\geqslant 0 \\ x_1-2x_2+1=0 \end{cases}$$

解 在利用 MATLAB 程序 Multphr.m 求解时，首先需要编写约束函数文件 MultExam2.m，内容如下：

```
function [ceq,c]=MultExam2(x)
ceq=x(1)-2*x(2)+1;
c=-0.25*x(1)^2-x(2)^2+1;
```

然后编写乘子罚函数文件 MultExam1.m，内容如下：

```
function y=MultExam1(x)
global mu0 mu lambda sigma; % 设立全局变量用于传递参数
 [ceq,c]=MultExam2(x);
 if length(ceq)~=0
    for i=1:length(ceq)
       u(i)=lambda(i)*ceq(i);v(i)=ceq(i)^2;
     end
 else
    u=0;v=0;
 end
 if length(c)~=0
   for i=1:length(c)
        w(i)=(min(0,(1/mu)*c(i)-sigma(i)))^2-sigma(i)^2;
     end
 else
     w=0;
 end
 y=mu0*((x(1)-2)^2+(x(2)-1)^2)-sum(u)+(1/(2*mu))*sum(v)+(mu/2)*sum(w);
```

选取初始迭代点 $\boldsymbol{x}_0=(2,2)^{\mathrm{T}}$ 以及精度 $\varepsilon=10^{-6}$，然后调用该程序计算如下：

```
>> [xstar,fxstar,lambdastar,sigmastar,iter]=Multphr(@Exam1,@Exam2,
   [2 2]',1e-6)
Elapsed time is 0.301532 seconds.
xstar =
```

```
    0.8229
    0.9114
fxstar =  1.3935
lambdastar =  -1.5945
sigmastar =   1.8466
iter =    51
```

读者可以将此例与例 8.2 利用外点罚函数的计算结果进行比较，发现结果已经是精确最优解。

例 8.4　利用乘子罚函数法求如下约束非线性规划的极小值点及极小值。

$$\min \quad f(\boldsymbol{x}) = 1000 - x_1^2 - 2x_2^2 - x_3^2 - x_1x_2 - x_1x_3$$

$$\text{s.t.} \quad \begin{cases} 8x_1 + 14x_2 + 7x_3 = 56 \\ x_1^2 + x_2^2 + x_3^2 = 25 \\ x_i \geqslant 0, i = 1, 2, 3 \end{cases}$$

解　首先编写该问题的约束函数文件 MultphrExam2.m，内容如下：

```
function [ceq,c]=MultphrExam2(x)
ceq(1)=8*x(1)+14*x(2)+7*x(3)-56;
ceq(2)=x(1)^2+x(2)^2+x(3)^2-25;
c(1)=x(1);
c(2)=x(2);
c(3)=x(3);
```

然后编写乘子罚函数文件 MultphrExam1.m，内容如下：

```
function y=MultphrExam1(x)
global mu0 mu lambda sigma; % 设立全局变量用于传递参数
 [ceq,c]=MultphrExam2(x);
 if length(ceq)~=0
    for i=1:length(ceq)
       u(i)=lambda(i)*ceq(i);v(i)=ceq(i)^2;
     end
 else
    u=0;v=0;
 end
 if length(c)~=0
   for i=1:length(c)
```

```
            w(i)=(min(0,(1/mu)*c(i)-sigma(i)))^2-sigma(i)^2;
        end
    else
        w=0;
    end
    y=mu0*(1000-x(1)^2-2*x(2)^2-x(3)^2-x(1)*x(2)-x(1)*x(3))-sum(u)+...
    (1/(2*mu))*sum(v)+(mu/2)*sum(w);
```

取初始点 $\boldsymbol{x}^{(0)}=(2,2,2)^{\mathrm{T}}$，精度 $\varepsilon=10^{-3}$，则计算如下：

```
>> [xstar,fxstar]=Multphr(@MultphrExam1,@MultphrExam2,[2 2 2]',1e-6)
Elapsed time is 0.111674 seconds.
xstar =
    3.5121
    0.2170
    3.5522
fxstar =
  961.7152
```

该问题来自于 Hock and Schittkowski(1981) 给出的约束最优化问题的实验函数，所给最优解为 $\boldsymbol{x}^*=(3.512118414,0.2169881741,3.552174034)^{\mathrm{T}}$，最优值为 $f(\boldsymbol{x}^*)=961.7151721$。可以看出，计算结果非常令人满意。

8.2.2 可行方向法

对于约束优化问题的约束条件，一般有两种处理方式，其一就是如上介绍，将其与目标函数一起构造一个无约束优化问题；其二就是在可行域内部直接对目标函数极小化。这些方法需要在某迭代点处寻找一个可行下降方向，使得迭代点一方面保持在可行域内部，另一方面使得目标函数值下降。本书介绍两种按照这种策略求约束优化问题的算法，即 Zoutendijk 可行方向法和 Topkis-Veinott 可行方向法。

可行方向法的核心是搜索方向，即在当前迭代点不满足终止准则时找到一个可行的下降方向。一种方式是首先在保证目标函数值下降的前提下再保证迭代点的可行性；另一种方式则是首先保证迭代点的可行性，然后让目标函数值下降。Zoutendijk(1960) 可行方向法就是在当前迭代点的可行方向锥中寻求目标函数值下降最大的可行方向法。该方法只能用于求解如下仅含不等式约束的优化问题：

$$\begin{aligned}&\min \quad f(\boldsymbol{x})\\&\text{s.t.}\\&\qquad c_i(\boldsymbol{x})\geqslant 0,\quad i=1,2,\cdots,m\end{aligned}\tag{8-2-25}$$

式中：$\boldsymbol{x}\in\boldsymbol{R}^n, f(\boldsymbol{x}), c_i(\boldsymbol{x})(i=1,2,\cdots,m)$ 均连续可微。

为简化叙述，设当前迭代点为 $\boldsymbol{x}$ 是可行点，下一个迭代点为 $\boldsymbol{x}+\lambda\boldsymbol{d}$，$\lambda>0$ 为步长，$\boldsymbol{d}\in\boldsymbol{R}^n$ 为搜索方向。根据泰勒展开，有

$$\begin{cases} f(\boldsymbol{x}+\lambda\boldsymbol{d})=f(\boldsymbol{x})+\lambda\boldsymbol{d}^{\mathrm{T}}\boldsymbol{\nabla f}(\boldsymbol{x})+o(\|\lambda\boldsymbol{d}\|) \\ c_i(\boldsymbol{x}+\lambda\boldsymbol{d})=c_i(\boldsymbol{x})+\lambda\boldsymbol{d}^{\mathrm{T}}\boldsymbol{\nabla}c_i(\boldsymbol{x})+o(\|\lambda\boldsymbol{d}\|), \quad i=1,2,\cdots,m \end{cases}$$

由于泰勒展式是在 $\boldsymbol{x}$ 附近成立的，所以只要 λ 足够小，当 $\boldsymbol{d}$ 满足

$$\boldsymbol{d}^{\mathrm{T}}\boldsymbol{\nabla f}(\boldsymbol{x})<0, \quad \boldsymbol{d}^{\mathrm{T}}\boldsymbol{\nabla c}_i(\boldsymbol{x})>0, \ i=1,2,\cdots,m \tag{8-2-26}$$

就有

$$f(\boldsymbol{x}+\lambda\boldsymbol{d})\leqslant f(\boldsymbol{x}), \quad c_i(\boldsymbol{x}+\lambda\boldsymbol{d})\geqslant 0, \ i=1,2,\cdots,m$$

即满足式 (8-2-26) 的搜索方向 $\boldsymbol{d}$ 为可行下降方向。据此，构造子问题

$$\begin{aligned} &\min \quad z \\ &\text{s.t.} \\ &\qquad \boldsymbol{d}^{\mathrm{T}}\boldsymbol{\nabla f}(\boldsymbol{x})-z\leqslant 0 \\ &\qquad \boldsymbol{d}^{\mathrm{T}}\boldsymbol{\nabla c}_i(\boldsymbol{x})+z\geqslant 0, \ i=1,2,\cdots,m \\ &\qquad -1\leqslant d_j\leqslant 1, \ j=1,2,\cdots,n \end{aligned} \tag{8-2-27}$$

子问题是关于 $\boldsymbol{d}\in\boldsymbol{R}^n$ 和 $z\in\boldsymbol{R}$ 的线性规划。可以证明，若子问题 (8-2-27) 的最优值不为零，则其解的部分 $\boldsymbol{d}\in\boldsymbol{R}^n$ 就是问题 (8-2-25) 在 $\boldsymbol{x}$ 点的可行下降方向，从而再通过线搜索求得步长 λ 后即可产生问题 (8-2-25) 的新的迭代点 $\boldsymbol{x}+\lambda\boldsymbol{d}$。关于该方法的其他理论讨论在这里从略。该方法在每次迭代时都需要确定起作用的约束指标集，因而属于一种积极集方法。其具体算法步骤如下。

算法 8.5 Zoutendijk 可行下降法

(1) 给定初始可行点 $\boldsymbol{x}^{(0)}$，精度 $\varepsilon>0$，$k:=0$。

(2) 确定在 $\boldsymbol{x}^{(k)}$ 处起作用约束指标集

$$I(\boldsymbol{x}^{(k)})=\{i|c_i(\boldsymbol{x}^{(k)})=0,i=1,2,\cdots,m\}$$

① 若 $I(\boldsymbol{x}^{(k)})=\varnothing$，且 $\|\boldsymbol{\nabla f}(\boldsymbol{x}^{(k)})\|\leqslant\varepsilon$，算法停止，得近似最优解 $\boldsymbol{x}^{(k)}$。

② 若 $I(\boldsymbol{x}^{(k)})=\varnothing$，且 $\|\boldsymbol{\nabla f}(\boldsymbol{x}^{(k)})\|>\varepsilon$，则取搜索方向 $\boldsymbol{d}^{(k)}=-\boldsymbol{\nabla f}(\boldsymbol{x}^{(k)})$，并转步骤 (5)。

③ 若 $I(\boldsymbol{x}^{(k)})\neq\varnothing$，转下一步。

(3) 解线性规划子问题：

$$
\begin{aligned}
&\min \quad z\\
&\text{s.t.}\\
&\qquad \boldsymbol{d}^{\mathrm{T}}\nabla \boldsymbol{f}(\boldsymbol{x}^{(k)}) - z \leqslant 0\\
&\qquad \boldsymbol{d}^{\mathrm{T}}\nabla \boldsymbol{c}_i(\boldsymbol{x}^{(k)}) + z \geqslant 0,\quad i \in I(x^{(k)})\\
&\qquad -1 \leqslant d_j \leqslant 1,\quad j = 1, 2, \cdots, n
\end{aligned}
$$

设其最优解是 $(\boldsymbol{d}^{(k)}, z_k)$。

(4) 若 $|z_k| \leqslant \varepsilon$，则算法停止，得近似最优解 $\boldsymbol{x}^{(k)}$；否则，以 $\boldsymbol{d}^{(k)}$ 为搜索方向并转下一步。

(5) 求步长

$$
\lambda_k : \min_{0 \leqslant \lambda \leqslant \bar{\lambda}} f(\boldsymbol{x}^{(k)} + \lambda \boldsymbol{d}^{(k)})
$$

式中：$\bar{\lambda} = \max\{\lambda | c_i(\boldsymbol{x}^{(k)} + \lambda \boldsymbol{d}^{(k)}) \geqslant 0, i = 1, 2, \cdots, m\}$。

(6) 令 $\boldsymbol{x}^{(k+1)} = \boldsymbol{x}^{(k)} + \lambda_k \boldsymbol{d}^{(k)}$，$k := k + 1$ 并转步骤 (2)。

根据如上算法，编者编写了 MATLAB 程序 Zoutendijk.m。

☞ **MATLAB 程序 8.3**　Zoutendijk 可行下降法 MATLAB 程序

```
% 求解约束极小化问题的Zoutendijk可行方向法
% 调用格式为[xstar,fxstar,iter]=Zoutendijk(f_name,c_name,x0,varepsilon)
% 其中，f_name为目标函数f(x)(函数句柄)；c_name为不等式约束函数；x0为初始
  迭代点
% varepsilon为容许度(精度)
% 所求解问题为：
% min f(x)
% s.t.
% c_i(x)>=0,i=1,2,...,m
% 其中：a0为求步长时确定初始搜索区间时的初始点；h0为确定步长初始搜索区间
  时的步长
% t为确定步长初始搜索区间时的加速因子。这些参数用于调用一维线搜索程序，可
  更改
% 输出为最优解xstar以及最优值fxstar、迭代次数iter
% By Gongnong Li 2012.10
function [xstar,fxstar,iter]=Zoutendijk(f_name,c_name,x0,varepsilon)
tic;
xk=x0;n=length(x0);
k=0;e=1e-3;a0=1;h0=1/2;t=2;iter=0;flag=0;
```

```
while flag==0
    I=Activity(c_name,xk);% 调用Activity.m寻找约束优化问题积极约束指标集
    gf=MyGradient(f_name,xk); % 调用MyGradient.m计算目标函数在xk处的梯度
    gc=MyGradient(c_name,xk); % 调用MyGradient.m计算约束函数在xk处的梯度
    if (length(I)==0)&(norm(gf)<varepsilon)
        xstar=xk; fxstar=feval(f_name,xk);
        flag=1;
    elseif (length(I)==0)&(norm(gf)>varepsilon)
        dk=-gf; lambda=p618(f_name,xk,dk,a0,h0,t,e);
lambda0=lambdaBar(c_name,lambda,dk,xk);% 该程序用于确定算法中的LambdaBar
        if lambda<lambda0
            lambda=lambda;
        else
            lambda=lambda0;
        end
         xk=xk+lambda*dk; iter=iter+1;  flag=0;
   else
% 以下为求解子问题构造相关矩阵和向量
 c=-[zeros(1,2*n),1,-1,zeros(1,2*n+1+length(I))]';
 A=zeros(1,2*n+2); A(1,:)=[gf',-gf',-1,1];
       for i=1:length(I)
          A(i+1,:)=[-gc(:,I(i))',gc(:,I(i))',-1,1];
       end
 A(length(I)+2:n+1+length(I),:)=[eye(n),-eye(n),zeros(n,2)];
 A(n+2+length(I):2*n+1+length(I),:)=[-eye(n),eye(n),zeros(n,2)];
 A(:,2*n+3:2*n+2+2*n+1+length(I))=eye(2*n+1+length(I));
 b=[zeros(1,1+length(I)),ones(1,2*n)]';
 xtemp=Ssimplex(A,b,c);
 dk=(xtemp(1:n)-xtemp(n+1:2*n))'; eta=xtemp(2*n+1)-xtemp(2*n+2);
% 求解子问题并得到可行下降反向
       if (abs(eta)<1e-3)
           xstar=xk; fxstar=feval(f_name,xk); flag=1;
       else
lambda=p618(f_name,xk,dk,a0,h0,t,e); lambda0=lambdaBar(c_name,lambda,dk,
```

```
xk);
                if lambda<lambda0
                   lambda=lambda;
            else
               lambda=lambda0;
            end
            xk=xk+lambda*dk; iter=iter+1;  flag=0;
         end
      end
   end
   toc;
```

上面的程序中需调用求起作用的约束指标集的子程序 Activity.m 以及确定算法描述的步骤 (5) 中的 $\bar{\lambda}$ 的子程序 lambdaBar.m，分别列于下面。

☞ **MATLAB 程序 8.4** 求起作用约束指标集的 MATLAB 程序

```
% 寻找约束优化问题起作用的约束指标集程序
% 考虑的问题是:
% min f(x)
% s.t.
% c_i(x)>=0,i=1,2,...,m
% 输入不等式约束函数c_name
% 本程序找出使得c_i(x)=0的那些下标i
function I=Activity(c_name,x)
e=1e-3;U=feval(c_name,x);
for i=1:length(U)
    if abs(U(i))<e
       I(i)=i;
    else
       I(i)=0;
    end
end
UI=find(I==0);I(UI)=[];
```

☞ **MATLAB 程序 8.5** 确定 $\bar{\lambda}$ 的 MATLAB 程序

```
function lambda0=lambdaBar(c_name,lambda,d,x)
```

```
ct=feval(c_name,x+lambda*d);
T=find(ct<0);
while length(T)~=0
   lambda=0.618*lambda;
   ct=feval(c_name,x+lambda*d);
T=find(ct<0);
end
lambda0=lambda;
```

Zoutendijk 可行方向法是一种积极集方法。在某些问题中，该方法在可行点列靠近可行域的边界时，可能会导致某些非有效约束变为有效约束，从而引起搜索方向的突然变化而使得 Zoutendijk 可行方向法的收敛性不能保证。为此，Topkis 和 Veinott(1967) 在计算可行下降方向时将所有约束都考虑进去，得到如下 Topkis-Veinott 可行方向法，对于仅仅含有不等式约束的优化问题 (8-2-25)，其迭代过程如下：

算法 8.6　Topkis-Veinott 可行方向法

(1) 给定初始可行点 $\boldsymbol{x}^{(0)}$，精度 $\varepsilon>0$，$k:=0$。

(2) 解线性规划子问题：

$$
\begin{aligned}
&\min \quad z\\
&\text{s.t.}\\
&\qquad \boldsymbol{d}^{\mathrm{T}}\nabla \boldsymbol{f}(\boldsymbol{x}^{(k)})-z\leqslant 0\\
&\qquad \boldsymbol{d}^{\mathrm{T}}\nabla \boldsymbol{c}_i(\boldsymbol{x}^{(k)})+z\geqslant -c_i(\boldsymbol{x}^{(k)}),\quad i=1,2,\cdots,m\\
&\qquad -1\leqslant d_j\leqslant 1,\quad j=1,2,\cdots,n
\end{aligned}
$$

设其最优解是 $(\boldsymbol{d}^{(k)},z_k)$。

(3) 若 $|z_k|\leqslant\varepsilon$，则算法停止，得近似最优解 $\boldsymbol{x}^{(k)}$；否则，以 $\boldsymbol{d}^{(k)}$ 为搜索方向并转下一步。

(4) 求步长

$$\lambda_k:\min_{0\leqslant\lambda\leqslant\bar{\lambda}} f(\boldsymbol{x}^{(k)}+\lambda\boldsymbol{d}^{(k)})$$

式中：$\bar{\lambda}=\max\{\lambda|c_i(\boldsymbol{x}^{(k)}+\lambda\boldsymbol{d}^{(k)})\geqslant 0,i=1,2,\cdots,m\}$。

(5) 令 $\boldsymbol{x}^{(k+1)}=\boldsymbol{x}^{(k)}+\lambda_k\boldsymbol{d}^{(k)}$，$k:=k+1$ 并转步骤 (2)。

根据如上算法编者编写了该算法的 MATLAB 程序 Topkis.m。

☞ **MATLAB 程序 8.6**　Topkis-Veinott 可行方向法 MATLAB 程序

```
% 求解约束极小化问题的Topkis-Veinott可行方向法
% 所求解问题为:
```

```
% min f(x)
% s.t.
% c_i(x)>=0,i=1,2,...,m
% 调用格式为[xstar,fxstar,iter]=Topkis(f_name,c_name,x0,varepsilon)
% 其中: f_name为目标函数f(x)(函数句柄); c_name为不等式约束函数;x0为初始
  迭代点
% varepsilon为容许度(精度)
% 其中: a0为在求步长时确定初始搜索区间时的初始点; h0为确定步长初始搜索区
  间时的步长
% t为确定步长初始搜索区间时的加速因子。这些参数用于调用一维线搜索程序, 可
  更改
% 输出为最优解xstar以及最优值fxstar、迭代次数iter
% By Gongnong Li 2012.10
function [xstar,fxstar,iter]=Topkis(f_name,c_name,x0,varepsilon)
tic;
xk=x0;n=length(x0);
k=0;e=1e-3;a0=1;h0=1/2;t=2;iter=0;flag=0;
while flag==0
    gf=MyGradient(f_name,xk); % 调用MyGradient.m计算目标函数在xk处的梯度
    gc=MyGradient(c_name,xk); % 调用MyGradient.m计算约束函数在xk处的梯度
    cxk=feval(c_name,xk);
 % 以下为求解子问题构造相关矩阵和向量
  c=-[zeros(1,2*n),1,-1,zeros(1,2*n+1+length(cxk))]';
  A=zeros(1,2*n+2);
  A(1,:)=[gf',-gf',-1,1];
       for i=1:length(cxk)
          A(i+1,:)=[-gc(:,i)',gc(:,i)',-1,1];
       end
  A(length(cxk)+2:n+1+length(cxk),:)=[eye(n),-eye(n),zeros(n,2)];
  A(n+2+length(cxk):2*n+1+length(cxk),:)=[-eye(n),eye(n),zeros(n,2)];
  A(:,2*n+3:2*n+2+2*n+1+length(cxk))=eye(2*n+1+length(cxk));
  b=[0,cxk,ones(1,2*n)]';
  xtemp=Ssimplex(A,b,c);
  dk=(xtemp(1:n)-xtemp(n+1:2*n))'; eta=xtemp(2*n+1)-xtemp(2*n+2);
```

```
% 求解子问题并得到可行下降反向
        if (abs(eta)<1e-3)
            xstar=xk; fxstar=feval(f_name,xk); flag=1;
        else
                lambda=p618(f_name,xk,dk,a0,h0,t,e);
                lambda0=lambdaBar(c_name,lambda,dk,xk);
            if lambda<lambda0
                lambda=lambda;
            else
                lambda=lambda0;
            end
            xk=xk+lambda*dk; iter=iter+1;  flag=0;
        end
    end
toc;
```

例 8.5　分别利用 Zoutendijk 可行方向法 MATLAB 程序 Zoutendijk.m 以及 Topkis-Veinott 可行方向法 MATLAB 程序 Topkis.m 求解如下约束优化问题：

$$
\begin{aligned}
\min \quad & f(\boldsymbol{x}) = 9 - 8x_1 - 6_x2 - 4x_3 + 2x_1^2 + 2x_2^2 + x_3^2 + 2x_1x_2 + 2x_1x_3 \\
\text{s.t.} \quad & \\
& 3 - x_1 - x_2 - 2x_3 \geqslant 0 \\
& x_i \geqslant 0, i = 1, 2, 3
\end{aligned}
$$

解　首先编写目标函数和约束函数的 M 文件，分别命名为 examf1.m 和 examc1.m，内容如下：

```
function y=examf1(x)
y=9-8*x(1)-6*x(2)-4*x(3)+2*x(1)^2+2*x(2)^2+x(3)^2+2*x(1)*x(2)+2*x(1)*x(3);

function c=examc1(x)
c(1)=3-x(1)-x(2)-2*x(3);
c(2)=x(1);
c(3)=x(2);
c(4)=x(3);
```

取初始迭代 (可行) 点为 $x^{(0)} = (0.5, 0.5, 0.5)^{\mathrm{T}}$，精度 $\varepsilon = 10^{-3}$，然后分别调用如上两个程序：

```
>> [xstar,fxstar,iter]=Zoutendijk(@examf1,@examc1,[0.5 0.5 0.5]',1e-3)
```

```
Elapsed time is 0.051787 seconds.
xstar =
    1.3333
    0.7779
    0.4441
fxstar =  0.1112
iter =   17
```

以及

```
>> [xstar,fxstar,iter]=Topkis(@examf1,@examc1,[0.5 0.5 0.5]',1e-3)
Elapsed time is 13.117173 seconds.
xstar =
    1.3347
    0.7769
    0.4420
fxstar =  0.1121
iter =   3861
```

该问题来自于 Hock and Schittkowski(1981) 给出的约束最优化问题的实验函数，所给最优解为 $\boldsymbol{x}^* = (4/3, 7/9, 4/9)^{\mathrm{T}} \approx (1.3333, 0.7778, 0.4444)^{\mathrm{T}}$，最优值为 $f(\boldsymbol{x}^*) = 1/9 \approx 0.1111$。

例 8.6 利用 Zoutendijk 可行方向法求解模型引入 8.1。

解 模型引入 8.1 即为

$$
\begin{aligned}
\min \quad & f(\boldsymbol{x}) = 40x_1x_2 + 20x_1^2 \\
\text{s.t.} \quad & x_1^2x_2 \geqslant 12 \\
& 12x_1x_2 + 2x_1^2 \leqslant 80 \\
& x_1, x_2 \geqslant 0
\end{aligned}
$$

为求解此问题，首先编写目标函数和约束函数的 M 文件，分别命名为 examf2.m 和 examc2.m，内容如下：

```
function y=examf2(x)
y=40*x(1)*x(2)+20*x(1)^2;

function c=examc2(x)
c(1)=12-x(1)^2*x(2);
c(2)=80-12*x(1)*x(2)-2*x(1)^2;
```

```
c(3)=x(1);
c(4)=x(2);
```

取初始迭代 (可行) 点为 $\boldsymbol{x}^{(0)}=(2,3)^{\mathrm{T}}$，精度 $\varepsilon=10^{-3}$，然后调用程序 Zoutendijk.m:

```
>> [xstar,fxstar,iter]=Zoutendijk(@examf2,@examc2,[2 3]',1e-3)
Elapsed time is 0.048565 seconds.
xstar =
    2.2892
    2.2899
fxstar = 314.4892
iter =   14
```

计算结果表明，该容器的底长和高应分别为 2.2892m 和 2.2899m，实际上约为 2.29m，是一个正方体。此时，根据题设是满足要求的造价最低的容器。总造价为 314.4893 元。

8.3　应用举例

例 8.7 (订货问题)　某中间供货商每年向其客户供应两种产品，合同规定不允许缺货。客户对这两种产品的消耗为匀速，消耗速度分别为单位时间内消耗 27 个单位和 20 个单位。为了不断供，该供货商需要间隔一定的时间及时进货，这两种产品每次的订购费不同，分别为每次 3 元和 9 元，其单价也不同，分别为 10 元和 8 元。所订购的产品并非一次性的交给客户，即订购的产品在该供货商处会产生存储费用，这两种产品的存储费用分别为每单位 2 元和 4 元。假设该订货商每年总的订货次数不超过 24 次，试确定该供货商的订货间隔时间以使得总费用最少。

解　设 $R_i(i=1,2)$ 表示产品的消耗速度，$C_i(i=1,2)$ 表示订购费，$K_i(i=1,2)$ 表示产品单价，$T_i(i=1,2)$ 表示存储费用，$t_i(i=1,2)$ 表示这两种产品订购的间隔时间。对于该供货商来说，其总的费用由订货费、产品成本以及存储费组成。由于假设需求是连续、匀速的，故订货费用为

$$C_i\cdot\frac{365}{t_i},\quad i=1,2$$

存储费用则为 t_i 时间内的单位存储费用与平均存储量之积，即

$$T_i\cdot\frac{1}{t_i}\int_0^{t_i}R_it\mathrm{d}t=\frac{1}{2}R_iT_it_i,\quad i=1,2$$

于是得到数学模型

$$\min \quad f(\boldsymbol{t})=\sum_{i=1}^{2}\left(\frac{365C_i}{t_i}+\frac{1}{2}R_iT_it_i+K_iR_i\right)$$

s.t.

$$\sum_{i=1}^{2}365/t_i \leqslant 24$$
$$t_i \geqslant 0, \quad i=1,2$$

题设中 $C_1=3, C_2=9, R_1=27, R_2=20, K_1=10, K_2=8, T_1=2, T_2=4$，将其代入上面的模型得到该问题的具体数学模型为：

$$\min \quad f(\boldsymbol{t})=\frac{1095}{t_1}+\frac{3285}{t_2}+27t_1+40t_2+430$$

s.t.

$$\sum_{i=1}^{2}365/t_i \leqslant 24$$
$$t_i \geqslant 0, \quad i=1,2$$

利用 Lagrange 乘子法求解该问题，首先编写该问题的约束函数文件 ExamC.m，内容如下：

```
function [ceq,c]=ExamC(t)
ceq=[];
c(1)=24-365/t(1)-365/t(2);
c(2)=t(1);
c(3)=t(2);
```

然后编写乘子罚函数文件 ExamMult.m，内容如下：

```
function y=ExamMult(t)
global mu0 mu lambda sigma; % 设立全局变量用于传递参数
 [ceq,c]=ExamC(t);
 if length(ceq)~=0
    for i=1:length(ceq)
       u(i)=lambda(i)*ceq(i);v(i)=ceq(i)^2;
     end
 else
    u=0;v=0;
 end
 if length(c)~=0
```

```
  for i=1:length(c)
      w(i)=(min(0,(1/mu)*c(i)-sigma(i)))^2-sigma(i)^2;
    end
 else
    w=0;
 end
 y=mu0*(1095/t(1)+3285/t(2)+27*t(1)+40*t(2)+430)-sum(u)+...
 (1/(2*mu))*sum(v)+(mu/2)*sum(w);
```

取初始点 $\boldsymbol{t}^{(0)}=(1,1)^{\mathrm{T}}$，精度 $\varepsilon=10^{-3}$，则计算如下：

```
>> [xstar,fxstar]=Multphr(@ExamMult,@ExamC,[1,1]',1e-3)
Elapsed time is 0.582473 seconds.
xstar =
   33.0674
   28.1575
fxstar =
   2.5989e+003
```

计算结果表明，该供货商订购这两种产品的间隔时间分别为 33.0674 天和 28.1575 天。全年总的费用为 2598.9 元。

例 8.8 (选址问题) 某公司有 6 个建筑工地要开工，每个工地的位置坐标及其水泥用量见表 8-1。目前有两个临时料场位于 $P(5,1)$ 和 $Q(2,7)$，日储量各有 20t。(1) 若料场到工地之间均有直线道路相连，试制订每天的供应方案使得总的吨公里数最小；(2) 为进一步减少吨公里数，拟重新建立两个临时料场，储量仍各为 20t，应建在何处？与 (1) 相比，节省的吨公里数有多少？

表 8-1 工地位置坐标及其水泥用量

工地	1	2	3	4	5	6
横坐标 lx	1.25	8.75	0.5	5.75	3	7.25
纵坐标 ly	1.25	0.75	4.75	5	6.5	7.75
水泥用量 d	3	5	4	7	6	11

解 设 $c_{ij}(i=1,2;j=1,2,\cdots,6)$ 表示从料场 i 到工地 j 的距离，$x_{ij}(i=1,2;j=1,2,\cdots,6)$ 表示从料场 i 运输水泥到工地 j 的运量，$s_i(i=1,2)$ 表示料场 i 的储量，$d_j(j=1,2,\cdots,6)$ 表示工地 j 的水泥需求量。吨公里数是指运输货物的重量与运输该货物所走路程的乘积，因此容易得到 (1) 的数学模型为：

$$
\begin{aligned}
\min \quad & \sum_{i=1}^{2}\sum_{j=1}^{6} c_{ij}x_{ij} \\
\text{s.t.} \quad & \\
& \sum_{j=1}^{6} x_{ij} \leqslant s_i, \quad i=1,2 \\
& \sum_{i=1}^{2} x_{ij} = d_j, \quad j=1,2,\cdots,6
\end{aligned}
\tag{8-3-1}
$$

显然，这是一个产大于销的运输问题，其中

$$
\begin{cases}
c_{1j}=\sqrt{(P_x-lx_j)^2+(P_y-ly_j)^2}, & j=1,2,\cdots,6 \\
c_{2j}=\sqrt{(Q_x-lx_j)^2+(Q_y-ly_j)^2}, & j=1,2,\cdots,6
\end{cases}
\tag{8-3-2}
$$

(P_x,P_y) 即为料场 1 的坐标 $(5,1)$，(Q_x,Q_y) 为料场 2 的坐标 $(2,7)$，$(lx_j,ly_j)(j=1,2,\cdots,6)$ 为工地 j 的坐标 (见表 8-2)。于是首先算出 c_{ij} 列于表 8-2。

表 8-2　从临时料场到各工地的距离 c_{ij}

料场	工地 1	工地 2	工地 3	工地 4	工地 5	工地 6
料场 1 到各工地的距离 c_{1j}	3.7583	3.7583	5.8577	4.0697	5.8523	7.1151
料场 2 到各工地的距离 c_{2j}	5.7987	9.1992	2.7042	4.2500	1.1180	5.3033

将数据代入上面的模型并用本书前面介绍的程序 Transport.m 计算如下：

```
>> Cost=[3.7583 3.7583 5.8577 4.0697 5.8523 7.1151;...
5.7987 9.1992 2.7042 4.2500 1.1180 5.3033];
>> Supply=[20;20];
>> Demand=[3;5;4;7;6;11];
>> [X,F]=Transport(Cost,Supply,Demand)
这是产大于销的运输问题。最优运输分配方案及最优运费F为:
X =  3    5    0    7    0    1
     0    0    4    0    6   10
F = 136.2272
```

即从料场 1 到工地 1 的供应量为 3t，到工地 2 的供应量为 5t，到工地 4 的供应量为 7t，到工地 6 的供应量为 1t，料场 2 到工地 3 的供应量为 4t，到工地 5 的供应量为 6t，到工地 6 的供应量为 10t，此时的吨公里数为 136.2272t·km。

第 (2) 问要解决的是如何重新设立两个料场使得总的吨公里数最小。设这两个新的料场坐标分别为 (P_x,P_y) 和 (Q_x,Q_y)，显然，关于吨公里数最小的数学模型表达仍然是式 (8-3-1)，从料场 i 到工地 j 的距离 c_{ij} 也仍然是式 (8-3-2)。但是其中的 P_x,P_y,Q_x,Q_y 为未知变量，$(lx_j, ly_j)(j=1,2,\cdots,6)$ 为题设 6 个工地的坐标 (见表 8-1)。于是，模型 (8-3-1) 现在是有 16 个变量的约束非线性规划问题，这 16 个变量是 $x_{ij}(i=1,2;j=1,2,\cdots,6)$ 以及 P_x, P_y, Q_x, Q_y。为便于利用前面介绍的 Lagrange 乘子法程序 Multphr.m 求解，现将这 16 个变量重新编号，指定 $x_1,\cdots,x_6$ 与 $x_{11},\cdots,x_{16}$ 对应，$x_7,\cdots,x_{12}$ 与 $x_{21},\cdots,x_{26}$ 对应，x_{13},x_{14} 与 P_x,P_y 对应，x_{15},x_{16} 与 Q_x,Q_y 对应。于是模型 (8-3-1) 变为

$$
\begin{aligned}
\min\quad f(\boldsymbol{x}) = & x_1\sqrt{(x_{13}-1.25)^2+(x_{14}-1.25)^2} + x_2\sqrt{(x_{13}-8.75)^2+(x_{14}-0.75)^2} \\
& + x_3\sqrt{(x_{13}-0.5)^2+(x_{14}-4.75)^2} + x_4\sqrt{(x_{13}-5.75)^2+(x_{14}-5)^2} \\
& + x_5\sqrt{(x_{13}-3)^2+(x_{14}-6.5)^2} + x_6\sqrt{(x_{13}-7.25)^2+(x_{14}-7.75)^2} \\
& + x_7\sqrt{(x_{15}-1.25)^2+(x_{16}-1.25)^2} + x_8\sqrt{(x_{15}-8.75)^2+(x_{16}-0.75)^2} \\
& + x_9\sqrt{(x_{15}-0.5)^2+(x_{16}-4.75)^2} + x_{10}\sqrt{(x_{15}-5.75)^2+(x_{16}-5)^2} \\
& + x_{11}\sqrt{(x_{15}-3)^2+(x_{16}-6.5)^2} + x_{12}\sqrt{(x_{15}-7.25)^2+(x_{16}-7.75)^2}
\end{aligned}
$$

s.t.

$$
\begin{cases}
x_1+x_2+x_3+x_4+x_5+x_6 \leqslant 20 \\
x_7+x_8+x_9+x_{10}+x_{11}+x_{12} \leqslant 20 \\
x_1+x_7=3, \quad x_2+x_8=5 \\
x_3+x_9=4, \quad x_4+x_{10}=7 \\
x_5+x_{11}=6, \quad x_6+x_{12}=11 \\
x_i \geqslant 0, \quad i=1,2,\cdots,12
\end{cases} \tag{8-3-3}
$$

现在编写该问题的约束函数的 M 文件，命名为 Exam2C.m，内容如下：

```
function [ceq,c]=Exam2C(x)
d=[3 5 4 7 6 11];s=[20 20];
for i=1:length(d)
   ceq(i)=x(i)+x(i+6)-d(i);
end
c(1)=s(1)-(x(1)+x(2)+x(3)+x(4)+x(5)+x(6));
c(2)=s(2)-(x(7)+x(8)+x(9)+x(10)+x(11)+x(12));
for i=1:12
    c(2+i)=x(i);
end
```

再编写其增广 Lagrange 函数的 M 文件，命名为 ExamMult2.m，内容如下：

```
function y=ExamMult2(x)
global mu0 mu lambda sigma; % 设立全局变量用于传递参数
```

```
[ceq,c]=Exam2C(x);
if length(ceq)~=0
   for i=1:length(ceq)
      u(i)=lambda(i)*ceq(i);v(i)=ceq(i)^2;
   end
else
   u=0;v=0;
end
if length(c)~=0
  for i=1:length(c)
       w(i)=(min(0,(1/mu)*c(i)-sigma(i)))^2-sigma(i)^2;
   end
else
   w=0;
end
A=[1.25 8.75 0.5 5.75 3 7.25;1.25 0.75 4.75 5 6.5 7.75];
k=0;k1=0;
for i=1:2
   x1=[x(12+i+k1);x(13+i+k1)];
   for j=1:6
   t(j)=sqrt(sum((x1-A(:,j)).^2)); tt(j)=t(j)*x(j+k);
   end
   ttt(i)=sum(tt);k=6;k1=1;
end
y=mu0*(ttt(1)+ttt(2))-sum(u)+(1/(2*mu))*sum(v)+(mu/2)*sum(w);
```

选择初始迭代点为 $\boldsymbol{x}^{(0)} = (1,1,\cdots,1)^{\mathrm{T}}$，精度 $\varepsilon = 10^{-2}$，然后调用程序 Multphr.m 计算如下：

```
>> [xstar,fxstar]=Multphr(@ExamMult2,@Exam2C,ones(16,1),1e-2)
xstar = -0.0011  4.9977  -0.0040 -0.0026  0.0032 11.0020  3.0010
         0.0023 ...
        4.0040   7.0025  5.9971  -0.0020  7.2501 7.7497   3.2552  5.6504
fxstar = 85.2462
```

计算结果表明，新建料场 1 的坐标为 (7.25, 7.75)，料场 2 的坐标为 (3.26, 5.65)。从料场 1 向工地 2，6 分别运输 5t 和 11t 水泥，从料场 2 分别向工地 1，3，4，5 运输 3t、4t、7t 以及 6t 水泥。这时总的吨公里数最小为 85.2462t·km，与第 (1) 问相比少了 50.981t·km。

例 8.9 (组合投资问题) 美国某 3 种股票 (A,B,C)12 年 (1943—1954) 的价格 (包括分红在内) 每年的增长情况如表 8-3 所示。表中数字表示的是该年年末股票价值是该年年初价值的倍数。若某人在 1955 年时有一笔资金准备投资这 3 种股票，并期望年收益率至少达到 15%，如何投资才能使得风险最低？

表 8-3 A,B,C3 种股票逐年收益数据

年份	股票 A	股票 B	股票 C	年份	股票 A	股票 B	股票 C
1943	1.300	1.225	1.149	1949	1.038	1.321	1.133
1944	1.103	1.290	1.260	1950	1.089	1.305	1.732
1945	1.216	1.216	1.419	1951	1.090	1.195	1.021
1946	0.954	0.728	0.922	1952	1.083	1.390	1.131
1947	0.929	1.144	1.169	1953	1.035	0.928	1.006
1948	1.056	1.107	0.965	1954	1.176	1.715	1.908

解 投资是指在每种股票上具体的投资额度。由于题目中没有给定具体的投资金额，故设 $x_i(i=1,2,3)$ 表示投资第 i 种股票的比例，显然满足投资比例之和为 1，即

$$x_1+x_2+x_3=1 \tag{8-3-4}$$

根据要求，投资的期望收益大于或等于 1.15，由于投资股票的收益是随机变量，即是指在 1955 年投资这 3 种股票收益的数学期望大于或等于 1.15。用 $r_i(i=1,2,3)$ 表示 1955 年投资这 3 种股票的收益，则有

$$r_1x_1+r_2x_2+r_3x_3 \geqslant 1.15 \tag{8-3-5}$$

但是，1955 年尚未开始投资，故 r_i 未知。这时，用 12 年投资收益的均值可代替 r_i。也就是说，r_1 可用股票 A 在这 12 年投资收益的均值代替，r_2,r_3 类似。根据表 8-3 算出 r_i，此时式 (8-3-5) 为

$$1.0891x_1+1.2137x_2+1.2346x_3 \geqslant 1.15 \tag{8-3-6}$$

由于随机变量的方差表示随机变量的取值偏离其均值的程度，故风险用投资收益的协方差表示，即目标函数为

$$f(\boldsymbol{x})=\boldsymbol{x}^{\mathrm{T}}\boldsymbol{H}\boldsymbol{x} \tag{8-3-7}$$

式中：$\boldsymbol{x}=(x_1,x_2,x_3)^{\mathrm{T}}$；$\boldsymbol{H}$ 为投资收益矩阵的协方差矩阵。

于是，建立如下组合投资的非线性规划模型：

$$\begin{aligned}&\min \quad f(\boldsymbol{x})=\boldsymbol{x}^{\mathrm{T}}\boldsymbol{H}\boldsymbol{x}\\&\text{s.t.}\\&\qquad\left\{\begin{array}{l}\boldsymbol{e}^{\mathrm{T}}\boldsymbol{x}=1\\ \boldsymbol{\mu}^{\mathrm{T}}\boldsymbol{x}\geqslant 1.15\\ \boldsymbol{x}\geqslant \boldsymbol{0}\end{array}\right.\end{aligned} \tag{8-3-8}$$

式中：$\boldsymbol{H}$ 为投资收益矩阵的协方差矩阵；$\boldsymbol{e}=(1,1,1)^{\mathrm{T}}$；$\boldsymbol{\mu}=(1.0891,1.2137,1.2346)^{\mathrm{T}}$；$\boldsymbol{x}=(x_1,x_2,x_3)^{\mathrm{T}}$。

下面利用乘子罚函数程序 Multphr.m 具体求解。首先编写问题 (8-3-8) 的约束函数的 M 文件，命名为 Exam3c.m，其内容如下：

```
function [ceq,c]=Exam3c(x)
A=[1.3 1.225 1.149;1.103 1.290 1.260;1.216 1.216 1.419;0.954 0.728
  0.922;...
0.929 1.144 1.169;1.056 1.107 0.965;1.038 1.321 1.133;1.089 1.305
  1.732;...
1.090 1.195 1.021;1.083 1.390 1.131;1.035 0.928 1.006;1.176 1.715
  1.908];
ceq=x(1)+x(2)+x(3)-1;
c(1)=mean(A(:,1))*x(1)+mean(A(:,2))*x(2)+mean(A(:,3))*x(3)-1.15;
c(2)=x(1);
c(3)=x(2);
c(4)=x(3);
```

然后编写增广 Lagrange 罚函数的 M 文件，命名为 ExamMult3.m，内容如下：

```
function y=ExamMult3(x)
global mu0 mu lambda sigma; % 设立全局变量用于传递参数
 [ceq,c]=Exam3c(x);
 if length(ceq)~=0
    for i=1:length(ceq)
       u(i)=lambda(i)*ceq(i);v(i)=ceq(i)^2;
     end
 else
    u=0;v=0;
 end
 if length(c)~=0
   for i=1:length(c)
        w(i)=(min(0,(1/mu)*c(i)-sigma(i)))^2-sigma(i)^2;
     end
 else
     w=0;
 end
```

```
A=[1.3 1.225 1.149;1.103 1.290 1.260;1.216 1.216 1.419;0.954 0.728
  0.922;...
0.929 1.144 1.169;1.056 1.107 0.965;    1.038 1.321 1.133;1.089 1.305
  1.732;...
1.090 1.195 1.021;1.083 1.390 1.131;1.035 0.928 1.006;1.176 1.715
  1.908];
y=mu0*([x(1) x(2) x(3)]*cov(A)*[x(1) x(2) x(3)]')-sum(u)+...
(1/(2*mu))*sum(v)+(mu/2)*sum(w);
```

调用程序 Multphr.m 计算如下：

```
>> [xstar,fxstar]=Multphr(@ExamMult3,@Exam3c,ones(3,1),1e-6)
xstar = 0.5301   0.3564   0.1135
fxstar =  0.0224
```

计算结果表明，53% 的资金投资 A 股票，35.6% 的资金投资 B 股票，11.4% 的资金投资 C 股票时是满足题意的风险最低的投资方案。

习题 8

1. 根据可行下降方向的定义，分析非线性规划

$$
\begin{aligned}
\min \quad & f(\boldsymbol{x}) = (x_1-2)^2 + (x_2-3)^2 \\
\text{s.t.} \quad & \\
& \begin{cases} x_1^2 + (x_2-2)^2 \geqslant 4 \\ x_2 \leqslant 2 \end{cases}
\end{aligned}
$$

在下列各点的可行下降方向 (1) $\boldsymbol{x}^{(1)} = (0,0)^{\mathrm{T}}$；(2) $\boldsymbol{x}^{(2)} = (2,2)^{\mathrm{T}}$；(3) $\boldsymbol{x}^{(3)} = (3,2)^{\mathrm{T}}$。并画图表示各可行下降方向的范围。

2. 写出下述二次规划的 KKT 条件。

$$
\begin{aligned}
\max \quad & f(\boldsymbol{x}) = \boldsymbol{c}^{\mathrm{T}}\boldsymbol{x} + \boldsymbol{x}^{\mathrm{T}}\boldsymbol{H}\boldsymbol{x} \\
\text{s.t.} \quad & \\
& \begin{cases} \boldsymbol{A}\boldsymbol{x} \leqslant \boldsymbol{b} \\ \boldsymbol{x} \geqslant \boldsymbol{0} \end{cases}
\end{aligned}
$$

其中：$\boldsymbol{A} \in \boldsymbol{R}^{m\times n}$; $\boldsymbol{H} \in \boldsymbol{R}^{n\times n}$; $\boldsymbol{c} \in \boldsymbol{R}^n$; $\boldsymbol{b} \in \boldsymbol{R}^m$; $\boldsymbol{x} \in \boldsymbol{R}^n$。

3. 写出下列非线性规划问题的 KKT 条件并进行求解。

(1)
$$
\begin{aligned}
\max \quad & f(x) = (x-3)^2 \\
\text{s.t.} \quad & \\
& 1 \leqslant x \leqslant 5
\end{aligned}
$$

(2)
$$
\begin{aligned}
\min \quad & f(x) = (x-3)^2 \\
\text{s.t.} \quad & \\
& 1 \leqslant x \leqslant 5
\end{aligned}
$$

4. 利用罚函数法求解下列约束优化问题

(1)
$$\max \quad f(\boldsymbol{x}) = x_1^2 + 4x_2^2 - 2x_1 - x_2$$
$$\text{s.t.}$$
$$x_1 + x_2 \leqslant 1$$

(2)
$$\min \quad f(\boldsymbol{x}) = x_1^2 + 4x_2^2$$
$$\text{s.t.} \quad \begin{cases} x_1 - x_2 \leqslant 1 \\ x_1 + x_2 \geqslant 1 \end{cases}$$

5. 考虑约束优化问题

$$\min \quad f(x) = x^3$$
$$\text{s.t.}$$
$$x - 1 = 0$$

显然，$x^* = 1$ 是其最优解。

(1) 对于 $\mu = 1, 10^{-1}, 10^{-2}, 10^{-3}$，画出罚函数 $P(x,\mu) = x^3 + 1/(2\mu)(x-1)^2$ 的图像，对于每一种情况，求出 $P(x,\mu)$ 的导数为零的点；

(2) 证明对于任何 μ，$P(x,\mu)$ 无界；

(3) 增加约束条件 $|x| \leqslant 2$，即求解约束问题

$$\min \quad P(x,\mu) = x^3 + \tfrac{1}{2\mu}(x-1)^2$$
$$\text{s.t.}$$
$$|x| \leqslant 2$$

的最优解 $x(\mu)$，验证 $x(\mu) \to x^* = 1$。

6. 利用 Lagrange 乘子法求解约束优化问题

$$\min \quad f(\boldsymbol{x}) = \frac{3}{2}x_1^2 + x_2^2 + \frac{1}{2}x_3^2 - x_1x_2 - x_2x_3 + x_1 + x_2 + x_3$$
$$\text{s.t.}$$
$$x_1 + 2x_2 + x_3 - 4 = 0$$

选取罚参数 $\mu_k = 10 \times 2^{1-k}, k = 1, 2, \cdots$，初始 Lagrange 乘子 $\boldsymbol{\lambda}^{(1)} = 0$，并与罚函数法进行比较，最后利用乘子法程序 Multphr.m 计算。

7. 利用 Zoutendijk 可行方向法求解并用程序 Zoutendijk.m 求解

$$\min \quad f(\boldsymbol{x}) = 2x_1^2 + 2x_2^2 - 2x_1x_2 - 4x_1 - 6x_2$$
$$\text{s.t.} \quad \begin{cases} x_1 + x_2 \leqslant 2 \\ x_1 + 5x_2 \leqslant 5 \\ x_1, x_2 \geqslant 0 \end{cases}$$

8. 利用可行方向法并用 MATLAB 程序 Zoutendijk.m 和程序 Topkis.m 分别求解二次规划问题

$$
\begin{aligned}
&\min \quad f(\boldsymbol{x}) = 2x_1^2 - 4x_1x_2 + 4x_2^2 - 6x_1 - 3x_2 \\
&\text{s.t.} \\
&\qquad \begin{cases} x_1 + x_2 \leqslant 3 \\ 4x_1 + x_2 \leqslant 9 \\ x_1, x_2 \geqslant 0 \end{cases}
\end{aligned}
$$

9. 根据可行方向法 MATLAB 程序 Zoutendijk.m 求解约束优化问题

$$
\begin{aligned}
&\min \quad f(\boldsymbol{x}) = -\sum_{i=1}^{10} \mathrm{e}^{x_i} \sin(x_i) \\
&\text{s.t.} \\
&\qquad \begin{cases} \displaystyle\sum_{i=1}^{10} x_i^2 \leqslant 100 \\ 0 \leqslant x_i \leqslant 10, i = 1, 2, \cdots, 10 \end{cases}
\end{aligned}
$$

在上面的优化问题中，增加约束 $\sum\limits_{i=1}^{10} x_i = 20$ 后再用 Lagrange 乘子法 MATLAB 程序 Multphr.m 求解。选取 $\boldsymbol{x}^{(0)} = (1, 1, \cdots, 1)^{\mathrm{T}}$ 为初始迭代点，精度 $\varepsilon = 10^{-3}$。

CHAPTER 9 第 9 章

排队论基础

学习目标与要求

1. 掌握排队论的有关概念以及排队论的常用概率分布和有关指标。
2. 掌握排队论的生灭过程。
3. 会用 MATLAB 进行排队系统的优化。

9.1 排队论的基本概念

9.1.1 问题的引入及基本概念

排队论 (Queueing Theory) 也称为随机服务系统。排队论，顾名思义，研究的是所谓排队问题。排队可以是有形的，也可以是无形的。比如，人们到火车站购票往往需要排队，去医院看病往往也需要排队，去食堂吃饭在很多时候也需要排队……之所以出现排队现象无非有两个原因，其一是提供服务的服务台或服务员数量有限，少于需要接受服务的人，比如，只有 3 个窗口售卖火车票，但有 100 个顾客购买火车票。其二是服务台或服务员提供服务或者说顾客接受服务的时间不一样，仍以购买火车票为例，假设 3 个窗口售卖火车票，有 3 个顾客购买火车票，这时第 4 个顾客达到仍有可能需要排队。毫无疑问，增加服务台或服务员的数量可以减少排队现象，但也很明显无法完全消除排队现象。此外，如果将即将降落的飞机看成“顾客”，将机场看成“服务台”或“服务员”，那么某机场等待降落的飞机与机场也构成一个排队问题。如果将某水库上游来水看成为

“顾客”，水到达水库（“服务台”）后我们需要决定是储存还是开闸放水，这时也是一个排队问题。这样的例子是无穷的。

抽象地说，可以将有输入和输出的一个整体称为一个系统，将进入该系统希望得到某种服务的人或物称为顾客，提供某种服务的人或设施称为服务台。顾客进入到系统后等待接受服务，当其需要的服务得到满足后离开该系统。由于顾客达到该系统一般都是随机的，到达后接受服务的时间也是随机的，所以也称排队论为随机服务系统理论，并可将排队论看成概率与统计研究的一种具体的问题。该理论要研究的是排队系统运行的效率以及如何改进排队系统使得顾客接受服务的质量得到提升。

一般的排队系统主要由输入过程、排队规则和服务机构 3 个基本部分组成。

1. 输入过程

输入是指顾客到达排队系统。这里顾客的概念是抽象的，所以有多种不同情况，将其列举如下。

(1) 组成总体 (称为顾客源) 的个体 (顾客) 数可能是有限的，也可能是无限的。工厂中等待维修的机器（“顾客”）总数是有限的，但水库中上游来水，将其看成“顾客”则是无限的。有时，顾客数是有限的，但由于有些系统对顾客不加限制，这时也可将其看成是无限的。比如，火车站购买火车票的顾客总是源源不断，可将其看成是无限的。

(2) 顾客到达系统的方式可能是逐个到达，也可能是成批到达。本书只讨论顾客逐个到达的情形。

(3) 前后两个顾客达到系统的时间间隔一般是随机的，但也有确定的情形。比如，自动生产线上等待装配的零部件 (“顾客”) 相继达到的时间间隔是按照事先设计确定性的。

(4) 顾客到达一般是相互独立，没有互相关联的。但也有关联的情形。本书只讨论相互独立达到的情况。

(5) 考虑顾客相继达到系统的时间间隔是随机的情形，这时，到达的时间间隔具有一定的概率分布，若该分布中涉及的数字特征，如数学期望、方差等与时间无关，则称为输入过程是平稳的，否则称为非平稳的，本书只讨论输入过程是平稳的情形。

2. 排队规则

顾客达到系统后，若所有服务台都被占用，则顾客可能随即离去，也可能排队等待。前者称为即时制或损失制，后者称为等待制。对于等待制，有各种等待服务的规则。

(1) 先到先服务 (简记为 FCFS)。即按照顾客到达系统的先后次序等待接受服务。在日常生活中，这是最常见的情况。

(2) 后到先服务 (简记为 LCFS)。即后到者先接受服务。比如，仓库中存放同样的原材料，后到者意味着放在最上面或最外面，那么取出该材料即为后到先服务。

(3) 随机服务。即服务台或服务员从等待接受服务的顾客中随机选取进行服务。

(4) 有优先权的服务。即按照某种优先权对达到的顾客进行服务。比如，医院规定急诊优先即是这种情况。

对于顾客排队，队列可以是非常明显的 (如日常生活中的各种排队)，也可以是不明显的 (比如打电话时传送到电信公司的呼叫信号、机场上空等待降落的飞机等)；队列的数目可以是单列，也可以是多列；有时排队的顾客因不能忍受等待而中途退出，但也有不能或无法中途退出的情况。

3. 服务机构

服务机构指的是提供服务的机构，在这里是一个抽象的名称。机构里可能有服务员 (服务台、通道、窗口等，如超市收银员)，也可能没有服务员 (如机场跑道)。在有多个服务台的情况下，服务台可以是并联的 (即平行排列)，也可以是串联 (即前后排列)，以及串并联 (即两种情况的混合)。例如，火车站的售票窗口即是多服务台并列的情况；在市政大厅办理某些业务时往往会碰到串联的情形，因为需要办理若干手续，且这些手续有前后次序之分。服务机构对顾客进行服务时，可能是一对一的服务，也可能是对成批的顾客进行服务。比如，公共汽车对在站台等候的顾客就是成批进行服务的。与顾客达到系统的时间间隔一样，服务时间也有确定性的和随机的两种。在随机的情形中，也有平稳和非平稳的区分。同样，本书只讨论服务时间是平稳的情形。

综上，排队系统虽然主要由 3 部分组成，但每个部分都有很多种情况，各种组合显得杂乱无章。1951 年 D. G. Kendall 提出排队论分类方法，将排队系统中最主要的 3 部分用不同的记号表示出来，称为 Kendall 记号

$$X/Y/Z$$

1971 年将 Kendall 记号扩充为

$$X/Y/Z/A/B/C$$

式中：X 处填写顾客相继达到系统的时间间隔服从的分布；Y 处填写顾客接受服务时间所服从的分布；Z 处填写并列的服务台数目；A 处填写系统对顾客数量的限制，即系统容量 N；B 处填写顾客源数目 m；C 处填写服务规则。并用下列符号表示各种含义。M 表示随机变量的服从负指数分布；D 表示确定性的 (即相继到达的顾客时间间隔是确定的或者接受服务的时间是确定的)；E_k 表示 k 阶爱尔朗分布；GI 表示一般相互独立的时间间隔的分布；G 表示一般服务时间的分布；FCFS 表示先到先服务规则，LCFS 表示后到先服务规则。

于是，符号 $M/M/1/\infty/\infty/\text{FCFS}$ 表示的是顾客相继达到系统的时间间隔服从负指数分布，接受服务的时间也服从负指数分布，单服务台，系统对顾客数量无限制，顾客源数目为无穷多，先到者先接受服务这样一种排队系统。由于本书只讨论先到先服务规则下的排队系统，所以，上述符号中的最后一项往往省略。故，符号 $D/M/c/\infty/\infty$ 表示顾

客相继到达系统的时间间隔是确定的，但接受服务的时间服从负指数分布，有 c 个并联的服务台 (顾客排成一队)，系统容量、顾客源为无穷，且先到先服务这样一个排队系统。

排队论研究的主要问题是排队系统的运行效率，估计服务质量，确定相应的最优参数以及设计、改进排队系统。在这些问题中涉及如下有关指标。

(1) 队长。队长是排队系统中的顾客数，这是一个随机变量，其数学期望记为 L_{s}。系统中的顾客数由正在接受服务的顾客数和等待接受服务的顾客数组成。这两者也是随机变量，记等待接受服务的顾客数的数学期望为 L_{q}。一般来说，L_{s} 或 L_{q} 越大，说明排队系统的服务效率越低，因为这往往意味着顾客需要等待较长的时间才能得到服务。

(2) 逗留时间和等待时间。逗留时间指的是顾客在系统中的停留时间，其数学期望记为 W_{s}，等待时间的数学期望记为 W_{q}。显然，逗留时间等于等待时间和接受服务的时间之和。

(3) 忙期和闲期。忙期指的是从顾客到达系统开始到顾客离开系统，系统里没有顾客为止的时间段；闲期这是系统里没有顾客到来的时间段。这两个指标反映了系统里服务员的工作强度。一个合理的排队系统不仅关心顾客的等待队长、等待时间等，同时也要关心服务员的工作强度。

(4) 损失率。在即时制或排队有限制的系统中，由于正在服务而拒绝后到的顾客或顾客离去使得企业受到损失的概率。

不论什么类型的排队系统，这些指标的计算都是在系统状态概率的基础上进行的。所谓系统状态是指时刻 t 系统中的顾客数，其概率记为 $P_n(t)$，表示在时刻 t 系统中有 n 个顾客的概率。这种表达是即时的、瞬间的。我们常常考虑的是排队系统经过较长时间的运行后到达稳定状态时的概率 P_n。

9.1.2 排队论的常用分布

排队论是一门独立的学科。作为运筹学基础的这部分内容只是介绍几个简单、常用的排队系统，其中涉及几个常用概率分布，在此简要介绍。

1. *泊松分布*

若随机变量 X 取值 $0,1,2,\cdots$，且相应的概率为

$$P\{X=k\}=\frac{\lambda^k}{k!}\mathrm{e}^{-\lambda},\quad k=0,1,2,\cdots \tag{9-1-1}$$

则称随机变量 X 服从参数为 λ 的泊松分布，记为 $X\sim P(\lambda)$。泊松分布中的参数 λ 正是随机变量的数学期望和方差。实际上，

$$E(X)=\sum_{k=0}^{\infty}k\cdot\frac{\lambda^k}{k!}\mathrm{e}^{-\lambda}=\lambda\mathrm{e}^{\lambda}\sum_{k=1}^{\infty}\frac{\lambda^{(k-1)}}{(k-1)!}=\lambda\mathrm{e}^{-\lambda}\mathrm{e}^{\lambda}=\lambda$$

$$D(X)=E(X^2)-[E(X)]^2=\sum_{k=0}^{\infty}k^2\cdot\frac{\lambda^k}{k!}\mathrm{e}^{-\lambda}-\lambda^2$$
$$=\lambda^2\mathrm{e}^{-\lambda}\sum_{k=2}^{\infty}\frac{\lambda^{k-2}}{(k-2)!}+\lambda\mathrm{e}^{-\lambda}\sum_{k=1}^{\infty}\frac{\lambda^{k-1}}{(k-1)!}-\lambda^2=\lambda$$

泊松分布是概率论中非常重要的一种分布，甚至可以认为是构成随机过程的“基本粒子”。在排队系统中，该分布也起着非常重要的作用。实际上，若在时间 $[t_1,t_2)$ 内相继到达 n 个顾客的概率 $P_n(t_1,t_2)$ 满足以下 3 个条件 (此时称顾客的到达形成泊松流)，则服从泊松分布。

(1) 无后效性。在不相互重叠的时间区间内顾客的到达数是相互独立的，即后面某个时间区间内达到多少个顾客与之前有多少个顾客达到系统没有关系，所以称之为无后效性。

(2) 在充分小的时间长度 Δt 内，即在时间区间 $[t,t+\Delta t)$ 内有 1 个顾客到达系统的概率与时间起点 t 无关，只与 Δt 有关，若 λ 表示单位时间内到达系统的顾客数 (称为概率强度)，则

$$P_1(t,t+\Delta t)=\lambda\Delta t+o(\Delta t) \tag{9-1-2}$$

其中：$o(\Delta t)$ 表示 Δt 的高阶无穷小。

(3) 在充分小的时间长度 Δt 内，即在时间区间 $[t,t+\Delta t)$ 内有 2 个及以上顾客到达系统的概率是一个无穷小量，即

$$\sum_{n=2}^{\infty}P_n(t,t+\Delta t)=o(\Delta t) \tag{9-1-3}$$

日常生活中打电话时传送到电信公司的呼叫信号即是泊松流的典型例子。下面证明，满足泊松流的顾客到达数服从泊松分布。

不失一般性，为使算法简捷起见，总是可以假设从时间 0 开始考虑，并简记 $P_n(0,t)=P_n(t)$。若在时间区间 $[0,t+\Delta t)$ 内有 n 个顾客达到系统，则可以将其分成如下互不相容的随机事件。

(1) 在时间区间 $[0,t)$ 内有 n 个顾客到达，其概率为 $P_n(t)$，而在区间 $[t,t+\Delta t)$ 内没有顾客达到。根据泊松流的条件 (2) 和 (3)，此时的概率为 $P_0(t,t+\Delta t)=1-\lambda t+o(\Delta t)$。这个概率的意思是在时间区间 $[0,t)$ 内有 n 个顾客到达的情形下，在时间区间 $[t,t+\Delta t)$ 内没有顾客到达，是条件概率。

(2) 在时间区间 $[0,t)$ 内有 $n-1$ 个顾客到达，其概率为 $P_{n-1}(t)$，而在区间 $[t,t+\Delta t)$ 内恰有 1 个顾客达到。根据泊松流的条件 (2)，此时的概率为 $P_1(t,t+\Delta t)=\lambda t+o(\Delta t)$。这个概率也是条件概率。

(3) 在时间区间 $[0,t)$ 内有 i 个顾客到达，$0 \leqslant i \leqslant n-2$，其概率分别为 $P_i(t)$，而在区间 $[t,t+\Delta t)$ 内有 $n-i$ 个顾客达到。由于 $n-i \geqslant 2$ 根据泊松流的条件 (3)，此时的概率均为 $P_{n-i}(t,t+\Delta t)=o(\Delta t)$。这个概率同样是条件概率。

由以上分析，根据全概率公式，有

$$P_n(t+\Delta t)=P_n(t)(1-\lambda t+o(\Delta t))+P_{n-1}(t)(\lambda t+o(\Delta t))+\sum_{i=2}^{n}P_{n-i}(t)o(\Delta t)$$

根据无穷小量的运算法则，合并无穷小量并整理上式，有

$$\frac{P_n(t+\Delta t)-P_n(t)}{\Delta t}=-\lambda P_n(t)+\lambda P_{n-1}(t)+\frac{o(\Delta t)}{\Delta t} \tag{9-1-4}$$

令 $\Delta t \to 0$，并考虑到在长度为零的时间区间内有 n 个顾客到来是不可能的，即 $P_n(0)=0$，则得到如下常微分方程

$$\begin{cases} \dfrac{\mathrm{d}P_n(t)}{\mathrm{d}t}=-\lambda P_n(t)+\lambda P_{n-1}(t), & n \geqslant 1 \\ P_n(0)=0 \end{cases} \tag{9-1-5}$$

若 $n=0$，即在时间区间 $[0,t+\Delta t)$ 内没有顾客到来，则没有上述的 (2) 和 (3) 情况，于是有

$$\begin{cases} \dfrac{\mathrm{d}P_0(t)}{\mathrm{d}t}=-\lambda P_0(t) \\ P_0(0)=1 \end{cases} \tag{9-1-6}$$

通过式 (9-1-6)，容易得到 $P_0(t)=\mathrm{e}^{-\lambda t}$，在方程 (9-1-5) 的两端同乘以 $\mathrm{e}^{\lambda t}$，移项、化简，有

$$\frac{\mathrm{d}}{\mathrm{d}t}[P_n(t)\mathrm{e}^{\lambda t}]=\lambda P_{n-1}(t)\mathrm{e}^{\lambda t}$$

积分并依次代入 $n=1,2,\cdots$，即有

$$P_n(t)=\frac{(\lambda t)^n}{n!}\mathrm{e}^{-\lambda t},\ t>0, n=0,1,2,\cdots \tag{9-1-7}$$

若用 $N(t)$ 表示在时间区间 $[0,t)$ 内达到排队系统的顾客数，则式 (9-1-7) 表明，在满足泊松流的 3 个条件下有 $N(t) \sim P(\lambda t)$。

2. 负指数分布

若随机变量 X 的概率密度为

$$p(t)=\begin{cases} \lambda \mathrm{e}^{-\lambda t}, & t \geqslant 0 \\ 0, & t<0 \end{cases} \tag{9-1-8}$$

则称随机变量 X 服从负指数分布，并记为 $X \sim e(\lambda)$。此时，X 的分布函数为

$$F(t)=\int_{-\infty}^{t} p(t)\mathrm{d}t=\begin{cases}1-\mathrm{e}^{-\lambda t}, & t \geqslant 0 \\ 0, & t<0\end{cases} \tag{9-1-9}$$

其数学期望 $E(X)$ 和方差 $D(X)$ 分别为

$$E(X)=\int_{-\infty}^{\infty} t p(t)\mathrm{d}t=\int_{0}^{\infty} \lambda t \mathrm{e}^{-\lambda t}\mathrm{d}t=\frac{1}{\lambda}$$

$$D(X)=E(X^2)-[E(X)]^2=\int_{-\infty}^{\infty} t^2 p(t)\mathrm{d}t-\frac{1}{\lambda^2}=\frac{1}{\lambda^2}$$

负指数分布有如下两个重要性质。

(1) 无记忆性。若 $X \sim e(\lambda)$，则有

$$P\{X>t+s|X>s\}=P\{X>t\} \tag{9-1-10}$$

实际上，

$$\begin{aligned}P\{X>t+s|X>s\}&=\frac{P\{X>t+s\}}{P\{X>s\}}\\&=\frac{1-P\{X\leqslant t+s\}}{1-P\{X\leqslant s\}}\\&=\frac{\mathrm{e}^{-(t+s)}}{\mathrm{e}^{-s}}\\&=\mathrm{e}^{-t}=P\{X>t\}\end{aligned}$$

负指数分布常常用来描述产品的使用寿命以及排队系统中顾客达到的间隔时间。下面将会证明，若到达系统的顾客服从泊松流的特征时，顾客达到的间隔时间一定服从负指数分布。于是，上式表达了间隔时间在 s 的基础上再间隔 t 时间的概率与间隔时间为 t 的概率相等，这好像是没有记住已经间隔了 s 时间，故称为无记忆性。可以证明，在连续型随机变量里，负指数分布是唯一具有无记忆性的概率分布。

(2) 当顾客到达系统服从概率强度为 λ(即单位时间内到达系统的顾客数) 的泊松流的特征时，顾客相继达到系统的间隔时间 X 一定服从参数为 λ 的负指数分布。

实际上，根据泊松流的特征，在时间区间 $[0,t)$ 内至少有 1 个顾客到达的概率是

$$1-P_0(t)=1-\mathrm{e}^{-\lambda t}, t>0$$

这个式子表达了到达系统的间隔时间不超过 t 的概率，即 $P\{X\leqslant t\}=1-\mathrm{e}^{-\lambda t}$。这刚好是随机变量 X 的分布函数，与参数为 λ 的负指数分布相同。

现在对参数 λ 有新的理解，在泊松流中，λ 表示单位时间里平均到达排队系统的顾客数 (泊松分布的数学期望)。于是，$1/\lambda$ 表示了顾客相继达到该系统的平均间隔时间 (负指数分布的数学期望)。因此，在 Kendall 记号中用同一个符号 M 表示输入过程为泊松流与间隔时间为负指数分布。

3. k 阶爱尔朗

设随机变量 $X_1, X_2, \cdots, X_k$ 独立且同服从参数为 $k\mu$ 的负指数分布，则随机变量 $X = X_1 + X_2 + \cdots + X_k$ 的概率密度为

$$f_n(t) = \frac{\mu k(\mu kt)^{k-1}}{(k-1)!}\mathrm{e}^{-\mu kt}, \quad t > 0 \tag{9-1-11}$$

此时称随机变量 X 服从 k 阶爱尔朗分布。其数学期望和方差分别为。

$$E(X) = E(X_1 + X_2 + \cdots + X_k) = E(X_1) + E(X_2) + \cdots + E(X_k) = k \cdot \frac{1}{k\mu} = \frac{1}{\mu}$$

$$D(X) = D(X_1 + X_2 + \cdots + X_k) = D(X_1) + D(X_2) + \cdots + D(X_k) = k \cdot \frac{1}{(k\mu)^2} = \frac{1}{k\mu^2}$$

根据前面的叙述，排队系统中若有 k 个串联的服务台，每台的服务时间相互独立且服从参数相同的负指数分布，则顾客走完这 k 个服务台所需要的总的服务时间就服从 k 阶爱尔朗分布

显然，$k = 1$ 时的爱尔朗分布就是负指数分布。另外，在 k 足够大 (如 $k \geqslant 30$) 时爱尔朗分布近似于正态分布。而当 $k \to \infty$ 时，由于 $D(X) \to 0$，此时爱尔朗分布退化为确定型分布。

最后需要指出的是，在实际的排队系统中，对于历史数据可以采用数理统计的方法，如 χ^2 检验以得到顾客到达间隔和服务时间的经验分布并进行参数估计以得到相应的数字特征。

9.2 单服务台及多服务台模型

9.2.1 单服务台模型

本节首先介绍单服务台的排队论模型。假设输入过程服从泊松分布，服务时间服从负指数分布，单服务台，服务规则为先到先服务。此时的系统容量以及顾客源可以是无限制的，也可以是有限制的。故讨论以下 3 种情况：标准的 $M/M/1/\infty/\infty$，即系统容量及顾客源均无限制；系统容量有限制，但顾客源无限制的 $M/M/1/N/\infty$；系统无限制，但顾客源为有限的 $M/M/1/\infty/m$。

1. 标准的 $M/M/1/\infty/\infty$ 排队系统

根据前面符号的含义，这个系统讨论的是：顾客源无限制，顾客相互独立的单个到达，在一定时间内顾客的到达数服从泊松分布，到达过程是平稳的，到达系统后按照先到先得规则接受服务，只有一个服务台，系统对顾客数没有限制。

为具体讨论这个排队系统，首先要确定系统在瞬时时刻 t(一个时间点) 时有 n 个顾客的概率 $P_n(t)$，方法是建立关于 $P_n(t)$ 的微分方程并求解。假设顾客到达服从参数为 λ 的泊松过程，接受服务的时间服从参数为 μ 的负指数分布，那么在以下 4 种情况下，时刻 $t+\Delta t$ 系统有 n 个顾客。

(1) 在时刻 t 时，系统里有 n 个顾客，但在时间区间 $[t, t+\Delta t)$(一段时间) 内没有新的顾客到达，也没有顾客离开。根据泊松流的特点，有一个顾客到达的概率是 $\lambda\Delta t + o(\Delta t)$，从而没有顾客到达的概率是 $1-\lambda\Delta t + o(\Delta t)$。根据负指数分布的特点，1 个顾客接受服务并离去的概率是 $\mu\Delta t + o(\Delta t)$，没有离去的概率是 $1-\mu\Delta t + o(\Delta t)$。这些概率都是在假设时刻 t 有 n 个顾客的情况下的概率，是条件概率。

(2) 在时刻 t 系统里有 $n+1$ 个顾客，在时间区间 $[t, t+\Delta t)$ 内没有新的顾客到达，但有 1 个顾客接受服务后离开。同情况 (1)，没有顾客到达的概率是 $1-\lambda\Delta t + o(\Delta t)$。1 个顾客接受服务并离去的概率是 $\mu\Delta t + o(\Delta t)$。这些概率同样是在假设时刻 t 有 $n+1$ 个顾客的情况下的概率，也是条件概率。

(3) 在时刻 t 系统里有 $n-1$ 个顾客，在时间区间 $[t, t+\Delta t)$ 内有 1 个新的顾客到达，没有顾客离开。同上，有一个顾客到达的概率是 $\lambda\Delta t + o(\Delta t)$。没有顾客离去的概率是 $1-\mu\Delta t + o(\Delta t)$。这些概率也是条件概率。

(4) 在时刻 t 时，系统里有 n 个顾客，在时间区间 $[t, t+\Delta t)$ 内有 $k(k\geqslant 2)$ 个新的顾客到达，也有 k 个顾客离开。根据泊松流的特点，有至少 2 个顾客到达的概率是 $o(\Delta t)$，根据负指数分布的特点，有至少 2 个顾客接受服务并离去的概率也是 $o(\Delta t)$。

于是，根据全概率公式，有

$$
\begin{aligned}
P_n(t+\Delta t) = & P_n(t)(1-\lambda\Delta t + o(\Delta t))(1-\mu\Delta t + o(\Delta t)) \\
& + P_{n+1}(t)(1-\lambda\Delta t + o(\Delta t))(\mu\Delta t + o(\Delta t)) \\
& + P_{n-1}(t)(\lambda\Delta t + o(\Delta t))(1-\mu\Delta t + o(\Delta t)) + P_n(t)o(\Delta t)o(\Delta t)
\end{aligned}
$$

将上式化简，注意到高阶无穷小量的运算规律，将所有关于 Δt 的高阶无穷小合并，即得

$$
P_n(t+\Delta t) = P_n(t)(1-\lambda\Delta t - \mu\Delta t) + \mu P_{n+1}(t)\Delta t + \lambda P_{n-1}(t)\Delta t + o(\Delta)
$$

故有
$$
\frac{P_n(t+\Delta t) - P_n(t)}{\Delta t} = \lambda P_{n-1}(t) + \mu P_{n+1}(t) - (\lambda+\mu)P_n(t) + \frac{o(\Delta t)}{\Delta t}
$$

令 $\Delta t \to 0$，最后得到关于 $P_n(t)$ 的微分差分方程

$$\frac{\mathrm{d}P_n(t)}{\mathrm{d}t} = \lambda P_{n-1}(t) + \mu P_{n+1}(t) - (\lambda+\mu)P_n(t), \quad n = 1, 2, \cdots \tag{9-2-1}$$

注意到 $n = 0$ 时只有上述 (1) 及 (2) 两种情况，即

$$P_0(t+\Delta t) = P_0(t)(1-\lambda\Delta t) + P_1(t)(1-\lambda\Delta t)\mu\Delta t$$

并同理可得

$$\frac{\mathrm{d}P_0(t)}{\mathrm{d}t} = -\lambda P_0(t) + \mu P_1(t) \tag{9-2-2}$$

于是，式 (9-2-1) 和式 (9-2-2) 描述了当顾客达到系统是泊松流，接受服务的时间服从负指数分布时，在时刻 t 系统里有 n 个顾客 (称系统状态为 n) 的概率。求解这两个方程很困难，关键还在于求出的解描述的是瞬时状态的概率，而我们主要讨论的是系统达到稳定状态下的规律，故现在假设 $P_n(t)$ 与时刻 t 无关，此时式 (9-2-1) 和式 (9-2-2) 的左端项的导数为零，且用 P_n 表示 $P_n(t)$，则式 (9-2-1) 和式 (9-2-2) 变成

$$\begin{cases} -\lambda P_0 + \mu P_1 = 0 \\ \lambda P_{n-1} + \mu P_{n+1} - (\lambda+\mu)P_n = 0, \quad n \geqslant 1 \end{cases} \tag{9-2-3}$$

由第一式，有 $P_1 = (\lambda/\mu)P_0$，在第二个式子中，令 $n = 1$，有

$$\mu P_2 = (\lambda+\mu)(\lambda/\mu)P_0 - \lambda P_0 \Longrightarrow P_2 = (\lambda/\mu)^2 P_0$$

如此进行，最后得到

$$P_n = (\lambda/\mu)^n P_0, \quad n \geqslant 1$$

由于 λ 表示单位时间达到系统的顾客数，μ 表示单位时间接受服务的顾客数，当 $\lambda/\mu \geqslant 1$ 时，在系统对顾客数没有限制，顾客源也没有限制的情况下，顾客将会源源不断地来到系统而将导致排队趋至无穷远。这种情况我们无须考虑，故假设 $\rho = \lambda/\mu < 1$。此时，由于所有情况下的概率之和为 1，即有

$$\sum_{n=0}^{\infty} P_n = 1 \Longrightarrow P_0 \sum_{n=0}^{\infty} \rho^n = 1 \Longrightarrow P_0 \frac{1}{1-\rho} = 1$$

所以，差分方程 (9-2-3) 的解为

$$\begin{cases} P_0 = 1-\rho, \quad \rho = \dfrac{\lambda}{\mu} < 1 \\ P_n = (1-\rho)\rho^n, \quad n \geqslant 1 \end{cases} \tag{9-2-4}$$

式 (9-2-4) 描述了该系统在平稳状态时，系统为 n 的概率。上面假设$\rho = \dfrac{\lambda}{\mu} < 1$ 不仅

是必须的，也有其重要意义。实际上，$\rho = 1 - P_0$ 表示系统中至少有一个顾客的概率，这里讨论的是单服务台，故表达了系统处于为顾客服务的状态概率，因此 ρ 表示服务机构的繁忙程度，故又称为服务机构的利用率。以式 (9-2-4) 为基础可以计算出该系统相关的运行指标。

(1) 系统中的平均顾客数 L_s。L_s 显然就是系统状态的数学期望，故有

$$\begin{aligned}L_s &= \sum_{n=0}^{\infty} nP_n = \sum_{n=0}^{\infty} n(1-\rho)\rho^n \\ &= (1-\rho)\rho + 2(1-\rho)\rho^2 + \cdots + n(1-\rho)\rho^n + \cdots \\ &= \rho(1-\rho)(\rho + \rho^2 + \cdots + \rho^n + \cdots)' \\ &= \rho(1-\rho)\left(\frac{1}{1-\rho}\right)' \\ &= \frac{\rho}{1-\rho}\end{aligned}$$

由于 $\rho = \lambda/\mu$，故上式也可写成

$$L_s = \frac{\lambda}{\mu - \lambda}$$

(2) 系统中等待接受服务的平均顾客数 L_q。由于这里考虑的是单服务台的情况，故当系统状态为 n 时，排队等待的顾客有 $n-1$ 个，从而

$$\begin{aligned}L_q &= \sum_{n=1}^{\infty}(n-1)P_n = \sum_{n=1}^{\infty} nP_n - \sum_{n=1}^{\infty} P_n \\ &= L_s - \rho = \frac{\rho^2}{1-\rho}\end{aligned}$$

或者

$$L_q = \frac{\rho\lambda}{\mu - \lambda} = \frac{\lambda^2}{\mu^2 - \lambda\mu}$$

(3) 系统中顾客平均逗留时间 W_s。当顾客达到服从参数为 λ 的泊松分布，接受服务的时间服从参数为 μ 的负指数分布，单服务台的情况下，顾客在系统中的逗留时间 W 服从参数为 $\mu - \lambda$ 的负指数分布 (证明从略)，故有

$$W_s = E(W) = \frac{1}{\mu - \lambda}$$

(4) 系统中顾客等待接受服务的平均等待时间 W_q。在 (3) 的叙述中，等待接受服务的时间为逗留时间减去平均接受服务的时间，故

$$W_q = W_s - \frac{1}{\mu} = \frac{\rho}{\mu - \lambda}$$

不难看出，上面的 4 个指标有如下关系 (称为 Little 公式)：

$$\begin{cases} L_{\mathrm{s}} = \lambda W_{\mathrm{s}} \\ L_{\mathrm{q}} = \lambda W_{\mathrm{q}} \\ W_{\mathrm{s}} = W_{\mathrm{q}} + \dfrac{1}{\mu} \\ L_{\mathrm{s}} = L_{\mathrm{q}} + \dfrac{\lambda}{\mu} \end{cases} \tag{9-2-5}$$

例 9.1　某商品维修店只有一名修理工，来店修理该商品的顾客达到过程为泊松流，平均 4 人/h，修理时间服从负指数分布，平均需要 6min。试求：(1) 维修店空闲的概率；(2) 店内恰好有 3 个顾客的概率；(3) 店内至少有 1 个顾客的概率；(4) 店内的平均顾客数；(5) 每位顾客在店内的平均逗留时间；(6) 等待服务的平均顾客数；(7) 每位顾客的平均等待时间；(8) 顾客在店内等待时间超过 10min 的概率。

解　显然，$\lambda = 4$，而修理时间平均为 6min，即 0.1h，表明 $\mu = 1/0.1 = 10$。从而 $\rho = \lambda/\mu = 2/5$(单位时间服务的顾客数，即 1h 服务 10 人)。所以：

(1) 修理店空闲就是指店内没有顾客，所以空闲的概率即店内没有顾客的概率，故为 $P_0 = 1 - \rho = 3/5 = 0.6$。

(2) 店内恰好有 3 个顾客的概率为 $P_3 = \rho^3(1-\rho) = 0.0384$。

(3) 店内至少有 1 名顾客的概率为 (1) 的逆事件概率，即 $1 - P_0 = 0.4$。

(4) 店内的平均顾客数为 $L_{\mathrm{s}} = \lambda/(\mu - \lambda) = \dfrac{2}{3}$ 人。

(5) 每位顾客在店内的平均逗留时间为 $W_{\mathrm{s}} = L_{\mathrm{s}}/\lambda = \dfrac{1}{6}\mathrm{h}$，即 10min。

(6) 等待服务的平均顾客数为 $L_{\mathrm{q}} = L_{\mathrm{s}} - \lambda/\mu = (2/3 - 2/5)$ 人 $= \dfrac{4}{15}$ 人 $= 0.2667$ 人。

(7) 每位顾客的平均等待时间为 $W_{\mathrm{q}} = W_{\mathrm{s}} - 1/\mu = (1/6 - 1/10)\mathrm{h} = \dfrac{1}{15}\mathrm{h}$，即 4min。

(8) 上面说过，当顾客达到服从参数为 λ 的泊松分布，接受服务的时间服从参数为 μ 的负指数分布，单服务台的情况下，顾客在系统中的逗留时间 W 服从参数为 $\mu - \lambda$ 的负指数分布，故顾客在店内等待时间超过 10min，即 $\dfrac{1}{6}\mathrm{h}$ 的概率为

$$P\{W > 1/6\} = 1 - P\{W \leqslant 1/6\} = 1 - (1 - \mathrm{e}^{-\frac{1}{(10-4)}(10-4)}) = 0.3679$$

例 9.2　某机关接待室只有一名对外接待人员，每天工作 10h，来访人员和接待时间都是随机的。设来访人员达到接待室的规律服从泊松分布，平均达到 8 人/h，接待时间服从负指数分布，平均接待 9 人/h。试求：(1) 来访人员的平均等待时间以及在接待室等候接待的平均人数；(2) 若到达人员增加到平均 20 人/h，欲使来访人员的等待时间不超过 30min，接待人员的服务效率应该怎样？

解　根据题意，此问题属于 $M/M/1$ 排队模型，且 $\lambda=8,\mu=9$，于是，$\rho=\lambda/\mu=8/9$。

(1) 平均等待时间为 $W_q=\dfrac{\rho}{\mu-\lambda}=\dfrac{8}{9}\text{h}=53.33\text{min}$。等候接待的平均人数为 $L_q=\dfrac{\rho\lambda}{\mu-\lambda}=\dfrac{64}{9}$人$=7.1$人。

(2) 现在，$\lambda=20$，以 μ 为变量，根据顾客在系统中的平均等待时间的计算公式，有

$$W_q=\frac{\rho}{\mu-\lambda}=\frac{20}{\mu(\mu-20)}\leqslant\frac{1}{2}$$

解上述不等式，得到 $\mu\geqslant 21.82$。这意味着，该接待员应该在 1h 内至少接待 21.82 人。与之前的工作效率相比，要求其效率提高到原来的 2 倍多。若因各种原因无法做到这点，那么，为使得来访人员的等待时间不超过 0.5h，就需要增加接访人员。若增加的接访人员的工作效率仍然是 9 人/h，则至少需要增加接访人员 2 名。

以上两个例题中，顾客到达系统的平均到达率 (λ) 以及服务台的平均服务率 (μ) 都是清晰的，但在实际问题中，这些参数的获取可能需要借助数理统计的手段。

例 9.3　某医院手术室根据病人来就诊和完成手术时间的记录，任意抽查了 100h 的工作并整理得到表 9-1。求：(1) 手术室繁忙和空闲的概率；(2) 手术室内有 1 个病人的概率；(3) 手术室内的平均病人数；(4) 每位病人在手术室内的平均逗留时间；(5) 等待接受手术的平均病人数；(6) 每位病人的平均等待时间。

表 9-1　某手术室到达的病人数及完成手术的时间统计

到达的病人数 i	出现次数 f_i	为病人完成手术的时间 v/h	出现次数 f_v
0	10	$0.0\sim0.2$	38
1	28	$0.2\sim0.4$	25
2	29	$0.4\sim0.6$	17
3	16	$0.6\sim0.8$	9
4	10	$0.8\sim1.0$	6
5	6	$1.0\sim1.2$	5
6 以上	1	1.2 以上	0
合计 $n=\sum f_i$	100	合计 $m=\sum f_v$	100

解　对于这个问题，首先需要进行相关的参数估计并进行假设检验，检验病人到达是否服从泊松分布以及手术时间是否服从负指数分布。假设病人到达服从泊松分布，则参数 λ 的最大似然估计为

$$\lambda=\frac{\sum\limits_{i=0}^{6}if_i}{n}=\frac{(0\times10+1\times28+2\times29+3\times16+4\times10+5\times6+6\times1)\text{人}}{100\text{h}}=2.1\text{人/h}$$

此时，根据 K. Pearson 定理 (详细介绍请参考标准的数理统计教材)，统计量

$$\chi^2=\sum_{i=0}^{6}\frac{f_i^2}{n\hat{p}_i}-n$$

近似服从分布 $\chi^2(7-1-1)=\chi^2(5)$。其中，

$$\hat{p}_i=\frac{\lambda^i}{i!}\mathrm{e}^{-\lambda},\quad i=0,1,\cdots,5,\quad \hat{p}_6=1-\sum_{i=0}^{5}p_i,\quad \lambda=2.1$$

取显著性水平 α，则当 $\chi^2<\chi^2_\alpha(5)$ 时，就在置信度为 $1-\alpha$ 下认为病人到达服从泊松分布。本题中具体有

$$\chi^2=\left(\frac{10^2}{100\times0.1225}+\frac{28^2}{100\times0.2572}+\frac{29^2}{100\times0.270}+\frac{16^2}{100\times0.1890}+\frac{10^2}{100\times0.0992}\right.$$
$$\left.+\frac{6^2}{100\times0.0417}+\frac{1^2}{100\times0.0204}\right)-100=2.5424$$

若取显著性水平 $\alpha=0.05$，查表有 $\chi^2_{0.05}(5)=11.0705$，因此 $\chi^2<\chi^2_{0.05}(5)$，即在 0.95 置信水平下认为病人到达的规律服从参数为 2.1 的泊松分布。与此类似，假设病人接受手术的时间服从负指数分布，则接受手术的平均时间为参数 $1/\mu$ 的估计值，取每个时间区间的中点，即有

$$1/\mu=\frac{\sum_{v=0}^{6}vf_v}{n}$$
$$=\frac{(0.1\times38+0.3\times25+0.5\times17+0.7\times9+0.9\times6+1.1\times5+1.3\times0)\text{人}}{100\text{h}}=0.37\text{h}/\text{人}$$

故取 $\mu=1/0.37=2.7027$，统计量

$$\chi^2=\sum_{v=0}^{6}\frac{f_v^2}{m\hat{p}_v}-m$$

近似服从分布 $\chi^2(7-1-1)=\chi^2(5)$。其中，

$$\hat{p}_0=\mathrm{e}^{-\mu\cdot0}-\mathrm{e}^{-\mu\cdot0.2}=0.4176$$
$$\hat{p}_1=\mathrm{e}^{-\mu\cdot0.2}-\mathrm{e}^{-\mu\cdot0.4}=0.2432$$
$$\cdots\cdots$$
$$\hat{p}_5=\mathrm{e}^{-\mu\cdot1.0}-\mathrm{e}^{-\mu\cdot1.2}=0.0280$$
$$\hat{p}_6=1-\sum_{v=0}^{5}p_v=0.0389,\quad \mu=2.7027$$

故

$$\chi^2=\left(\frac{38^2}{100\times0.4176}+\frac{25^2}{100\times0.2432}+\frac{17^2}{100\times0.1417}+\frac{9^2}{100\times0.0825}+\frac{6^2}{100\times0.0481}\right.$$
$$\left.+\frac{5^2}{100\times0.0280}+\frac{0^2}{100\times0.0389}\right)-100=6.9039$$

若取显著性水平 $\alpha=0.05$，查表有 $\chi^2_{0.05}(5)=11.0705$，因此，$\chi^2<\chi^2_{0.05}(5)$，即在 0.95 置信水平下认为病人接受手术的时间服从参数为 2.7027 的负指数分布。

以上计算及检验说明，该问题属于 $M/M/1/\infty/\infty$ 排队模型。根据有关公式，有

(1) 手术室繁忙的概率为 $\rho=\lambda/\mu=2.1/2.7027=0.777$，空闲的概率 (没有病人的概率) 为 $P_0=1-\rho=1-0.777=0.223$。

(2) 手术室内恰好有 1 个病人的概率为 $P_1=\rho(1-\rho)=0.1733$。

(3) 手术室内的平均病人数为 $L_s=\lambda/(\mu-\lambda)=3.4785$ 人。

(4) 每位病人在手术室内的平均逗留时间为 $W_s=L_s/\lambda=(3.4785/2.1)\text{h}=1.6564\text{h}$。

(5) 等待接受手术的平均病人数为 $L_q=L_s-\lambda/\mu=(3.4785-2.1/2.7037)$人$=2.7018$人。

(6) 每位病人的平均等待时间为 $W_q=W_s-1/\mu=(1.6564-1/2.7037)\text{h}=1.2865\text{h}$。

2. 系统容量有限制，顾客源无限制的 $M/M/1/N/\infty$ 排队系统

这个排队系统是指当系统中顾客数达到 N 个时，后面的顾客或者自行离开不再进入该系统，或者系统不允许后面的顾客进入，直至系统中的顾客数少于 N 个。比如，某些需要预约才能得到服务的情况以及某些系统主观上没有容量限制，但受其服务场所大小的限制以及该项服务的替代性较强的情况都属于此种排队系统。此时，系统中的最多排队等待接受服务的顾客数为 $N-1$ 个顾客。与 $M/M/1/\infty/\infty$ 的分析类似，假设顾客到达服从参数为 λ 的泊松分布，接受服务的时间服从参数为 μ 的负指数分布，当只考虑平稳状态时也有方程 (9-2-3)，同时，由于系统容量限制为 N，故有

$$\mu P_N=\lambda P_{N-1}$$

结合式 (9-2-3)，此种排队系统在平稳状态时的状态概率方程为

$$\begin{cases}-\lambda P_0+\mu P_1=0\\ \lambda P_{n-1}+\mu P_{n+1}-(\lambda+\mu)P_n=0, \quad n\leqslant N-1\\ \mu P_N=\lambda P_{N-1}\end{cases}\tag{9-2-6}$$

求解此差分方程与求解式 (9-2-3) 也是类似的，注意到 $P_0+P_1+\cdots+P_N=1$，同样令 $\rho=\lambda/\mu$，有

$$P_0=\frac{1-\rho}{1-\rho^{N+1}}, \quad \rho\neq1\tag{9-2-7}$$

$$P_n = \frac{(1-\rho)}{1-\rho^{N+1}}\rho^n, \qquad n \geqslant N \tag{9-2-8}$$

式 (9-2-7) 中 $\rho \neq 1$ 的要求是显然的，但在实际中，若 $\rho = 1$，则说明单位时间内顾客到达数和接受服务的顾客数相等，此时式 (9-2-6) 的解为 $P_0 = P_1 = \cdots = P_N = 1/(N+1)$，且系统内的队长为

$$L_{\mathrm{s}} = \sum_{n=0}^{N} nP_n = \frac{1}{N+1}(1+2+\cdots+N) = \frac{N}{2}$$

此外，在这样的排队系统中并不需假设 $\rho < 1$(与 $M/M/1/\infty/\infty$ 不同)，但 $\rho > 1$ 将使得 P_N 变得很大，这个概率表示了系统满员的概率，后到者无法进入该系统，故表示该系统的损失率。于是，在得到系统状态稳定时的概率表达式 (9-2-7) 后可导出：

(1) 系统里的平均顾客数 (队长期望值)

$$L_s = \sum_{n=0}^{N} nP_n = \sum_{n=0}^{N} n\frac{(1-\rho)}{1-\rho^{N+1}}\rho^n = \frac{\rho}{1-\rho} - \frac{(N+1)\rho^{N+1}}{1-\rho^{N+1}}, \quad \rho \neq 1 \tag{9-2-9}$$

(2) 系统里等待接受服务的平均顾客数。由于是单服务台，所以当系统中有 n 个顾客时，将会有 $n-1$ 个顾客在等待接受服务，即系统里等待接受服务的平均顾客数是如下的数学期望

$$L_{\mathrm{q}} = \sum_{n=1}^{N}(n-1)P_n = \sum_{n=1}^{N} nP_n - \sum_{n=1}^{N} P_n = L_{\mathrm{s}} - (1-P_0) \tag{9-2-10}$$

(3) 顾客在系统里的平均逗留时间 (包括等待时间和接受服务的时间) 为

$$W_{\mathrm{s}} = \frac{L_{\mathrm{s}}}{\mu(1-P_0)} = \frac{L_{\mathrm{q}} + (1-P_0)}{\mu(1-P_0)} = \frac{L_{\mathrm{q}}}{\mu(1-P_0)} + \frac{1}{\mu} \tag{9-2-11}$$

(4) 顾客的平均等待时间为

$$W_{\mathrm{q}} = W_{\mathrm{s}} - \frac{1}{\mu} \tag{9-2-12}$$

例 9.4　某理发店有一名理发师，有 6 把椅子供顾客排队等待。由于理发的人较多，当店里的椅子坐满时，后面的顾客将不再进来。根据以往的统计数据，顾客平均到达率为 3 人/h，而理发的平均时间则是 15min/人。求：(1) 顾客到达不用等待就能理发的概率；(2) 该理发店里的平均顾客数以及需要等待的平均顾客数；(3) 顾客在该理发店里的平均逗留时间和平均等待时间；(4) 该理发店的损失率。

解　首先，根据题意，这是一个 $M/M/1/N/\infty$ 排队系统。其中，$N = 7$，且 $\lambda = 3$ 人/h，$\mu = [1/(1/4)]$ 人/h= 4 人/h。故 $\rho = \lambda/\mu = 3/4$，所以：

(1) 顾客到达不用等待就能理发的概率为系统里没有顾客的概率，即

$$P_0=\frac{1-\rho}{1-\rho^{N+1}}=\frac{1-3/4}{1-(3/4)^8}=0.2778$$

(2) 理发店里的平均顾客数为

$$L_{\rm s}=\frac{\rho}{1-\rho}-\frac{(N+1)\rho^{N+1}}{1-\rho^{N+1}}=\frac{3/4}{1-3/4}-\frac{8(3/4)^8}{1-(3/4)^8}=2.11$$

需要等待的平均顾客数为

$$L_{\rm q}=L_{\rm s}-(1-P_0)=2.11-(1-0.2778)=1.39$$

(3) 顾客在该理发店里的平均逗留时间为

$$W_{\rm s}=\frac{L_{\rm s}}{\mu(1-P_0)}=\frac{2.11}{4(1-0.2778)}\text{h}=0.73\text{h}=43.8\text{min}$$

平均等待时间为

$$W_{\rm q}=W_{\rm s}-\frac{1}{\mu}=0.73\text{h}-1/4\text{h}=0.48\text{h}=28.8\text{min}$$

(4) 理发店的所谓损失率是指当顾客到来发现店里没有椅子可坐而离开的概率，即店里有 7 个顾客的概率，故为

$$P_7=\frac{(1-\rho)}{1-\rho^8}\rho^7=\frac{(1-3/4)}{1-(3/4)^8}(3/4)^7=0.0371$$

3. 系统无限制，但顾客源为有限的 $M/M/1/\infty/m$ 排队系统

该系统的意思是顾客到达服从泊松分布，顾客接受服务的时间服从负指数分布，单服务台，系统对顾客数没有限制，但顾客总数一定 (共 m 个顾客) 的随机服务系统。比如，某工厂只有一个修理工人 (服务台)，顾客是待修的机器，工厂中的机器总数是有限的，但机器可能反复出问题需要修理就是这种随机服务系统；又如，某老师辅导学生，学生总数是有限的，但他们需要辅导的次数没有限制，等等。

设单位时间到达系统的顾客数为 λ，单位时间接受服务的顾客数为 μ，该系统有关指标的推理过程与前面的类似，但相对复杂一些。推理过程从略，有关结果列举如下：

$$\begin{cases} P_0=\left[\displaystyle\sum_{i=0}^{m}\frac{m!}{(m-i)!}\left(\frac{\lambda}{\mu}\right)^i\right]^{-1} \\ P_n=\dfrac{m!}{(m-n)!}\left(\dfrac{\lambda}{\mu}\right)^n P_0 \quad (1\leqslant n\leqslant m)\end{cases} \tag{9-2-13}$$

据此求得各项指标计算公式如下 (过程从略)：

$$\begin{cases} L_s = m - \dfrac{\mu}{\lambda}(1 - P_0) \\ L_q = m - \dfrac{(\lambda + \mu)(1 - P_0)}{\lambda} = L_s - (1 - P_0) \\ W_s = \dfrac{m}{\mu(1 - P_0)} - \dfrac{1}{\mu} \\ W_q = W_s - \dfrac{1}{\mu} \end{cases} \tag{9-2-14}$$

9.2.2 多服务台模型

多服务台模型与前面的讨论相比，只是服务台从一个到多个，其他假设相同。所以这里主要讨论下面 3 种模型。

1. 标准的 $M/M/c/\infty/\infty$ 排队系统

根据前面符号的含义，这个系统讨论的是：顾客源无限制，顾客相互独立的单个到达，在一定时间内顾客的到达数服从泊松分布，到达过程是平稳的，到达系统后按照先到先得规则接受服务，有 c 个服务台，系统对顾客数没有限制。

为讨论方便起见，在这里需要假设 c 个服务台之间的工作是相互独立的且其平均服务率相同，即若 μ_i 表示第 i 个服务台的服务率 (即单位时间该服务台服务了多少顾客)，则假设 $\mu_1 = \mu_2 = \cdots = \mu_c = \mu$。这样，整个服务系统的平均服务率在系统中的顾客数 $n < c$ 时，就是 $n\mu$；在系统中顾客数 $n > c$ 时，就是 $c\mu$。与前面的讨论相同，当$\rho = \dfrac{\lambda}{c\mu} < 1$ 时才不会排成无限的队列，我们只讨论这种情况，并称 ρ 为该系统的服务强度或该系统的平均服务率。这时的 λ 是顾客的平均到达率。关于该系统的状态转移概率的推导过程省略。下面列出状态转移概率的公式

$$\begin{cases} P_0 = \left[\displaystyle\sum_{k=0}^{c-1} \frac{1}{k!}\left(\frac{\lambda}{\mu}\right)^k + \frac{1}{c!} \cdot \frac{1}{1-\rho} \cdot \left(\frac{\lambda}{\mu}\right)^c\right]^{-1} \\ P_n = \begin{cases} \dfrac{1}{n!}\left(\dfrac{\lambda}{\mu}\right)^n P_0, & (n \leqslant c) \\ \dfrac{1}{c!c^{n-c}}\left(\dfrac{\lambda}{\mu}\right)^n P_0, & (n > c) \end{cases} \end{cases} \tag{9-2-15}$$

系统中的平均顾客数 (平均队长)L_s 和平均等待的顾客数 (平均等待队长)L_q 为

$$\begin{cases} L_q = \displaystyle\sum_{n=c+1}^{\infty} (n - c)P_n = \frac{(c\rho)^c \rho}{c!(1-\rho)^2} P_0 \\ L_s = L_q + \dfrac{\lambda}{\mu} \end{cases} \tag{9-2-16}$$

同时，根据 Little 公式求得顾客在系统中的平均等待时间 W_{q} 和平均逗留时间 W_{s} 为

$$W_{\mathrm{q}}=\frac{L_{\mathrm{q}}}{\lambda},\quad W_{\mathrm{s}}=\frac{L_{\mathrm{s}}}{\lambda} \tag{9-2-17}$$

例 9.5　某售票处有 3 个窗口，顾客达到该售票处的人数服从泊松分布，根据记录，平均每分钟有 0.9 人到达。售票处售票的时间根据统计分析是服从负指数分布的，平均每分钟给 0.4 人服务 (售票)。现设顾客到达后先排成一队 (即所谓的串联)，然后依次向空闲的窗口购票。试求：(1) 该售票处的空闲概率；(2) 平均队长以及平均等待队长；(3) 顾客在该售票处的平均逗留时间和平均等待时间。

解　根据题意，这是一个 $M/M/3/\infty/\infty$ 排队系统。其中，$\lambda=0.9$人/min，$\mu=0.4$人/min。故 $\lambda/\mu=0.9/0.4=2.25, \rho=\lambda/3\mu=2.25/3=0.75<1$，满足上面的讨论要求。所以：

(1) 该售票处的空闲概率，即系统中有 0 个顾客的概率为

$$P_0=\frac{1}{\dfrac{(2.25)^0}{0!}+\dfrac{(2.25)^1}{1!}+\dfrac{(2.25)^2}{2!}+\dfrac{(2.25)^3}{3!}\cdot\dfrac{1}{1-2.25/3}}=0.0748$$

(2) 平均队长 L_{s} 以及平均等待队长 L_{q} 为

$$L_{\mathrm{q}}=\frac{(2.25)^3\cdot 3/4}{3!(1/4)^2}\times 0.0738=1.70,\quad L_{\mathrm{s}}=L_q+\lambda/\mu=3.95$$

(3) 顾客在该售票处的平均逗留时间 W_{s} 和平均等待时间 W_{q} 为：

$$W_{\mathrm{q}}=\frac{L_{\mathrm{q}}}{\lambda}=\frac{1.70}{0.9}\mathrm{min}=1.89\mathrm{min},\quad W_{\mathrm{s}}=\frac{L_{\mathrm{s}}}{\lambda}=\frac{3.95}{0.9}\mathrm{min}=4.39\mathrm{min}$$

本题中假设顾客是单个、独立地到达系统，到达后按照串联的方式排列，快到服务窗口后看到哪个窗口空闲就到该窗口去。但是，有时也会遇到另外一种情况：虽然有若干窗口，但要求顾客到达后首先就要选择一个队列排队，一旦选定就不能更改。比如，在超市排队等待缴费就是这种情况 (虽然排好队后顾客可以另外选择一个队列，但必须从那个队列的最后排队)。一般来说，前面的系统效率更高。以该题为例。假设顾客到达这 3 个窗口的平均到达率相同，于是有 $\lambda_1=\lambda_2=\lambda_3=0.9$ 人/min/3 $=0.3$ 人/min，原来的 $M/M/c/\infty/\infty$ 系统就变成为 3 个 $M/M/1/\infty/\infty$ 系统。此时，相关指标的计算如下。

(1) 该售票处每个窗口的空闲概率，即系统中有 0 个顾客的概率为

$$P_0=1-\rho=1-\lambda/\mu=1-0.3/0.4=0.25$$

在上面的计算中，该系统的空闲概率为 0.0748，即大概有 7.48% 的时间是空闲的。现在的计算表明，如果是 3 个 $M/M/1$ 系统，则意味着每个窗口的空闲概率都是 25%，远远大于前者。

(2) 该售票处每个窗口的平均队长 L_s 以及平均等待队长 L_q 为：

$$L_s=\frac{\lambda}{\mu-\lambda}=\frac{0.3}{0.4-0.3}人=3人,\quad L_q=\frac{\rho\lambda}{\mu-\lambda}=2.25人$$

这意味着整个系统中的平均队长是 9 人，平均等待队长是 6.75 人。这两项指标也远远高于 $M/M/c$ 系统。

(3) 顾客在该售票处每个窗口的平均逗留时间 W_s 和平均等待时间 W_q 为

$$W_s=\frac{1}{\mu-\lambda}=\frac{1}{0.4-0.3}\text{min}=10\text{min},\ W_q=\frac{\rho}{\mu-\lambda}=\frac{0.3/0.4}{0.4-0.3}\text{min}=7.5\text{min}$$

由计算可知，这两项指标同样远超 $M/M/c$ 系统。

2. $M/M/c/N/\infty$ 排队系统

根据前面符号的含义，这个系统讨论的是：顾客源无限制，顾客相互独立地单个到达，在一定时间内顾客的到达数服从泊松分布，到达过程是平稳的，到达系统后按照先到先得规则接受服务，有 c 个服务台，系统对顾客数有限制，限制总数是 N 个。当系统中顾客数为 $N\geqslant c$ 时，再来的顾客即被系统拒绝。其他的基本假设，即顾客达到率 λ 以及服务率 μ 等与上一个模型相同，并令 $\rho=\lambda/c\mu$。此时，相应的状态概率 (推导过程省略) 如下：

$$\begin{cases} P_0=\left[\displaystyle\sum_{k=0}^{c}\frac{(c\rho)^k}{k!}+\frac{c^c}{c!}\cdot\frac{\rho(\rho^c-\rho^N)}{1-\rho}\right]^{-1}, \quad \rho\neq 1 \\ P_n=\begin{cases}\dfrac{(c\rho)^n}{n!}P_0, & (0\leqslant n\leqslant c)\\ \dfrac{c^c}{c!}\rho^n P_0, & (c\leqslant n\leqslant N)\end{cases}\end{cases} \tag{9-2-18}$$

有关运行指标 (推导过程省略) 如下：

$$\begin{cases} L_q=\dfrac{P_0\rho(c\rho)^c}{c!(1-\rho)^2}\left[1-\rho^{N-c}-(N-c)\rho^{N-c}(1-\rho)\right] \\ L_s=L_q+c\rho(1-P_N) \\ W_q=\dfrac{L_q}{\lambda(1-P_N)} \\ W_s=W_q+\dfrac{1}{\mu}\end{cases} \tag{9-2-19}$$

显然，相关公式的计算太过复杂，必须借助计算机进行计算。为此，编写 MATLAB 程序如下：

☞ **MATLAB 程序 9.1**　$M/M/c/N/\infty$ 排队系统

```
% M/M/c/N/infty排队系统状态概率及有关指标计算
% 通过键盘输入有关参数，其中：lambda为顾客平均到达率
% mu为系统的平均服务率；c为服务台数量；N为系统中队顾客总数的限制数量
% 输出为：系统空闲概率P0;系统中有n个顾客的概率即向量P的第n个分量
% Ls为系统中平均顾客数(平均队长)；Lq为系统中平均等待接受服务的顾客数(平均
  等待队长)
% Ws为顾客在系统中的平均逗留时间；Wq为顾客在系统中的平均等待时间
% By Gongnong Li 2014.
function [P0,P,Ls,Lq,Ws,Wq]=MMC2
lambda=input('lambda=');mu=input('mu=');
c=input('c=');N=input('N=');
rho=lambda/(c*mu);T1=0;P=zeros(1,N)
for k=0:c
    T1=T1+(c*rho)^k/factorial(k);
end
T2=(c^c/factorial(c))*(rho*(rho^c-rho^N)/(1-rho));
P0=(T1+T2)^(-1);
for i=1:c
    P(i)=((c*rho)^i/factorial(i))*P0;
end
for i=c:N
    P(i)=(c^c/factorial(c))*rho^i*P0;
end
Lq=((P0*rho*(c*rho)^c)...
/(factorial(c)*(1-rho)^2))*(1-rho^(N-c)-(N-c)*rho^(N-c)*(1-rho));
Ls=Lq+c*rho*(1-P(N));
Wq=Lq/(lambda*(1-P(N)));
Ws=Wq+1/mu;
```

例 9.6　某风景区准备建造旅馆，根据事先的调查知道，顾客到达该景区的规律服从泊松分布，平均有 6 人/d。在已知的小旅馆等处调查的结果显示顾客平均逗留 2d。试讨论该拟建造的旅馆在有 8 个单间的条件下，每天客房的平均占用数以及满员概率。

解　根据题意，顾客到达景区等待入住旅馆，其中服务台数目 $c = 8$，对于旅馆来

说，当房间满员时，后来的游客会被拒绝。故这属于 $M/M/c/N/\infty$ 排队系统，且 $N=8$。同时，$\lambda=6$ 人/天，$1/mu=2$ 天/人，即 $\mu=0.5$ 人/天。根据上述程序计算如下：

```
>> [P0,P,Ls,Lq,Ws,Wq]=MMC2
lambda=6
mu=0.5
c=8
N=8
P0 =
  3.9633e-005
P =
0.0005   0.0029   0.0114   0.0342   0.0822   0.1644   0.2818   0.4227
Ls =
    6.9281
Lq =
     0
Ws =
     2
Wq =
     0
```

计算表明，系统中 (即旅馆中) 的平均队长为 6.93，即客房平均每天占用 6.93 间，满员 (即住满 8 人) 的概率为 0.43。

3. $M/M/c/\infty/m$ 排队系统

根据前面符号的含义，这个系统讨论的是：顾客源限制总数为 m 个，顾客相互独立地单个到达，在一定时间内顾客的到达数服从泊松分布，到达过程是平稳的，到达系统后按照先到先得规则接受服务，有 c 个服务台，系统对顾客数没有限制。其他的基本假设，即顾客达到率 λ 以及服务率 μ 等与第一个模型相同，并令 $\rho=m\lambda/c\mu$，此时，相应的状态概率 (推导过程省略) 如下：

$$\begin{cases} P_0=\dfrac{1}{m!}\left[\displaystyle\sum_{k=0}^{c}\frac{1}{k!(m-k)!}\left(\frac{c\rho}{m}\right)^k+\frac{c^c}{c!}\sum_{k=c+1}^{m}\frac{1}{(m-k)!}\left(\frac{\rho}{m}\right)^k\right]^{-1} \\ P_n=\begin{cases}\dfrac{m!}{(m-n)!}\left(\dfrac{\lambda}{\mu}\right)^n P_0, & 0\leqslant n\leqslant c \\ \dfrac{m!}{(m-n)!c!c^{n-c}}\left(\dfrac{\lambda}{\mu}\right)^n P_0, & c+1\leqslant n\leqslant m\end{cases}\end{cases} \tag{9-2-20}$$

相应的指标计算公式为

$$\begin{cases} L_{\mathrm{s}} = \sum_{n=1}^{m} nP_n \\ L_{\mathrm{q}} = \sum_{n=c+1}^{m} (n-c)P_n \\ \lambda_{\mathrm{e}} = \lambda(m - L_{\mathrm{s}}) \\ W_{\mathrm{q}} = \dfrac{L_{\mathrm{q}}}{\lambda_{\mathrm{e}}} \\ W_{\mathrm{s}} = \dfrac{L_{\mathrm{s}}}{\lambda_{\mathrm{e}}} \end{cases} \tag{9-2-21}$$

相应的计算公式太过于复杂，编写 MATLAB 程序如下：

☞ **MATLAB 程序 9.2** $M/M/c/\infty/m$ 排队系统

```
% M/M/c/infty/m排队系统状态概率及有关指标计算
% 通过键盘输入有关参数, 其中: lambda为顾客平均到达率
% mu为系统的平均服务率; c为服务台数量; m为顾客总数的限制数量
% 输出为: 系统空闲概率P0;系统中有n个顾客的概率即向量P的第n个分量
% Ls为系统中平均顾客数(平均队长); Lq为系统中平均等待接受服务的顾客数(平均
  等待队长)
% Ws为顾客在系统中的平均逗留时间; Wq为顾客在系统中的平均等待时间
% By Gongnong Li 2014.
function [P0,P,Ls,Lq,Ws,Wq]=MMC3
lambda=input('lambda=');mu=input('mu=');
c=input('c=');m=input('m=');
rho=m*lambda/(c*mu);T1=0;T2=0;Ls=0;Lq=0;P=zeros(1,m);
for k=0:c
    T1=T1+(c*rho/m)^k/(factorial(k)*factorial(m-k));
end
for k=c+1:m
   T2=T2+(rho/m)^k/factorial(m-k);
end
P0=(1/factorial(m))*(T1+(c^c/factorial(c))*T2)^(-1);
for i=1:c
    P(i)=(factorial(m)/(factorial(m-i)*factorial(i)))*(lambda/mu)^i*P0;
end
for i=c+1:m
```

```
    P(i)=((factorial(m)/(factorial(m-i)*factorial(c)*c^(i-c)))
         *(lambda/mu)^i*P0;
end
for k=1:m
   Ls=Ls+k*P(k);
end
for k=c+1:m
   Lq=Lq+(k-c)*P(k);
end
Le=lambda*(m-Ls);
Wq=Lq/Le;Ws=Ls/Le;
```

例 9.7 某厂设有两个修理工人负责 5 台机器的正常运行，每台机器的平均损坏率为 1 次/h，两个工人的修理水平差不多，能以相同的平均修复率，4 次/h 的速度修好机器。求：(1) 该系统的状态概率；(2) 等待修理的机器平均数以及需要修理的机器平均数；(3) 机器的平均等待修理时间以及这些机器的平均停工时间。

解 根据题意，这题属于我们这里讨论的排队论模型，而且 $m=5$，$\lambda=1$ 次/h，$\mu=4$ 台/h，$c=2$。调用以上程序计算如下：

```
>> [P0,P,Ls,Lq,Ws,Wq]=MMC3
lambda=1
mu=4
c=2
m=5
P0 =
    0.3149
P =
    0.3937    0.1968    0.0738    0.0185    0.0023
Ls =
    1.0941
Lq =
    0.1176
Ws =
    0.2801
Wq =
    0.0301
```

计算结果表明：

(1) 系统的状态概率分别为：有 0 台机器坏的概率，即工人空闲概率为 0.3149，以 8h 工作时间来定，大概有 151min(约 2.5h) 是空闲的。有 $i(i=1,2,\cdots,5)$ 台机器坏的概率分别为：

$$P_1=0.3937,\quad P_2=0.1968,\quad P_3=0.0738,\quad P_4=0.0185,\quad P_5=0.0023$$

(2) 等待修理的机器平均数为 $L_{\mathrm{q}}=0.1176$ 台，需要修理的机器平均数 $L_{\mathrm{s}}=1.0941$台。

(3) 机器的平均等待修理时间为 $W_{\mathrm{q}}=0.0301\mathrm{h}$，这些机器的平均停工时间即系统中的平均等待队长 $W_{\mathrm{s}}=0.2801\mathrm{h}$。

9.3 排队系统优化及 MATLAB 实现

排队系统的优化分为两类，其一是从经济上考虑排队系统的相关指标应该怎样才能使得整个系统优化，这类问题称之为静态问题；其二是指一个给定的排队系统，如何运营可使某个目的到达最优，这类问题称为动态优化问题。限于本书的任务和目的，我们仅讨论前者，即排队系统的经济分析。

9.3.1 最优服务率

排队系统讨论的是顾客到达某个服务机构接受服务然后离开的问题。一般来说，顾客总是希望能够尽快得到服务，也就是不希望等待时间过长，也不希望等待的队长过长。作为服务机构、服务员来说，一般不希望太繁忙。显然这是一个矛盾。通过提高服务机构的服务水平，包括增加服务台数目、提高服务质量将会让顾客满意度增加。但这样做将会增加服务机构的各种成本。所谓排队系统的经济分析就是希望综合考虑两者的需求，从而在对某种经济指标优化的前提下讨论服务系统的相关问题。

1. 标准 $M/M/1/\infty/\infty$ 排队系统的最优服务率问题

仍然用 λ 表示顾客单位时间的到达率，μ 表示该服务台的平均 (单位时间) 服务率。另外，假设 c_{s} 表示当 $\mu=1$ 时服务机构的费用，c_{w} 表示每个顾客在系统中停留单位时间的费用。于是，可以考虑让顾客在系统中的逗留费用与单位时间服务成本之和达到最小为优化目标，即目标函数为

$$z=c_{\mathrm{s}}\mu+c_{\mathrm{w}}L_{\mathrm{s}}=c_{\mathrm{s}}\mu+c_{\mathrm{w}}\frac{\lambda}{\mu-\lambda}\tag{9-3-1}$$

式中：L_{s} 即为前面所述的顾客平均队长 (在系统中的顾客逗留的平均数)。

我们现在考虑的是最优服务率，故在式 (9-3-1) 中以 μ 为变量进行求导，然后令其为零，即得到最优服务率 μ^*：

$$\frac{\mathrm{d}z}{\mathrm{d}\mu}=c_{\mathrm{s}}-c_{\mathrm{w}}\lambda\cdot\frac{1}{(\mu-\lambda)^2}\Longrightarrow c_{\mathrm{s}}-c_{\mathrm{w}}\lambda\cdot\frac{1}{(\mu-\lambda)^2}=0\Longrightarrow\mu^*=\lambda+\sqrt{\frac{c_{\mathrm{w}}}{c_{\mathrm{s}}}\lambda}\tag{9-3-2}$$

2. 系统容量有限制的 $M/M/1/N/\infty$ 排队系统的最优服务率问题

沿用前面讨论该问题时的符号和假设，继续讨论让顾客在系统中的逗留费用与单位时间服务成本之和达到最小为优化目标，则有

$$\begin{aligned} z &= c_s\mu + c_w L_s \\ &= c_s\mu + c_w\left[\frac{\rho}{1-\rho} - \frac{(N+1)\rho^{N+1}}{1-\rho^{N+1}}\right] = c_s\mu + c_w\left[\frac{\lambda}{\mu-\lambda} - \frac{(N+1)\lambda^{N+1}}{\mu^{N+1}-\lambda^{N+1}}\right] \end{aligned} \tag{9-3-3}$$

以 μ 为变量极小化式 (9-3-3) 比问题 (9-3-2) 要困难。此时，可以利用数值优化技术求解式 (9-3-3) 的极小化问题。比如，可以利用本书前面介绍的一维优化的 0.618 法、Fibonacci 法等。

例 9.8 某企业拟开设理发店为本企业职工服务。该理发店准备招聘一名理发师，并拟设 6 把椅子供职工排队等待。当店里的椅子坐满时，后面的职工将不再进来。根据以往理发店的统计数据，来理发店理发的职工服从平均到达率为 3 人/h 的泊松分布，该企业为理发店付出的成本，包括给理发师的工资，平均下来将是 35 元/h · 人，来此理发的职工在理发店逗留的平均将花费成本为 30 元 1h，如果来应聘的理发师的理发效率起码为每 20min 为一位顾客理发，若其服务时间服从负指数分布。试求：使得 (1) 式 (9-3-3) 到达极小值时理发师的理发效率 μ^*；(2) 职工到达不用等待就能理发的概率；(3) 该理发店里的平均职工数以及需要等待的平均职工数；(4) 职工在该理发店里的平均逗留时间和平均等待时间。

解 首先，根据题意，这是一个 $M/M/1/N/\infty$ 排队系统，其中，$N=7$，且 $\lambda = 3$人/h，$c_s = 35$元/h，$c_w = 30$元/h。故建立式 (9-3-3) 的 MATLAB 函数文件 MM1Exam.m：

```
function f=MM1Exam(x)
f=35*x+30*((3/(x-3))-(8*3^8/(x^8-3^8)));
```

然后调用前面介绍的 0.618 法的 MATLAB 程序 p618.m 进行计算。根据题意，选择 μ 的初始值为 3(即理发师的理发效率为 20min/人，就是 3 人/h)：

```
>> [mu,z,iter]=p618(@MM1Exam,0,1,3,2,2,1e-3)
mu =
     3.7938
z =
   202.8460
iter =
     18
```

这表明，为使目标函数式 (9-3-3) 达到极小值，该理发师的理发效率应该提高到 $\mu^* = 3.7938$，即平均 60min/3.7938=15.8153min 理发一人。此时，$\rho = \lambda/\mu = 3/3.7938 = 0.7908$。所以：

(1) 职工到达不用等待的概率为

$$P_0=\frac{1-\rho}{1-\rho^{N+1}}=\frac{1-0.7908}{1-0.7908^8}=0.2470$$

(2) 理发店里的平均职工数为

$$L_{\mathrm{s}}=\frac{\rho}{1-\rho}-\frac{(N+1)\rho^{N+1}}{1-\rho^{N+1}}=\frac{0.7908}{1-0.7908}\text{人}-\frac{8(0.7908)^8}{1-(0.7908)^8}\text{人}=2.3356\text{人}$$

需要等待的平均职工数为

$$L_{\mathrm{q}}=L_{\mathrm{s}}-(1-P_0)=2.3356\text{人}-(1-0.2470)=1.5826\text{人}$$

(3) 职工在该理发店里的平均逗留时间为

$$W_{\mathrm{s}}=\frac{L_{\mathrm{s}}}{\mu(1-P_0)}=\frac{2.3356}{3.7938(1-0.2470)}\mathrm{h}=0.8176\mathrm{h}=49.0560\mathrm{min}$$

平均等待时间为

$$W_{\mathrm{q}}=W_{\mathrm{s}}-\frac{1}{\mu}=0.8176\mathrm{h}-(1/3.7938)\mathrm{h}=0.5540\mathrm{h}=33.24\mathrm{min}$$

本题中总费用与平均逗留时间、平均等待时间的关系见图 9-1。图中横轴表示服务率，虚线是相应的总费用 (总费用除以 100)，而纵轴表示上述三个函数的函数值，另外两条曲线则是平均逗留时间和平均等待时间。

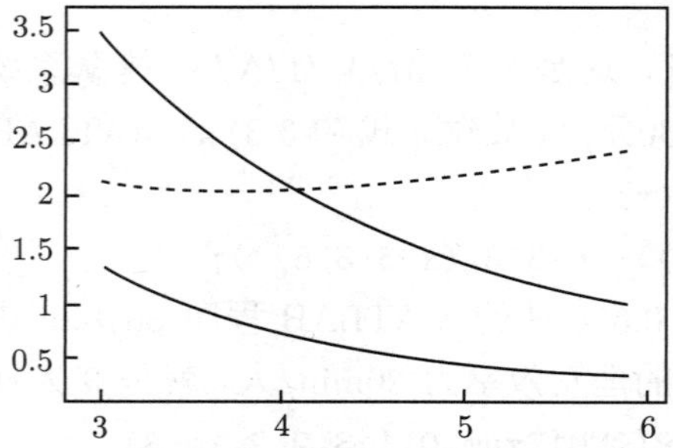

图 9-1　总费用 (虚线) 与平均逗留时间、平均等待时间

也可考虑如下问题。在这个模型中，由于系统对顾客的最大限制数是 N，故系统中若已有 N 个顾客，则后来的顾客将被拒绝，于是，P_N 表示系统中有 N 个顾客的概率，则 $1-P_N$ 表示顾客能够接受服务的概率，而 $\lambda(1-P_N)$ 表示在单位时间实际进入服务机构的顾客平均数。在稳定状态下，它也等于单位时间内实际服务完成的平均顾客数。假设该服务结构每服务一人能得到 G 元收入，则单位时间收入的数学期望值是 $\lambda(1-P_N)G$ 元，服务成本是 $c_s\mu$，于是该服务机构的纯利润为

$$z=\lambda(1-P_N)G-c_{\mathrm{s}}\mu=\lambda G\cdot\frac{1-\rho^N}{1-\rho^{N+1}}-c_{\mathrm{s}}\mu,\quad \text{其中}\rho=\frac{\lambda}{\mu} \tag{9-3-4}$$

极大化式 (9-3-4) 即可得到在服务机构利润极大化的情况下的最优服务率。当然，极大化式 (9-3-4) 需要数值优化方法。

例 9.9　在上题中，假设该企业设立的理发店收支两条线，即企业该付出的成本照样付出，职工到理发店理发平均每人需付出 15 元，或者说理发店平均理发一人收入 15 元。其他条件不变，试求使得式 (9-3-4) 达到极大时的服务率 μ^*。

解　根据题意，建立式 (9-3-4) 的 MATLAB 函数文件：

```
function f=MM2Exam(x)
f=-(3*15*x*((x^7-3^7)/(x^8-3^8))-35*x);
```

注意到：我们拟采用极小化的程序 p618.m 求解该问题，所以函数文件中函数是式 (9-3-4) 的相反函数。调用 p618.m 程序计算如下：

```
>> [mu,z,iter]=p618(@MM2Exam,0,1,4,1,2,1e-3)
mu =
    3.0006
z =
   65.6409
iter =
    15
```

计算结果表明，极大化式 (9-3-4) 得到最优服务率 $\mu^* = 3.0007$，此时最优利润为 -65.6409 元，这意味着该理发店是亏损的。若将收费调整到平均 40 元/人 (即 $G = 40$ 元) 并重新计算，得到

```
>> [mu,z,iter]=p618(@MM2Exam,0,1,4,1,2,1e-3)
mu =
    3.0006
z =
    0.0098
iter =
    15
```

于是利润为零，不亏损也不盈利。若继续调高收费，则将会有盈利。但是最优服务率没有变化。在这样的服务率下容易得到 $\rho = 3/3.007 = 0.9977$，相应的有：

(1) 职工到达不用等待的概率为

$$P_0 = \frac{1-\rho}{1-\rho^{N+1}} = \frac{1-0.9977}{1-0.9977^8} = 0.1260$$

(2) 理发店里的平均职工数为

$$L_s = \frac{\rho}{1-\rho} - \frac{(N+1)\rho^{N+1}}{1-\rho^{N+1}} = \frac{0.9977}{1-0.9977} - \frac{8(0.9977)^8}{1-(0.9977)^8} = 3.4988$$

需要等待的平均职工数为

$$L_q = L_s - (1 - P_0) = 3.4988 - (1 - 0.1260) = 2.6248$$

(3) 职工在该理发店里的平均逗留时间为

$$W_s = \frac{L_s}{\mu(1 - P_0)} = \frac{3.4988}{3.0007(1 - 0.1260)}\text{h} = 1.3341\text{h} = 80.0460\text{min}$$

平均等待时间为

$$W_q = W_s - \frac{1}{\mu} = 1.3341\text{h} - (1/3.0007)\text{h} = 1.0008\text{h} = 60.0480\text{min}$$

与前面要求顾客在系统中的逗留费用与单位时间服务成本之和达到最小为优化目标，即极小化式 (9-3-3) 的相应结果对比是非常有意义的。读者可以自行对比。

3. 顾客源有限的 $M/M/1/\infty/m$ 排队系统的最优服务率问题

沿用前面讨论该问题时的符号和假设，同样讨论让顾客在系统中的逗留费用与单位时间服务成本之和达到最小为优化目标，则有

$$z = c_s\mu + c_w L_s = c_s\mu + c_w\left(m - \frac{\mu}{\lambda}(1 - P_0)\right)$$

其中：

$$P_0 = \left(\sum_{i=0}^{m} \frac{m!}{(m-i)!}\left(\frac{\lambda}{\mu}\right)^i\right)^{-1} \tag{9-3-5}$$

上述问题是以服务率 μ 为变量，极小化式 (9-3-5)。这同样需要数值优化技术求解该问题。

例 9.10 某单位有 6 台设备需要维护。这些设备出故障的规律服从泊松分布，平均一小时有一台设备出现故障。假设设备出现故障平均给该单位带来的损失是 70 元/台 ·h。现该单位需要招聘维修工，给维修工的待遇是每小时维修一台设备 30 元。假设维修工维修设备的时间服从负指数分布，试求使该单位总支出最小所要求的维修工的最佳服务效率。

解 根据假设，这属于 $M/M/1/\infty/m$ 排队系统。其中，$\lambda = 1, m = 6, c_s = 30, c_w = 70$，于是建立式 (9-3-5) 的 MATLAB 函数文件如下：

```
function f=MM4Exam(x)
lambda=1;m=6;cs=30;cw=70;
T=0;
for i=0:m
    T=T+(factorial(m)/factorial(m-i))*(lambda/x)^i;
```

```
end
P0=1/T;
f=cs*x+cw*(m-(x/lambda)*(1-P0));
```

然后调用 0.618 法或 Fibonacci 法的 MATLAB 程序计算如下 (初始的 $\mu=2$，即程序中 x 的初始值取为 2):

```
>> [xstar,fxstar,iter]=p618(@MM4Exam,0,1,2,1,2,1e-3)
xstar =
    5.0268
fxstar =
  287.1431
iter =
    18
```

计算结果表明，要达到该单位总支出最小，则需要维修工每小时能够维修 5.0268 台设备，或者 (60/5.0268)min= 11.936min 能够维修一台设备。

对于这个排队模型，下面考虑类似问题 (9-3-4) 的优化问题。以机械故障处理问题为例，设共有 m 台机器，各台连续运转的时间服从负指数分布，有 1 个修理工人，修理时间服从负指数分布。当服务率 $\mu=1$ 时的修理费用为 c_{s}，单位时间每台机器运转可得收入 G 元，平均运转台数为 $m-L_{\mathrm{s}}$，于是单位时间的纯利润为

$$z=(m-L_{\mathrm{s}})G-c_{\mathrm{s}}\mu=\frac{mG}{\rho}\cdot\frac{E_{m-1}\left(\dfrac{m}{\rho}\right)}{E_m\left(\dfrac{m}{\rho}\right)}-c_{\mathrm{s}}\mu \tag{9-3-6}$$

其中：$\rho=m\lambda/\mu$；$E_{m-1}(m/\rho)=\sum\limits_{k=0}^{m-1}\dfrac{(m/\rho)^k}{k!}\mathrm{e}^{-(m/\rho)}$；$E_m(m/\rho)=\sum\limits_{k=0}^{m}\dfrac{(m/\rho)^k}{k!}\mathrm{e}^{-(m/\rho)}$。

例 9.11 接上题。若单位时间每台机器运转可得收入 100 元，试求使得式 (9-3-6) 达到极大时要求修理工的维修效率。

解 根据假设以及上题的信息，这属于 $M/M/1/\infty/m$ 排队系统，且 $\lambda=1, m=6, c_{\mathrm{s}}=30, G=100$ 元，于是建立式 (9-3-6) 的 MATLAB 函数文件如下：

```
function f=MM5Exam(x)
lambda=1;m=6;G=100;cs=30;rho=m*lambda/x;
T=0;
for i=0:m
   T=T+((m/rho)^i/factorial(i))*exp(-(m/rho));
end
```

```
T0=T-((m/rho)^m/factorial(m))*exp(-(m/rho));
f=-((m*G/rho)*(T0/T)-cs*x);
```

由于将采用求极小值的程序，所以上面的函数文件中的函数 f 是式 (9-3-6) 的相反函数。然后调用 0.618 法或 Fibonacci 法的 MATLAB 程序计算如下 (初始的 $\mu=2$，即程序中 x 的初始值取为 2)：

```
>> [mu,z,iter]=p618(@MM5Exam,0,1,2,1,2,1e-3)
mu =
    6.1457
z =
  -261.1474
iter =
    19
```

计算结果表明， 该单位收入最大时， 应该要求修理工在机器出现故障时能够在 $(60/6.1457)\text{min}=9.7629\text{min}$ 内修复故障。此时的最大收入为 261.15 元。

4. 多服务台情形

在多个服务台的排队系统中，同样可以考虑类似上面的问题。现只以标准的 $M/M/c/\infty/\infty$ 排队系统为例进行讨论。仍然用 λ 表示顾客单位时间的到达率，μ 表示每个服务台的 (单位时间) 服务率 (假设各服务台的服务效率相同)。另外，假设 $c_{\rm s}$ 表示当 $\mu=1$ 时各服务台的服务成本，$c_{\rm w}$ 表示每个顾客在系统中停留单位时间的费用。于是，可以考虑让顾客在系统中的逗留费用与单位时间服务成本之和达到最小为优化目标，即目标函数为

$$z=c_{\rm s}\cdot c\cdot\mu+c_{\rm w}\cdot L_{\rm s} \tag{9-3-7}$$

式 (9-3-7) 中的 $L_{\rm s}$ 也可以是 $L_{\rm q}$，相关的计算见式 (9-2-15) 和式 (9-2-16)。以 μ 为变量极小化式 (9-3-7) 当然需要数值优化方法。

例 9.12 某铁路售票处有 3 个窗口，顾客达到该售票处的人数服从泊松分布，根据记录，平均每分钟有 0.9 人到达。售票处售票的时间根据统计分析是服从负指数分布的，且每个窗口的服务效率为平均每分钟给 0.4 人服务 (售票)。若该售票处的成本 $c_{\rm s}=75$，顾客在该售票处逗留单位时间的平均成本为 $c_{\rm w}=100$，试求使得式 (9-3-7) 达到极小值时各服务台的最优服务效率。

解 根据题意，$\lambda=0.9, c=3, c_{\rm s}=75, c_{\rm w}=100$，每个窗口的服务效率平均每分钟给 0.4 人服务即为优化式 (9-3-7) 时 μ 的初始值。据此编写相应的函数文件如下：

```
function f=MMExam(x)
lambda=0.9;cw=100;cs=75;c=3;
```

```
rho=lambda/(c*x);T=0;
for k=0:c-1
    T=T+(1/factorial(k))*(lambda/x)^k;
end
P0=(T+(1/factorial(c))*(1/(1-rho))*(lambda/x)^c)^(-1);
f=cs*c*x+cw*(lambda/x+(((c*rho)^c*rho)/(factorial(c)*(1-rho)^2))*P0);
```

然后调用 0.618 法或 Fibonacci 法程序计算如下:

```
>> [mu,z,iter]=p618(@MMExam,0,1,0.4,1,2,1e-3)
mu =
    0.7325
z =
  298.0348
iter =
    16
```

计算结果表明，欲使该系统的单位时间全部费用，即式 (9-3-7) 达到极小值，每个服务台的服务效率应该提高到每分钟服务 0.7325 人。这样，该系统单位时间的全部费用为 298.03 元。

9.3.2 最优服务台数目

现在讨论多服务台的排队系统最优服务台数问题。下面仅以标准的 $M/M/c/\infty/\infty$ 排队系统为例进行讨论，其他排队模型的讨论类似。该排队模型表示顾客源无限制，顾客相互独立地单个到达，在一定时间内顾客的到达数服从泊松分布，到达过程是平稳的，到达系统后按照先到先得规则接受服务，有 c 个服务台，系统对顾客数没有限制。此时，若每服务台单位时间的成本为 c_{s}'，每个顾客在系统中逗留单位时间的费用为 c_{w}，则可以考虑如下问题：在系统稳定状态下使得服务成本与等待费用之和达到最小时的最优服务台数。此时的目标函数为

$$z = c_{\mathrm{s}}' \cdot c + c_{\mathrm{w}} \cdot L_{\mathrm{s}} \tag{9-3-8}$$

式 (9-3-8) 中的 L_{s} 也可以是 L_{q}，相应的计算见式 (9-2-15) 和式 (9-2-16)。现在，这里的变量是服务台数 c。由于服务台数是正整数，以 c 为变量极小化式 (9-3-8) 不能利用连续优化的方法。这属于整数非线性规划问题。考虑到在大多数情形下排队系统中服务台数是一个非常有限的数，所以可以利用 MATLAB 依次计算不同的服务台数的情形下相应的 z 值，然后从中挑选一个最小的 z 值对应的 c 为最优服务台数。值得说明的是，这种列举法不能作为求解式 (9-3-8) 的一种算法，只是这里的问题特殊，暂时采用。

例 9.13 某检验中心为各工厂服务，假设做检验的工厂 (即顾客) 的到来服从泊松流，平均到达率为每天 48 批次，每次来检验由于停工等原因造成的损失为 6 元。检验

(服务) 时间服从负指数分布，平均为每天 25 批次，每设立一个检验员的服务成本 (工资及设备损耗) 为 4 元/d。其他条件适合标准的 $M/M/c$ 模型，试求使式 (9-3-8) 达到极小值时的最优检验员数。

解 根据题设，$c_{\rm s}'=4, c_{\rm w}=6, \lambda=48, \mu=25$，依据式 (9-3-8) 建立如下 MATLAB 文件：

```
%下面程序中m是使用者自行确定的服务台数目的上限
function [zstar,cstar]=MM6Exam(lambda,mu,cw,csp,m)
P0=zeros(1,m);z=zeros(1,m);c0=ceil(lambda/mu);
for c=c0:m
    T=0;rho=lambda/(c*mu);
    for k=0:c-1
     T=T+(1/factorial(k))*(lambda/mu)^k;
    end
P0(c)=(T+(1/factorial(c))*(1/(1-rho))*(lambda/mu)^c)^(-1);
z(c)=csp*c+cw*(lambda/mu+(((c*rho)^c*rho)/(factorial(c)*(1-rho)^2))*P0(c));
end
for i=1:c0
   z(i)=[];
end
[mm,cc]=min(z);zstar=z(cc);cstar=cc+c0-1;
```

在 MATLAB 命令窗口中运行如下：

```
>> lambda=48;mu=25;cw=6;csp=4;m=10;
>> [zstar,cstar]=MM6Exam(lambda,mu,cw,csp,m)
zstar =
   28.3777
cstar =
     3
```

计算结果表明，在题设情况下，为使式 (9-3-8) 达到极小，需设 3 个检验员。此时，总费用为 28.3777 元。检验员过少或过多都会使式 (9-3-8) 的目标函数值增加。

习题 9

1. 某火车票预售点只有一个售票窗口，前来购票的顾客到达服从泊松流的规律，平均每 2min 到来 2 人，售票时间服从负指数分布，平均每 2min 服务 6 人。试求前来购票的顾客等待购票的时间，等待的队长以及该售票窗口空闲的概率。

2. 某汽车修理站只有一名修理工，一天 8h 平均修理 12 辆车。已知修理时间为负指数分布，汽车到来为泊松分布，平均每小时有一辆汽车去修理。问：(1) 如果一位司机愿意在修理站等待，一旦汽车修复即开走，他平均需要等待多久？(2) 若到达该修理站的汽车增加为每小时 1.2 辆，该修理工平均每天的空闲时间减少了多少？(3) 接 (2)，这时对修理站里的汽车数以及修理后向顾客交车时间又有怎样的影响？

3. 到某医院手术室就诊的病人按 2.1 人/h 的速度到达，而每人手术平均需 0.4h，又病人到来和手术时间均为负指数分布。(1) 试求系统中有 0,1,2,3,4,5 个病人的概率；(2) 如病人到来速度不变，而每小时平均完成的手术人数可变，若要求病人在医院平均耗时不能超过 2 小时，则平均服务率应该怎样变化？

4. 在 $M/M/1/N/\infty$ 排队模型中，如果 $\rho=1$，试证：

$$P_0=P_1=\cdots=\frac{1}{N+1},\quad L_{\mathrm{s}}=\frac{N}{2}$$

5. 某工地有 5 部机械设备，每部设备正常工作的平均时间为 15d，该工地配有一名维修工人，维修一部设备平均需要 4d 时间。假定机械正常运转及维修时间均为负指数分布。求响应的指标 $L_{\mathrm{s}},W_{\mathrm{s}},L_{\mathrm{q}},W_{\mathrm{q}}$，若多于 3 部机械出现故障，就要送到其他单位进行维修，求送出维修的概率。

6. 一理发店有理发师 5 人，供顾客等候的座位有 10 个，若顾客以泊松流到达，平均 8 人/h，每一理发师平均为一人理发需要 30min，理发的时间服从负指数分布。若顾客到来发现无空座位则离去。试求该理发店由于顾客离去的损失概率、平均损失顾客数以及单位时间内平均忙着的理发师数。

7. 某机场有 4 条跑道，假定每条跑道的使用时间分布是负指数分布，平均使用 30min，又飞机按照泊松流到达，平均 5 架/h，当跑道全部被占用时飞机不允许降落。试求该机场的损失概率。

8. 在一家银行，顾客以平均 36 人/h 的泊松流到达，每个顾客的服务时间是平均数为 0.035h 的负指数分布。假定该银行在同一时刻最多只能容纳 30 位顾客。问：

(1) 当有 $n+3$ 位以上的顾客等待的概率小于 0.2(这里 n 是银行的工作人员数) 时，需要配备多少个工作人员？

(2) 在银行中期望个数不超过 3 时，需要配备多少个工作人员？

9. 某工厂为职工设立了昼夜 24h 都能看病的医疗室 (按单服务台处理)。病人到达的平均间隔为 15min，平均看病时间为 12min，且服从负指数分布。因工人看病每小时给工厂造成的损失为 30 元。(1) 试求工厂每天损失期望值；(2) 问平均服务率调高多少方可使上述损失减少一半。

10. 某单位欲安装电话程控交换设备，有 3 个方案可供选择，记为甲、乙、丙。有关费用见表 9-2。设电话呼叫为泊松流，平均每分钟到来 15 个呼唤，通话时间为负指数分布，不通话一分钟的损失费用为 10 元，试求费用最小的方案。

表 9-2　3 种方案的有关数据　　单位: 次/min

方案	固定费用	通话费用	通话强度
甲	6	0.25	2
乙	13	0.20	4
丙	25	0.15	12

11. 在 $M/M/c$ 排队系统中，若 $\lambda = 17.5$ 人/h，$\mu = 10$ 人/h。问：选择多少个服务台才能使所有服务台处于空闲的时间不超过 15%，而且顾客在系统中的平均逗留时间不超过 30min？

12. 某铁路局为经常油漆所使用的车厢，考虑了两个方案：方案一设置一个手工油漆工场，年总开支费用为 20 万元，每节车厢油漆时间为均值 6h 的负指数分布；方案二是建一个喷漆车间，一年总开支费用为 45 万元，每节车厢油漆时间为均值 3h 的负指数分布。设要油漆的车厢按泊松流到达，平均每 8h 一节，油漆工厂常年昼夜开工 (即每年工作时间为 $365 \times 24\text{h} = 8760\text{h}$)，又每节车厢闲置时间的损失费用为 15 元/h，该铁路局采用哪一个方案比较经济合算？

附录　MATLAB简介

本书是以 MATLAB 为计算媒介的运筹学教材。由于运筹学模型的计算非常烦琐或困难，人们在运用运筹学有关模型解决实际问题的过程中必须使用计算机技术。市面上有很多成熟的软件可以解决一般的运筹学问题。例如，Lindo 和 Lingo 是商业软件，专门用于解决线性规划、整数规划以及非线性规划等问题；WinQSB 则更多地被认为是一种用于教学的软件，对于非大型的问题一般都能计算，较小的问题还能演示中间的计算过程；Excel 则是 Office 套装中的一个组成部分，用它也可以解决线性规划甚至某些非线性规划问题。此外，利用各种计算机语言也可以自己编写程序。由于 MATLAB 与其他计算机语言相比具有很多优秀的特点，所以本书选用 MATLAB 与传统的运筹学模型相结合。为使本书自身具有相对的完备性，所以在下面对 MATLAB 进行简单、初步的介绍。关于 MATLAB 更多、更详细的介绍，在市面上可以找到很多教材或专著，请读者自行参考。

一、MATLAB 的特点及基本操作

1. 关于 MATLAB

MATLAB 是 Matrix Laboratory(矩阵实验室) 的缩写，是目前最好的科学计算类软件之一。它是美国 MathWorks 公司自 20 世纪 80 年代中期推出的一款优秀的数学软件，其数值计算能力特别是在数据的可视化方面非常突出。从计算效率上来说，用 MATLAB 编程求解有关数学、工程等问题 (中大型问题) 比不上用 C、FORTRAN 等语言，但一般来说要比这些语言简捷得多。在欧美国家的高校，MATLAB 已经成为自动控制理论、数

字信号处理、时间序列分析、动态系统仿真等高级课程的基本教学工具，是攻读学位的大学生、硕士生、博士生必须掌握的基本技能。此外，MATLAB 还有较强的符号处理能力，所以在帮助学生学习有关线性代数、微积分等课程中能起到重要的作用。同时，由于 MATLAB 是以矩阵 (向量) 为基本数据类型的语言，所以特别适合解决利用矩阵代数进行计算的各类问题。MATLAB 有大量事先定义的数学函数，还有很强的用户自定义函数的能力以及强大的绘制二维、三维图的功能。随着这些年的发展，它还嵌有多个成熟的由各行业专家编写的解决各种应用领域问题的工具箱 (Toolboxes)。比如，优化工具箱 (Optimization Toolbox)、金融工具箱 (Financial Toolbox)、统计工具箱 (Statistics Toolbox) 等。随着 MATLAB 版本的发展，这些工具箱还在不断发展变化。对于很多专业问题，用户可以直接利用这些工具箱，按照相关命令的输入要求即可得到相应的结果。MATLAB 的帮助功能也非常完善、多样化，并可以与 C 等高级语言结合，同时有完善的输入输出格式化数据的能力。本教材中的各种算法均是采用 MATLAB 编程来完成的。

2. MATLAB 的基本运算

MATLAB 的 Desktop 操作桌面 (各种版本类似)，是一个高度集成的工作界面。其默认形式如附图 1 所示。该桌面的上层铺放着 4 个最常用的界面：指令窗 (Command Window)、当前目录 (Current Directory) 浏览器、MATLAB 工作内存空间 (Workspace) 浏览器、历史指令 (Command History) 窗。

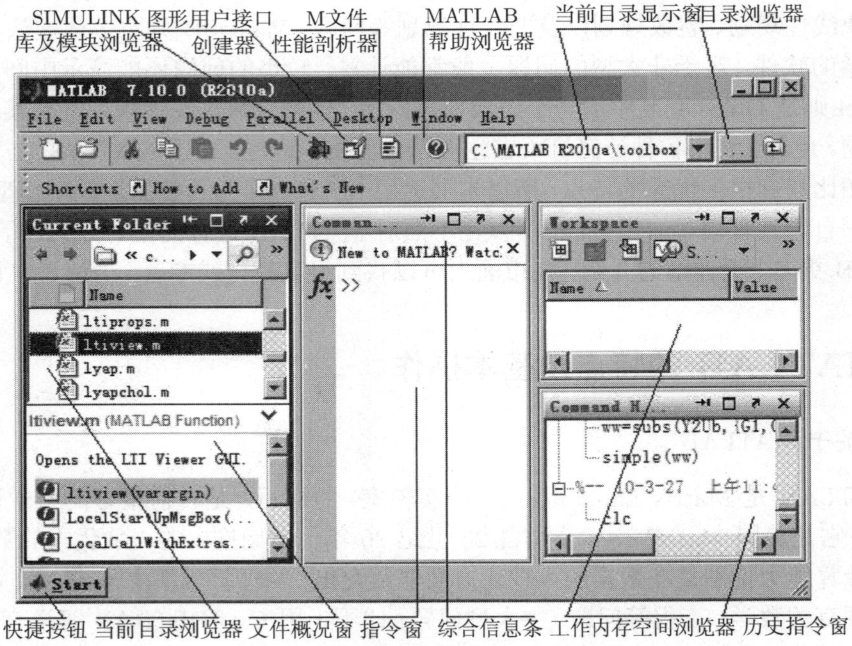

附图 1　MATLAB 的工作界面

利用 MATLAB 编程、计算以及调用 MATLAB 自带的命令都要在指令窗中输入。MATLAB 不仅是一种高效、简洁的计算机语言，它也是一种高级的科学计算器。下面首先介绍作为科学计算器使用的 MATLAB。

(1) 在 MATLAB 中，矩阵 (或向量) 是基本运算单位 (当然可以进行一般实数的运算)。矩阵 (向量) 的输入、构成、修改以及提取其中的部分元素都有很多的方法 (有相应的 MATLAB 函数) 来实现。本书的主要目的不是介绍 MATLAB，所以这里只是简单介绍在命令窗口直接输入矩阵。直接输入矩阵或向量基本上与手写差不多，一行之间的元素用空格或“,”隔开，行与行之间则用“;”隔开。例如输入如下矩阵和向量：

$$A=\begin{pmatrix}1&2&3\\4&5&6\\1&8&9\end{pmatrix},a=\begin{pmatrix}1&2&3\end{pmatrix},b=\begin{pmatrix}4\\5\\6\end{pmatrix}$$

在 MATLAB 提示符“>>”后面进行如下输入：

```
>> A=[1 2 3;4 5 6;1 8 9]
A =
     1     2     3
     4     5     6
     1     8     9
>> a=[1 2 3]
a =
     1     2     3
>> b=[4 5 6]'
b =
     4
     5
     6
>> b=[4;5;6]
b =
     4
     5
     6
```

向量 $\boldsymbol{b}$ 是列向量，可以有如上两种输入法。其中，符号“'”表示矩阵的转置。如果输入后不想看到显示的结果，则可以在每次输入后加上“;”即可。

(2) 附表 1 中显示了算术四则运算在 MATLAB 指令窗中应该输入的符号。

附表 1 MATLAB 表达式的基本运算符

运算	数学表达式	矩阵运算符	数组运算符
加	$a+b$	a + b	a + b
减	$a-b$	a- b	a- b
乘	$a\times b$	a * b	a .* b
除	$a\div b$	a/b 或 b\a	a./b 或 b.\a
幂	a^b	a ^ b	a .^ b
圆括号	( )	( )	( )

附表 1 中，最后一列数组运算符的第 4~6 行的运算 a.*b,a./b,a.\b,a.^b 是 MATLAB 中的特殊运算符，称为点运算，它的意思是对于向量的相应分量作运算。比如：

```
>> a=[1,2,3,4];b=[5,6,7,8];
>> a.*b
ans =
     5    12    21    32
>> a./b
ans =
    0.2000    0.3333    0.4286    0.5000
>> a.\b
ans =
    5.0000    3.0000    2.3333    2.0000
>> a.^b
ans =
           1          64        2187       65536
```

根据上面的向量，读者不难发现点运算是怎样计算的。

(3) 附表 2 显示了 MATLAB 中已经定义好的部分数学函数。更多的数学函数请参考相关的 MATLAB 教材。

附表 2 MATLAB 中的部分数学函数

名称	数学表达式	MATLAB 中相应的函数
幂函数	x^a	x^a
指数函数	a^x, e^x	a^x,exp(x)
三角函数	$\sin(x), \cos(x), \tan(x), \cot(x)$	sin(x),cos(x),tan(x),cot(x)
反三角函数	$\arcsin(x), \arccos(x), \arctan(x), \arctan(x)$	asin(x),acos(x),atan(x),acot(x)
对数函数	$\ln(x), \log_2(b), \log_{10}(x)$	log(x),log2(),log10(x)

(4) 计算 $(9+5\sin(\pi/3))e^2-\arctan(\pi/4)$。此时只需在指令窗中输入“(9+5*sin(pi/3))*exp(2)-atan(pi/4)”并回车 (按 Enter 键) 即可看到计算结果：

```
>> (9+5*sin(pi/3))*exp(2)-atan(pi/4)
ans =
   97.8313
```

求上面矩阵 $\boldsymbol{A}$ 的逆矩阵 A^{-1}:

```
>> A=[1 2 3;4 5 6;1 8 9];
>> inv(A)
ans =
   -0.1667    0.3333   -0.1667
   -1.6667    0.3333    0.3333
    1.5000   -0.3333   -0.1667
```

(5) 若输入指令太长，或出于某种需要，输入指令行必须多行书写时，用 3 个连续的“...”表示前后连接，比如计算 $S = 1 - 1/2 + 1/3 - 1/4 + 1/5 - 1/6 + 1/7 - 1/8 + 1/9 - 1/10 + 1/11 - 1/12 + 1/13 - 1/15 + 1/16$，在 MATLAB 指令窗中如下输入并回车:

```
>> S=1-1/2+1/3-1/4+1/5-1/6+1/7-1/8+1/9 ...
-1/10+1/11-1/12+1/13-1/15+1/16
S =
    0.7260
```

数值、变量和表达式: 前面算例只是简单演示了“计算器”功能，这仅仅是 MATLAB 全部功能中的很小部分的功能。为较深入地学习 MATLAB，有必要较为系统地介绍一些 MATLAB 的基本规定。下面先介绍关于数值、变量的若干规定。

① 数值的记述。MATLAB 的数值采用习惯的十进制表示，可以带小数点或负号。在 MATLAB 中，以下输入都是合法的:

```
3    -99   0.001   9.456   1.3e-3   4.5e33
```

其中: `1.3e-3` 以及 `4.5e33` 是科学记数法，表示 1.3×10^{-3} 和 4.5×10^{33}。

在采用 IEEE 浮点算法的计算机上，数值通常采用“占用 64 位内存的双精度”表示。其相对精度是 eps(MATLAB 的一个预定义变量)，大约保持有效数字 16 位。数值范围大致为 $10^{-308} \sim 10^{308}$ 。

② 变量命名规则。在 MATLAB 中，变量名、函数名是对字母大小写敏感的。例如，变量 myvar 和 MyVar 表示两个不同的变量; 又如，sin 是 MATLAB 定义的正弦函数名，但 SIN,Sin 等都不是。变量名的第一个字符必须是英文字母，最多可包含 63 个字符 (英文、数字和下连符)。例如，myvar201 是合法的变量名。变量名中不得包含空格、标点、运算符，但可以包含下连符。例如，变量名“my_var_201”是合法的，且读起来更方便，而“my,var201”由于逗号的分隔，表示的就不是一个变量名。

③ MATLAB 默认的数学常数。MATLAB 为一些数学常数 (Math Contants) 预定义了变量名，见附表 3。每当启动 MATLAB 时，这些变量就被自动产生。这些变量都有特

殊含义和用途。建议用户在编写指令和程序时，应尽可能不对附表 3 中所列的预定义变量名重新赋值，以免产生混淆。

附表 3　MATLAB 为数学常数预定义的变量名

预定义变量	含义
eps	浮点数相对精度 2^{-52}
i 或 j	虚单元 $i=j=\sqrt{-1}$
Inf 或 inf	无穷大，如 1/0
intmax	可表达的最大正整数，默认为 2147483647
intmin	可表达的最小负整数，默认为 −2147483648
NaN 或 nan	不是一个数 (Not a Number)，如 $0/0, \infty/\infty$
realmax	最大正实数，默认为 1.7977e+308
realmin	最小正实数，默认为 2.2251e-308
pi	圆周率 π

④ 假如用户对附表 3 中任何一个预定义变量进行赋值，则那个变量的默认值将被用户新赋的值“临时”覆盖。所谓“临时”是指：假如使用 clear 指令清除 MATLAB 内存中的变量，或 MATLAB 指令窗被关闭后重新启动，那么所有的预定义变量将被重置为默认值，不管这些预定义变量曾被用户赋过什么值。在遵循 IEEE 算法规则的机器上，被 0 除是允许的。它不会导致程序执行的中断，只是在给出警告信息的同时，用一个特殊名称 (如 Inf，NaN) 记述。这个特殊名称将在以后的计算中以合理的形式发挥作用。关于它们的更详细的帮助信息，可在 MATLAB 帮助浏览器左侧的 Contents 页的 <Matlab/Functions/Mathematics/Math Contants> 找到。

⑤ 前面已经提及，数组运算的“乘、除、幂”规则与相应矩阵运算是不同的。前者的算符比后者多一个“小黑点”。MATLAB 用左斜杠或右斜杠分别表示“左除”或“右除”运算。对标量而言，“左除”和“右除”的作用结果相同。但对矩阵来说，“左除”和“右除”将产生不同的结果。关于它们的更详细的帮助信息，可在 MATLAB 帮助浏览器左上方的搜索栏中输入 Arithmetic Operations，经搜索获得。

⑥ 表达式。MATLAB 书写表达式的规则与“手写算式”几乎完全相同。表达式由变量名、运算符和函数名组成。表达式将按与常规相同的优先级自左至右执行运算。优先级的规定是：指数运算级别最高，乘除运算次之，加减运算级别最低。括号可以改变运算的次序。书写表达式时，赋值符 "=" 和运算符两侧允许有空格，以增加可读性。

⑦ 面向复数设计的运算是 MATLAB 的特点之一。MATLAB 的所有运算都是定义在复数域上的。这样设计的好处是：在进行运算时，不必像其他程序语言那样把实部、虚部分开处理。为描述复数，虚数单位用预定义变量 i 或 j 表示。对于复数 $z=a+b\mathrm{i}=r\mathrm{e}^{\mathrm{i}\theta}$，real(z) 给出复数 z 的实部 $a=r\cos\theta$；imag(z) 给出复数 z 的虚部 $b=r\sin\theta$；abs(z) 给出复数 z 的模 $r=\sqrt{a^2+b^2}$；angle(z) 以弧度为单位给出复数 z 的幅角 $\arctan\dfrac{b}{a}$。另外，对于方根

问题，运算只返还一个“主解”。要得复数的全部方根，必须专门编写程序。

⑧ 面向数组设计的运算是 MATLAB 的另一个特点。在 MATLAB 中，标量数据被看作 1×1 的数组 (Array) 数据。所有的数据都被存放在适当大小的数组中。为加快计算速度 (运算的向量化处理)，MATLAB 对以数组形式存储的数据设计了两种基本运算：一种是所谓的数组运算；另一种是所谓的矩阵运算。在输入时，MATLAB 不必事先对数组维数及大小做任何说明，内存将自动配置。

⑨ 运算结果的显示。在指令窗中显示的输出有：指令执行后，数值结果采用黑色字体输出；而运行过程中的警告信息和出错信息用红色字体显示。运行中，屏幕上最常见到的数字输出结果由 5 位数字构成。这是“双精度”数据的默认输出格式。用户不要误认为运算结果的精度只有 5 位有效数字。实际上，MATLAB 的数值数据通常占用 64 位 (bit) 内存，以 16 位有效数字的“双精度”进行运算和输出。MATLAB 为了比较简洁、紧凑地显示数值输出，才默认地采用 format short g 格式显示出 5 位有效数字。用户根据需要，可以在 MATLAB 指令窗中，直接输入相应的指令，或者在菜单弹出框中进行选择，都可获得所需的数值计算结果显示格式。具体见附表 4。

附表 4 数据显示格式的控制指令

指令	含义	举例说明
format short	通常保证小数点后 4 位有效，最多不超过 7 位； 对于大于 1000 的实数，用 5 位有效数字的科学记数法显示	314.159 被显示为 314.1590； 3141.59 被显示为 3.1416e+003
format long	小数点后 15 位数字表示	3.141592653589793
format short e	5 位科学记数法表示	3.1416e+00
format long e	15 位科学记数法表示	3.14159265358979e+00
format short g	从 format short 和 format short e 中自动选择最佳记数方式	3.1416
format long g	从 format long 和 format long e 中自动选择最佳记数方式	3.14159265358979
format rat	近似有理数表示	355/113
format hex	十六进制表示	400921fb54442d18
format compact	显示变量之间没有空行	
format loose	在显示变量之间有空行	

注：format short 显示格式是默认的显示格式；该表中实现的所有格式设置仅在 MATLAB 的当前执行过程中有效

⑩ 附表 5 显示的是 MATLAB 中指令窗的常用控制指令。

⑪ MATLAB 指令窗中指令行的编辑。为了操作方便，MATLAB 不但允许用户在指令窗中对输入的指令行进行各种编辑和运行，而且允许用户对过去已经输入的指令行进行回调、编辑和重运行。具体的操作方式见附表 6。

⑫ 用户目录和当前目录设置。

(a) 用户目录：在安装 MATLAB 的过程中，会自动生成一个目录 C:\Documents and Settings\My Documents\Matlab。该目录专供存放用户自己的各类 MATLAB 文件。假若用户想另建一个工作目录，采用 Windows 规范操作就可实现。

(b) 当前目录：在 MATLAB 环境中，如果不特别指明存放数据和文件的目录，那么 MATLAB 总默认地将它们存放在当前目录上。因此，出于 MATLAB 运行可靠和用户方便的考虑，可以在 MATLAB 开始工作时，就把当前目录设置成用户自己的“用户目录”。

附表 5　MATLAB 常用操作指令

指令	含义	指令	含义
ans	最新计算结果的默认变量名	edit	打开 M 文件编辑器
cd	设置当前工作目录	exit	关闭/退出 MATLAB
clf	清除图形窗	help	在指令窗中显示帮助信息
clc	清除指令窗中显示的内容	more	使其后的显示内容分页进行
clear	清除 MATLAB 工作空间中保存的变量	quit	关闭/退出 MATLAB
dir	列出指定目录下的文件和子目录清单	return	返回到上层调用程序；结束键盘模式
doc	在 MATLAB 浏览器中，显示帮助信息	type	显示指定 M 文件的内容
diary	把指令窗输入记录为文件	which	指出其后文件所在的目录

附表 6　MATLAB 指令窗中实施指令行编辑的常用操作键

键名	作用	键名	作用
↑	前寻式调回已输入过的指令行	Home	使光标移到当前行的首端
↓	后寻式调回已输入过的指令行	End	使光标移到当前行的尾端
←	在当前行中左移光标	Delete	删去光标右边的字符
→	在当前行中右移光标	Backspace	删去光标左边的字符
PageUp	前寻式翻阅当前窗中的内容	Esc	清除当前行的全部内容
PageDown	后寻式翻阅当前窗中的内容		

⑬ MATLAB 的搜索路径。MATLAB 的所有 (M、MAT、MEX) 文件都被存放在一组结构严整的目录树上。MATLAB 把这些目录按优先次序设计为“搜索路径”上的各个结点。此后，MATLAB 工作时，就沿着此搜索路径，从各目录上寻找所需的文件、函数、数据。

⑭ MATLAB 搜索路径的扩展：假如用户有多个目录需要同时与 MATLAB 交换信息，那么就应把这些目录放置在 MATLAB 的搜索路径，使得这些目录上的文件或数据能被调用。

⑮ 利用设置路径对话框修改搜索路径。采用以下任何一种方法都可以引出设置路径对话框 (见附图 2)；在指令窗中，运行指令 pathtool；在 MATLAB 桌面、指令窗等的菜单栏中，选择 File→Set Path 下拉菜单项。

⑯ 帮助系统及其使用。不管以前是否使用过 MATLAB，任何用户都应尽快了解 MATLAB 的帮助系统，掌握各种获取帮助信息的方法。在“知道具体函数指令名称，但不知道该函数如何使用”的场合下，最常用的函数搜索指令的调用方法为：help FunName，即在 help 后写出该函数名，回车后即得到关于该函数的使用说明。比如，假设知道 MAT-

LAB 函数“linprog”是求解线性规划问题的命令，但忘记了具体的用法，这时就可以在 MATLAB 提示符“>>”后面进行如下输入并回车：

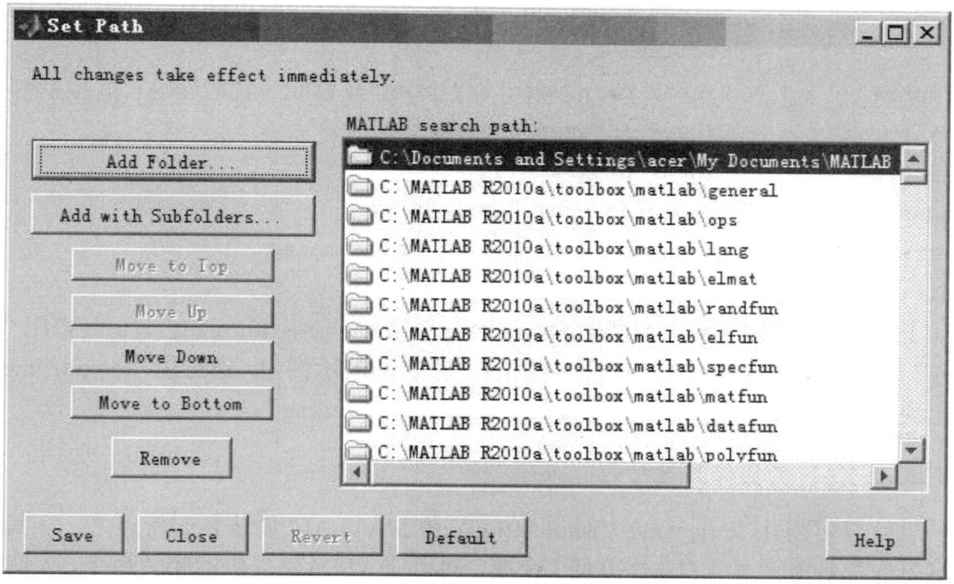

附图 2 MATLAB 设置路径界面

```
>> help linprog
 LINPROG Linear programming.
    X=LINPROG(f,A,b) attempts to solve the linear programming problem:

              min f'*x    subject to:   A*x <= b
               x

    X=LINPROG(f,A,b,Aeq,beq) solves the problem above while additionally
    satisfying the equality constraints Aeq*x = beq.
    ......
```

在“知道某函数的部分指令名称，但不知道该函数名的全称，更不知如何使用”的场合下，则在 lookfor 后写出该函数的部分函数指令名称甚至是某个关键词，回车后会得到一连串的相关函数信息，然后从中选择并利用上面的搜索方法再次得到其使用方法。比如，假设知道线性规划的英文名称是“linear programming”，但不知道 MATLAB 中有没有相应的用于求解线性规划问题的函数，这时可以进行如下操作：

```
>> lookfor programming
mlcomiface    - Programming with COM on Windows(R)
simlp         - Helper function for GETX0; solves linear programming
                problem.
lcprog        - Linear complementary programming with Lemke's algorithm.
bintprog      - Binary integer programming.
linprog       - Linear programming.
quadprog      - Quadratic programming.
circustent    - Large-Scale Quadratic Programming
officeassign  - Binary Integer Programming
```

从上面发现了 MATALB 函数 linprog 对应“Linear programming”，于是再用“help linprog”即可找到相应函数“linprog”的用法。在上面的示例中，也可用“lookfor linear”，这样出现的函数更多。但不可用“lookfor linear programming”。

3. MATLAB 的图像处理功能

科学计算可视化 (Scientific Visualization) 是 MATLAB 最著名的特点之一。其他语言在这方面都赶不上 MATLAB 方便、快捷。利用 MATLAB 提供的相关命令，人们可以轻松地画出自己想要的函数或者数据的二维、三维图像。这里就此只作简单介绍。

(1) 基本的二维平面绘图命令。命令 plot 是绘制二维平面上曲线的基本函数。输入下面的指令可画出一条位于区间 $[0, 2\pi]$ 的正弦曲线 (见附图 3)：

```
>> close all;
x=linspace(0, 2*pi, 100); % 产生100个点的横坐标x
y=sin(x); % 计算得到对应的y坐标
plot(x,y);% 画出对应(x,y)的散点图
```

读者可以将上面命令中的 x=linspace(0, 2*pi, 100) 改成 x=linspace(0, 2*pi, 10)，其他的不变，看看结果是什么样。下面将 MATLAB 的基本二维绘图函数小结一下。命令 plot(x,y) 画出的是 x 轴和 y 轴均为线性刻度 (Linear scale) 下的函数散点图，其中，y 可以是由上面例中的函数计算出来的，也可以是与数据向量 $\boldsymbol{x}$ 对应的数据向量。命令 loglog(x,y) 画出的是以 x 轴和 y 轴均为对数刻度 (Logarithmic Scale) 的函数散点图。命令 semilogx(x,y) 画出的是 x 轴为对数刻度，y 轴为线性刻度函数的散点图。命令 semilogy(x,y) 画出的是以 x 轴为线性刻度，y 轴为对数刻度的函数散点图。

若要在同一个坐标系中画出多条曲线，只需将坐标对依次放入函数 plot 即可。比如输入 plot(x, sin(x), x, cos(x))，即可在同一坐标系中画出正弦和余弦函数图，且用不同颜色表示 (注意，首先得给 x 赋值)。

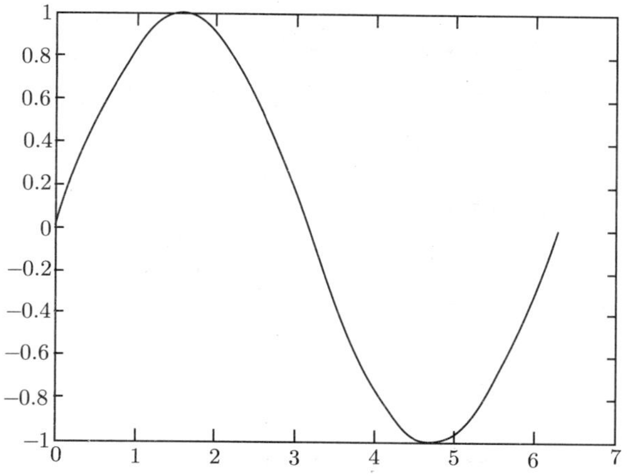

附图 3 区间 $[0, 2\pi]$ 的正弦曲线

若欲更改函数图像颜色，在坐标对后面加上相关字符串即可。比如在 MATLAB 提示符下输入 plot(x, sin(x), 'r', x, cos(x), 'b') 将显示红色的正弦函数图与蓝色的余弦函数图。若要同时改变颜色及图像曲线的线形 (Line Style)，也是在坐标对后面加上相关字串，如输入 plot(x, sin(x), 'ro', x, cos(x), 'b*')，将会看到正弦曲线是由红色的“o” (小写字母 o，不是 0) 组成，而余弦曲线是由蓝色的“*”符号组成。关于颜色和线形，读者通过 help plot 将会得到更多信息。

此外，人们可以通过 MATLAB 对图像加上各种注解与处理。例如，在 MATLAB 提示符进行下如下输入，将得到附图 4。

```
>> x=linspace(0, 2*pi, 100); % 产生100个点的横坐标x
>>plot(x, sin(x), 'o', x, cos(x), '*'); %同一坐标系下画出正弦和余弦图
>>xlabel('x'); % x轴注解, 可以写成你自己想表达的内容
>>ylabel('y'); % y轴注解, 可以写成你自己想表达的内容
>>title('正弦和余弦函数图像'); % 图形标题, 可以写成你自己想表达的内容
>>legend('y = sin(x)','y = cos(x)'); % 图形的注解
>>grid on; % 显示网格线。可以不要
```

命令 subplot 用来同时画出数个小图形于同一个视窗之中。比如，在 MATLAB 命令窗口中输入：

```
>>x=linspace(0, 2*pi, 100); % 产生100个点的横坐标x
>>subplot(2,2,1); plot(x, sin(x));
>>subplot(2,2,2); plot(x, cos(x));
>>subplot(2,2,3); plot(x, sinh(x));
>>subplot(2,2,4); plot(x, cosh(x));
```

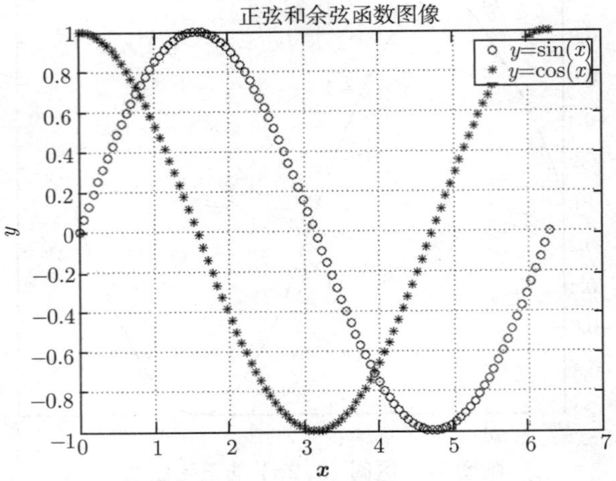

附图 4　MATLAB 中图像的注释

将得到 4 副图像在一个视窗中，第一个是正弦函数图，第二个是余弦函数图，第三个是正割函数图，第四个余割函数图。见附图 5。命令 subplot(2,2,1) 即表示图像有 2 行 2 列 (即 4 个)，这是第一个，余类推。一般地，subplot(m,n,p) 表示在同一个视窗中画出 $m \times n$ 个图像，这是第 p 个图像。MATLAB 还有其他各种二维绘图函数，以适合不同的应用。比如，命令 bar(x,y) 画出 x 和 y 之间的直方图，MATLAB 中绘制直方图的函数共有 4 种形式：bar，bar3，barh 和 bar3h，其中 bar 和 bar3 分别用来绘制二维和三维竖直方图，barh 和 bar3h 分别用来绘制二维和三维水平直方图，这些对统计或者数据采集非常直观实用。其他的还有：errorbar 用于为图形加上误差范围；fplot 用于做出较精确的函数图形；polar 用于绘制极坐标图；hist 用于绘制频数直方图；rose 用于绘制极坐标累计图；stairs 用于绘制阶梯图；stem 用于绘制茎叶图；fill 用于绘制实心图；feather 用于绘制羽毛图；compass 用于绘制罗盘图；quiver 用于绘制向量场图。以上各函数均可通过 help 命令得到具体的使用方法，本书限于篇幅和主题，就不一一介绍。

(2) 基本的三维立体绘图命令。在科学计算可视化 (Scientific Visualization) 方面，三维空间的立体作图是非常重要的。在 MATLAB 中基本的三维空间绘图命令有 surf 和 mesh。命令 surf 用于画出三维曲面图；命令 mesh 用于画出三维的网状图。这两者产生的图形都会依高度而有不同的颜色。颜色越趋于冷色调，就表示相应的函数值越小；颜色越趋于暖色调，就表示相应的函数值越大。下列命令可画出由函数 $z = x\mathrm{e}^{-x^2-y^2}$ 所形成的三维曲面，见附图 6：

```
>>x=linspace(-2, 2, 25); % 在x轴上取25个点
y=linspace(-2, 2, 25); % 在y轴上取25个点
```

```
[xx,yy]=meshgrid(x, y); % xx和yy都是21*21的矩阵
zz=xx.*exp(-xx.^2-yy.^2); % 计算函数值，注意数组运算。zz也是21*21的矩阵
surf(xx, yy, zz); % 该命令画出立体曲面图
```

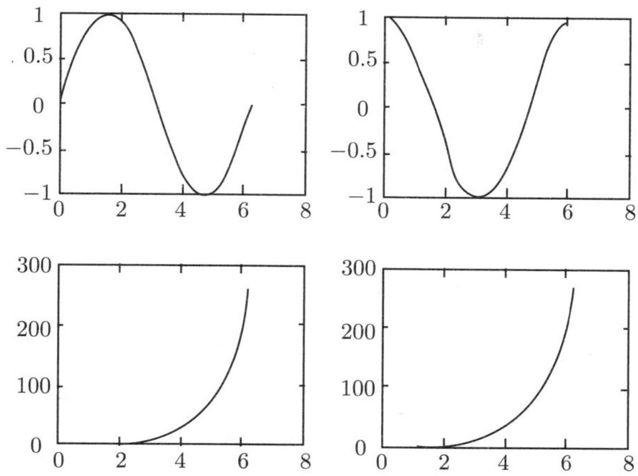

附图 5　2×2 个图像放在一个视窗中

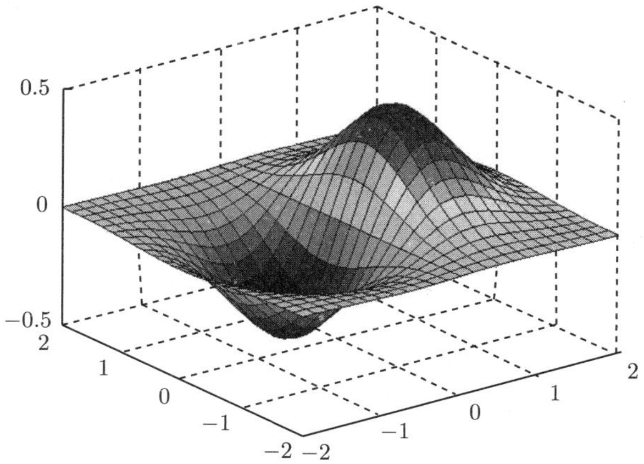

附图 6　函数 $z=x\mathrm{e}^{-x^2-y^2}$ 的三维曲面图

若将上面命令中的最后一行改为 mesh(xx, yy, zz)，则可得到上述函数的三维网状图像。为了方便测试三维立体绘图，MATLAB 提供了一个 peaks 函数，可产生一个凹凸有致的曲面，包含了 3 个局部极大点及 3 个局部极小点。其数学表达式为：

$$z=3(1-x)^2\mathrm{e}^{(-x^2-(y+1)^2)}-10\left(\frac{x}{5}-x^3-y^5\right)\mathrm{e}^{(-x^2-y^2)}-\frac{1}{3}\mathrm{e}^{(-(x+1)^2-y^2)}$$

要想用最快的方法画出此函数，即是在 MATLAB 的命令窗口中直接键入 peaks，然后输

入数字表达式：

```
>>peaks
z = 3*(1-x).^2.*exp(-(x.^2) - (y+1).^2) ...
- 10*(x/5 - x.^3 -
y.^5).*exp(-x.^2-y.^2) ...
- 1/3*exp(-(x+1).^2 - y.^2)
```

然后就会看到 peaks 函数的曲面图像 (见附图 7)。

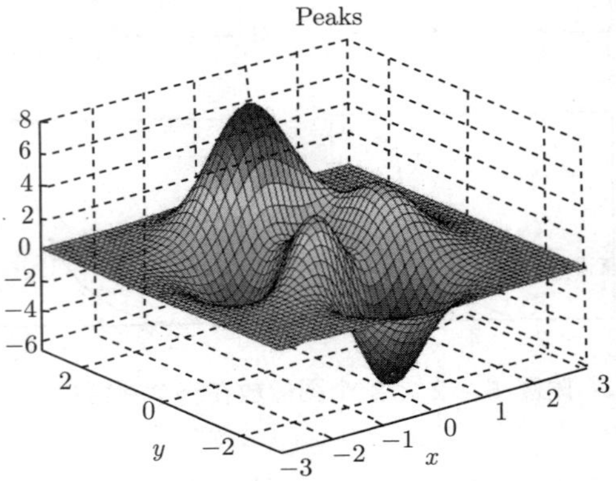

附图 7　peaks 函数的三维曲面图

MATALB 有很多命令可以绘制不同效果的三维图。依然以 peaks 函数为例。

命令 meshz 可将曲面加上围裙：

```
>>[x,y,z]=peaks;
meshz(x,y,z);
axis([-inf inf -inf inf -inf inf]);
```

命令 waterfall 可在 x 方向或 y 方向产生水流效果：

```
>>[x,y,z]=peaks;
waterfall(x,y,z);
axis([-inf inf -inf inf -inf inf]);
```

下列命令产生在 y 方向的水流效果：

```
>>[x,y,z]=peaks;
waterfall(x',y',z');
axis([-inf inf -inf inf -inf inf]);
```

命令 meshc 可同时画出网状图与等高线：

```
>>[x,y,z]=peaks;
meshc(x,y,z);
```

```
axis([-inf inf -inf inf -inf inf]);
```

命令 surfc 可同时画出曲面图与等高线:

```
>>[x,y,z]=peaks;
surfc(x,y,z);
axis([-inf inf -inf inf -inf inf]);
```

命令 contour3 可画出曲面在三维空间中的等高线:

```
>>contour3(peaks, 20);
axis([-inf inf -inf inf -inf inf]);
```

命令 contour 可画出曲面等高线在 Oxy 平面的投影:

```
>>contour(peaks, 20);
```

读者可以自行在 MATLAB 命令窗口中依次输入以上命令看看相应的结果。若要画出自己的三维曲面图，则只需将 peaks 函数换成自己的函数即可，其他不变。另外，还有一些用于三维作图的命令，在这里不一一说明，请读者自行参考相应的 MATLAB 专著或教科书。

4. MATLAB 的符号运算

数学运算有数值运算 (计算) 与符号运算 (计算) 之分，这两者的根本区别是：数值计算的表达式、矩阵等变量中不允许有未定义的变量，而符号计算可以含有未定义的符号变量。对于一般的程序设计语言 (如 C 和 C++ 等) 实现数值计算是没有问题的，但要实现符号计算就不是一件容易的事。而 MATLAB 自带有符号工具箱 Symbolic Math Toolbox，而且还可以借助强大的符号运算的数学软件 Maple，所以 MATLAB 具有强大的符号运算功能。限于篇幅和本书的任务，在此不做详细介绍，感兴趣的读者可参考相关教科书或者在 MATLAB 左下角单击“Start”后选择“Toolboxes”，然后选择“Symbolic Math”打开学习。

二、MATLAB 编程初步

1. Editor/Debugger 和脚本编写初步

利用 MATLAB 解决问题时，对于比较简单的问题，可以通过指令窗中直接输入一组指令去求解。但当待解决问题所需的指令较多和所用指令结构较复杂时，或当一组指令通过改变少量参数就可以被反复使用去解决不同问题时，直接在指令窗中输入指令的方法就显得烦琐和笨拙。M 脚本文件就是设计用来解决这个矛盾的。具体地说，M 脚本文件是指:

(1) 该文件中的指令形式和前后位置，与解决同一个问题时在指令窗中输入的那组指令没有任何区别。

(2) MATLAB 在运行这个脚本时，只是简单地从文件中读取那一条条指令，送到 MATLAB 中去执行，M 脚本文件不接收参数的输入和输出，用 MATLAB 根据某种算法编写程序则有参数的输入和输出。

(3) 与在指令窗中直接运行指令一样，脚本文件运行产生的变量都是驻留在 MATLAB 基本工作空间中。

(4) 文件扩展名是“.m”。值得注意的是，用 MATLAB 编写的程序扩展名也是“.m”

M 脚本文件和用 MATLAB 编写程序都是在 M 文件编辑器里完成的。当然也可以用任何一款文本编辑器编辑，但存盘时必须以“.m”为文件扩展名。附图 8 显示的是 MATLAB 的 M 文件编辑器。

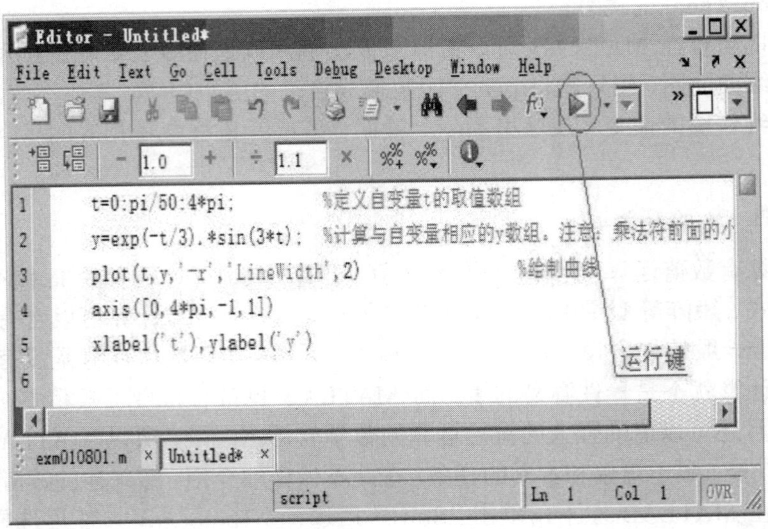

附图 8　M 文件编辑器

例如，编写 M 脚本文件计算 $S = 1 - 1/2 + 1/3 - 1/4 + \cdots + (-1)^{99}1/100$。可以在 MATLAB 的命令窗口输入“edit Example1”，然后 MATLAB 将会打开 M 文件编辑器，在其中输入如下命令并存盘。

```
S=0;
for i=1:100
   S=S+(-1)^(i-1)*(1/i);
end
S
```

然后在 MATLAB 命令窗口中调用该文件即可得到结果。

```
>> Example1
S =
```

```
0.6882
```

以上计算也可以在 MATLAB 的命令指令窗口逐一输入并执行。可见，M 脚本文件是非常简单的，不能算作编程。为使用 MATLAB 编程解决问题，需要了解 MATLAB 的数据类型等。MATLAB 中有 15 种基本数据类型，主要是整型、浮点、逻辑、字符、日期和时间、结构数组、单元格数组以及函数句柄等。本书的主旨是运筹学，因此这里只是简单介绍一下逻辑数据、逻辑运算、关系运算以及程序流程控制语句等。

2. 逻辑数据、逻辑运算以及关系运算

(1) 逻辑类型的数据和函数。逻辑类型的数据主要用于选择 (判断) 结构，在 MATLAB 中，也可用来作为数组元素的“逻辑索引”。用“1”表示逻辑“真”(true)，用“0”表示逻辑“假”(false)。每个逻辑类型的数据在内存中占用 1 字节。主要有：

① logical()。将数值型数据转换为逻辑型数据。L=logical(A) 输入 A 为实数数组，返回值 L 为一个与 A 同维的逻辑数组，当 A 中的元素为非零元素时，L 中对应的位置返回逻辑 1，否则返回逻辑 0。注意：A 中的元素不能为复数或 NaN。例如：

```
format  bank
A = eye(3)
L =  logical(A)
M = L + 0
```

结果为：

```
A = 1.00     0      0          L =  1      0      0
    0       1.00    0               0      1      0
    0        0     1.00             0      0      1


M = 1.00         0              0
    0           1.00            0
    0            0             1.00
```

逻辑型数据参与数值运算，即会转换为数值型数据。故 M 就不是逻辑数组了，而是双精度数值数组。

② true(),false()。MATLAB 中用 1 表示逻辑真，用函数 true() 表示；用 0 表示逻辑假，用函数 false() 表示。在 MATLAB 编程中，有时需要 (可以) 用 true() 和 false() 函数创建逻辑矩阵。主要用于判断、选择结构中。

③ all(),any()。命令 all(A) 的意思是当 A 为一维数组时，若其元素全部为逻辑真，则返回真，否则，返回假；当 A 为二维数组时，若其一列上的所有元素都非零，对应列返回真，否则，返回假。命令 any(A) 的意思是当 A 为一维数组时，若其元素有一个为逻辑真，则返回真，否则，返回假；当 A 为二维数组时，若其一列上有一个为非零，对应列返

回真，否则，返回假。这两个函数通常也用在判断、选择结构中。例如：

```
>> A=[1 0 2 3];
>> all(A),any(A)
ans =
    0
ans =
    1
>> A=[1 2 0;4 5 0];
>> all(A),any(A)
ans =
    1     1     0
ans =
    1     1     0
```

④ is* 系列测试函数。isa(OBJ,'classname') 检测对象“OBJ”是否是给定类“classname”的对象，若是，则返回逻辑真 (即 1)；否则，返回假。ischar(S) 表示，若 S 是字符串则，则为真，返回值“1”；否则，为假，返回“0”。isequal(A,B) 表示，若 A、B 两数组相同维数且元素对应相等，则返回为逻辑真，即值“1”；否则，返回为假，即值“0”。isempty(A) 表示，若 A 是空阵，则为真，返回值“1”；否则，返回值“0”。isfinite(A) 表示，返回一个与 A 同维数的矩阵或数组，其中若 A 的某个元素有限数，则其相应位置为真，即值“1”；否则该位置为逻辑假，即值“0”。isfield 表示，若是构架域，则为真。isglobal(X) 表示，若 X 是全局变量，则为真；否则，为假。ishandle 表示，若是图形句柄，则为真。ishold 表示，若当前图形处于保留状态，则为真。isinf(X) 返回一个与 X 同维数的矩阵或数组，若 X 的某个元素为 $+\infty$ 或 $-\infty$，则该位置为逻辑真，即值“1”；否则，为逻辑假，即值“0”。isletter(A) 表示，若 A 是英文字母，则为真，返回值“1”；若是数字，则为假，返回值“0”。islogical(X) 表示，若 X 是逻辑数组，则为真，否则，为假。ismember 检查是否属于指定集。ismember(A,S) 返回一个与 A 同维数的数组，当 A 中的元素在 S 中时，该位置为值“1” (即逻辑真)，否则，为值“0” (即逻辑假)，A，S 可以是数组也可以是字符串。isnan(X) 返回一个与 X 同维数的数组，若 X 的某一元素是非数，则在该位置返回值“1”，即逻辑真；否则为假。isnumeric(A) 表示，若 A 是数值数组，则为真，并返回一个元素为“1”的与 A 同维数的数组；否则，为假，返回值“0”。isobject(A) 表示，若 A 是对象，则为真；否则，为假。isprime(X) 表示，若 X 是质数，则为真；否则，为假。isreal(X) 表示，若 X 是实数，则为真；否则，为假。isspace(S) 表示，若 S 是空格，则为真。issparse(A) 表示，若 A 是稀疏矩阵，则为真。isstruct(S) 表示，若 S 是构架，则为真。isstudent 表示，若是 MATLAB 学生版，则为真。

⑤ 逻辑索引。一个矩阵或者数组作为另一个矩阵下标去选取相应的矩阵元素，称为数组索引。例如：

```
>> x=1:2:20;
 y=[5 4 1 2 3];
 z=x(y)
z =
      9     7     1     3     5
```

上面的运算表示，x 是 1~19 的一个公差为 2 的数列，通过 z=x(y) 取出 x 中的第 5、4、1、2 和 3 个元素。逻辑索引则是使用 0 和 1 构成的矩阵从其他矩阵中提取所需元素，这时逻辑矩阵必须和要索引的矩阵大小一样。例如：

```
>> x=10:10:50;
 y=logical([0 1 1 1 0]);
 z=x(y)
z =
    20    30    40
```

两种索引法都允许对矩阵整体操作，不必使用循环，简化了代码，也使代码运行速度更快。逻辑索引的速度要快于数组索引。若上述例子中 x,y 都为矩阵，则等价于先将它们转换成列向量。z=x(y) 等价于 A=x(:); B=y(:); z=A(B)。

(2) 逻辑运算。"a&b"表示逻辑与，"a&&b"表示逻辑先决与，一般情况下我们看不出两者的差别，但是，表达式"a&b"表示 a 和 b 都为真时，其值为 1(即为真)，它需要把两者同时计算出来后再判断。而表达式"a&&b"表示当计算 a 为 0(即为假) 时，其表达式就为 0，就不用计算 a 了。"$a|b$"表示逻辑或，"$a||b$"表示逻辑先决或，两者之间的关系类似前面的关系。"~a"表示逻辑非，即 a 的相反。"a xor b"表示逻辑异或，当两个表达式 (a 和 b) 都真 (true) 或都假 (false)，那么输出为假 (false)，两个表达式一真一假时，输出为真。

(3) 关系运算。"=="表示关系运算中的相等；"~="表示关系运算中的不等；"<"表示关系运算中的小于；"<="表示关系运算中的小于或等于；">"表示关系运算中的大于；">="表示关系运算中的大于或等于。

(4) 运算优先级。MATLAB 规定的运算优先级见附表 7。

3. MATLAB 的程序流程控制

(1) if-else-end 条件控制。该控制语句表示为：

```
if expression1
   statement1
elseif expression2
```

```
        statement2
else
        statement3
end
```

附表 7　MATLAB 规定的运算优先级

从高到低↓	运算符	意义
1	()	括号
2	.'	转置 (对于实数矩阵与 ' 同)
	'	共轭转置 (对于实数矩阵与 .' 同)
	.^	数组幂
	^	矩阵幂
3	+	代数正
	-	代数负
	~	逻辑非
4	.*	数组乘
	.\	数组左除
	./	数组右除
	*	矩阵乘
	\	矩阵左除
	/	矩阵右除
5	+	加
	-	减
6	:	冒号运算
7	<	小于
	>	大于
	==	等于
	>=	大于或等于
	<=	小于或等于
	~=	不等于
8	&	逻辑与
9	|	逻辑或
10	&&	逻辑先决与
11	||	逻辑先决或

其含义为：假设在做某种选择时，一共有且仅有 3 种情况，这 3 种情况没有交集，可以依次表述为 expression1、expression2 以及其他 (这时不用表示出来)。如果表达式 1(expression1) 表示的条件成立，那么就执行由 statement1 表述的一条或若干条语句；如果表达式 1(expression1) 表达的条件不成立，但表达式 2(expression2) 成立，那么就执行由 statement2 表述的一条或若干条语句；如果前两种情况都不满足，那么必满足第三种情况，此时就执行由 statement3 表述的一条或若干条语句。如果有更多种情况的选择，则与上面描述类似，将会有多条 elseif 选择，但最后只有一条 else 选择，且在其中可以进

行嵌套。

例如，编程计算下列分段函数当 $x=-2,-1.2,-0.4,0.8,1,6$ 时的函数值

$$y=\begin{cases}x, & 当x<-1时\\ x^3, & 当-1\leqslant x<1时\\ \mathrm{e}^{1-x}, & 当x\geqslant 1时\end{cases}$$

首先，打开 M 文件编辑器，编辑文件名为 example2.m 的 M 文件 (文件名自行决定) 并存盘：

```
function y=example2(x)
n=length(x); %用命令length求出向量x的长度，即x有几个分量
for k=1:n
    if x(k)<-1
        y(k)=x(k);
    elseif x(k)>=1
        y(k)=exp(1-x(k));
    else
        y(k)=x(k)^3;
    end
end  %通过if选择结构一次性求出该分段函数的各个函数值
```

然后，在 MATLAB 命令窗口的提示符“>>”下进行如下操作：

```
>> x=[-2,-1.2,-0.4,0.8,1,6], y=example2(x)
 x =
   -2.0000 -1.2000 -0.4000 0.8000 1.0000 6.0000
y =
   -2.0000 -1.2000 -0.0640 0.5120 1.0000 0.0067
```

(2) switch-case 控制结构。该控制结构表示如下：

```
switch expression
    case expr1
    statement1
  case expr2
    statement2
  ......
    otherwise
    statement
```

```
end
```

上述代码的含义是：当遇到 switch 结构时，MATLAB 将 expression 的值依次与各个 case 指令后面的检测值进行比较：若比较结果为假，则取下一个检测值再比较；若比较结果为真，则执行相应的一组指令，然后跳出该结构；若所有比较结果都为假，则执行 otherwise 后面的一组指令。switch 结构举例如下：再次计算上面列出的分段函数在自变量取不同值时的函数值，但这次首先产生几个随机数，让自变量的取值位于区间 $(-5,5)$，这样，自变量的取值落在哪个分支的定义域里事先是不知道的，然后利用 switch 结构演示。编写 MATLAB 函数如下：

```
% 输入r为区间(0, 1)的均匀分布随机数, r=rand(1,5)将产生1×5个随机数
function y=example3(r)
x=10*r-5; %x将位于区间(-5,5), 但具体取值不知道
n=length(x); %用命令length求出向量x的长度, 即x有几个分量
for k=1:n
switch x(k)
    case x(k)<-1
        y(k)=x(k);
    case (x(k)>-1)&(x(k)<1)
        y(k)=x(k)^3;
    otherwise
        y(k)=exp(1-x(k));
end
end
```

于是，在 MATLAB 提示符下进行如下操作并得到结果：

```
>> r=rand(1,5)
r =
    0.7802    0.0811    0.9294    0.7757    0.4868
>> y=example3(r)
y =
    0.1649  179.2430    0.0371    0.1725    3.1021
```

(3) 循环结构。循环结构有两种，一种是 for 循环，用于事先知道循环次数的循环；另一种是 while 循环，用于事先不知道循环次数，但有终止循环条件的循环。

① for 循环结构。for 循环根据用户设定的条件，对结构中的命令反复执行固定次数的操作，一般用于已知循环次数的情形。for 循环的一般格式如下：

```
for x = array
  statement (循环体)
```

```
end
```

其中：x 为循环变量；数组 array 的列数决定 for 循环的次数。每次循环，x 依次取数组 array 的一列，大多数情况下是一个简单的表达式或关系。

MATLAB 中 i，j 是虚数单位，若程序中涉及复数运算，一定不能使用 i，j 作为循环变量。

Fibonacci 数是满足 $F_{n+1}=F_{n-1}+F_n, F_0=F_1=1$ 的数列 $\{F_n\}$，即前两项为 1，从第三项起，每项都是前面紧挨着的两项之和。现在编写程序计算其前 10 项。由于要求计算前 10 项，所以根据公式从第三项起循环。可以编写 MATLAB 程序如下：

```
function F=Fibo(n)
n=input('n=');
F=zeros(1,n);F(1)=1;F(2)=1;
for i=2:n
   F(i+1)=F(i-1)+F(i);
end
```

于是，在 MATLAB 命令窗口进行如下操作即可得到结果：

```
>> F=Fibo
n=9
F =
1    1    2    3    5    8   13   21   34   55
```

② while 循环结构。while 循环一般用于不知道循环次数，但一定要有终止循环的条件这种情况。while 循环的一般格式如下：

```
while expression (条件)
    statement(循环体)
end
```

当 expression 的值为逻辑真 (1)，即编程者认为的条件成立时执行循环体，直到表达式 (expression) 的值为假。一般情况下，表达式 expression 都是标量，但 MATLAB 允许它为数组，此时只有数组元素都为真时，循环体才被执行。如果表达式为空数组，被认为是假。

现举一例说明 while 循环。地球到月球的平均距离为 38.4 万 km，即 3.84×10^8m，有一张纸足够大但厚仅 0.06 mm(即 0.6×10^{-7}km)。试问：将纸对折多少次，其厚度达到月球？显然，将纸对折将会有 2 张纸的厚度，将纸对折 n 次则有 2^n 张纸的厚度。对折若干次后纸的厚度只需反复计算即可。不过，我们不知道应该循环计算多少次，才能使得纸的厚度大于或等于地球到月球之间的距离。故循环应该在纸的厚度大于 38.4 万 km 时停止计算，因此采用 while 循环。编写 MATLAB 脚本文件如下：

```
function Folding
```

```
h=6e-8;n=0;
while (h<3.84e5)|(h==3.84e5)
    h=2*h; n=n+1;
end
disp(['对折',num2str(n),'次后其厚度将超过38.4万km，能从地球到月球。'])
```

运行结果如下：

```
>> Folding
对折43次后其厚度将超过38.4万km，能从地球到月球。
```

(4) continue,break。continue 和 break 一般与 if 语句配合使用。continue 表示退出本次循环，执行下一次循环。break 表示终止当前的 while、for 循环，跳至相应的 end 后面的语句。看看下面这段代码：

```
for k = 1:3
    for m = 1:3
        if m == 2
            continue
        end
        disp([k,m])
    end
end
```

在 MATLAB 中将会显示 (为节省显示空间，实际显示的是下面结果的转置)：

```
1   1   2   2   3   3
1   3   1   3   1   3
```

可以看出，m 取 2 时的情况被取消了。

再看看下面这段代码：

```
for k = 1:3
    for m = 1:3
        if m == 2
            break
        end
        disp([k,m])
    end
end
```

在 MATLAB 中将会显示 (为节省显示空间，实际显示的是下面结果的转置)：

```
1   2   3
1   1   1
```

可以看出，m 从 2 开始以后的数对都被取消了。

(5) 错误控制结构：try - catch - end。在程序设计中，有时候会遇到不能确定某段代码是否会出现运行错误的情况。这时候可以使用错误控制结构。程序运行时，首先尝试执行 try 和 catch 之间的代码段，如果代码执行没有错误发生，则程序通过，不执行 catch 和 end 之间的部分，而是继续执行 end 后面的代码。一旦 try 和 catch 之间的代码执行发生错误，则立即转而执行 catch 和 end 之间的部分，然后才继续执行 end 后的代码。MATLAB 提供了 lasterr 函数，可以获取出错的原因。其格式为：

```
try
    statement1  % statement1总被执行，正确，则跳至end后
catch
    statement2  % statement1出错时才执行这里的语句
end
```

(6) 控制程序流的其他常用指令。

① input() 键盘输入函数。v=input('prompt') 在屏幕上显示提示信息 prompt，并等待用户的键盘输入。用户可以从键盘输入任意的 MATLAB 表达式，按回车键确认。合法的输入将被赋值给变量 v，直接回车，返回值为空数组 [ ] 。若输入不合法，MATLAB 会显示错误信息，并继续在屏幕上显示提示信息并等待用户的键盘输入。这种方式下，输入 [1,2;3,4]，则返回二维数值数组并赋值给变量 v。输入字母 a，会被认为是变量 a。若确实要输入字符串，如 abcd，则需要输入'abcd'(即字符必须用单引号括起来)。v=input('prompt', 's') 使用这种方式，用户从键盘输入数据被认为是字符，创建的变量 v 为字符型数据。输入数字 1，认为是字符'1'，输入字母 a，认为是字符'a'。

② keyboard。当程序执行到 keyboard 语句时，会暂停，将“控制权”交给键盘，此时命令提示符变为 K>>，用户可以输入各种 MATLAB 指令，仅当用户输入 return 并回车后，“控制权”才交还给程序，并继续执行 keyboard 后面的语句。在调试程序时用的比较多。

③ pause。pause 使程序暂停，用户按下键盘上任意键后继续；pause(n) 使程序暂停 n 秒后，再继续执行；pause on 使后面的 pause 语句起作用；pause off 使后面的 pause 语句不起作用。在下面的例子中，通过这个暂停语句实现了简单的动态效果，显示了一个质点沿着正弦曲线运动的情形。

```
x = 0:0.1:2*pi; y = sin(x);axis([-1,7,-1.2,1.2]);
hold on;
for k =1:length(x)-1
plot(x([k,k+1]),y([k,k+1]));  pause(0.1);end
```

④ error()/lasterr。error('message') 用于显示出错信息 message，并终止程序；lasterr 显示最新的出错信息，并终止程序。

⑤ warning()/lastwarn。warning('message') 用于显示警告信息 message，程序继续运行；lastwarn 显示最新的警告信息，程序继续执行。

⑥ return。程序终止语句。程序代码一般而言按流程执行完毕正常退出，但当遇到某些特殊情况，程序需要立即退出时，就可以用 return 提前终止程序运行。return 语句多用在 MATLAB 的函数文件中。

⑦ MATLAB 的计时函数。在 MATLAB 中使用一对命令：tic 和 toc 来计时，使用时只需将程序放在 tic 和 toc 之间即可。即使用格式：

```
tic;
用户编写的 MATLAB 程序;
toc;
```

程序运行以后，除了能计算得到自己编程所要的结果外，还能得到程序运行所用的时间 (Elapsed Time)，单位为 s。

(7) M 文件。用 MATLAB 语言编写的程序称为 M 文件。M 文件以.m 为扩展名。M 文件根据调用方式的不同可以分为两类：

① Script，脚本文件，不接受参数的输入和输出。M 脚本文件与 MALTAB 工作区共享变量空间，每次只需要键入文件名即可运行 M 脚本文件中的所有代码。M 脚本文件已在前面介绍过。

② Function，M 函数文件。该文件接受参数的输入和输出，M 函数文件处理输入参数传递的数据，并把处理结果作为函数输出参数返回给输出参数。M 函数文件具有独立的内部变量空间。在调用函数 M 文件时，要指定输入参数的实际取值，而且要指定接收输出结果的输出变量。下面着重讨论 M 函数文件。M 函数文件总是由关键词 function 引导，其一般格式为：

```
function  输出形参列表 = 函数名(输入形参列表)
% 注释说明部分(可选)
函数体语句(必须)
```

其中：第一行为引导行，表示该 M 文件是函数文件，函数名的命名规则与变量名相同 (必须以字母开头)。当输出形参多于一个时，用方括号括起来。函数必须是一个单独的 M 文件，函数文件名必须与函数名一致，以百分号开始的语句为注释语句，程序运行时不会被执行。

关于子函数。M 函数文件中可以含有一个或多个别的 M 函数文件，称为子函数。子函数还是由 function 语句引导，但主函数必须位于最前面，子函数出现的次序是任意的，但子函数只能被主函数和位于同一个函数文件中的其他子函数调用。除了用 global 定义的全局变量外，子函数中的变量都是局部变量，子函数与主函数及其他子函数之间通过输入、输出参数进行数据传递。举例如下：编写一个 MATLAB 程序计算向量 x 的算术平均值及其中位数。

```
function [a,m]=MainFunExam(x) % 主函数，输入向量x，算出其均值和中位数
n=length(x); %该命令取出x的分量个数
a=SubFun1(x,n);%设立两个子函数，该子函数求出其均值
m=SubFun2(x,n);%该子函数求出其中位数

function a=SubFun1(x,n) % 子函数1
a=sum(x)/n;%该命令求出了x的算术平均值

function m=SubFun2(x,n) % 子函数2
x=sort(x);%该命令对向量x进行了排序
if rem(n, 2)==1 %如果条件成立，说明x有奇数个分量
   m=x((n+1)/2);%此时中位数即为其排序后的中间元素值
else %如果x有偶数个元素
   m=(x(n/2)+x(n/2+1))/2;%此时中位数即为中间两个元素的算术平均值
end
```

如取 $x=[1.2,-1,-2.5,5,6,70,7]$，则有如下计算结果:

```
>> x=[1.2,-1,-2.5,5,6,70,7]
x =
1.2000  -1.0000  -2.5000  5.0000  6.0000  70.0000  7.0000
>> [a,m]=MainFunExam(x)
a =
   12.2429
m =
     5
```

关于递归函数。一种直接或间接调用自身的算法称之为递归算法。用函数自身给出定义的函数称为递归函数。例如，阶乘函数可递归地定义为:

$$n!=\begin{cases}1, & n=0\ \text{(边界条件)}\\ n(n-1)! & n>0\ \text{(递归方程)}\end{cases}$$

其中: 边界条件与递归方程是递归函数的两个要素，递归函数只有具备了这两个要素，才能在有限次计算后得出结果。下面举例在 MATLAB 中用递归函数实现计算 $n!$。但需要注意的是，MATLAB 自带阶乘函数 factorial.m，如欲计算 10!，只需 factorial(10) 即可。这里只是为了说明递归函数而编程如下:

```
% 函数文件jc.m以递归方式计算阶乘
function f=jc(n)
if(n==0)
```

```
    f=1;
else
    f=n*jc(n-1);
end
```

利用上面的递归函数计算 $s = 1! + 2! + 3! + 4! + 5!$ 可如下计算:

```
% main.m
% 计算 s=1!+2!+3!+4!+5!
s = 0;
for k = 1:5
   s = s + jc(k);
end
disp(s)
```

关于 inline function(内联函数)。使用 inline() 定义的函数不需要保存为独立的.m 文件，这称之为内联函数。内联函数常用来定义一些形式较简单的函数。inline function 的定义由一个 MATLAB 表达式组成，表达式中可调用其他 MATLAB 函数，但不能调用 inline function。inline function 只能返回一个变量。其一般形式为:

```
FunctionName=inline(expression)
```

其中：函数由字符串 expression 确定，输入变量由 MATLAB 自动确定。

例如，在 MATLAB 提示符下输入：g=inline('t^2')，回车即可在 MATLAB 中显示为:

```
g=Inline function:
  g(t)=t^2
```

于是，3^2 可以由 >>g(3) 计算，回车将会得到结果 9。

又如，下例中的内联函数采用了数组运算，即“点运算”，故 MATLAB 将会自动认为是一个多变量函数。

```
f=inline('3*sin(2*x.^2)')
```

在 MATLAB 中将会显示:

```
f=Inline function:
  f(x)=3*sin(2*x.^2)
```

于是，可以一次性的计算当 $x = 1, 2, 3, 4, 5$ 时的相应函数值，此时在 MATLAB 中进行如下输入并回车:

```
>> x=[1,2,3,4,5];
>> f(x)
ans =
     2.7279     2.9681    -2.2530     1.6543    -0.7871
```

如果上述内联函数没有采用“点运算”进行函数的定义，则上面的操作会出错。此外，内联函数还有形式：

```
FunctionName=inline(expr,arg1,arg2,...)
```

其中：函数由字符串 expr 确定；输入变量为 arg1，arg2，…。如定义函数 $f=x_1^2+x_2^2$，则可在 MATLAB 提示符“>>”下进行如下输入并回车：

```
>>MyInline1=inline('x(1)^2+x(2)^2','x(1)','x(2)')
```

将会看到

```
MyInline1 =
     Inline function:
     MyInline1(x(1),x(2)) = x(1)^2+x(2)^2
```

此时欲计算“3^2+4^2”，则有：

```
>>  MyInline1(3,4)
ans =
    25
```

内联函数还有其他形式。内联函数的优点是不需要将函数存盘为具体的文件。

inline function 的应用。很多 MATLAB 函数可以用 inline function 作为输入参数。例如，MATLAB 中使用 Simpson 算法求函数的数值积分的命令是 quad()，它的一种调用形式是 quad(fun,a,b)，其中：输入参数 fun 就可以是 inline function (也可以是所谓的函数句柄)；a 和 b 分别是被积区间的上、下限。考虑以下积分：

$$\int_0^{\pi} x\sin(x)\mathrm{d}x = x(-\cos(x))\mid_0^{\pi} + \int_0^{\pi}\cos(x)\mathrm{d}x = \pi + \sin(x)\mid_0^{\pi} = \pi$$

在 MATLAB 提示符下可进行如下计算：

```
>>  f = inline('x.*sin(x)','x');
>> y = quad(f,0,pi)
```

回车即可得到结果：

```
y =
    3.1416
```

关于 Function Handle(函数句柄)。函数句柄是 MATLAB 的一种数据类型，保存了函数的路径、函数名等信息。函数句柄使得函数也可以成为输入变量，并且能很方便的调用，提高了函数的可用性和独立性。其一般格式为：

```
handlef=@fname;
```

以及

```
handlef=str2func( ‘fname’ )
```

这里的 fname 可以是当前 MATLAB 中可以使用的任意函数。

例如，mysin=@sin，此后 mysin 与 sin 相同，于是 mysin(pi) 和 sin(pi) 的含义是相同的。

关于匿名函数。若函数句柄变量指向一个函数表达式，则称其为匿名函数。其语法为：

```
handle=@(arglist)anonymous_function
变量名=@(输入参数列表)函数表达式
```

例如，mysquare=@(x)x.*x，表示定义了一个变量的自乘 (实际上就是二次方)，由于采用的是“点乘”，即“.*”，所以不仅是二次函数，而且是对向量的每个元素求二次方。之后执行 mysquare(变量名) 即可计算该变量的二次方。注意，mysquare 属性是函数句柄变量，而不是这个表达式。还有要注意这个表达式不需要用单引号括起来。比如有：

```
>> y1=mysquare(4),y2=mysquare([1 2 3 4 5])
y1 =
    16
y2 =
     1     4     9    16    25
```

函数句柄的应用。很多 MATLAB 函数可以用函数句柄作为输入参数，如本教材中编写的大多数程序和前面讲过的计算数值积分的函数 quad()。同样，计算上面计算过的定积分，则可在 MATLAB 中有如下两种方法。

方法 1：使用匿名函数可进行如下输入并回车即可看到：

```
>>  f=@(x)x.*sin(x);
y=quad(f,0,pi)
y =
    3.1416
```

方法 2：先定义 M 函数，并存盘 (文件名为 Exam1.m)

```
function y=Exam1(x)
y=x.*sin(x);
```

然后可以输入下列内容并回车即可得到结果：

```
>> quad(@Exam1,0,pi)
ans =
    3.1416
```

本教程中大多数程序均采用上述第二种方法计算。

参考文献

[1] 薛毅，耿美英. 运筹学与实验 [M]. 北京：电子工业出版社，2008.

[2] 曹运槐，尹健，梁春美. 军事运筹学 [M]. 北京：国防工业出版社，2013.

[3] 王宜举，修乃华. 非线性规划理论与方法 [M]. 北京：科学出版社，2012.

[4] 胡运权. 运筹学应用案例集 [M]. 北京：清华大学出版社，1988.

[5] 施广燕，钱伟懿，庞丽萍. 最优化方法 [M]. 2 版. 北京：高等教育出版社. 2007.

[6] 胡运权. 运筹学习题集 [M]. 3 版. 北京：清华大学出版社，2002.

[7] 龙子泉，陆菊春. 管理运筹学 [M]. 武汉：武汉大学出版社，2002.

[8] 运筹学教材编写组. 运筹学 [M]. 3 版. 北京：清华大学出版社，2005.

[9] 孙文瑜，徐成贤，朱德通. 最优化方法 [M]. 2 版. 北京：高等教育出版社，2010.

[10] 袁亚湘. 非线性规划数值方法 [M]. 上海：上海科学技术出版社，1993.

[11] 袁亚湘，孙文瑜. 最优化理论与方法 [M]. 北京：科学出版社，1997.

[12] 叶向. 实用运筹学 [M]. 北京：中国人民大学出版社，2007.

[13] 熊伟. 运筹学 [M]. 2 版. 北京：机械工业出版社，2012.

[14] 龚益鸣，陶德滋. 运筹学 [M]. 西安：西安交通大学出版社，1995.

[15] 卢向华，侯定丕，魏权龄. 运筹学教程 [M]. 北京：高等教育出版社，1992.